특별하게 파리

PARIS

특별하게 파리

지은이 김진주
초판 발행일 2023년 2월 20일
개정판 발행일 2024년 11월 5일

기획 및 발행 유명종
편집 이지혜
디자인 이다혜, 이민
조판 신우인쇄
용지 에스에이치페이퍼
인쇄 신우인쇄

발행처 디스커버리미디어
출판등록 제 2021-000025(2004. 02. 11)
주소 마포구 연남로5길 32, 202호
전화 02-587-5558

ISBN 979-11-88829-45-3 13980

* 사진 및 자료를 제공해준 모든 분들께 감사드립니다. 사진에 저작권을 표기했음을 밝힙니다.

특별하게 파리
PARIS

지은이 김진주

디스커버리미디어

작가의 말

개정판을 내면서

여행지에서는 그날의 날씨, 함께한 사람, 우연한 사건, 소소한 경험 등 사소하고도 다양한 이유로 도시에 대한 인상이 결정되기도 한다. 한순간이라도 좋은 경험이 있었다면 그 여행은 대체로 행복했던 기억으로 저장되지 않을까? 독자들이 내가 사랑하는 파리를 경험하고 공감해서 오래 잊지 못할 행복한 추억 몇 조각을 가졌으면 하는 작은 바람으로, 이 책을 만들었다. 책의 제목처럼 독자들이 남들보다 '특별하게' 파리를 여행할 수 있기를 바란다.

2024년, 1924년 파리 올림픽 이후 정확히 100년 만에 하계 올림픽이 파리에서 열렸다. 기존의 올림픽과 차별화되었던 2024년 파리 올림픽은 파리라는 도시에 또 하나의 새로운 스토리를 추가했다. 다양하고 흥미로운 스토리를 가진 파리라는 도시의 매력을 〈특별하게 파리〉에 꼼꼼히 담아놓았다. 독자들이 파리를 여행하며 그 매력을 곳곳에서 발견하길 바란다.

〈특별하게 파리〉는 크게 휴대용 특별부록과 본문, 권말 부록으로 구성돼 있다. 특별부록은 두 가지 지도를 담고 있다. 먼저 파리 시 전체를 한눈에 보기 좋은 대형 여행 지도를 실었다. 관광지, 전망 명소, 맛집, 카페, 쇼핑 스폿 등 〈특별하게 파리〉에 나오는

모든 장소를 아이콘과 함께 표기했다. 대형 지도 뒷면엔 파리의 16개 지하철 노선도를 실었다. 이 책의 본문은 여행 준비를 위한 필수 정보·명소·음식·문화·쇼핑 등 5가지 주제로 파리를 특별하게 즐기는 방법을 제안하는 '파리 하이라이트', 9개 구역으로 나눈 파리 여행 정보, 베르사유·지베르니·몽생미셸 등 파리 근교 7곳의 여행 정보를 담고 있다. 실전에 꼭 필요한 여행 불어와 영어 회화를 수록한 권말 부록도 주목해 주길 바란다. 인사말, 숫자, 요일부터 비행기, 공항, 호텔, 여행지, 쇼핑, 음식점, 위급 상황 등 여행지에서 생길 수 있는 40개가 넘는 다양한 상황을 설계하여 거기에 꼭 필요한 단어와 회화 예제를 알차고 풍부하게 담았다. 공항에 도착하는 순간부터 여행을 마칠 때까지 〈특별하게 파리〉가 친절한 가이드와 통역사 역할을 해주리라 기대한다.

책을 만들어 주신 디스커버리 미디어 출판사 직원분들과 사진을 제공해 준 파리관광청과 피카소미술관, 그밖에 도움을 주신 모든 분께 감사함을 전한다. 옆에서 늘 도와주고 응원해 주는 남편에게도 고마움을 전한다.

2024년 11월

김진주

일러두기

『특별하게 파리』 100% 활용법

독자 여러분의 파리 여행이 더 즐겁고, 더 특별하길 바라며 이 책의 특징과 구성, 그리고 활용법을 알려드립니다. 『특별하게 파리』가 친절한 가이드이자 멋진 동행이 되길 기대합니다.

① 이렇게 구성됐습니다

휴대용 대형 여행지도 + 파리 여행을 위한 필수 정보 + 파리를 특별하게 즐기는 방법 26가지 + 근교 여행 정보 + 실전에 꼭 필요한 여행 불어와 여행 영어

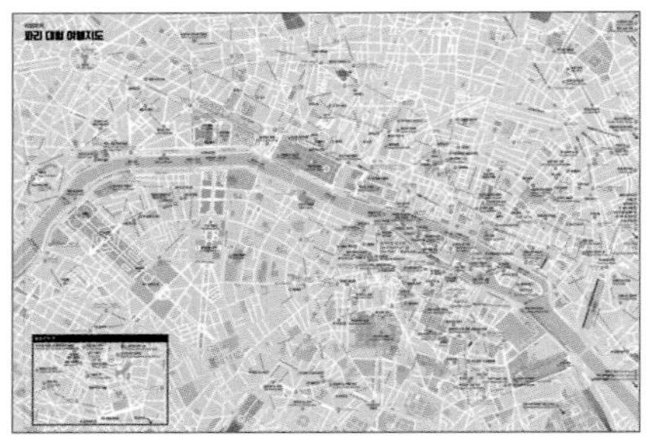

『특별하게 파리』는 크게 특별부록과 본문, 권말부록으로 구성돼 있습니다. 특별부록은 휴대용 대형 파리 여행지도, 지하철과 교외 전철 노선도를 담고 있습니다. 본문은 여행 준비를 위한 필수 정보, 명소·음식·문화·쇼핑 등 5가지 주제로 파리를 특별하게 즐기는 방법 26가지, 9개 구역으로 나눈 파리 여행 정보, 베르사유·지베르니·몽생미셸 등 파리 근교 7곳의 여행 정보가 중심을 이루고 있습니다. 특히, 파리 여행 정보는 꼭 가야 할 명소와 맛집, 카페, 쇼핑 정보는 물론 모든 장소의 교통편까지 자세하게 소개합니다. 실전에 꼭 필요한 여행 불어와 영어 회화를 담은 권말부록도 주목해주세요. 40개 상황별 필수 단어와 회화 예제를 35페이지에 걸쳐 자세하게 담았습니다.

② 특별부록 : 휴대용 대형 여행지도 + 대형 지하철 노선도

관광지·전망 명소·맛집·카페·쇼핑 스폿을 모두 담은 파리 대형 여행지도 + 크게 보는 파리 지하철·근교 철도 노선도

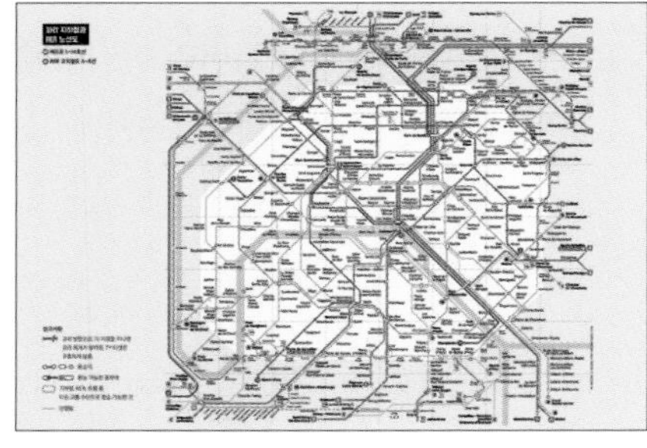

휴대용 특별부록엔 두 가지 지도를 담았습니다. 먼저, 두 팔로 펼쳐 파리 시내 전체를 한눈에 보기 딱 좋은 대형 여행지도를 주목해주세요. 관광지·전망 명소·맛집·카페··쇼핑 스폿 등 『특별하게 파리』에 나오는 모든 장소를 아이콘과 함께 실었습니다. 명소 앞엔 카메라 아이콘을, 맛집엔 포크와 나이프, 카페와 베이커리엔 커피잔 아이콘을 함께 표기했습니다. 지도를 펼쳐 아이콘을 확인하면 스폿의 위치와 성격을 금방 알 수 있습니다. 대형지도 뒷면엔 파리의 16개 지하철과 5개 근교 철도 노선도를 실었습니다. 파리 대형 여행지도와 크게 보는 파리 지하철·근교 철도 노선도는 공항에 도착하는 순간부터 파리 여행을 마칠 때까지 독자 여러분에게 친절한 나침반 역할을 해줄 것입니다.

③ 파리 여행을 위한 필수 정보

여행 전에 알아야 할 Q&A 10 + 출국과 입국 정보 + 현지 교통 정보 + 월별 날씨와 기온 + 꼭 필요한 교통카드와 여행 앱 + 일정별 추천 코스

파리 여행 준비를 위한 필수 정보는 여행계획을 설계하는 단계부터 실제로 여행하는 데 필요 모든 정보를 상세하게 안내합니다. 파리 한눈에 보기, 시대별로 읽는 프랑스 역사, 파리 여행자가 꼭 알아야 할 상식과 에티켓, 짐 싸기 체크리스트, 출국과 입국 정보, 여행 전에 알아야 할 Q&A 10, 현지 교통 정보, 월별 날씨와 기온, 꼭 필요한 여행 앱과 교통카드, 위급 상황 시 대처법, 일정별 추천 코스 등 여행 준비와 여행 실전에 필요한 모든 정보를 자세하게 담았습니다.

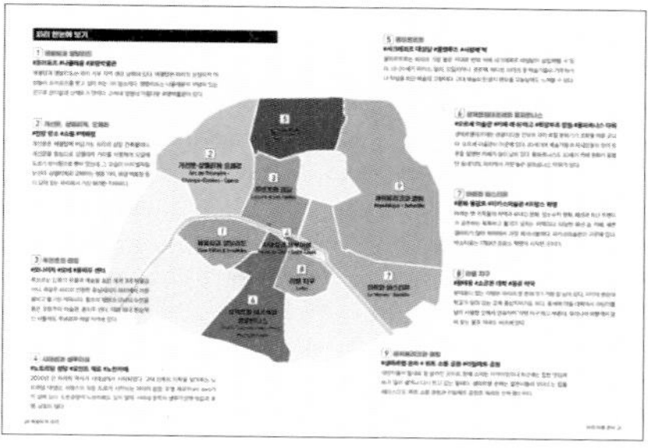

④ 파리 하이라이트 : 파리를 특별하게 여행하는 26가지 방법

인기 명소 베스트 + 꼭 가야 할 미술관 + 센강 유람선 여행 + 꼭 먹어야 할 음식 + 최고 맛집과 디저트 카페 + 명사들이 사랑한 카페 + 꼭 사야 할 기념품 리스트

파리 하이라이트에선 파리를 특별하게 여행하는 26가지 방법을 독자 여러분에게 친절하게 안내합니다. 인기 명소 베스트 10, 놓치면 후회할 미술관 베스트 5, 낭만 가득 센강 유람선 여행, 파리 인생 사진 명소, 꼭 먹어야 할 음식 베스트 10, 미슐랭 레스토랑과 언제 가도 부담 없는 가심비 맛집, 전망 좋은 레스토랑 베스트 5, 명사들이 사랑한 카페, 파리의 최고 베이커리 베스트 5, 파리에서 꼭 사야 할 쇼핑 리스트…. 26가지 주제 중에서 당신에게 딱 맞는 주제를 골라보세요.

⑤ 7개 근교 여행지 정보 + 실전 여행 불어와 여행 영어

베르사유 궁전 + 지베르니 + 라데팡스 + 몽생미셸 + 오베르 쉬르 우아즈 + 퐁텐블로 성 + 루아르 강의 고성들

파리는 보석 같은 여행지를 주변에 거느리고 있습니다. 마리 앙투아네트가 사랑한 베르사유 궁전은 중세시대 절대왕권의 상징이지요. 오베르 쉬르 우아즈는 고흐가 마지막으로 생과 예술혼을 불태운 곳입니다. 모네가 수련 연작을 탄생시킨 지베르니는 또 어떤가요? 이곳은 모네 예술의 자궁 같은 곳이죠. 이게 끝이 아닙니다. <특별하게 파리>는 미래도시 라데팡스, 바위 섬 위의 환상적인 수도원 몽생미셸, 그리고 레오나르도 다빈치가 생을 마감한 루아르 강가의 고성으로 여러분을 안내합니다.

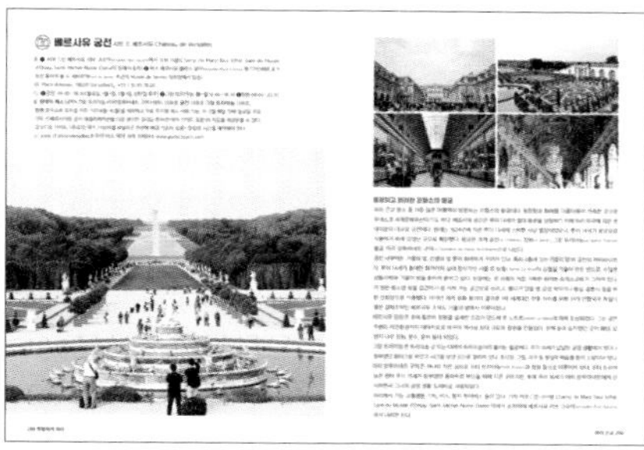

파리 지하철과 RER 노선도

Ⓜ 메트로 1~14호선

Ⓡ RER 교외철도 A~E선

참고사항

교외 방향으로, 이 지점을 지나면 요금 체계가 달라짐. T+ 티켓은 유효하지 않음.

환승역

환승 가능한 종착역

지하철, RER, 트램 등 다른 교통 수단으로 환승 가능한 곳

연결됨

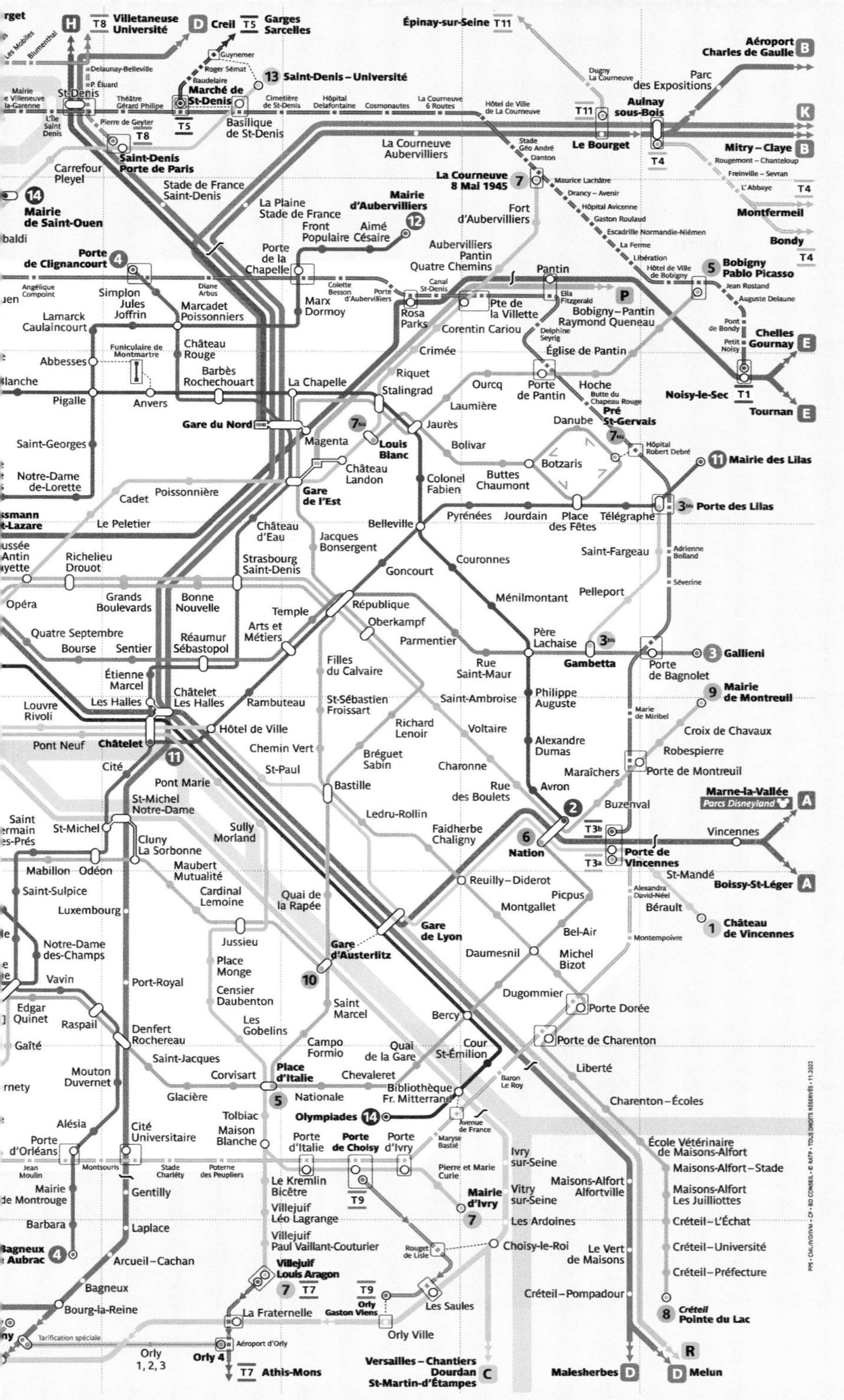

Villetaneuse Université
Creil
Garges Sarcelles
Épinay-sur-Seine
Aéroport Charles de Gaulle
Delaunay-Belleville
P. Éluard
Guynemer
Roger Sémat
Baudelaire
Marché de St-Denis
13 Saint-Denis – Université
St-Denis
Théâtre Gérard Philipe
Cimetière de St-Denis
Hôpital Delafontaine
Cosmonautes
La Courneuve 6 Routes
Hôtel de Ville de La Courneuve
Dugny La Courneuve
Parc des Expositions
Aulnay sous-Bois
Pierre de Geyter
Basilique de St-Denis
L'Île Saint Denis
Le Bourget
Mitry – Claye
Saint-Denis Porte de Paris
La Courneuve Aubervilliers
Stade Géo André
Danton
Rougemont – Chanteloup
Freinville – Sevran
Carrefour Pleyel
Stade de France Saint-Denis
La Courneuve 8 Mai 1945
Maurice Lachâtre
Drancy – Avenir
L'Abbaye
Mairie de Saint-Ouen
La Plaine Stade de France
Mairie d'Aubervilliers
Fort d'Aubervilliers
Hôpital Avicenne
Gaston Roulaud
Montfermeil
Front Populaire
Aimé Césaire
Escadrille Normandie-Niémen
Bondy
La Ferme
Libération
Porte de Clignancourt
Porte de la Chapelle
Aubervilliers Pantin Quatre Chemins
Hôtel de Ville de Bobigny
Bobigny Pablo Picasso
Pantin
Angélique Compoint
Diane Arbus
Colette Besson
Porte d'Aubervilliers
Canal St-Denis
Jean Rostand
Ella Fitzgerald
Simplon
Jules Joffrin
Marcadet Poissonniers
Marx Dormoy
Rosa Parks
Pte de la Villette
Auguste Delaune
Bobigny – Pantin Raymond Queneau
Lamarck Caulaincourt
Corentin Cariou
Delphine Seyrig
Pont de Bondy
Petit Noisy
Chelles Gournay
Château Rouge
Funiculaire de Montmartre
Crimée
Église de Pantin
Abbesses
Barbès Rochechouart
La Chapelle
Riquet
Ourcq
Porte de Pantin
Hoche
Noisy-le-Sec
Blanche
Pigalle
Anvers
Stalingrad
Laumière
Butte du Chapeau Rouge
Pré St-Gervais
Tournan
Gare du Nord
Jaurès
Danube
Magenta
Louis Blanc
Bolivar
Hôpital Robert Debré
Saint-Georges
Château Landon
Botzaris
Mairie des Lilas
Notre-Dame de-Lorette
Colonel Fabien
Buttes Chaumont
Cadet
Poissonnière
Gare de l'Est
Pyrénées
Jourdain
Place des Fêtes
Télégraphe
Porte des Lilas
Le Peletier
Château d'Eau
Belleville
Jacques Bonsergent
Adrienne Bolland
Richelieu Drouot
Strasbourg Saint-Denis
Couronnes
Saint-Fargeau
Goncourt
Séverine
Opéra
Grands Boulevards
Bonne Nouvelle
Temple
République
Ménilmontant
Pelleport
Oberkampf
Quatre Septembre
Arts et Métiers
Parmentier
Père Lachaise
Bourse
Sentier
Réaumur Sébastopol
Filles du Calvaire
Rue Saint-Maur
Gambetta
Porte de Bagnolet
Gallieni
Étienne Marcel
Louvre Rivoli
Les Halles
Châtelet Les Halles
Rambuteau
St-Sébastien Froissart
Saint-Ambroise
Philippe Auguste
Mairie de Montreuil
Mairie de Miribel
Richard Lenoir
Voltaire
Croix de Chavaux
Hôtel de Ville
Pont Neuf
Châtelet
Chemin Vert
Alexandre Dumas
Robespierre
Bréguet Sabin
Cité
St-Paul
Charonne
Maraîchers
Porte de Montreuil
Pont Marie
Bastille
Avron
Saint Germain des-Prés
St-Michel Notre-Dame
Rue des Boulets
Marne-la-Vallée
Parcs Disneyland
Buzenval
Ledru-Rollin
St-Michel
Sully Morland
Faidherbe Chaligny
Nation
Vincennes
Cluny La Sorbonne
Porte de Vincennes
Mabillon
Odéon
Maubert Mutualité
Reuilly – Diderot
St-Mandé
Boissy-St-Léger
Saint-Sulpice
Cardinal Lemoine
Quai de la Rapée
Picpus
Alexandra David-Néel
Luxembourg
Montgallet
Bérault
Château de Vincennes
Jussieu
Gare de Lyon
Bel-Air
Notre-Dame des-Champs
Place Monge
Gare d'Austerlitz
Daumesnil
Michel Bizot
Montempoivre
Vavin
Port-Royal
Censier Daubenton
Dugommier
Edgar Quinet
Saint Marcel
Bercy
Porte Dorée
Raspail
Les Gobelins
Denfert Rochereau
Campo Formio
Quai de la Gare
Cour St-Émilion
Porte de Charenton
Gaîté
Saint-Jacques
Mouton Duvernet
Corvisart
Place d'Italie
Chevaleret
Liberté
Baron Le Roy
Glacière
Nationale
Bibliothèque Fr. Mitterrand
Charenton – Écoles
Alésia
Tolbiac
Olympiades
Avenue de France
Cité Universitaire
Maison Blanche
Porte d'Orléans
Porte d'Italie
Porte de Choisy
Porte d'Ivry
Maryse Bastié
Ivry sur-Seine
École Vétérinaire de Maisons-Alfort
Jean Moulin
Montsouris
Stade Charléty
Poterne des Peupliers
Pierre et Marie Curie
Maisons-Alfort – Stade
Mairie de Montrouge
Le Kremlin Bicêtre
Mairie d'Ivry
Vitry sur-Seine
Maisons-Alfort Alfortville
Maisons-Alfort Les Juilliottes
Gentilly
Villejuif Léo Lagrange
Les Ardoines
Créteil – L'Échat
Barbara
Laplace
Villejuif Paul Vaillant-Couturier
Rouget de Lisle
Choisy-le-Roi
Le Vert de Maisons
Créteil – Université
Bagneux Lucie Aubrac
Arcueil – Cachan
Villejuif Louis Aragon
Créteil – Préfecture
Bagneux
Créteil – Pompadour
Bourg-la-Reine
La Fraternelle
Gaston Viens
Orly
Les Saules
Créteil Pointe du Lac
Tarification spéciale
Aéroport d'Orly
Orly Ville
Orly 1, 2, 3
Orly 4
Athis-Mons
Versailles – Chantiers
Dourdan
St-Martin-d'Étampes
Malesherbes
Melun

목차

Contents

PART 1
파리 여행 준비

©grindstonemediagroup

PART 2
파리 하이라이트

PART 3
에펠탑과 앵발리드 Tour Eiffel·Invalides

PART 4
개선문·샹젤리제·오페라 Arc de Triomphe·Champs-Élysées·Opera

PART 5
루브르와 레알 Louvre & Les Halles

PART 6
시테섬과 생루이섬 Île de la Cité·Saint Louis

PART 7
몽마르트르 Montmartre

PART 8
생제르맹 데프레와 몽파르나스 Saint-Germain-des-Prés· Montparnasse

PART 9
마레와 바스티유 Le Marais·Bastille

PART 10
라탱 지구 Latin

PART 11
레퓌블리크와 벨빌 République·Belleville

PART 12
파리 근교 Around Paris

PART 13

PART 14

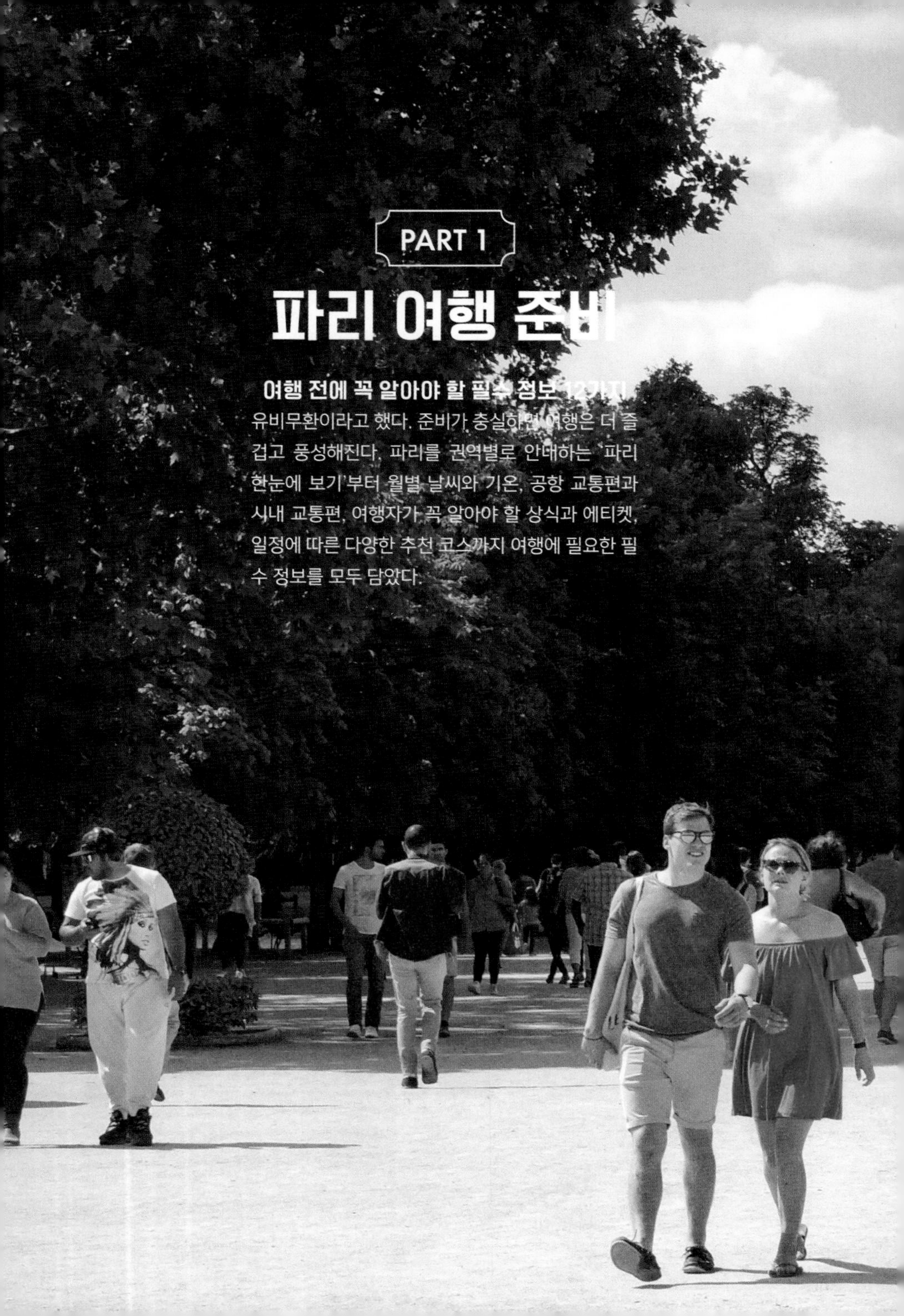

PART 1

파리 여행 준비

여행 전에 꼭 알아야 할 필수 정보 12가지

유비무환이라고 했다. 준비가 충실하면 여행은 더 즐겁고 풍성해진다. 파리를 권역별로 안내하는 '파리 한눈에 보기'부터 월별 날씨와 기온, 공항 교통편과 시내 교통편, 여행자가 꼭 알아야 할 상식과 에티켓, 일정에 따른 다양한 추천 코스까지 여행에 필요한 필수 정보를 모두 담았다.

파리 한눈에 보기

1 에펠탑과 앵발리드

#프러포즈 #나폴레옹 #로댕박물관

에펠탑과 앵발리드는 파리 서부 지역 센강 남쪽에 있다. 에펠탑은 파리의 상징이자 여성들이 프러포즈를 받고 싶어 하는 1위 명소이다. 앵발리드는 나폴레옹의 무덤이 있는 곳으로 잔디밭과 산책로가 멋지다. 근처에 정원이 아름다운 로댕박물관이 있다.

2 개선문, 샹젤리제, 오페라

#전망 명소 #쇼핑 #백화점

개선문은 에펠탑에 버금가는 파리의 상징 건축물이다. 개선문을 중심으로 샹젤리제 거리를 비롯하여 12갈래 도로가 방사형으로 뻗어 있는데, 그 모습이 마치 별처럼 보인다. 샹젤리제와 오페라는 명품 거리, 유명 백화점 등이 모여 있는 파리에서 가장 화려한 지역이다.

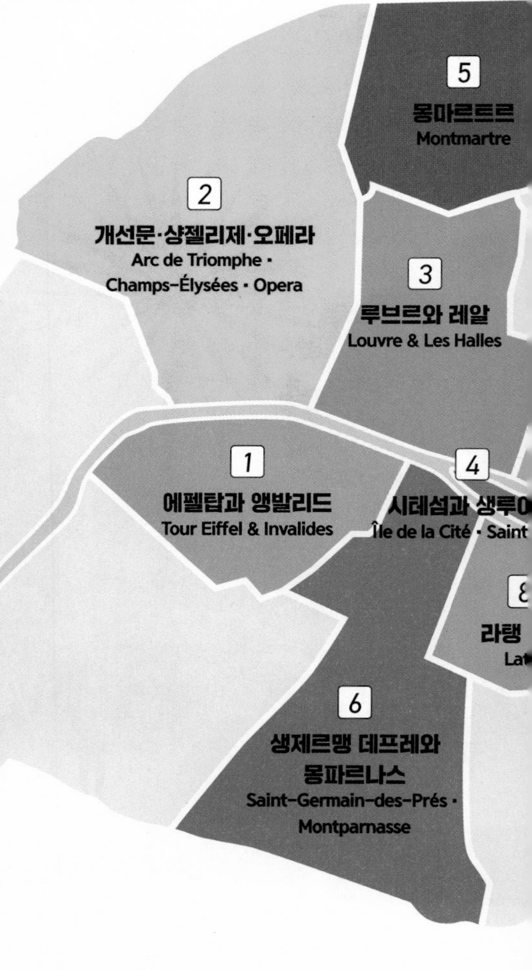

3 루브르와 레알

#모나리자 #모네 #퐁피두 센터

루브르는 인류의 유물과 예술을 품은 세계 3대 박물관이다. 레알은 파리의 진정한 중심지이자 파리에서 가장 붐비고 활기찬 지역이다. 튈르리 정원과 모네의 수련을 품은 오랑주리 미술관, 퐁피두 센터, 파리 최대 환승역인 샤틀레도 루브르와 레알 지역에 있다.

4 시테섬과 생루이섬

#노트르담 성당 #포인트 제로 #노천카페

2000년 전 파리의 역사가 시테섬에서 시작되었다. 고딕 건축의 미학을 보여주는 노트르담 대성당, 프랑스의 모든 도로가 시작되는 파리의 원점 '푸앵 제로'Point zero가 이 섬에 있다. 도핀광장의 노천카페도 잊지 말자. 시테섬 동쪽의 생루이섬엔 맛집과 호텔, 상점이 많다.

5 몽마르트르

#사크레쾨르 대성당 #물랭루즈 #사랑해 벽

몽마르트르는 파리의 가장 높은 지대로 언덕 위에 사크레쾨르 대성당이 상징처럼 서 있다. 19~20세기 피카소, 달리, 모딜리아니, 로트렉, 에디트 피아프 등 예술가들이 거주하거나 작업을 하던 예술의 고향이다. 근대 예술의 탄생지 면모를 오늘날에도 느껴볼 수 있다.

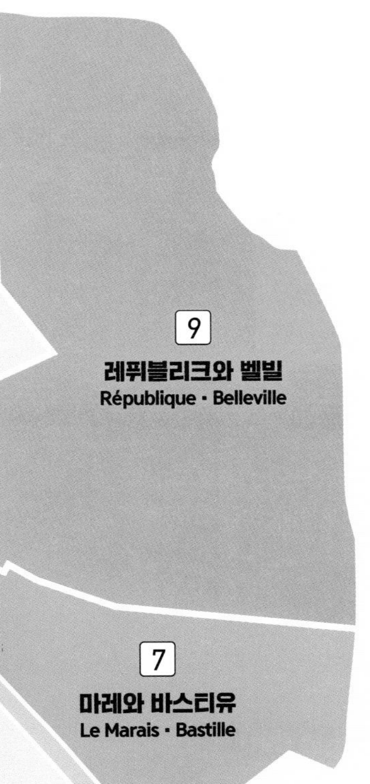

6 생제르맹데프레와 몽파르나스

#오르세 미술관 #카페 레 뒤 마고 #뤽상부르 정원 #몽파르나스 타워

생제르맹데프레는 관광지다운 면모와 파리 로컬 분위기가 조화를 이룬 곳이다. 오르세 미술관이 이곳에 있다. 20세기에 예술가들과 지식인들이 모여 토론을 벌였던 카페가 많이 남아 있다. 몽파르나스도 20세기 카페 문화가 꽃폈던 동네이며, 파리에서 가장 높은 몽파르나스 타워가 있다.

7 마레와 바스티유

#문화 용광로 #피카소미술관 #프랑스 혁명

마레는 옛 귀족들의 저택과 유대인 문화, 성소수자 문화, 패션과 최신 트렌드가 공존하는 독특하고 활기가 넘치는 지역이다. 다양한 패션 숍, 카페, 예쁜 갤러리가 많아 파리에서 가장 패셔너블하다. 피카소미술관이 이곳에 있다. 바스티유는 1789년 프랑스 혁명이 시작된 곳이다.

8 라탱 지구

#팡테옹 #소르본 대학 #몽쥬 약국

팡테옹이 있는 라탱은 파리의 옛 분위기가 가장 잘 남아 있다. 파리의 명문대학교가 모여 있는 교육 중심지이기도 하다. 중세에 이들 대학에서 라틴어를 널리 사용한 것에서 연유하여 '라탱 지구'라고 부른다. 우리나라 여행객이 많이 찾는 몽쥬 약국도 이곳에 있다.

9 레퓌블리크와 벨빌

#생마르탱 운하 # 뷔트 쇼몽 공원 #라빌레트 공원

이민자들의 동네로 잘 알려진 곳으로, 한때 소외된 지역이었으나 최근에는 힙한 맛집과 바가 많이 생겨나 다시 뜨고 있는 동네다. 생마르탱 운하는 젊은이들이 모여드는 힙플레이스이고, 뷔트 쇼몽 공원과 라빌레트 공원은 파리의 산책 명소이다.

프랑스와 파리 기본정보

여행 전에 알아두면 좋을 파리와 프랑스의 기본정보를 소개한다. 화폐, 시차, 서머타임, 전압, 물가 등 프랑스와 파리의 일반 정보와 주요 축제, 날씨와 기온, 파리의 주요 관광안내소를 안내한다. 꼼꼼하게 챙기면 파리 여행이 더 즐거울 것이다.

프랑스

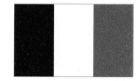

공식 국가명 프랑스 공화국(République française, French Republic)

수도 파리

국기 파랑, 하양, 빨강 삼색기. 세 가지 색은 자유, 평등, 연대를 의미함

정치체제 공화제, 이원집정부제, 양원제

면적 543,940km^2(대한민국의 약 5.3배)

인구 6,830만 명(2022년 기준, 세계 20위)

1인당 GDP 44,747 USD(2022년 기준, 대한민국 34,944 USD)

공휴일 새해 첫날(1월 1일), 성금요일(4월 7일), 부활절 다음 월요일, 노동절(5월 1일), 승전기념일(5월 8일), 예수 승천일(부활절 40일 뒤), 성령 강림일과 다음 월요일(부활절 50일 뒤), 혁명기념일(7월 14일), 성모승천일(8월 15일), 만성절(11월 1일), 종전기념일(11월 11일), 크리스마스(12월 25일) 등

비자 대한민국 국민 90일 무비자

파리

위치 프랑스의 일드 프랑스 지역

면적 105.4㎢(서울 면적의 1/6)

인구 216만 명

언어 프랑스어

화폐 유로(€, 1유로는 약 1350원 내외)

시차 8시간. 우리보다 8시간 느리다.

서머 타임 4월~10월. 서머타임 기간엔 7시간 느리다.

전압 220V, 50Hz

최저 최고 기온 1월 3~8℃, 5월 11~20℃, 7월 16~26℃, 10월 10~17℃

물가 우리나라와 비슷하거나 조금 더 높다. 외식비와 교통비는 우리나라보다 꽤 비싼 편이다. 숙박비는 서울과 비슷하다. 장보기 물가는 우리나라보다 저렴한 편이다. 매장에 따라 가격이 조금 다른데, 스타벅스는 아메리카노 2.95유로(약 4000원 정도), 카페라테 중간 사이즈 4.45유로(약 6300원 정도) 안팎이다. 파리의 맥도날드 빅맥 세트는 8~10유로(약 11300원~14200원 정도) 정도이다. 지하철 요금은 1존에 2.15유로이다.(출처 : numbeo.com)

파리의 주요 축제

차이니즈 뉴이어(음력 설날)
페트 드 라 뮤지크(6월 21일)
게이 퍼레이드(6월 말)
바스티유의 날(7월 14일, 혁명기념일 축제)
파리 플라쥬(7월 중순)
유럽 문화유산 기념일(9월 셋째 주 주말)
뉘 블랑쉬(백야 축제, 10월 첫째 주 토요일 밤)
몽마르트르 와인 축제(10월 초)
보졸레 누보(11월 셋째 주 목요일 자정)
크리스마스 마켓(12월, 샹젤리제 거리)

파리의 주요 관광안내소

파리의 관광안내소는 여행 기간을 최대한 활용할 수 있는 실용적인 정보를 여행객에게 제공한다. 파리 지도, 도시 가이드북, 투어 정보 등을 구할 수 있다. 주요 관광안내소는 파리 시청에 있는 중앙 안내소와 파리 북역의 관광안내소이다. 그 밖에 파리 종합 관광안내소 공식 사이트https://www.parisinfo.com에서도 다양한 정보를 얻을 수 있다.

❶ 파리 시청(Hôtel de Ville)의 중앙 안내소

메트로 1·11호선 오텔드빌역Hôtel de Ville 29 rue de Rivoli, 75004
월~일요일 10:00~18:00(마지막 입장 17:50)

❷ 파리 북역(Gare du Nord)의 관광안내소

지하철 4·5호선 및 RER B와 D선의 파리 북역Gare du Nord 18 rue de Dunkerque, 75010
월~토요일 9:00~17:00(마지막 입장 16:50, 일요일 및 공휴일 휴관)

파리의 날씨와 기온

계절 불문하고 온화한 편이다. 여름엔 습기가 없어 쾌적하고 기온은 30℃를 넘지 않으며, 겨울엔 기온이 영하로 떨어지지 않는다. 여행하기 좋은 시기는 6월 중순에서 9월 중순까지로 평균 기온이 16~20℃ 정도를 유지한다. 비는 일 년 내내 골고루 한 달에 7~8일 정도 내린다. 겨울이 강수량이 조금 더 많은 편이지만 여행에 지장을 줄 정도는 아니다. 다만 겨울엔 장시간 야외에 머물 가능성이 높으므로 체감 온도는 실제보다 더 춥게 느껴질 수 있다.

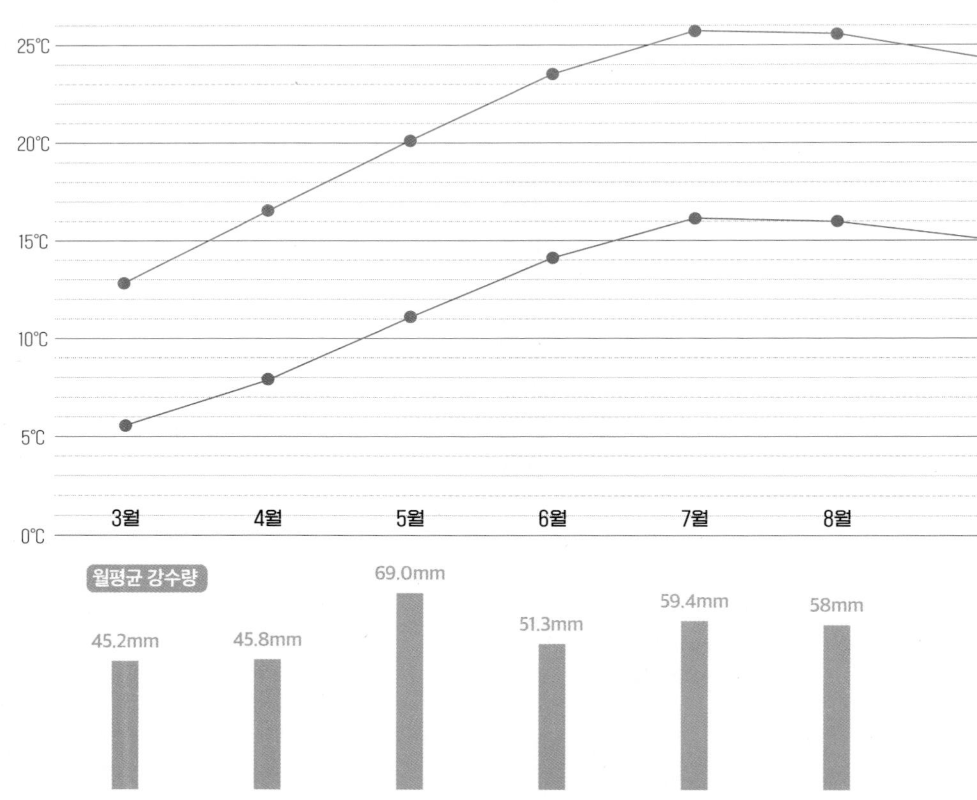

파리의 계절별 날씨와 기온

봄 3~5월

4월까지는 쌀쌀한 날씨라 야외 활동 시 얇은 패딩이나 겉옷을 입는 사람들이 많다. 아침, 저녁으로는 머플러를 두르는 것이 도움이 될 수 있다. 5월엔 날이 맑고 포근해져 여행하기 좋다. 얇은 옷을 여러 벌 겹쳐 있거나, 가벼운 겉옷을 준비하는 것이 좋다.

여름 6~8월

햇볕은 쨍쨍하고 날씨가 맑은 날이 많다. 섭씨 25~30도를 오가며, 습도가 낮아 쾌적하고 아침저녁으로 시원하다. 해가 9시쯤 돼야 지기 시작한다. 얇은 카디건 정도 챙기는 게 좋다.

파리의 월별 기온과 강수량

월	기온	평균 강수량
1월	최저 3.2℃ 최고 7.6℃	평균 강수량 47.6mm
2월	최저 3.3℃ 최고 8.8℃	평균 강수량 41.8mm
3월	최저 5.6℃ 최고 12.8℃	평균 강수량 45.2mm
4월	최저 7.9℃ 최고 16.6℃	평균 강수량 45.8mm
5월	최저 11.1℃ 최고 20.2℃	평균 강수량 69.0mm
6월	최저 14.2℃ 최고 23.4℃	평균 강수량 51.3mm
7월	최저 16.2℃ 최고 25.7℃	평균 강수량 59.4mm
8월	최저 16℃ 최고 25.6℃	평균 강수량 58mm
9월	최저 13℃ 최고 21.5℃	평균 강수량 44.7mm
10월	최저 9.9℃ 최고 16.5℃	평균 강수량 55.2mm
11월	최저 6.2℃ 최고 11.1℃	평균 강수량 54.3mm
12월	최저 3.8℃ 최고 8℃	평균 강수량 62.0mm

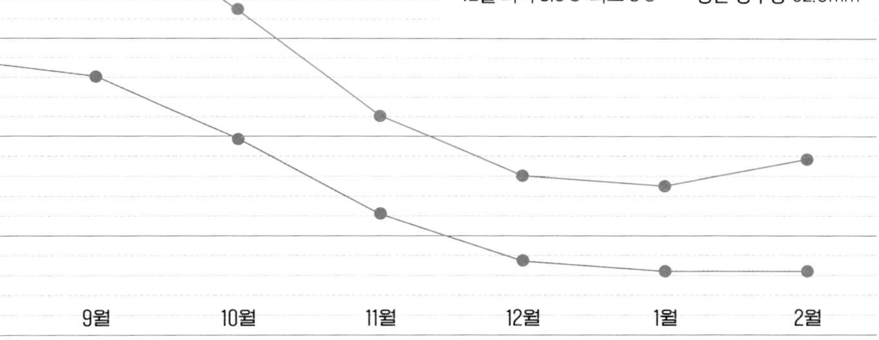

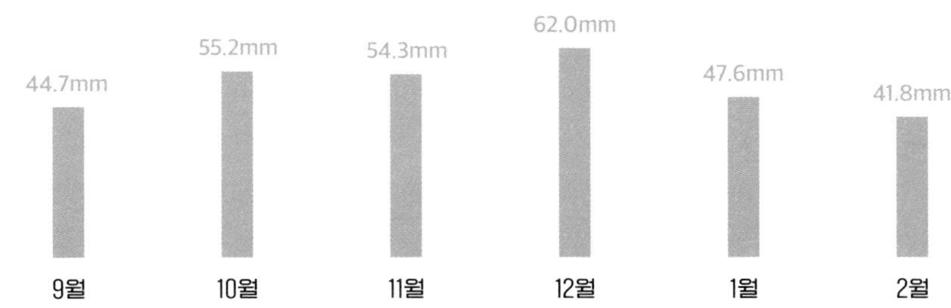

가을 9~12월

파리의 9월은 서울의 10월처럼 선선한 날씨가 이어진다. 긴 옷과 가을용 외투를 준비하자. 10월은 꽤 쌀쌀하고 흐린 날이 많아진다. 10월 말에 서머타임이 해제되며 7시 정도면 해가 지기 시작한다. 니트 셔츠와 톡톡한 외투가 필요하다. 휴대용 우산도 준비하자.

겨울 1~2월

일교차가 크지 않고 영하로 내려가는 경우는 드물다. 최저 영상 3도, 최고 영상 8도 정도를 오간다. 1월이면 본격적인 겨울이지만, 추위가 아주 두꺼운 옷으로 중무장할 정도는 아니다. 그러나 체감 온도는 낮은 편이다. 저녁 6시 정도면 어두워지기 시작한다.

10분 만에 읽는 프랑스 역사

아는 만큼 볼 수 있고, 보이는 만큼 즐길 수 있다고 했다.
파리와 프랑스의 역사를 알면 명소와 거리, 건축물에 담긴 의미와 스토리를 더 깊이 즐길 수 있다.
더 특별한 파리 여행을 위해 프랑스 속으로 한 걸음 더 들어가 보자.

켈트족 땅에 로마가 들어왔다 BC 8세기~AD 5세기

©Mbzt

기원전 7~8세기, 프랑스는 골Gaule족의 땅이었다. 골족은 켈트족을 부르는 프랑스어이다. 이 무렵 파리엔 시테섬과 센 강변에 켈트족의 일파인 파리시Parisii족이 살고 있었다. 파리라는 도시 이름은 파리시족에서 나왔다. 기원전 52년, 로마가 파리를 정복했다. 로마는 5~6천 명이 거주하는 도시 국가를 건설했다. 라탱 지구에 있는 원형경기장이 그 흔적이다. 도시 국가를 건설한 로마는 파리에 라틴어를 보급했다. 라틴어가 처음 보급된 이 지역을 지금도 라탱 지구라 부른다. 라틴어는 훗날 프랑스어로 발전했다. 로마의 파리와 프랑스 지배는 5세기까지 이어졌다.

로마의 멸망과 프랑크 왕국의 등장 AD 6세기~AD 10세기

4~5세기 무렵, 유럽 북동쪽에서 게르만족이 대거 남쪽으로 이동하자 로마 제국서로마제국이 힘을 잃기 시작했다. 476년 서로마제국을 물리친 게르만족은 이탈리아 북부와 독일, 프랑스에 이르는 넓은 땅에 프랑크 왕국481~987을 세웠다. 프랑크 왕국은 가톨릭에 기초를 둔 서유럽 최초의 게르만왕국이었다. 843년 프랑크 왕국은 땅을 왕자들에게 분할상속하면서 동프랑크와 서프랑크로 분열되었다. 동프랑크는 작센 왕조의 독일왕국이, 서프랑크는 카페 왕조의 프랑스왕국이 되었다.

봉건제의 등장과 십자군 전쟁 987~1328

©British Library

987년 서프랑크에 카페 왕조(987~1328)가 들어섰다. 이때 봉건제가 발달했다. 봉건제란 노예제와 자본주의 사이에 존재했던 사회경제체제이다. 제후들이영주 왕에게 충성하고 군역을 담당하는 대가로 토지영지를 받아 경영하였다. 영주는 농노농민를 지배했다. 봉건제는 9세기부터 16세기까지 이어졌다. 이 시기의 대표적인 사건이 십자군 전쟁1095~1272이다. 예루살렘은 독특하게 유대교, 가톨릭, 이슬람의 공동 성지이다. 이들의 뿌리가 같기 때문이다. 예루살렘을 차지한 이슬람교도들이 가톨릭교도들의 성지 순례를 금지하자, 교황이 성지 탈환을 목적으로 전쟁을 일으켰다. 영주들은 솔선하여 농노들을 원정대에 파견했다. 처음에는 승리했으나 십자군 원정은 사라센군에 패해 실패로 끝났다.

흑사병과 백년전쟁 그리고 르네상스 1328~1589

십자군 전쟁의 실패로 카페 왕조가 무너졌다. 1328년, 카페 왕조의 방계인 발루아 왕조1328~1589가 들어섰다. 백년전쟁, 흑사병, 르네상스. 이 시기를 대표하는 역사적 사건들이다. 백년전쟁1337~1453은 플랑드르 지방지금의 벨기에와 네덜란드 남부의 영토와 프랑스 왕위 계승 문제(영국 왕가와 프랑스 왕가는 혈연관계였다.)을 두고 영국과 벌인 긴 전쟁이다. 이때 오를레앙의 성녀 잔 다르크1412~1431가 등장해 위기에 몰린 프랑스를 구했다. 하지만 그녀는 영국군에 잡혀 런던에서 화형당했다. 프랑스에선 성녀였으나 영국에서 그녀는 악녀였다.

십자군 원정 때 병사들이 가지고 온 페스트균이 프랑스를 죽음으로 몰아넣었다. 1348~1360년 사이 프랑스 인구의 30%가 사라졌다. 흑사병은 봉건제를 뿌리째 흔들었다. 농사지을 사람이 절대적으로 부족했기 때문이다. 게다가 상공업까지 발달하면서 봉건제는 해체의 길로 들어섰다.

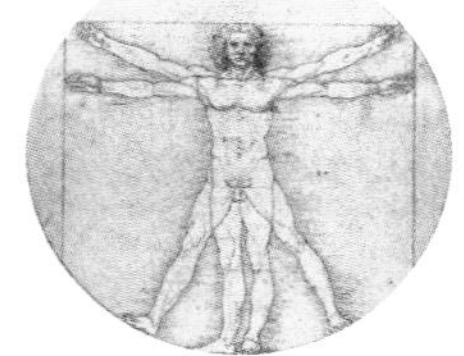

암흑의 시기에, 한 줄기 빛이 프랑스를 비추기 시작했다. 인문주의, 르네상스였다. 프랑수아 1세1494~1547 때 프랑스 르네상스는 절정에 달했다. 그는 레오나르도 다빈치를 프랑스로 초대해 루아르 강가의 클로 뤼세 성에 머물게 했다. 그는 직접 다빈치의 임종을 지키기까지 했다. 이 덕에 프랑스는 <모나리자>와 <세례 요한> 같은 걸작을 얻을 수 있었다.

절대왕정 시대, 짐이 곧 국가다 16세기~18세기

중세와 근대 사이, 교황의 종교적 권위가 약해지고, 왕에 버금갔던 봉건영주의 세속권력이 미약해지자 그 틈을 비집고 절대왕정이 등장했다. 태양왕 루이 14세1638~1715는 절대왕정의 상징 인물이다. 그는 영주들을 귀족화하고, 궁전 근처에 머물며 국왕을 보좌하는 시종의 지위로 내려 앉혔다. 유럽 여러 나라와 전쟁을 벌여 영토를 확장했다. 북아메리카엔 거대한 식민지를 개척했다. 계몽주의 사상도 일으켰다. 철학자 볼테르가 대표적인 인물이다.

베르사유 궁전은 절대왕정의 상징 건축물이다. 원래는 루이 13세가 사냥용 별장으로 지었으나 루이 14세가 바로크 양식단순하고 비례와 조화를 중시한 르네상스 양식에 이어 17~18세기 유럽에서 유행한 예술 양식. 화려하고 장식적인 게 특징이다.의 U자형 대궁전으로 개축하고 정원과 운하를 만들었다. 절대 권력을 과시하기 위해 궁전 내부를 가구, 보석, 벽화, 각종 장식품으로 화려하게 꾸몄다.

©damian entwistle

시민이 곧 국가다, 프랑스 대혁명 1789~1794

세상이 변하고 있었다. 바다 건너 영국에선 근대적인 의회민주주의가 꽃피기 시작했으나 프랑스는 여전히 절대왕정이었다. 이웃 나라와 전쟁하고, 영국 견제 목적으로 미국 독립을 지원한 탓에 재정이 파탄 났다. 세금은 새롭게 등장한 부르주아시민, 평민와 농민이 부담했다. 그 무렵 볼테르, 루소 같은 계몽주의철학자들이 인권과 합리주의를 내세워 프랑스의 변화를 주장했다. 1789년, 루이 16세1754~1793는 재정을 개혁하기 위해 삼부회귀족, 성직자, 시민 출신 의원으로 구성된 프랑스의 신분제 의회를 베르사유 궁전에서 열었다. 시민 의원들은 평등과세, 귀족 특권 폐지를 주장했다. 영국식 의회 체제로 삼부회도 개혁하자고 주장했다. 권력 상실의 위기를 느낀 루이 16세는 군대를 동원해 삼부회를 해산하고, 시민 의원들이 주도해 만든 '국민회의'를 탄압했다. 이에 시민과 민중이 합세했다. 군대를 공격하고, 바스티유 감옥을 습격해 죄수들을 풀어주었다. 자유, 평등, 연대! 프랑스 대혁명이 일어난 것이다. 1789년 7월 14일이었다.

루이 16세는 왕비 마리 앙투아네트와 처가인 오스트리아로 탈출할 계획을 세웠다. 심지어 오스트리아 군대를 동원해 혁명파를 공격할 계획까지 세웠다. 그는 하인으로 변장한 채 가족을 이끌고 탈출을 시도했지만, 혁명파에 발각되어 파리로 끌려왔다. 1793년 1월 21일, 왕은 프랑스 국민을 배신한 죄로 콩코르드 광장의 단두대에서 처형당했다. 왕의 시대가 저물고 시민의 세상이 열리고 있었다.

나폴레옹과 파리 개조 프로젝트 18세기 말~19세기 말

혁명 이후 공화정이 열렸으나 프랑스는 곧 혼란에 빠졌다. 급진파와 온건파의 갈등이 심했다. 군인 출신 나폴레옹 1세1769~1821가 혼란을 수습했다. 그는 공화정 제1통령을 거쳐 제정을 선포하고 황제가 되었다. 그는 이탈리아, 오스트리아, 이집트 원정에 나서 승리했다. 그러나 러시아원정에 실패하고 워털루 해전에서 영국에 패하면서 권력을 잃었다.

잠시 왕정을 거쳐 1848년 제2공화정이 열렸다. 나폴레옹 1세의 조카 나폴레옹 3세1808~1873가 대통령이 되었다. 하지만 그는 몇 년 뒤 공화정을 해체하고 스스로 황제 자리에 올랐다. 그는 파리시장인 오스만 남작을 시켜 도시 개조 사업1853~1870을 벌였다. 파리 개조의 목적은 불손했다. 당시 시민들은 바리케이트를 쳐 도로를 막고 시위를 벌였다. 나폴레옹 3세는 시위가 혁명으로 발전하는 게 두려웠다. 개조 사업의 첫 대상은 좁고 구불구불한 도로였다. 도로 폭을 넓히고 직선화하여 바리케이트를 치지 못하게 할 계획이었다. 이렇게 해서 개선문에서 방사형으로 뻗은 직선도로가 생겼다. 기차역과 주요 광장을 연결하는 큰길도 닦았다. 하수도를 대대적으로 뚫어 위생 문제를 해결했다. 가스 가로등을 설치하고, 공원과 광장, 오페라 가르니에 같은 공공시설을 만들었다.

의도는 불손했으나 파리 개조 프로젝트는 대성공이었다. 파리가 힙하고 아름다운, 세상에 없는 근대도시로 다시 태어났다. 유럽이 열광했다. 특히 예술가들이 찬사를 보냈다. 네덜란드의 반 고흐, 이탈리아의 모딜리아니, 러시아의 샤갈, 스페인의 피카소와 살바도르 달리…. 유럽의 예술가들이 파리로 모여들기 시작했다. 이들의 행렬은 20세기까지 이어졌다. 혁명의 도시 파리가 세계 예술의 수도로 우뚝 서고 있었다.

10분 만에 읽는 서양미술사

루브르, 오르세, 노트르담 대성당, 피카소미술관….
놀랍게도 파리에 가면 고대 그리스부터 현대까지 서양 미술사를 관통하는 그림과 건축을 만날 수 있다.
파리의 명소와 미술관에서 볼 수 있는 작품을 중심으로 서양 미술사를 간단하게 정리한다.

헬레니즘 예술-밀로의 비너스, 사모트라케의 니케 BC 323~BC 30

헬레니즘Hellenism은 그리스주의라는 뜻이다. 의미는 그리스주의지만, 헬레니즘은 정작 다른 문화 곧 동양 문화와 교류하고 융합하는 과정에서 나왔다. 헬레니즘 시대는 알렉산더 대왕 사후, 그가 페르시아와 이집트를 정복한 이후부터 열린다. 헬레니즘 문화가 꽃핀 대표 지역도 그리스 본토가 아니라 알렉산드리아였다. 헬레니즘 미술은 그러므로, 그리스적인 게 아니라 그리스 문화와 이집트, 페르시아로 대표되는 오리엔트 문화가 융합하고 영향을 주고받으며 질적으로 변화한 새로운 제3의 미술로 보아야 한다. 헬레니즘 미술에는 그 이전의 미술에 보이는 주술성과 종교적인 색채 사라지고 인간의 본능과 감정이 잘 드러나 있다. 표현 기법도 화려하고 장대하다. 게다가 극적이고 관능적이다. 루브르에서 관람할 수 있는 <밀로의 비너스>와 <사모트라케의 니케>, 바티칸에 있는 <라오콘 군상>이 대표 작품이다.

고딕 건축-노트르담 대성당, 생트 샤펠 성당 13~15세기

중세의 대표적인 건축양식이다. 고딕은 '고트족의'라는 뜻이다. 고트족은 스칸디나비아반도에서 북유럽당시의 프랑스 북부와 독일 북부, 영국, 네덜란드으로 남하한 동게르만계의 한 부족이다. 르네상스 시대 예술가들이 게르만 문화를 멸시할 때 '고딕'이라고 불렀다. 이는 지중해 벨트 도시들의 문화 우월성을 대놓고 드러낸 표현이다. 고딕 건축은 13세기에 프랑스 북부 생드니와 파리의 성당에서 시작되어 15세기까지 서유럽 여러 나라로 퍼졌다. 고딕 건축의 시대는 교황의 교회 권력이 정치 권력을 압도하던 시기와 일치한다. 따라서 건축 요소는 신을 향한 숭배에 맞추어져 있다. 뾰족 아치, 하늘 높이 솟은 첨탑, 갈비뼈 모양으로 굽은 높은 천장, 화려한 스테인드글라스, 외벽을 지탱하는 반 아치형 석조 구조물 등을 기본으로 갖추고 있다. 제단은 예수가 동방에서 부활한다는 믿음에서 동쪽에 배치했다. 노트르담 대성당과 생트 샤펠 성당이 대표적인 고딕 건축이다.

르네상스 예술-모나리자, 비너스의 탄생, 죽어가는 노예 14~16세기

르네상스는 프랑스어로, 부활 또는 재탄생이라는 뜻이다. 14~16세기, 이탈리아에서 시작하여 유럽 전역으로 퍼진 문예 흐름이다. 부활은 그리스 로마 문화의 부흥을 의미한다. 중세의 절망십자군 전쟁, 흑사병, 가톨릭의 부패에 빠진 유럽인들은 그리스와 로마 시대의 문화에서 희망의 근거를 찾으려고 했다. 르네상스 문화는 휴머니즘, 개인과 자연의 발견, 고전주의의 부활 등으로 요약할 수 있다. 르네상스는 중세와의 과감한 결별, 그리고 새로운 시대에 관한 열망을 담고 있다. 르네상스를 대표하는 예술가로는 지오토, <비너스의 탄생>의 작가 보티첼리, 레오나르도 다빈치, 미켈란젤로, 라파엘로를 꼽을 수 있다. 루브르에서 다빈치의 <모나리자>, 미켈란젤로의 <죽어가는 노예> 같은 명작을 감상할 수 있다. 건축으로는 파리 남쪽의 퐁텐블로 궁전, 루아르 강변의 블루아성, 샹보르성, 쉬농소성을 꼽을 수 있다. 루브르 박물관엔 르네상스와 바로크 양식이 혼재되어 있다.

바로크 예술-마리 드 메디시스 연작, 앵발리드 교회 17세기 초~18세기 전반

바로크 미술은 17세기 초부터 18세기 전반에 유럽 여러 나라에서 유행한 미술 양식이다. 장식성과 화려함, 동적이고 과장된 표현, 장중함 등이 바로크 양식의 특징이다. 바로크란 '일그러진 진주'라는 뜻의 포르투갈어인데, 원래는 르네상스 예술과 비교해 '기이하고 그로테스크하다'라는 부정적인 의미로 쓰였다. 바로크 예술을 대표하는 화가는 루벤스1577~1640이다. 그는 유럽의 왕실과 귀족에게 인기가 많았다. 대표적인 후원자는 피렌체 메디치 가문 출신 마리 드 메디시스였다. 그녀는 앙리 4세의 부인이자 루이 13세의 어머니였다. 루벤스는 그녀의 일대기를 <마리 드 메디시스 연작>이라는 이름으로 24점을 그렸다. 그녀는 그림을 뤽상부르 궁전 갤러리에 전시했다. 지금은 루브르 리슐리외관의 '메디시스 갤러리'에서 감상할 수 있다. 건축물 중에는 앵발리드 교회, 베르사유 궁전 등에서 바로크 미학의 특징을 확인할 수 있다. 루브르와 뤽상부르 궁전에서는 르네상스와 바로크 양식 둘 다 경험할 수 있다.

©Sailko-Wikimedia Commons

신고전주의 예술-나폴레옹 1세 대관식, 소크라테스의 죽음

18세기 말~19세기 초반

프랑스 대혁명 전후 시기인 18세기 말부터 19세기 초반 사이에 프랑스와 유럽 여러 나라에서 유행한 예술 양식이다. 가볍고 화려한 색채, 섬세한 장식, 경쾌한 곡선으로 요약할 수 있는 로코코 양식에 반대하며 등장하였다. '신고전주의'란 용어에서 알 수 있듯이 그리스와 로마의 미학으로 돌아가자는 의미를 담고 있다. 정연한 통일성, 균형과 조화의 미, 입체적인 형태미 등을 중요시하였다. 대표 화가는 자크 루이 다비드1748~1825이다. 대표작은 <나폴레옹 1세 대관식>, <호라티우스가의 맹세>, <소크라테스의 죽음> 등이다. 앞의 두 작품은 루브르에서 관람할 수 있다.

©Ad Meskens-Wikimedia Commons

©flickr

인상주의 예술-모네, 드가, 르누아르 19세기 후반~20세기 초

19세기 후반부터 20세기 초 사이에 프랑스에서 일어난 예술운동이다. 1874년 4월 전통회화에 거부감이 컸던 파리의 젊은 예술가들이 카페 게르부아에서 '무명협동협회'라는 이름으로 독자적인 전시회를 연 것이 시초이다. 카페 게르부아는 인상주의 화가들에게 큰 영향을 주었고, 근대회화의 시조로 불리는 에두아르 마네가 운영했다. 인상주의라는 이름은 모네의 <인상, 해돋이>에서 힌트를 얻어 평론가 루르아가 조롱하듯 쓴 말에서 비롯됐다. 인상주의 화가들은 빛에 의해 풍경과 사물이 시시각각 변화하는 '인상'을 밝고 객관적이며 사실적으로 그렸다. 그들에게 중요한 건 사물과 자연의 원래 색이 아니라 빛의 양과 방향에 따라 변화하는 순간적인 인상이 중요했다. 대표적인 화가로는 모네, 드가, 피사로, 르누아르 등을 꼽을 수 있다. 오르세, 오랑주리, 마르모탕 미술관에서 인상파의 작품을 감상할 수 있다.

탈인상주의 예술-고흐, 고갱, 세잔, 쇠라 19세기 말~20세기 초

후기 인상주의Post-Impressionism라고 부르기도 한다. 19세기 말과 20세기 초에 프랑스를 중심으로 형성된 예술 흐름이다. 더 정확하게는 1890년부터 마티스로 대표되는 야수파가 등장하는 1905년까지이다. 인상주의에 영향을 받았으나, 인상파에서 벗어나 새로운 미술을 추구했기에 후기인상주의라는 말보다는 탈인상주의라고 부르는 게 더 맞다. 대표 작가로 고흐, 고갱, 세잔, 쇠라 등을 꼽을 수 있다. 이들은 '인상'을 효과적으로 그리는 게 아니라 작가의 내면과 감정을 적극적으로 '표현'하려고 했다. 강렬한 색채, 원시적인 소재고갱, 점묘법쇠라, 복수시점·면분할·대상의 본질 묘사세잔 등도 탈인상주의 화가에게서 나타난다. 오르세 미술관에서 이들의 작품을 주로 감상할 수 있다. 탈인상주의와 비슷한 시기에 로댕은 조각에 내적 감정과 진실, 생명성을 불어넣으며 고정화, 정형화된 전통 미의식과 결별했다. 근대 조각이 탄생하는 순간이었다.

입체주의, 그리고-피카소, 마티스, 칸딘스키 20세기 초

입체주의는 20세기 초, 정확하게는 1900년부터 1914년 사이에 파리에서 일어난 미술 운동이다. 르네상스 때부터 이어진 유럽의 사실주의 전통을 혁신한 매우 중요한 예술운동이다. 20세기 초에 마티스가 조르즈 브라크의 풍경화를 '입체적 조각'이라고 평가한 데서 큐비즘이라는 용어가 탄생했다. 대표적인 화가로는 브라크와 피카소를 꼽을 수 있다. 이들은 세잔의 그림에서 영감을 받았다. 세잔은 물체와 풍경을 다양한 시선복수시점에서 바라보고 이를 면분할 방법으로 형상화하였는데, 이를 모방하면서 입체주의가 시작됐다.

입체주의가 등장할 무렵을 전후하여 프랑스에선 다양한 유파가 활동했다. 마티스로 대표되는 야수파, 샤갈의 초현실주의, 몬드리안과 칸딘스키의 추상주의, 뒤샹으로 대표되는 다다이즘을 꼽을 수 있다. 입체파 작품은 피카소미술관과 퐁피두센터의 파리 국립현대미술관 5층에서, 나머지 작가들의작품은 파리 국립현대미술관 4층에서 관람할 수 있다.

파리를 이해하는 핵심 키워드 4가지

아는 만큼 보이고, 아는 만큼 즐길 수 있다고 했다. 거리, 미술관, 시장, 건축물 등 파리가 보여주는 텍스트뿐만 아니라 그 안에 담긴 역사와 이야기를 알면 여행이 더 풍부해질 것이다. 네 가지 키워드로 파리를 설명한다. 파리 속으로 한 걸음 더 들어가 보자.

파리는 시테섬에서 시작되었다

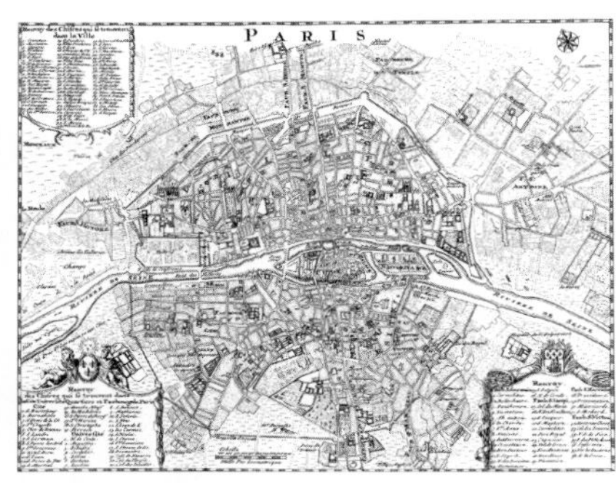

파리는 프랑스의 수도이다. 면적은 서울의 약 1/6에 지나지 않고, 인구는 220만 명 안팎이지만, 어마어마한 문화유산을 품은 문화와 예술의 중심지다. 아름다운 도시 경관, 잘 보존된 유적, 세계 최고 박물관과 미술관이 세계 시민을 파리로 불러들이고 있다.

파리엔 기원전부터 갈리아인 혹은 골족Gaul이 살고 있었다. 율리우스 카이사르가 쓴 『갈리아 전기』에 따르면 기원전 1세기경 센강의 시테섬에 골족의 한 부족 집단인 파리시족Parisii이 살고 있었다. 시테섬이 파리의 발상지인 셈이다. 시테는 불어로 도시라는 뜻이다. 파리라는 도시 이름도 시테섬에 살던 파리시족에서 유래했다.

파리는 20개 구로 이루어져 있다. 튈르리 공원과 루브르가 있는 곳이 1구로 가장 중심지이며, 시계 방향으로 달팽이처럼 돌아나가면서 숫자가 커진다. 즉, 숫자가 커질수록 중심에서 멀어진다고 볼 수 있다. 시테섬은 4구, 에펠탑과 오르세미술관은 7구, 개선문과 샹젤리제는 8구이다. 몽마르트르를 제외한 주요 관광지는 1~9구 사이에 모여 있다. 몽마르트르는 파리 북쪽 18구에 있다.

시민 혁명의 도시

La Samaritaine sur le Pont Neuf à Paris
©lookandlearn

18세기 말, 프랑스는 영국에 대항해 독립전쟁을 하는 미국을 무리하게 도운 까닭에 경제적으로 큰 어려움을 겪고 있었다. 설상가상으로 국왕 루이 16세는 능력이 부족했고, 왕비 마리 앙투아네트는 사치에 빠져 지냈다. 세금은 날로 늘어났다. 왕실, 귀족, 성직자는 세금도 내지 않으면서 사치를 포기하지 않았다. 시민들은 귀족과 성직자에게도 세금을 내게 하자고 요구했다. 그러자 기득권 세력은 삼부회의시민, 귀족, 성직자 대표로 이루어진 의회에서 결정하자고 주장했다. 하지만 삼부회의는 구성상 시민의 요구를 반영할 수 없었다. 이에 시민들은 베르사유 궁전으로 몰려가 '국민의회'를 만들었다. 하지만 왕실과 귀족은 회의 장소를 제공하지 않았다. 이에 시민 대표들은 베르사유 궁전 테니스 코트에서 의회를 열었다. 이것이 그 유명한 '테니스 코트의 맹세'이다. 왕과 귀족은 군대를 동원해 시민들을 공격하려 했다. 분노한 시민들은 무기를 들고 저항했다. 그리곤 저항 인사를 가두고 있던 바스티유 감옥으로 달려갔다. 1789년 7월 14일, 마침내 프랑스 혁명이 시작되었다.

문화 예술의 수도

파리는 19세기 오스만 남작의 도시 개조 사업 후 지금의 모습으로 변모했다. 이후 많은 문화, 예술가들의 동상이 건립되고 20세기 전후의 만국박람회를 통해 문화, 예술 도시의 이미지를 구축했다. 에펠탑, 그랑 팔래, 알렉상드르 3세 다리 등 현재 수많은 파리의 관광 명소들은 만국박람회를 위해 지어진 것이다. 이때부터 예술가와 지식인, 작가들이 파리로 모여들어 문화의 꽃을 피워냈다. 상징주의, 인상주의, 포비즘야수파, 큐비즘이 파리에서 태어났다. 지금도 파리엔 빅토르 위고, 마르셀 프루스트, 에밀 졸라, 밀레, 마네, 모네, 세잔, 고흐, 르누아르, 로댕, 마티스, 피카소의 향기가 흐른다. 단언컨대, 파리는 세계 문화 예술의 수도이다.

미식의 성지

파리, 하면 음식을 빼놓을 수 없다. 많은 이들이 미식 여행을 오고, 쇼핑보다 더 많은 돈을 카페, 맛집, 와인 바에서 사용한다. 프랑스의 음식문화는 유네스코 무형유산으로 지정됐을 만큼 절대적인 가치를 인정받고 있다. 아페리티프식전주, Apéritif로 시작해 앙트레전식, Entrée, 플라본식, Plat, 프로마쥬치즈, Fromage, 데세흐디저트, Dessert, 그리고 식사와 함께 즐기는 와인까지 포함된 프랑스식 식사는 파리 여행에서 빠질 수 없는 필수 코스다. 미식의 성지 파리를 여행하는 내내 당신의 입이 즐거울 것이다.

식당 예약하기

파리 유명 식당은 예약하는 것을 추천한다. 식당 홈페이지에 들어가서 예약할 수 있고, 전화로 예약을 받는 곳도 있다. 여행 사이트 트립어드바이저Tripadvisor의 식당 예약 어플 더 포크The fork를 이용하면 많은 식당을 클릭 한 번으로 손쉽게 예약할 수 있다. 어플을 통해 예약할 경우, 최대 50%까지 할인을 받을 수 있으며, 한 식당을 이용할 때마다 얌Yum 포인트가 쌓인다. 포인트 실적에 따라 할인을 받을 수 있다. 유럽 10개국의 수많은 도시에서 이용할 수 있다. 더 포크의 불어 사이트 이름은 La forchette이다.

라포흐셰뜨 www.lafourchette.com

10문 10답, 여행 전에 꼭 알아야 할 파리 Q&A

파리 여행의 최적 시기, 파리의 치안과 화장실 이용법, 소매치기와 여권 분실 시 대처법까지 여행 전에 꼭 알아두어야 할 정보를 10문 10답으로 풀었다. 필자가 들려주는 '이것만은 꼭 해라' 항목도 주목하자.

① 최적 여행 시기는 언제인가?

파리는 일 년 내내 여행하기 좋은 도시이다. 굳이 꼽자면 6월부터 9월을 추천한다. 습도와 최고 기온이 우리처럼 높지 않아 여행하기 좋다. 일교차가 큰 편이라 저녁에는 쌀쌀할 수 있으니 얇은 겉옷을 준비하자. 파리의 여름은 밤늦게까지 해가 지지 않아 파리 구석구석을 만끽하기 좋다.

② 며칠 일정이 좋을까요?

파리부터 근교의 베르사유 궁전과 몽생미셸까지 돌아볼 계획이면 5~7일이 좋다. 파리에는 박물관, 미술관, 쇼핑 명소, 미식 여행 등 즐길 거리가 너무나 많다. 유로스타를 활용하여 런던과 묶어서 일주일 코스를 짜는 것도 좋다. 파리만 여행한다면 최소 3일 추천!

③ 이것만은 꼭 해라, 다섯 가지만 꼽는다면?

❶ 에펠탑 내 품에 담기

에펠탑은 파리 그 자체이다. 에펠탑 앞에서 파리에 왔음을 실감하며 여행의 즐거움을 만끽해보자.

❷ 미술관 관람하기

루브르, 오르세, 오랑주리. 이름만 들어도 가슴 설레는 미술관들이다. 특히 루브르의 유리 피라미드에서는 파리를 다녀왔다는 인증샷을 남기기 좋다.

❸ 휴식과 힐링을 안겨주는 카페 여행

파리 골목 곳곳에는 이름난 카페부터 작지만 예쁘고 인상적인 카페가 많다. 파리의 명소 여행도 중요한 추억이지만, 카페에서 파리를 느끼며 지나가는 파리지앵을 바라보던 그 순간을 더 깊이 기억하게 될 수도 있다.

❹ 쇼핑 천국 파리를 즐겨라!

파리는 쇼핑 품목이 무척 다양하고 폭이 넓다. 명품 거리, 백화점, 편집숍, 재래시장과 약국 쇼핑에 벼룩시장까지 쇼핑의 모든 것을 즐길 수 있다.

❺ 미식 여행도 꼭 하자.

파리는 손꼽히는 미식의 도시다. 프렌치 요리를 맛보

며 파리의 소울을 느껴보자. 이름난 맛집은 예약 필수이다. 더 포크The Fork의 어플이나 식당 홈페이지에서 예약하면 된다.

④ 파리 치안은 어떤가?

파리는 프랑스 다른 지역보다는 나은 편이다. 관광객이 많아 거리 곳곳에 경찰이 배치되어 있다. 하지만 소매치기의 스킬도 매우 뛰어나므로 방심은 금물이다. 특히 지하철역이나 쇼핑센터, 관광지 주변에서는 긴장을 늦춰서는 안 된다. 가방과 카메라는 크로스로 메고 앞으로 오게 하자. 그리고 파리 북역이 있는 10구, 11구, 18구, 19구, 20구 등 파리 북동쪽 지역은 되도록 밤에는 가지 말자.

⑤ 파리 물가는 어떤가?

비싼 편이다. 숙박비는 호스텔 20~30유로, 한인 민박 35~40유로, 호텔은 최소 150유로 정도이다. 여기에 교통비, 식비, 명소 입장료 등을 더하면 1인당 하루 최소 50~200유로 정도의 지출은 예상해야 한다.

⑥ 돈과 시간을 아끼는 여행법이 궁금하다.

꼼꼼하게 여행 일정을 잡고 나비고 등 교통권을 이용하여 대중교통으로 이동하면 비용과 시간도 절약할 수 있다. 또 웬만한 거리는 걸어서 다녀도 좋다. 오히려 파리 구석구석을 느낄 수 있어서 좋다. 마트 등의 생활 물가는 저렴한 편이다. 경비를 아끼려면 직접 식사를 해결하는 방법이 있다.

⑦ 미술관 여행 팁이 있다면?

보통 파리의 미술관 하면 루브르와 오랑주리, 오르세를 떠올린다. 하지만 이 세 곳 말고도 꼭 가봐야 할 미술관이 꽤 있다. 로댕미술관과 피카소미술관도 꼭 가보기를 추천한다.

⑧ 급하게 화장실을 이용하고 싶으면?

일단 카페와 음식점에 가면 꼭 화장실에 들러 급한 상황에 미리 대비하는 게 좋다. 맥도널드 같은 프랜차이즈 매장 화장실도 이용할 수 있다. 그밖에 명소 곳곳에 무료 공중 화장실이 있고, 1유로 안팎을 내야 하는 유료 화장실도 있다.

⑨ 유심칩 구매는 어디서 할 수 있나?

파리 시내 곳곳에 있는 통신사 매장과 공항에서 구매할 수 있다. Orange, SFR, Free Mobile, Bouygues Telecom 등의 텔레콤 회사 유심 중에 고르면 된다. 오랑주 유심이 비싼 편이다. 샤를 드골 공항에서는 터미널 1의 2층에 있는 편의점 relay에서 살 수 있다.

⑩ 파리에도 무료 와이파이가 있나요?

카페나 식당, 호텔, 지하철 등에서 무료 와이파이를 사용할 수 있다.

파리에서 꼭 지켜야 할 기본 에티켓

로마에 가면 로마의 법을 따라야 하듯 파리에 가면 파리의 상식과 예의범절을 지켜야 한다. 사람 응대할 때, 레스토랑 이용할 때 등 파리 여행자가 알아야 할 기본 상식과 에티켓을 소개한다.

❶ 말하기 전에 인사부터 하자

사람과 얘기하기 전에는 반드시 인사를 한다. 안내 데스크에 질문하기 전, 카페에서 주문하기 전, 마트에서 물건 계산하기 전에도 인사로 시작한다. 식당, 상점 등에 들어갈 때, 나올 때도 인사를 한다. 상점에서 아무것도 사지 않아도 나올 때 인사하는 것이 예의다. 인사할 때와 하지 않을 때 대우가 달라질 수 있으니 주의하자.

만날 때 봉주르/봉수아Bonjour/Bonsoir

헤어질 때 오흐부아Au revoir

❷ 문을 열고 나갈 때

문을 열고 나갈 때, 뒷사람을 위해 반드시 문을 잡아준다. 앞사람이 문을 잡아줬다고 몸만 빠져나가지 말고 뒷사람을 배려해 꼭 문을 잡아주도록 하자. 지하철 출구에서도 마찬가지다.

❸ 식당에선 큰 소리 말고 제스처로

식당에서 절대 큰 소리로 서버를 부르지 않는다. 눈을 마주치거나 작은 제스처를 취하는 게 일반적이며, 서버가 보이지 않는 경우 가서 얘기하거나 기다렸다 가까이 왔을 때 작게 부르는 것이 좋다.

저기요 엑스큐제 무아Excusez-moi

성인 남자 무슈Monsieur 성인 여자 마담Madame

❹ 팁은 필수가 아니다

레스토랑에서는 이미 가격에 서비스 차지가 포함되어 있다. 하지만 동전을 팁으로 남기는 사람들도 종종 있다. 팁을 주고 싶으면 전체 금액의 5~10% 정도가 적당하다. 호텔에서는 되도록 팁을 주는 것이 좋다.

❺ 계산은 자리에서

식당에서는 자리에 앉은 상태로 계산서를 요구한 후 계산하는 것이 보편적이다.

파리에 관한 오해와 편견

❶ 파리지앵은 불친절하다?

파리지앵이 세상에서 가장 친절한 사람들은 아니다. 하지만 특별히 무례하거나 불친절한 것은 아니다. 지하철, 버스에서 노인에게 자리를 양보하는 것이 우리나라보다 더 자연스럽다. 무례함 혹은 인종 차별적인 대우를 당했다면, 문화 차이에서 비롯된 것이거나 운이 안 좋았을 가능성이 크다.

❷ 소매치기가 많다?

예민하게 신경 쓸 정도는 아니다. 방심해서는 안 되지만, 사람을 너무 경계하느라 여행의 즐거움이 퇴색되는 수가 있다. 오히려 주의해야 할 것은 서명을 요구해오는 사람들이다. 서명을 받은 후 기부금을 빌미로 돈을 뜯어가거나, 서명하는 사이 소매치기를 하는 일당이다. 종이를 들이밀며 'Do you speak English?'라고 묻는 사람들은 조용히 무시하자. '노'든 '예스'든 대답을 했다가는 타깃이 되는 수가 있다.

❸ 불어 자부심 때문에 영어를 쓰지 않는다?

영어로 질문하면 불어로 답해준다는 일화는 오해에 불과하다. 정말 영어를 못하거나 영어에 자신이 없어서 그런 것이다. 젊은 사람들은 대부분 영어를 잘 구사하며, 관광지에서는 웬만큼 영어 소통이 가능하다.

❹ 식당에서 밥을 먹자마자 그릇을 치워버린다?

오해다. 코스 식사가 보편적이기에 다음 음식을 위해 테이블을 치워주는 것이 예의다. 치워주는 것은 그만큼 신경을 써주고 있다는 뜻으로 받아들이면 된다.

위급 상황 시 대처법

여행지에서 위급한 상황이 일어나지 않는 게 최선이지만, 혹시 일어나더라도 당황하지 말자,
우리 속담에 하늘이 무너져도 솟아날 구멍이 있다고 했다. 만약을 위해 소매치기,
신용카드와 휴대전화 분실, 여권 분실, 코로나19 등 위급 상황 시 대처법을 소개한다.

소매치기 대처법

여행지에서는 소매치기를 당하고 나서 뒤늦게 알아차리는 경우가 대부분이다. 하지만, 이러한 사고를 방지하기 위한 최선책은 귀중품을 넣은 가방을 앞으로 메거나 바지 앞주머니에 소지하는 것이다. 옆 혹은 뒤로 맨 가방은 소매치기들의 표적이 되기 매우 쉽다. 대부분 소매치기를 당한 사실조차 알아차리기 힘들다. 파리의 치안은 상대적으로 안전한 편이지만, 유동인구가 많은 관광 명소에서는 조심 또 조심해야 한다.

휴대전화·신용카드 분실 시 대처법

경찰서에 방문하여 도난신고서를 작성해야 한다. 신용카드는 카드사에 전화하여 사용 정지를 요청해놓아야 2차 피해를 방지할 수 있다. 스마트폰은 통신사에 연락하여 사용 정지를 요청하는 게 좋다. 귀국 후 보험사에 도난신고서 및 여행자 보험 가입 증빙서를 제출하면 보상 금액을 받을 수 있다. 가입한 여행자 보험의 옵션에 따라 보상 금액은 다를 수 있다.

긴급 연락처 : 경찰 17, 구급차 15, 화재 18
분실물 센터(파리 및 인근) : (+33 0) 821 002 525
비자카드, 마스터 카드 분실신고 센터 : (+33 0) 892 705 705

여권 분실 시 대처법

여권의 경우 주불 대한민국 대사관에 가서 분실신고서를 작성해야 한다.
여권용 사진 2매, 여권사본이 필요하다.
정해진 수수료를 내면 여권을 재발급받을 수 있다.

메트로 13호선 바렌느역Varenne에서 도보 2분
125 rue de Grenelle 75007, Paris
+33-1-4753-0101(근무시간 내), +33-6-8028-5396(근무시간 외)

전화 거는 방법

이 책의 전화번호에서 33은 파리의 국가번호이다. 한국에서 국제 전화를 걸 때는 001 등 국제전화 접속 번호와 33을 누른 다음 책에 표기된 다음 숫자를 누르면 된다. 현지에서 맛집, 명소 등에 전화를 할 때는 국가번호를 건너뛰고 파리의 지역 번호 01을 먼저 누른 후 그 다음 숫자를 차례로 누르면 된다.

한국에서 걸 때 001-33-1-40 20 06 19 파리에서 현지 맛집에 걸 때 01-40 20 06 19

코로나 등 안전한 여행을 위한 필수 정보

출발 전 필수 체크 사항

❶ 세계적으로 출·입국에 대한 규제가 완화되었지만, 각국 방문 시 최신으로 업데이트된 입국조건과 외교부 여행경보 발령 현황 등을 항상 확인하여 입국 및 안전 관련 정보 사전 숙지가 필요하다.

※ 외교부 해외안전여행 홈페이지(www.0404.go.kr) 내 최신안전소식-안전공지-공지 참조 (코로나-19확산 관련 각국의 해외입국자에 대한 조치현황 게시글 참조)

❷ 유사시를 대비하여 해외여행자 보험에 가입 후 출국할 것을 추천한다.

여행 중 필수 체크 사항

❶ 외교부와 재외 공관 홈페이지 내 안전공지와 사건 사고 사례 등을 참고. 현지 법령과 제도를 준수하고 문화를 존중하면서 해외여행을 안전하고 쾌적하게 진행하자.

※ 외교부 해외안전여행 홈페이지(www.0404.go.kr), 각 재외 공관별 홈페이지 참고

❷ 현지 사건·사고 발생 시 <외교부 영사콜센터(82-2-3210-0404)> 등을 활용하여 도움을 요청하자.

※ 해외안전여행 앱 및 영사콜센터 무료전화 앱도 활용 가능

❸ 귀국 시점의 방역지침을 잘 숙지하여, 국내 입국 시 문제가 없도록 반드시 체크하자.

여행 준비 정보 여권 만들기부터 출국까지

1 여권 만들기

여권은 해외에서 신분증 역할을 한다. 출국 시 유효기간이 6개월 이상 남아 있으면 된다. 유효기간이 6개월 이내면 다시 발급받아야 한다. 6개월 이내 촬영한 여권용 사진 1매, 주민등록증이나 운전면허증을 소지하고 거주지의 구청이나 시청, 도청에 신청하면 된다. 파리에선 여행이 목적이라면 여권만 있으면 90일 동안 무비자로 머물 수 있다. 25세~37세 병역 대상자 남자는 병무청에서 국외여행허가서를 발급받아 여권 발급 서류와 함께 제출해야 한다. 지방병무청에 직접 방문하여 발급받아도 되고, 병무청 홈페이지 전자민원창구에서 신청해도 된다. 전자민원은 2~3일 뒤 허가서가 나온다. 출력해서 제출하면 된다. 병역을 마친 남자 여행자는 예전엔 주민등록초본이나 병적증명서를 제출해야 했으나, 마이데이터 도입으로 2022년 3월 3일부터는 제출하지 않아도 된다.

우리나라 여권 파워는 세계 2위

헨리엔드 파트너스에 따르면 2024년 기준 우리나라 여권 파워는 일본, 싱가포르, 독일, 이탈리아, 스페인(공동 1위)에 이어 핀란드, 스웨덴과 함께 공동 2위이다. 덕분에 대한민국 여권은 여행지 내에서 소매치기의 표적이 되기 쉽다. 신분증 역할을 하니 언제나 지니고 다니되, 분실하지 않도록 잘 보관해야 한다. 분실 등 만약의 상황에 대비해 사진 포함 중요 사 항이 기재된 페이지를 미리 복사하여 챙겨가면 도움이 될 수 있다.

2 항공권 구매

언제, 어디서 구매하는 게 유리한가?

파리 여행의 극성수기는 7~8월로, 이때는 항공권이 비싼 편이다. 일정이 정해졌다면 최대한 일찍 적어도 3개월 전에 구매하는 것이 좋다. 하지만 할인된 항공권의 경우 출발일 변경이나 취소 시 10만 원 안팎의 수수료를 내야 하므로 신중하게 결정하는 것이 좋다. 항공권 가격은 상시 변경되니 주요 항공권 구매 사이트를 활용하여 최저가 항공권을 찾아보자.

주요 항공권 비교 사이트
스카이스캐너 https://www.skyscanner.co.kr
카약 https://www.kayak.co.kr

3 숙소 예약

ⓒ더 타워호텔

숙소 형태 정하기

본인의 예산에 따라 숙소의 형태를 정하자. 1박 당 20~30유로 하는 호스텔부터 300~400유로 하는 호텔까지 선택지가 다양하다. 그밖에 한인민박, 에어비앤비도 있다. 파리는 다른 도시에 비해 한인민박이 많은 편이다. 필요와 취향, 가격대에 따라 선택하면 된다.

숙소 형태별 장단점

파리 1~9구 이내의 지역을 추천한다. 치안이 좋은 편이며 주요 관광지들이 이 지역에 모여 있다.

숙소 형태	장점	단점
한인 민박	한국어 가능 한식 제공 한국인 여행자들과 만남	현지 분위기 부족 통금 시간 등의 규제
호스텔	저렴한 가격(다인실 도미토리) 전 세계 여행자와 만남	의사소통(영어/불어)의 어려움 개인 공간 부재
에어비앤비	현지인(호스트)과의 만남 현지 아파트 경험 2인 이상은 가격이 저렴	체크인/아웃이 유연하지 않을 수 있음
호텔	혼자만의 공간 청결/쾌적함	비싼 가격

지역별 숙소 장단점

파리는 20개 구로 이루어져 있다. 튈르리 공원과 루브르가 있는 곳이 1구로 파리의 가장 중심이며, 시계 방향으로 달팽이처럼 돌아나가면서 숫자는 커진다. 즉, 숫자가 커질수록 중심에서 멀어진다고 볼 수 있다. 시테섬은 1, 4구, 에펠탑과 오르세미술관은 7구, 개선문과 샹젤리제는 8구이다. 주요 관광지는 대부분 1~9구 사이에 모여 있으며, 18구에 몽마르트르가 있다. 최대한 중심1~6구에 숙소를 잡는 것이 다니기에 가장 편리하지만, 각자의 욕구와 필요에 맞게 숙소를 정하면 된다. 대부분 여행자가 숙소를 많이 잡는 지역은 크게 네 군데로 분류된다. 네 군데의 장단점은 다음과 같다.

지역 구분	숙소 형태	장점	단점
에펠탑 주변 (7, 8, 15, 16구)	호텔, 아파트	에펠탑 뷰 쾌적한 동네	비싼 가격
북역, 동역 주변 (10, 18구)	호스텔	저렴한 가격	치안이 상대적으로 불안
중심지 (1~6구)	호텔, 아파트	이동 용이 치안이 좋음	비싼 가격, 낡은 시설
동남쪽 외곽 (빌레쥐프Villejuif, 이브리 쉬르 센느Ivry-sur-Seine)	한인 민박	한식 및 한국인과의 교류 저렴한 가격	긴 이동 거리

한인 민박 비교 사이트
민다 www.theminda.com 현지 숙소 에어비앤비 www.airbnb.co.kr
호스텔 예약 사이트
호스텔월드 www.hostelworld.com 호스텔닷컴 www.hostel.com
주요 호스텔
쓰리 덕스 3ducks.fr 생 크리스토퍼 www.st-christophers.co.uk 제너레이터 staygenerator.com
호텔 예약 사이트
익스피디아 www.expedia.co.kr 호텔스닷컴 kr.hotels.com 아고다 www.agoda.co.kr 부킹닷컴 www.booking.com

4 여행자 보험 가입하기

패키지여행의 경우 상품 안에 여행자 보험이 가입되어 있지만, 자유 여행을 준비한다면 여행자 보험에 직접 가입해야 한다. 보험료는 보상 범위에 따라 크게 다르지만 통상 1~5만원 정도이다. 최근에는 일부 신용카드로 항공권 구매 시 무료 여행자 보험 혜택을 주는 경우도 많으니 확인해보는 것이 좋다. 여행 중 현지에서 문제 발생 시 병원에서는 진단서 및 영수증을, 도난 및 분실물은 관할 경찰서에서 증명서를 받아와야 보상받을 수 있다. 공항에서 가입하는 여행자 보험료는 상대적으로 비싼 편이니 미리 가입하는 게 좋다.

5 환전하기

이익이 되는 환전법

국내 주거래 은행에서 환전하는 게 가장 유리하다. 최근에는 대부분 명소와 레스토랑에서 신용카드나 해외 결제 가능한 직불체크카드 등으로 결제가 가능해졌다. 소매치기 등의 사고를 방지하기 위해서라도 너무 많은 현금은 들고 다니지 않는 것이 좋다. 통화는 유로Euro다. 지폐는 5, 10, 20, 50, 100, 200, 500유로 짜리, 동전은 1, 2유로와 1·2·5·10·20·50 쌍팀Centime(1유로=100쌍팀)이 있다. 100유로짜리 지폐만 해도 큰 단위이기 때문에 그 이상의 지폐는 잘 사용하지 않는다. 환전할 때 최대 50유로짜리로 받는 것이 좋다. 10, 20, 50짜리 지폐로 잘 분배해서 받도록 하자.

이익이 되는 신용카드 사용법

파리의 주요 명소와 대부분 식당에서 카드 결제가 가능하다. 해외에서 이용할 수 있고, ATM기 인출 수수료가 면제되거나 캐시백이 되는 신용카드나 직불카드를 만들어 가면 된다. 현금이 필요하면 현지 은행 HSBC나 BNP파리바 은행 등의 지점에 있는 ATM기를 이용하자. 카드 복제와 같은 사고를 방지할 수 있다. 다만, ATM기 이용 시 수수료를 지급해야 할 수도 있다. 비상금현금은 되도록 한국에서 미리미리 환전해가는 게 좋다.

트래블월렛 카드 활용하기

전 세계 46개 통화로 지원되는 트래블월렛 카드는 요즘 해외여행의 필수품이 되었다. 필요한 만큼 그때그때 앱으로 충전해서 신용카드처럼 쓸 수도 있고, ATM기에서 현금을 인출할 수도 있다기계에 따라 인출 수수료가 있을 때도, 면제일 때도 있음. 신용카드처럼 쓸 수 있지만 해외 결제 수수료가 없어서 이득이다. 여행 후 남은 외화도 다시 환전이 가능하다. 앱에서 계정 가입 후 실물 카드를 신청하면 일주일 내외로 카드를 받아볼 수 있다. 여행 가기 전 미리 신청해 두고 환율이 저렴할 때마다 환전해 놓는 것도 잊지 말자.

6 짐 싸기

무게 줄이는 법

짐은 꼭 필요한 물건만 체크리스트를 만들어 하나하나 점검하면서 싸는 게 좋다. 특히 항공사 수하물 무게 규정을 초과하는 경우 추가 비용을 지불해야 하기에, 아래 소개하는 필수 준비물 중심으로 챙기고 더 필요한 건 파리 현지에서 구매하는 것도 괜찮다. 또한, 기내에 반입 가능한 물품과 수하물로 부쳐야 하는 용품을 꼭 구분해야 한다.

짐 싸기 체크리스트

품목	비고	품목	비고
여권	유효기간 6개월 이상	속옷, 양말	겨울철 방문 시 내복 및 레깅스 준비
여권 사본	여권 분실 시 필요	선글라스	여름 방문 시 필수
증명사진 2매	여권 분실 시 필요	슬리퍼	호스텔, 한인 민박 등에서 유용
국제운전면허증	렌터카 이용 시 필요	샤워용품, 세면도구, 드라이기, 화장품	100ml 초과 시 기내반입 불가, 수하물로 부칠 것
마스크	방역을 위해 준비		
국제학생증	호스텔, 관광지, 교통수단 할인	자외선 차단제	여름에 필수
신용, 체크카드	해외 결제 가능용	휴대폰, 카메라, 보조배터리 등	-
현금	유로(비상용으로 1일 20~30유로 내외)	여행용 어댑터	파리 전압 220V, 50Hz라 필요 없음
유레일패스	유럽 여러 나라 여행 시 필요	심카드	유럽 전체에서 사용할 수 있는 심카드는 현지에서 구매하는 것이 편리
지퍼백	기내에서 사용할 소량 액체류 물품 반입 시 필요	우산·우의	한 달에 7~8일 정도 비 내림. 겨울이 약간 강수량 많음
겉옷	계절에 맞게 준비	멀티탭	장기 여행자 필수품. 핸드폰과 카메라 동시 충전 시 유용
책/노트/필기구	장거리 비행 시	상비약	현지에서도 구매할 수 있으나, 평소 복용 약이 있다면 미리 챙겨두자.

* 제한적 기내반입 가능 품목 소량의 액체류개별 용기당 100ml 이하, 1개 이하의 라이타 및 성냥
* 기내반입 금지품목 날카로운 물품과도, 칼, 스포츠용품야구 배트, 골프채 등은 기내에 가지고 탈 수 없으며, 수하물로 부쳐야 한다.
* 위탁 수하물 금지품목 휴대용 보조배터리는 수하물로 부칠 수 없고 기내에 가지고 타야 한다.

7 출국하기

도심공항터미널 이용법

서울역도심공항터미널, 광명역 도심공항터미널에 가면 일부 항공사 탑승객으로 한정되지만, 탑승 수속절차·수하물 부치기·출국 심사까지 사전에 처리할 수 있어 매우 편리하다. 공항터미널에서 인천공항으로 이동하는 버스도 있어 더 좋다. 붐빌 것을 대비해 비행기 탑승 최소 3시간 전에는 수속절차를 마치는 게 좋다.

도심공항터미널에서 탑승 수속 가능한 항공사

대한항공, 아시아나항공, 델타항공, 타이항공, 중국남방항공,
중국동방항공, 에어프랑스, KLM, 싱가포르항공, 카타르항공 등

이용 가능 시간

서울역 05:20~19:00 삼성동 코엑스 05:10~18:30 광명역 05:30~19:00

(도심공항터미널 별로 탑승 수속 가능 항공사가 상이 하며, 상황을 홈페이지에서 사전 확인해야 한다. 코엑스 한국도심공항의 경우 인천공항 리무진 버스는 이용할 수 있으나, 체크인서비스는 중단된 상태다.)

홈페이지

서울역도심공항터미널 www.arex.or.kr 코엑스 한국도심공항 www.calt.co.kr

광명역도심공항터미널 www.letskorail.com 접속 후 종합이용안내, 할인 및 부가서비스 내 "광명역 도심공항터미널" 섹션

출발 2시간 전 도착

늦어도 출국 2시간 전에는 공항에 도착해서 체크인 수속을 밟는 게 좋다.

인천공항 안내-제1, 제2터미널

인천공항은 제1여객터미널, 제2여객터미널이 운영되고 있다. 대한항공, KLM, 에어프랑스, 러시아항공 등 스카이팀 소속 항공사는 제2여객터미널을, 그 외 항공사는 기존의 제1여객터미널을 사용한다. 파리발 직항편의 경우 아시아나는 제1여객터미널에서, 대한항공과 에어프랑스는 제2여객터미널에서 탑승할 수 있다. 설령 원하는 터미널에 도착하지 못했더라도 걱정하지 말자. 무료 공항 셔틀버스로 어렵지 않게 이동할 수 있다.

인천공항 터미널 간 셔틀버스 운행 정보

제1여객터미널에서는 3층 중앙 8번 승차장에서, 제2여객터미널에서는 3층 중앙 4~5번 승차장 사이에서 탑승한다. 제1여객터미널의 셔틀버스 첫차는 오전 05시 54분, 막차는 20시 35분에 출발한다. 제2여객터미널의 첫 셔틀버스는 오전 04시 28분, 막차는 00시 08분에 출발한다. 터미널 간 이동 시간은 약 25분이다.

셔틀버스 운영사무실 032-741-3217

탑승 수속과 짐 부치기

예매한 항공사 부스로 가 탑승 수속을 진행하며 짐을 부치면 된다. 항공사별 수하물 규정을 지켜야 하고, 추가 시에는 짐을 덜거나 추가 비용을 내야 한다. 미리 집에서 수하물 무게를 재보고 출발하길 권장한다.
또한, 유럽 내 기타 도시에서 이지젯, 라이언에어와 같은 저가항공을 탑승할 경우 위탁 수하물 운송은 모두 유료로 별도 지급해야 한다. 보통 작은 휴대용 배낭 혹은 소형 캐리어 1개만을 가지고 기내에 탑승할 수 있다. 짐이 많은 여행자는 항공권 구매 시 위탁 수화물 추가 비용을 사전에 지급하는 게 편리하다.

파리행 항공편 기내반입 및 위탁 수하물 규정

항공사	기내반입 수하물	위탁 수하물
아시아나항공	**이코노미** 총 1개, 10kg 이하, 삼변의 합 115cm 이내 **비즈니스 클래스** 총 2개, 각각 10kg 이하, 삼변의 합 115cm 이내	**이코노미** 23kg 이내 캐리어 1개 비즈니스 32kg 이내 캐리어 2개
대한항공	**이코노미** 총 1개, 10kg 이하, 삼변의 합이 115cm 이내 **프레스티지석, 일등석** 총 2개, 총 18kg 이하, 각각 삼변의 합이 각 115cm 이내	**이코노미** 23kg 이내 캐리어 1개 **프레스티지석** 32kg 이내 캐리어 2개 **일등석** 32kg 이내 캐리어 3개
에어 프랑스	**이코노미** 12kg 이하 (55*35*25) **프리미엄 이코노미 & 비즈니스** 18kg 이하	**이코노미** 23kg 2개까지 **프리미엄 이코노미** 23kg 이하 캐리어 2개 **비즈니스** 32kg 이하 캐리어 2개 **프리미어** 32kg 이하 캐리어 3개 (캐리어 크기가 가로*세로*높이가 158cm초과 300cm이하면 추가 요금 있음)
이지젯	가로*세로*높이가 45*56*25cm인 가방 1개	위탁 수하물 추가 €10부터 무게 제한 없음(무게에 따라 운송료 상이)
라이언에어	가로*세로*높이가 40*20*25cm인 가방 1개	위탁 수하물 추가 €10부터 (무게에 따라 운송료 상이)

빠른 출국을 위한 유용한 팁 : 패스트트랙 이용법

국내 각 공항이나 지정된 장소에 설치된 기계를 통해, 출입국 심사 소요시간을 상당히 줄일 수 있다. 출국 전 혹은 출국 당일 아래 장소에 방문해 자동출국 등록하면 된다. 등록 시간은 대기 인원이 없다는 가정하에 약 5분 정도 소요된다.

자동출국 등록장소

인천공항 제1여객터미널 3층 H 카운터 앞, 제2여객터미널 일반지역 2층 정부종합행정센터 내, 삼성동 도심공항터미널 2층, 서울역 공항철도 지하 2층의 서울역 출장소

홈페이지 http://www.ses.go.kr

여행 실전 정보 파리 도착부터 떠날 때까지

1 파리 공항에 도착해서 할 일

입국 심사받기

대한민국 국민은 파리에서 무비자로 90일까지 머물 수 있다. 여권만 확실하면 별문제 없이 심사를 통과할 수 있다. 여행 등의 목적으로 무비자 단기 체류를 위한 입국이라면 만약을 대비해 입국 및 출국일을 분명히 보여줄 수 있는 왕복 항공권을 소지하도록 하자. 숙소의 주소를 명확히 알고 있는 것도 도움이 될 수 있다.

수하물 찾기

본인이 탑승한 항공편의 편명을 확인하면 수하물을 어디서 찾는지 금세 파악할 수 있다. 최종 목적지가 파리라면 파리에서, 파리를 경유해서 다른 곳으로 여행 계획이 있다면 최종 목적지에서 수하물을 찾으면 된다.

유심칩 구매하기

샤를 드골 공항에서는 터미널 1의 2층에 있는 편의점 relay에 가면 유심칩을 살 수 있다. 그 밖에 파리 시내 곳곳에 있는 통신사 매장에서도 구매할 수 있다. 파리나 프랑스에만 머물 거라면 오랑주Orange, SFR, Free Mobile, Bouygues Telecom 등의 텔레콤 회사 유심 중에 고르면 된다. 오랑주 유심이 비싼 편이며, 유심 가격대는 20~40유로 정도이다. 유럽 대부분 지역에서 사용 가능한 유심을 원한다면 Three 유심을 추천한다.

공항에서 환전하기

파리 대부분의 식당이나 명소에서 카드 결제가 가능하다. 그래도 어느 정도의 현금은 가지고 있는 게 좋다. 공항에서 환전하면 별도의 환율 우대를 받을 수 없어서 한국에서 해오는 것을 추천하지만, 불가피할 경우 공항 내 환전소를 이용하거나, 현금카드를 활용해 ATM에서 직접 현지 통화로 인출하면 된다.

2 공항에서 시내 가는 방법

샤를 드골 공항에서Aéroport Charles-de-Gaulle

프랑스 입출국 시 주로 샤를드골 공항을 이용하게 된다. 파리 시내에서 동북쪽으로 약 25km 떨어져 있다. 세 개의 터미널이 있는데, 터미널 1은 주로 스타얼라이언스 회원 항공사들이 이용하고, 터미널 2는 에어프랑스와 스카이팀 항공사, 일부 스타얼라이언스 회원 항공사들이 이용한다. 터미널 3은 저가 항공사와 전세기가 이용한다. 세 개의 터미널은 떨어져 있지만, 셔틀 트레인을 타고 편하게 이동할 수 있다. 공항에서 시내까지 교통수단에 따라 약 45~70분 정도가 소요된다. 시내로 들어가는 방법은 RER고속 교외 철도, 루아시 버스, 심야버스, 택시가 있다.

ERIC SALARD-flickr

파리공항 관리공단 https://www.parisaeroport.fr

① RER B고속 교외 철도

RER B선을 타면 파리 시내로 연결된다. 공항과 연결된 RER 역은 두 개인데, 터미널 1과 3은 'Aéroport Charles de Gaulle 1' 역을 이용하면 되고, 터미널 2는 'Aéroport Charles de Gaulle 2 TGV' 역을 이용하면 된다. 터미널 1에서 RER역까지는 CDGVAL 셔틀 트레인으로, 터미널 3에서는 도보로 이동하면 된다. 터미널 2의 2C·2D·2E·2F는 도보 및 무빙워크로 RER 역까지 이동이 가능하고, 2A는 무료 셔틀 N1으로, 2G는 2·10번 게이트에서 N2 무료 셔틀로 RER 역까지 접근할 수 있다. 공항에서 RER 표시된 화살표를 따라가면 된다. 티켓은 매표소나 자동판매기에서 구매한다. RER은 지하철과 환승이 가능해 시내의 원하는 지점까지 가장 정확하게 빨리 찾아갈 수 있는 방법이다. RER B선을 타고 앙토니역Antony까지 가면 오를리 공항으로 연결되는 모노레일을 탈 수 있다.

운행 시간 04:50~23:50 운행 간격 6~15분 소요시간 파리 북역까지 25분 소요

요금 11.80유로(나비고, 파리 비지트·모빌리스 사용 가능)

② 루아시 버스Roissy Bus

©Roissy Bus-Flyer

파리 교통 공사에서 운영하는 리무진 버스다. 샤를 드골 공항의 모든 터미널에서 탈 수 있다. 터미널 3 출구 앞 정류장이 파리 시내 행 출발점이므로, 이곳에서 타면 시내까지 앉아서 갈 가능성이 크다. 터미널 1은 32번 출구 앞에 정류장이 있다. 터미널 2의 2A·2C는 9번 출구 앞에, 2B·2D는 11번 출구 앞에 정류장이 있다. 2E·2F는 8번 출구 옆 통로로 이동하면 버스 정류장이 나오고, 2G에서는 무료 셔틀 N2를 타고 2F에 하차하면 루아시 버스를 이용할 수 있다. 공항에서 오페라까지 직행으로 운행한다. 오페라Opéra역에서 지하철 3·7·8호선을 이용할 수 있다. 티켓은 정류장의 자동판매기나 버스 기사에게 구매하면 된다.

운행 시간 ❶파리 시내 행 06:00~00:30 ❷공항행 05:15~00:30 운행 간격 15~20분 간격 소요시간 60~75분

요금 16.6유로(나비고 사용 가능, 파리 비지트 사용 가능) 오페라의 정류장 11 Rue Scribe, 75009

③ 녹틸리앙Noctilien, 심야버스

자정이 지나면 공항버스나 RER을 운행하지 않으므로 심야버스 녹틸리앙 N140, N143번을 이용하면 된다. 택시보다 저렴하다. 파리 북역Gare du Nord 지나 동역Gare de l'Est까지 간다. 북역과 동역이 있는 지역은 상대적으로 치안이 불안할 수 있으니 참고하자.

운행 시간 **N140번** 동역행 01:00~04:00(1시간 간격 운행), 공항행 01:00, 02:00, 03:00, 03:40

N143번 동역행 00:02~04:32(30분 간격 운행), 공항행 00:55~05:08(30분 간격 운행)

요금 4.3유로부터(t+ 티켓 4장 사용 가능, 현금 승차 시 10유로 안팎)

④ 택시

공항에서 시내의 목적지까지 가는 데 가장 편리한 방법이지만 가장 비싸다. 공항에서는 도착 터미널의 수하물 찾는 곳 출구에서 택시를 이용할 수 있다. 우버 택시를 이용할 수도 있다. 첫 이용 시 할인 코드를 입력하면 좀 더 저렴하게 이용할 수 있다.

소요시간 30~40분 요금 센강 우안 56유로, 센강 좌안 65유로(강물이 흐르는 방향 기준)

오를리 공항에서Aéroport de Paris-Orly

유럽 내에서 이동할 경우 오를리 공항을 주로 이용하게 된다. 파리 시내에서 남쪽으로 약 17km 정도 떨어져 있다. 샤를 드골 공항보다 시내에서 가까우며 규모는 크지 않다. 터미널은 모두 네 개Orly1, Orly2, Orly3, Orly4다. Orly1·2·3은 가까이 붙어 있고 Orly4는 조금 떨어져 있다. Orly4와 Orly1·2·3 사이는 공항 모노레일 오를리발Orlyval과 무료 셔틀로 이동할 수 있다. Orly4에서는 RATP파리교통공단 카운터 부근에서, Orly1·2·3에서는 14번 출구에서 오를리발을 탈 수 있다. 오를리발은 RER B선 앙토니역까지 유료로 연결되는데, 공항 안 터미널 간의 이동은 무료이다. 시내로 들어가는 방법은 공항 모노레일 오를리발, 오를리 버스, T7 트램 등을 이용할 수 있으며, 공항에서 시내까지 교통수단에 따라 약 30~40분 걸린다.

① 메트로 14호선

메트로 14호선이 오를리 공항까지 7개 역이 새롭게 증설되었다. 샤틀레, 리옹역 등 14호선 역이 있는 동네까지 한 번에 갈 수 있어 편리하다. 샤틀레까지 25분, 리옹역까지 23분이 소요된다.

운행 시간 5:30~00:35 운행 간격 2~6분 간격 요금 10.3유로

②오를리발Orlyval + RER B

오를리 공항에서 바로 연결되는 모노레일 오를리발을 타고 RER B선과 연결된 앙토니Antony역까지 간 다음 RER B선을 타고 시내로 들어갈 수 있다. 공항 터미널 Orly4에서 앙토니역까지는 8분 정도 걸리며, 앙토니역에서 파리 시내까지는 30분 정도 잡으면 된다. 티켓은 공항의 매표소 혹은 자동판매기에서 구매한다.

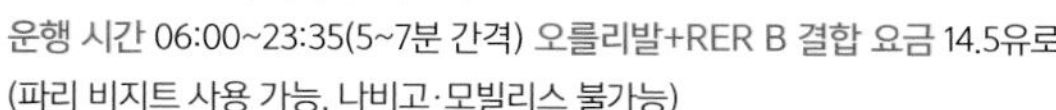

운행 시간 06:00~23:35(5~7분 간격) 오를리발+RER B 결합 요금 14.5유로 (파리 비지트 사용 가능, 나비고·모빌리스 불가능)

③ 오를리 버스OrlyBus

오를리 공항의 버스 정류장 Orly1·2·3과 Orly4에서 파리 시내의 버스 정류장 '당페르-로슈로-메트로-RER'Denfert-Rochereau-Métro-RER까지 운행하는 공항 셔틀버스이다. 티켓은 버스 기사에게 직접 구매해도 되고, 자동판매기나 정류장 매표소에서도 구매할 수 있다. 버스에서 내려 도보 1~2분이면 RER B선, 메트로 4·6호선과 바로 연결된다.

운행 시간 파리행 마지막 출발 00:30, 오를리 행 첫 출발 05:35 운행 간격 10~15분 소요시간 25분 요금 11.5유로(나비고, 모빌리스, 파리 비지트 사용 가능)

④ T7 트램

Orly4의 출구로 나가 무료 셔틀을 타고 한 정거장 이동하여 트램 정류장 에어로포트 드 오를리Aéroport d'Orly에서(47d

출구) T7 트램을 타면 메트로 7호선의 종점 빌레쥐프 루이스 아라공역Villejuif-Louis Aragon으로 연결된다. Orly1·2·3에서는 Orly2 출구 앞에서 무료 셔틀을 타고 두 정거장 이동하면 트램 승차장Aéroport d'Orly에 접근할 수 있다.
운행 시간 05:30~00:30 운행 간격 8~15분 요금 T7 트램 단일 티켓 2.1유로(t+ 티켓 1장), T7 트램+메트로 7호선 3.8유로(t+ 티켓 트램, 메트로 각각 1장, 나비고·모빌리스·파리 비지트 사용 가능)

⑤ 시내버스 183번 + T9 트램

Orly4의 출구 앞 버스 정류장에서 183번 승차 후 포흐 피리Four Peary 정류장에 하차하여 T9 트램으로 환승하면 메트로 7호선 포르트 드 슈아지역Porte DE Choisy까지 이동할 수 있다. 포르트 드 슈아지 지역의 한인 민박을 이용할 경우 편리하다.
버스 운행 시간 04:52~23:25(푸르 피리 행) 버스 운행 간격 10~15분 요금 버스+ 트램 2.1유로(t+ 티켓 1장, 나비고·모빌리스·파리비지트 사용 가능)

⑥ 시내버스 183번 + RER C

Orly4의 출구 앞 버스 정류장에서 183번 승차하여 퐁 드렁지Pont de Rungis 정류장에 내리면(소요시간 10분) 북동쪽으로 도보 4분 거리에 RER C선 퐁 드렁지 아에로퍼 드오를리역Pont de Rungis Aéroport d'Orly이 있다. RER C선으로 환승하면 뮤제 드 오르세역Musée d'Orsay 까지 약 35분 정도 소요된다.
버스 운행 시간 04:52~23:25(퐁 드렁지행) 버스 운행 간격 10~15분 요금 버스 2.1유로
버스+RER C선 2.15+5=7.15유로(나비고·모빌리스·파리비지트 사용 가능)

⑦ 녹틸리앙Noctilien, 심야버스

N22번, N31번, N131번, N144번이 있다. N22번을 타면 파리 시내의 샤틀레Châtelet까지 간다. Orly1·2·3과 Orly4에서 승차할 수 있으며, 샤틀레까지 약 60분 정도 걸린다. 메트로 1·4·7·11·13호선의 샤틀레역Châtelet을 이용할 수 있다. N31번, N131번, N144번은 메트로 1·14호선 리옹역Gare de Lyon까지 간다. N31번, N144번은 Orly4에서만 승차할 수 있으며,리옹역까지 각각 60분, 100분 걸린다. N131번은 Orly1·2·3과 Orly4에서 승차할 수 있으며, 리옹역까지 100분 걸린다.
운행 시간 00:55~04:00 운행 간격 30~60분 요금 N22·N31 2.1유로, N131 4.3유로

⑧ 택시

도착 터미널의 수하물 찾는 곳 출구에서 택시를 이용할 수 있다. 센강 우안 44유로, 센강 좌안 36유로

파리 보베 띠예 공항에서Aéroport Paris Beauvais Tillé

파리에서 90km 떨어진 곳에 있는 공항이다. 파리의 공항이라고 부르기 어려울 만큼 멀리 떨어져 있다. 주로 유럽 저가항공 라이언 에어Ryanair가 이용한다. 항공권은 굉장히 저렴하지만, 공항에서 시내로 들어오는 교통편이 비싸기에 잘 따져보고 선택하는 것이 좋다. 다음과 같이 공항에서 셔틀Aéroport Beauvais Shuttle을 운행한다. 공항 홈페이지 www.aeroportparisbeauvais.com

① A02 PARIS-BEAUVAIS AIRPORT ↔ PARIS SAINT-DENIS UNIVERSITY LINE

소요 시간 1시간 15분(보딩 타임 최소 3시간 전에 출발 권장)
요금 온라인 예약 시 16.90(편도), 29.90(왕복), 현장 구매 시 18(편도), 35(왕복)
운행 시간 생드니 유니베르시테 출발: 3:00, 3:30, 5:00~17:30(15분 간격), 공항 출발: 8:00~23:30(15분 간격)
정류장 위치 GARE SAINT-DENIS UNIVERSITE - Rue Toussaint Louverture 93200 SAINT-DENIS

② A03 PARIS-BEAUVAIS AIRPORT ↔ PARIS LA DÉFENSE LINE

소요 시간 1시간 30분(보딩 타임 최소 3시간 전에 출발 권장)
요금 온라인 예매 필수 16.90(편도)/29.90(왕복) 운행 시간 요일, 시간대마다 상이하므로 온라인으로 확인 필요
정류장 위치 TERMINAL JULES VERNE – 1 rond-point de la Défense 92400 COURBEVOIE or 7 avenue de la division Leclerc 92400 COURBEVOIE

③ A05 PARIS-BEAUVAIS AIRPORT ↔ DISNEYLAND® PARIS LINE

소요 시간 2시간 요금 온라인 예매 필수(탑승 2시간 전까지 예약 가능) 22.90(편도)/42.90(왕복)
운행 시간 요일, 시간대마다 상이하므로 온라인으로 확인 필요 정류장 위치 Quai O, Avenue René Goscinny 77700 CHESSY

3 파리 시내 교통 정보

❶ 지하철 Metro

파리의 지하철은 16개 노선으로, 고유 번호와 색으로 구분되어 있다. 출구는 Sortie 표시를 따라가면 되고, 환승역에서는 환승 노선 표시를 따라가면 쉽게 환승할 수 있다. 지하철 탑승 시 자동문이 아니므로, 손잡이를 돌려주거나 버튼을 눌러줘야 문이 열린다. 7·13호선은 서울 지하철 5호선 마천-상일동행처럼 중간에 두 갈래로 나누어지므로 최종 목적지를 잘 보고 타야 한다. 1회 승차권t+ 요금은 2.15유로이다. 지하철을 많이 이용할 계획이라면 10개 묶음까르네 17.35유로, 종이 티켓 불가능을 사는 게 좋다. 운행 시간은 일~목은 05:30~01:15, 금~토는 05:30~02:15까지다. t+ 티켓으로 버스, RER, 트램까지 사용할 수 있다. 지하철은 무임승차했다가 검표원에게 적발되면 50유로 안팎의 벌금을 내야 하니 참고하자.

❷ RER

메트로보다 역 간격이 길고 파리 시내부터 외곽까지1존부터 5존까지 운행하는 열차로 A부터 E까지 다섯 개의 노선이 있다. 메트로끼리 환승하듯이 RER과 메트로도 환승이 가능하다. 공항에서 파리 시내까지 들어올 때 이용하기 좋다. RER에서 t+ 티켓은 1존 내에서만 사용할 수 있다. 그밖에 구역에서는 RER 전용 티켓이나, 나비고, 파리 비지트, 모빌리스 등을 사용해야 한다. 베르사유 궁전RER C과 디즈니랜드RER A 갈 때도 이용하기 좋다. 운행 시간은 05:30부터 01:20까지이다.

❸ 버스

파리에는 70여 개가 넘는 버스 노선이 있다. 노선도는 ratp.fr에서 다운 받을 수 있다. 운행 시간은 노선마다 상이 하나 대체로 06:30~20:30이다. 1회권 t+ 티켓과 통합 교통권 모빌리스, 나비고, 파리 비지트 등을 사용할 수 있다. 버스 승차 후 티켓을 기계에 삽입해야 한다. t+ 티켓 사용 시 90분 내에 트램이나 다른 버스로 환승할 수 있다. 버스에서 지하철로는 환승이 불가능하다. 현금 승차 시 가격은 2.5유로이며, 이 경

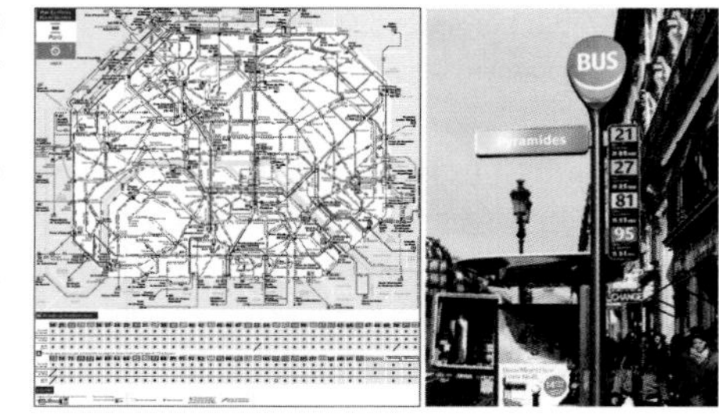

우 다른 교통편으로 환승은 불가하다. 버스의 장점은 파리 시내 풍경을 구경하며 이동할 수 있다는 것이다. 튈르리 정원, 루브르, 에펠탑 등을 지나는 72번 외에 80번, 95번, 96번 등을 추천한다.

Special Tip

시내버스 타고 파리 즐기기

시내버스만 잘 활용하면 시티 투어버스보다 적은 비용으로 매력적인 파리 시내를 구경할 수 있다. 특별한 목적을 두지 않고 느긋하게 시내를 둘러보고 싶다면 시내버스에 올라타자. 지하철을 타는 동안 보지 못했던 파리의 매력을 만끽할 수 있다. 동네가 바뀔 때마다 확연히 달라지는 분위기를 느끼는 재미도 있다. 맘에 드는 곳이 있으면 무작정 내려 보자. 당신만의 숨은 명소를 발견하게 될지도 모른다.

❶ 72번

시청Hotel de Ville 정류장 하차, 샤틀레Chatelet 정류장 하차, 튈르리 정원·루브르 박물관Quai François Mitterrand 정류장 하차, 콩코르드 광장Concorde 혹은 Concorde-Quai des Tuileries 정류장 하차, 그랑 팔래·프티 팔래Grand Paias 정류장 하차, 팔래 드 도쿄Musée d'Art Moderne-Palais de Tokyo 정류장 하차, 에펠탑Pont d'Iéna 정류장 하차, 비르아켐 다리Pont de Bir-Hakeim 정류장 하차

❷ 80번

몽마르트르Lamarck-Caulaincourt 정류장 하차, 프랭탕·갤러리 라파예트Pasquier-Anjou 정류장 하차, 그랑 팔래 Rond-Point des Champs-Elysées 정류장 하차, 팔래 드 도쿄·알렉상드르 3세 다리Alma-Marceau 정류장 하차, 샹 드 마르스 공원·에펠탑·군사학교Bosquet-Grenelle 정류장 하차

❸ 95번

몽마르트르Damrémont-Lamarck 정류장 하차, 프랭탕·갤러리 라파예트Havre-Haussmann 정류장 하차, 오페라 Opéra 정류장 하차, 팔레 루아얄Palais Royal-Comédie Française 정류장 하차, 루브르 박물관·장식 박물관·튈르리 정원 Musée du Louvre 정류장 하차, 생제르맹 데프레Saint-Germain-des-Prés 정류장 하차, 몽파르나스 타워 Gare Montparnasse 정류장 하차, 방브 벼룩시장Porte de Vanves 정류장 하차

❹ 96번

몽파르나스 타워Gare Montparnasse 정류장 하차, 생쉴피스 성당Eglise Sain-Sulpice 정류장 하차, 생미셸 광장 Saint-Michel 정류장 하차, 시테섬·생트샤펠·콩시에쥬리Cité-Palais de Justice 정류장 하차, 샤틀레Chatelet 정류장 하차, 시청Hotel de ville 정류장 하차, 보쥬 광장Place des Vosges 정류장 하차, 피카소 미술관Saint- Claude 정류장 하차

❹ 심야버스

자정 이후에 운행하는 버스이다. 녹틸리앙Noctilien이라고 하며, 각 라인 번호 앞에 'N'이 붙어 있는 것이 특징이다. 47개의 노선이 운행된다. t+ 티켓으로 이용 가능하며 1존에서 2존까지는 1장이고, 구역이 늘어날 때마다 1장씩 추가하여 1존에서 5존까지는 4장을 사용하면 된다. 운행 시간은 00:30~05:30까지이다. 샤틀레Châtelet, 몽파르나스역 Gare Montparnasse, 동역Gare de l'Est, 생라자르역Gare Saint Lazare 및 리옹역Gare de Lyon등과 연결하여 이용하기 좋다. 또한 모든 RER 스테이션은 녹틸리앙과 연결된다.

❺ 택시

파리는 지정된 택시 정류소에서 타야 한다. 우리처럼 길에서 손을 흔든다고 세워주는 것은 아니다. 기본요금은 4.18유로이다. 1km마다 요일, 자정 이후, 교외 등에 따라 추가 요금 1.12유로 이상 발생한다. 파리에서는 우버 택시가 보편적이다. 휴대전화 앱으로 부를 수 있다.

4 파리의 편리한 교통권 정보

파리와 일드 프랑스 지역은 교통권과 관련하여 다섯 개의 구역Zone 체계로 나누어져 있다. 존이란 파리 중심부부터 얼마나 멀리 있는지를 구분하는 표시이다. 지하철이 운행되는 1존과 2존이 파리 시내이다. 중요 명소는 대부분 1존에 있으며, 생투엉벼룩시장은 2존이다. 3존부터는 파리 외곽의 근교 지역이 시작된다. 라데팡스와 오를리 발 환승역인 앙토니역이 3존이다. 파리 근교 여행지인 베르사유 궁전과 오를리 공항은 4존이고, 샤를 드골 공항과 오베르쉬르우아즈, 퐁텐블로, 디즈니랜드 등은 5존이다. t+티켓 한 장이면 1존 안에서 오갈 수 있으며, 존의 이동에 따라 요금 체계가 조금씩 달라진다. 티켓을 구매하기 전 목적지가 몇 존인지 확인하는 게 중요하다. 각 교통권은 역 안에 있는 매표소나 자동판매기에서 구매할 수 있다.

❶ Ticket t+

파리의 지하철, 버스, RER, 트램, 몽마르트르 푸니쿨라까지 시내 교통수단을 이용할 때 사용할 수 있는 기본 티켓으로 1회용 종이 티켓이다. 메트로14호선 오를리공항역, 트램, 버스는 모든 존에서 사용할 수 있고, RER은 1존 안에서만 사용할 수 있다. 즉 2존에서 RER에 탑승하면 1존에서 내릴 때 Ticket t+를 사용할 수 없고, 1존에서 메트로나 RER에 탑승하여 2존 RER 역에서 하차하면 Ticket t+를 사용할 수 없다. 오를리 공항이나 샤를 드골 공항에 갈 때는 별도의 티켓을 구매해야 한다.

Ticket t+ 한 장 가격은 2.15유로인데, 10장 묶음까르네, Carnet으로 구매하면 17.35유로이다. 역 개찰기에 Ticket t+를 개시한 뒤 2시간 이내에 지하철과 지하철, 지하철과 RER, RER과 지하철 간의 환승이 가능하다. 버스와 버스, 버스와 트램, 트램과 버스, 트램과 트램 간의 환승은 개시한 뒤 1시간 30분 내에서 가능하다. 그러나 Ticket t+로는 지하철과 버스 혹은 버스와 지하철, 지하철과 트램 혹은 트램과 지하철, RER과 버스 혹은 버스와 RER, RER과 트램 혹은 트램과 RER 간의 환승은 불가능하다.

티켓 구매는 지하철, 버스, RER, 트램 역의 티켓 판매기에서 할 수 있다. 동전과 함께 두면 티켓이 손상된다. 티켓이 손상된 경우, 판매 창구에 가면 새것으로 바꿔준다.

❷ 파리 비지트Paris Visite

1, 2, 3, 5일 동안 파리와 일드 프랑스 지역의 교통수단을 무제한으로 사용할 수 있는 종이 티켓이다. 지하철Metro, RER, 버스, 트램, 트랑질리앙Transilien, 파리 근교 열차, 루아시 버스Roytssy Bus 샤를 드골 공항 가는 버스, 몽마르트르 푸니쿨

라 등에 탑승할 수 있다. 개시한 날 0시부터 유효기간의 마지막 날 24시까지 사용할 수 있다. 교통권으로의 이용 외에 주요 관광지 13군데 입장료할인 혜택도 있어 여행객에게 유용하다. 티켓에 사용자의 이름과 이용일을 반드시 적어야 한다. 관광안내소나 역 안의 자동판매기에서 구매할 수 있다.

요금 ❶ **1~3존** 1일 13.95유로, 2일 22.65유로, 3일 30.90유로, 5일 44.45유로
❷ **1~5존** 1일 29.25유로, 2일 44.45유로, 3일 62.30유로, 5일 76.25유로
할인 혜택 개선문(-25%), 군사박물관(-20%), 퐁텐블로 성(-2유로), 피카소 박물관(-2.5유로), 과학 산업 박물관(-25%), 몽파르나스 타워 전망대(-25%), 바토 파리지앙(-10유로), 오픈 투어버스(-28유로), 그래뱅 박물관(-25%), 리 도Lido de Paris(-10%), 갤러리 라파예트 백화점(-10%), 캐브랑리 박물관 (-30%), 팡테옹(-20%)

❸ 나비고 이지

종이 티켓의 발급을 줄이고 교통카드 사용을 장려하기 위해 만든 카드이다. 유효기간은 발급 후 10년이다. 분실 시 카드 재발급이 안 되고, 카드 구매비나 잔액도 환불받을 수 없다. 카드 가격은 2유로이고, 타인에게 양도할 수 있다. 자동판매기에서 충전은 카드와 현금으로 가능하다. 나비고 이지에 충전 가능한 승차권은 Ticket t+, 까르네, 나비고 1일 패스Navigo Jour, 나비고 쥔 위크엔드Navigo Jeunes Weekend, 루아시 버스, 오를리 버스, 기타 특별권 등이다. 나비고 쥔 위크엔드는 만 26세 미만의 이용자가 주말에 무제한으로 대중교통을 이용할 수 있는 교통권이다. 나비고 이지 카드에는 여러 종류의 승차권을 충전할 수는 없고, 한 종류의 승차권만 충전할 수 있다. 예를 들어 이미 까르네가 충전되어 있는 나비고 이지 카드에 나비고 1일 패스를 충전하면 안 된다. 까르네가 그냥 없어져 버린다.

요금 ❶ **Ticket t+** 2.15유로
❷ **까르네** 17.35유로
❸ **나비고 1일 패스Navigo Jour** 1~2존 8.65유로, 1~3존 11.60유로, 1~4존 14.35유로, 1~5존 20.60유로
❹ **나비고 쥔 위크엔드**Navigo Jeunes Weekend 1~3존 4.7유로, 1~5존 10.35유로, 3~5존 6.05유로

자동판매기에서 나비고 이지 카드에 까르네 충전하는 방법

❶ 나비고 이지 카드는 역 내 매표소에서 구매한다.
❷ 카드를 들고 티켓 자동판매기로 가서 기계의 둥근 거치대 위에 카드를 올려놓는다.
❸ 모니터 첫 화면에서 언어를 영어로 선택한다.
❹ 다음 화면에서 'Reload Navigo pass'를 선택한다.
❺ 다음 화면은 승차권의 종류를 선택하는 화면인데, 'Single journey ticket'을 선택한다.
❻ 다음 화면에서는 '10(16.90€)-1 booklet'을 선택한다. 이것이 'Ticket t+' 10묶음이다.
❼ 다음 화면에서 내가 선택한 승차권이 맞는지 확인하고, 'Validate'를 선택하여 구매를 확정한다.
❽ 지폐나 신용카드를 삽입구에 넣어 결제한다. 지폐는 안되는 자동판매기가 많다. 신용카드는 핀 번호가 필요하다.
❾ 다음 화면에서는 영수증을 출력할 것인지 말 것인지 선택한다.
❿ 신용카드를 꺼내라는 화면이 나오면 신용카드를 투입구에서 꺼낸다. 이후 충전이 되기 시작한다.
⓫ 'Pick up your Navigo Pass'라는 문장이 화면에 뜨면 충전이 완료된 것이다. 나비고 이지 카드를 잊지 말고 잘 챙기자.

❹ 나비고 데쿠베르트

모든 교통수단을 일주일, 한 달 단위로 정해진 기간 내에 무제한으로 사용할 수 있는 카드이다. 일주일권, 1개월권, 나비고 1일 패스Navigo Jour, 나비고 쥔 위크엔드Navigo Jeunes Weekend, 기타 특별권을 충전할 수 있다.
일주일권의 경우 월요일부터 일요일까지, 1개월권은 1일부터 말일까지만 사용할 수 있다. 일주일권의 경우 월~목요일에 충전하면 그 주 월~일요일에 사용할 수 있고, 금~일에 충전할 경우 다음 주 월~일요일에 사용할 수 있다. 즉 금요일에 나비고를 구매·충전할 경우 그 주에 사용할 수 없다. 1개월권은 20일까지 구매·충전해야 그달에 사용할 수 있다.
나비고 데쿠베르트 카드 구입비는 5유로이고, 유효기간은 10년이다. 분실 시 카드 재발급이 안 되고, 카드 구매비나 잔액도 환불받을 수 없다. 타인에게 양도할 수 없다. 나비고 카드에는 증명사진을 붙이고 성명을 기재해야 한다. 사진 없이 성명도 기재하지 않은 채 불시 검문에 적발되면 벌금을 내야 한다.
요금 ❶ **1주일권** 1~5존 30.75유로, 2~3존 28.20유로, 3~4존 27.30유로, 4~5존 26.80유로
❷ **1개월권** 1~5존 86.40유로, 2~3존 78.80유로, 3~4존 76.80유로, 4~5존 74.80유로
❸ **나비고 쥔 위크엔드**Navigo Jeunes Weekend 1~5존 10.35유로, 1~3존 4.7유로, 3~5존 6.05유로

Special Tip

기차로 파리 시외나 다른 나라 가기

파리는 기차가 잘 발달되어 있다. SNCF프랑스 철도청 홈페이지를 통해 예약하면 이메일이나 모바일로 티켓을 보내준다. 어플리케이션 SNCF Connect로 예약하면 티켓을 따로 저장할 필요 없어 편리하다. 현지에서 기차역의 자동판매기를 통해 예약할 수도 있다.

주요 기차역 및 주요 행선지
리옹 역 이탈리아, 스위스, 리옹, 마르세유, 니스, 디즈니랜드 등
오스테를리츠 역 스페인, 보르도, 툴르즈 등
몽파르나스 역 보르도, 낭트, 생말로, 스페인 등
생라자르 역 노르망디, 지베르니, 루앙 등
북역 영국, 벨기에, 네덜란드, 릴 등
동역 독일, 오스트리아, 스트라스부르 등

5 파리에서 유용한 스마트폰 어플리케이션

❶ 구글맵 Google Maps

해외 여행을 위한 최고의 어플리케이션이다. 지도를 따로 구매하지 않아도 스마트폰으로 편리하게 위치를 찾도록 도와준다. 미리 오프라인 지도를 다운 받아 놓으면 별도의 인터넷 접속 없이도 지도를 이용할 수 있다.

❷ 구글 번역기

현지 언어를 몰라도 의사소통할 수 있도록 도와주는 번역기다. 언어를 선택한 후 글자 혹은 말로 입력하면 번역해준다. 완벽하진 않지만, 의사소통되지 않는 경우 요긴하게 사용할 수 있다.

❸ 넥스트 스톱 파리 Next Stop Paris

RATP파리교통공사에서 제공하는 무료 어플리케이션이다. 파리 대중 교통을 이용할 때 꼭 필요한 다양한 정보를 제공한다. 여정 계산, 노선도, 타임 스케줄 등을 확인할 수 있다.

❹ 시티맵퍼 Citymapper

길 찾기 지도 어플리케이션이다. 지하철 노선도 이용하기 좋다. 빨리 나갈 수 있는 출구, 갈아타는 곳 등의 정보를 상세하게 제공한다.

❺ 우버 Uber

택시 이용자를 위한 어플리케이션이다. 한국에서 다운 받으려 하면 우티UT가 뜨는데, 우티는 택시 이용자를 위한 해외여행 필수 앱 우버가 한국 여행자에 맞춰 개발한 앱이다. 국내는 물론 파리에서도 별다른 설정없이 우버 시스템을 이용할 수 있다. 결제 카드를 등록해야 하며, 첫 이용 시 50% 할인 쿠폰을 제공한다.

❻ 볼트 Bolt

택시 이용자를 위한 어플리케이션이다. 사용법은 우리나라의 카카오 택시와 비슷하다. 결제를 위해 카드를 한국에서 미리 등록하고 가는 게 좋다.

❼ 마이리얼트립 Myrealtrip

현지에서 급하게 투어를 예약하고 싶을 때 이용하기 좋은 어플리케이션이다. 각종 파리 투어 상품과 바토파리지앵 탑승권 등의 예약에 유용하다.

❽ 라포흐셰뜨 La fourchette

트립어드바이저Tripadvisor의 식당 예약 어플 더 포크The fork의 불어 버전이다. 라포흐셰뜨를 이용하면 파리의 식당을 손쉽게 예약할 수 있다. 어플로 예약하면 최대 50%까지 할인을 받을 수 있으며, 식당을 이용할 때마다 얌Yum 포인트가 쌓인다. 포인트 실적에 따라 할인을 받을 수 있다.

6 시티투어 버스로 파리 여행하기

관광 명소를 운행하는 시내 투어 버스다. Big Bus Paris와 Tootbus Paris가 있다. 시즌별로 다양한 투어 티켓을 판매하며, 통합 할인 티켓도 판매한다. 파리의 랜드마크를 비롯하여 도시 곳곳을 사진 촬영하며 돌아보기 좋다. 원하는 곳에 내려 돌아보고 다음 버스를 타면 된다. 물론 내리지 않고 버스에 앉아 구경해도 된다. 홈페이지에서 확인하여 나에게 맞는 투어 노선을 골라보자.

Big Bus Paris

운행 시간 09:00~18:30(10~15분 간격, 노선마다 상이)
소요시간 1일권~3일권(노선마다 상이), 야간 투어 2시간
요금 24시간권 43유로(온라인), 48시간권 72유로(온라인), 야간 투어 30유로(온라인)
홈페이지 www.bigbustours.com

Tootbus Paris

운행 시간 09:00~18:30(노선, 계절마다 상이)
소요시간 90분, 2시간, 1일권~3일권(투어 노선마다 상이)
요금 30.40유로부터(투어마다 상이)
홈페이지 www.tootbus.com

7 자전거 타고 파리 여행하기

©Amelie Dupont, Paris Tourist Office

파리는 자전거 천국이다. 파리 시내 1800개의 자전거 정류소에서 24시간 내내 대여가 가능하다. 300m마다 정류소가 있어 어디서든 타고 내릴 수 있다. 벨리브Vélib 앱으로 정류소의 위치와 사용 가능 자전거 개수를 실시간으로 확인할 수 있다. 대여 패스의 종류는 세 가지가 있다. 45분 동안 잠깐 이용할 수 있는 Ticket-V가 있고, 1일권은 5유로짜리 패스Pass 24H Classique와 10유로 짜리 패스Pass 24H Electrique가 있다. 잠깐 이용할 생각이면 Ticket-V를, 3~4시간 일반 자전거를 이용할 계획이면 Pass 24H Classique를, 한나절 이상 전기 자전거를 이용할 계획이면 Pass 24H Electrique를 추천한다. 자전거는 패스 종류에 따라 30분에서 한 시간까지 정해진 시간마다 벨리브 정류소에서 갈아타며 이용해야 하며, 정해진 시간을

초과하면 추가 요금이 발생한다. 패스 구매 후 아래 방법에 따라 대여하면 된다. 모든 자전거를 대여할 땐 보증금 300유로가 필요하나 나중에 환불해 준다.

1. 벨리브 패스의 종류

① Ticket-V

3유로다. 일반/전기 자전거를 45분간 이용할 수 있다. 45분 초과 시 30분마다 일반 자전거는 1유로, 전기 자전거는 2유로의 추가 요금이 발생한다.

② Pass 24H Classique

5유로다. 일반 자전거는 30분마다 밸리브 정류소에서 자전거를 갈아타며 종일 이용할 수 있다. 갈아타지 않고 30분 초과하면 1유로의 추가 요금이 발생한다. 전기 자전거는 45분에 2유로를 내며 이용할 수 있고, 45분 초과 시 30분마다 2유로가 추가된다.

③ Pass 24H Electrique

10유로다. 일반 자전거는 60분마다 벨리브 정류소에서 자전거를 갈아타며 종일 이용할 수 있다. 갈아타지 않고 60분 초과 시 30분마다 1유로의 추가 요금이 발생한다. 전기 자전거는 45분간 5번 무료로 이용 가능하다. 45분 초과 시 30분마다 2유로가 추가된다. 6번째 이용부터는 2유로가 결제된다.

④ Pass 3 jours(3 day pass)

20유로다. 72시간 동안 이용 가능한 패스이며, 일반 자전거는 60분마다 자전거를 갈아타며 종일 이용할 수 있다. 갈아타지 않고 60분 초과 시 30분마다 1유로의 추가 요금이 발생한다. 전기 자전거는 45분간 5번 무료로 이용 가능하다. 45분 초과 시 30분마다 2유로가 추가된다. 6번째부터 이용부터는 2유로가 결제된다.

2. 벨리브 가입하기

❶ 벨리브 앱을 다운받거나 웹사이트www.velib-metropole.fr에 접속한다.
❷ 패스 종류를 선택한다.
❸ 대여할 자전거 개수를 선택한다. 5개까지 가능.
❹ 개인 정보와 결제 정보를 입력한다.
❺ 비밀번호PIN 4자리와 액세스 코드 8자리가 주어진다

3. 벨리브 대여법

❶ 대여 가능한 자전거를 찾아 화면 옆 체크 버튼을 누른다
❷ 액세스 코드를 입력한다.
❸ 비밀번호를 입력한다.
❹ 자전거를 빼낸다.
❺ 반납할 땐 어느 정류소든 빈 포스트에 자전거를 넣기만 하면 된다.

4. 주의할 점

❶ 벨리브는 패스 종류에 따라 30분에서 한 시간까지 무료 이용이 가능하다. 단 30분에서 한 시간마다 벨리브 정류소에서 다른 자전거로 갈아타야 한다. 자전거를 갈아타지 않고 30분 초과 시 추가 요금이 발생한다.
❷ 자전거 분실 혹은 파손에 대비해 보증금 300유로를 내야 한다. 카드로만 결제 가능하며, 보증금은 1주일 후 반환된다.

❸ 대여하기 전 자전거 상태를 잘 점검하자.

❹ 정류장에 자전거가 꽉 찼을 경우, 다른 벨리브 정류장에 주차할 때까지 추가로 15분을 벌 수 있다.

❺ 최근 한국 신용카드로 결제가 잘되지 않는다. 애플페이로는 가능하니 참고하자.

5. 추천 코스

센강변

에펠탑에서 센 강변을 따라 시테 섬 쪽으로 가며 파리 주요 명소들을 관람할 수 있다. 샌드위치를 사다가 센 강둑에 앉아 여유를 즐기는 것도 좋다.

생마르탱 운하

생마르탱 운하를 따라 라빌레트 공원까지 멋진 풍경을 감상하며 달릴 수 있다. 운하 주변에 맛집, 카페, 바 등이 즐비해 있으니, 지치면 쉬어가도 좋다.

마레 지구

마레는 좁은 골목들이 많아 차량이 적다. 자전거로 천천히 마레의 골목골목 멋진 건물과 사람을 구경해 보자.

8 파리 떠나기

공항으로 가는 방법

기존 공항에서 시내로 왔던 방법을 역으로 활용하면 된다. 공항은 대개 여행객들로 붐비므로, 되도록이면 탑승 3시간 전에는 공항에 도착해서 탑승 수속 및 짐 부치기를 진행하길 권한다.

탑승 수속과 짐 부치기

본인이 탑승할 항공사의 부스에서 탑승 수속을 진행하면 된다. 다만 여행 후 짐이 많아 수하물 규정을 초과하면 추가 비용이 발생한다. 이럴 땐 사전에 무게를 측정한 후 본인이 부담해야 할 초과 비용을 예상해보고 미리 준비하자.

부가세 환급받기

❶ 모든 상품의 부가세를 환급해주는 건 아니다. 택스 리펀 제휴 가맹점 VAT REFUND, TAX FREE, TAX REFUND에서 쇼핑한 상품만 환급해준다. 백화점, 아웃렛, 브랜드 숍에 주로 택스 리펀 로고가 붙어 있다. 물건을 사기 전에 부가세 환급TAX FREE, VAT REFUND, TAX REFUND이 가능한지 확인하는 게 좋다. 부가세 환급은 유럽 연합에 거주하지 않는 16세 이상의 사람이 100.01유로 이상의 물품을 구매했을 때 받을 수 있다. 일반적으로 택스 리펀 제휴 가맹점에서 당일 최소 100.01유로 이상 쇼핑하거나 3일 연속으로 같은 매장에서 구매한 물품 금액의 합이 100.01유로 이상이면 부가세를 환급받을 수 있다. 표준부과 세율은 20%이고 약국 상품은 10%, 음식과 책은 5.5%이다. 단, 온라인 쇼핑은 부가세 환급 대상이 아니다. 100유로 이상 구매하면 직원이 택스 리펀 서류를 준다. 서류에 이름과 여권 번호, 구매한 제품명, 제품 가격, 환급받을 금액 등을 적는다. 직원이 써주기도 하는데, 서류 내용을 반드시 확인한다. 부가세 환급 신청 시 필요한 준비물을 들고 공항 터미널의 환급 창구VAT Refunds로 가서 세관 도장을 받는다.

부가세 환급 신청 시 준비물 : 여권, 항공권 이티켓, 제품 구매 매장에서 증빙한 세금환급신청서 및 영수증, 구매 물품

❷ 현장에서 현금을 바로 수령 할지, 카드와 연결된 계좌로 추후 환급받을지 선택한다.

❸ 곧바로 현금으로 환급받거나, 세관 도장이 찍힌 서류들을 봉투에 동봉하여 우체통에 넣고 카드 계좌로 추후 환급받는다.

❹ 현금으로 환급받을 때는 10% 정도의 수수료를 지급해야 하지만, 바로 현금으로 돌려받는 장점이 있다.

❺ 카드 계좌로 환급받으면 별도 수수료가 없다. 단, 원화로만 받을 수 있고, 짧게는 4주 길게는 10주까지 기다려야 한다.

❻ 파란색 기계인 택스 리펀 키오스크가 환급 창구 근처에 있다. 사용법은 간단하다. 한국어로 설정한 뒤, 법적 의무요약이 나오면 확인 버튼을 누른다. 다음 화면에서 물품을 구매하고 받은 Tax Free Form의 바코드를 기계에 스캔한다. 이후 녹색 스마일 아이콘이 뜨면 모든 절차가 끝난 것이고, 붉은 스마일 아이콘이 뜨면 환급 창구의 세관원에게 가서 도장을 받아야 한다.

ONE MORE

세금 환급 시 주의 사항

❶ 보안 검색 후에도 세관 환급 창구가 있으나, 구매한 물품을 보여달라고 하는 경우가 있어 불편하다. 되도록 보안 검색 전에 환급 신청을 끝내자.

❷ 공항에서 현금으로 환급받는 경우 줄을 길게 서서 기다려야 하거나, 환급 절차 진행이 더뎌 시간이 좀 걸릴 수 있다. 공항에서의 환급을 계획하고 있으면 만약을 대비해 비행기 탑승 최소 2시간 반~3시간 전에는 공항에 도착하기를 권한다.

❸ 택스 리펀을 받은 후, 유럽연합국가에서 90일 이내에 귀국하여야 한다.

❹ 공항에서 택스 리펀 받을 경우 택스 리펀 서류 하나당 3유로의 수수료가 부과된다. 한 군데에서 쇼핑하여 서류 수를 줄이자.

❺ 세관의 도장을 받은 택스 리펀 서류는 만약을 대비해 사진을 찍어두자. 문제가 생길 시 증거 자료가 될 수 있다.

보안 검색과 출국 심사

입국과는 달리 출국 시에는 심사 및 보안 검색이 까다롭지 않다. 기내에 들고 갈 수 없는 휴대용 배터리, 날카로운 물건, 액체류 등은 사전에 비우고 보안 검색에 임하는 게 좋으며 출국 심사는 별다른 문제가 없다면 곧 출국 도장을 찍어줄 것이기에 크게 걱정하지 않아도 된다.

일정별 베스트 추천 코스

2일 코스
핵심 명소 압축 여행

Day 1
1일

09:00
루브르 박물관
화요일 휴무

12:00
왕궁 정원, 갤러리 비비엔

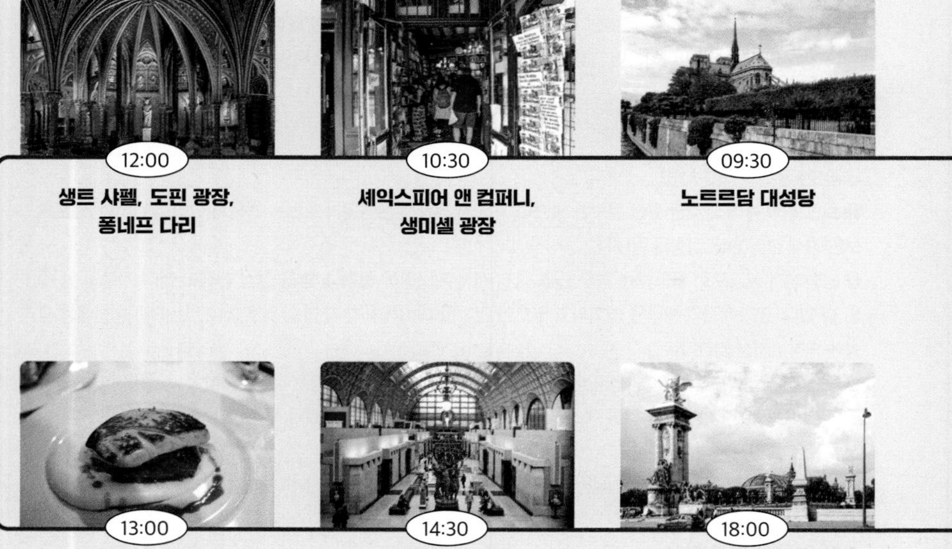

09:30
노트르담 대성당

10:30
셰익스피어 앤 컴퍼니, 생미셸 광장

12:00
생트 샤펠, 도핀 광장, 퐁네프 다리

13:00
점심 식사
메종 폴

14:30
오르세 미술관
월요일 휴무

18:00
알렉상드르 3세 다리까지 센 강변 산책

반나절 쇼핑 추천

❶ 프랭탕 백화점 + 갤러리 라파예트 백화점 + 생토노레 거리Rue Saint Honoré

❷ 봉 막셰 백화점 + 라 그랑드 에피스리 드 파리La Grande Épicerie de Paris + 몽쥬 약국 Pharmacie Monge Notre Dame

에펠탑 야경이 아름다운 맛집

팔레드도쿄의 무슈 블루Monsieur Bleu

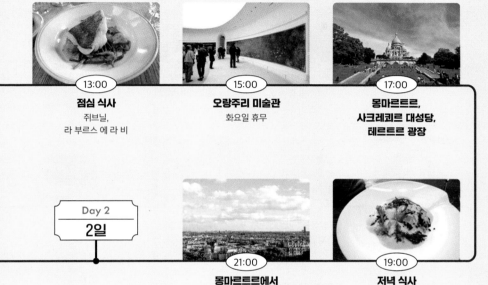

13:00

점심 식사

쥐브닐,
라 부르스 에 라 비

15:00

오랑주리 미술관

화요일 휴무

17:00

**몽마르트르,
사크레쾨르 대성당,
테르트르 광장**

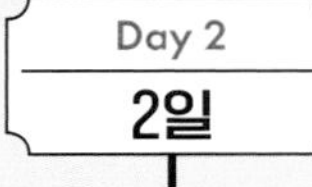

21:00

**몽마르트르에서
파리 야경 감상하기**

19:00

저녁 식사

세봉,
르 팡트뤼슈

19:00

저녁 식사

라 퐁텐 드 마흐스

21:00

에펠탑 야경 관람

22:00

**바토무슈에서
센강 유람선 탑승**

3일 코스

파리의 권역별 핵심 명소 여행

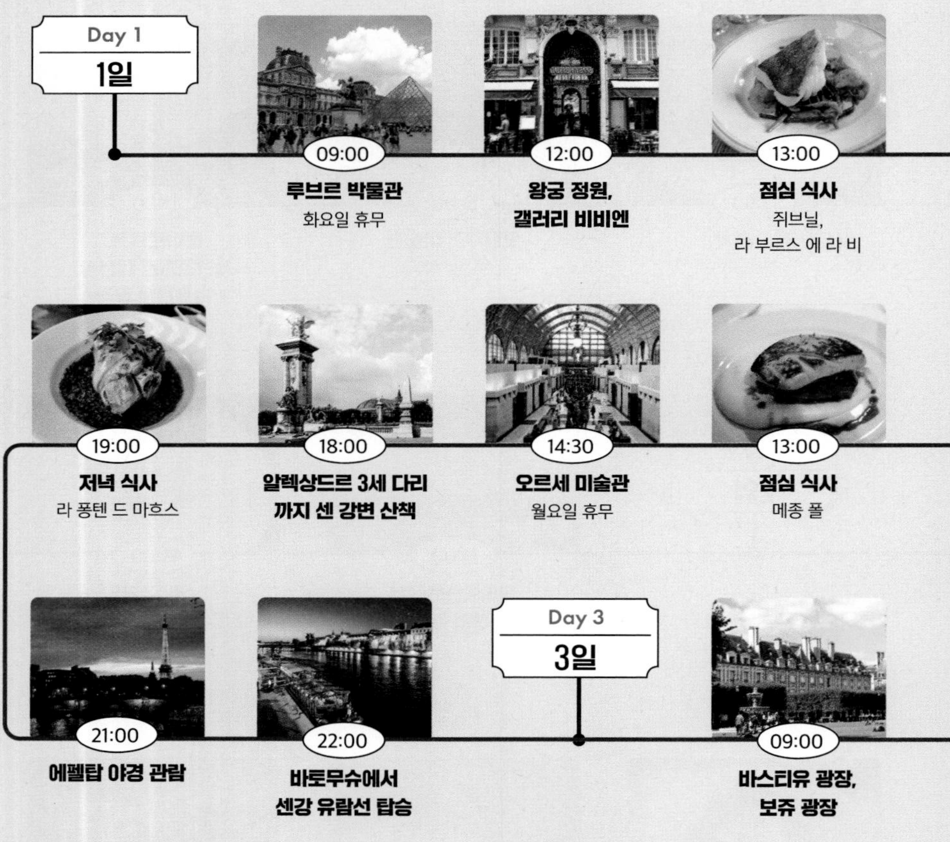

반나절 쇼핑 추천

❶ 프랭탕 백화점 + 갤러리 라파예트 백화점 + 생토노레 거리Rue Saint Honoré

❷ 봉 막셰 백화점 + 라 그랑드 에피스리 드 파리La Grande Épicerie de Paris + 몽쥬 약국 Pharmacie Monge Notre Dame

전망이 아름다운 맛집

몽파르나스타워의 씨엘 드 파리Ciel de Paris

15:00

오랑주리 미술관

화요일 휴무

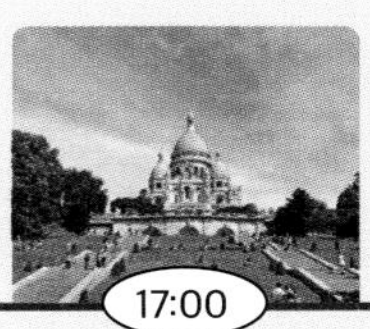

17:00

몽마르트르, 사크레쾨르 대성당, 테르트르 광장

19:00

저녁 식사

세봉, 르 팡트뤼슈

21:00

몽마르트르에서 파리 야경 감상하기

Day 2

2일

09:30

노트르담 대성당

10:30

셰익스피어 앤 컴퍼니, 생미셸 광장

12:00

생트 샤펠, 도핀 광장, 퐁네프 다리

10:00

마레 지구에서 쇼핑

메르시

12:00

점심 식사

크레프리 쉬제트, 셰 느네스

14:00

퐁피두 센터

화요일 휴무

17:00

파리 시청, 생루이섬

베르티용 아이스크림

18:00

몽쥬 약국 쇼핑

19:00

무프타르 거리에서 저녁 식사

라시에트 오 프로마쥬

21:00

생테티엔 뒤몽 성당, 팡테옹 야경 감상

22:00

재즈 바 르 피아노 바슈에서 맥주 한잔

5일 코스

파리와 베르사유 여유롭게 여행하기

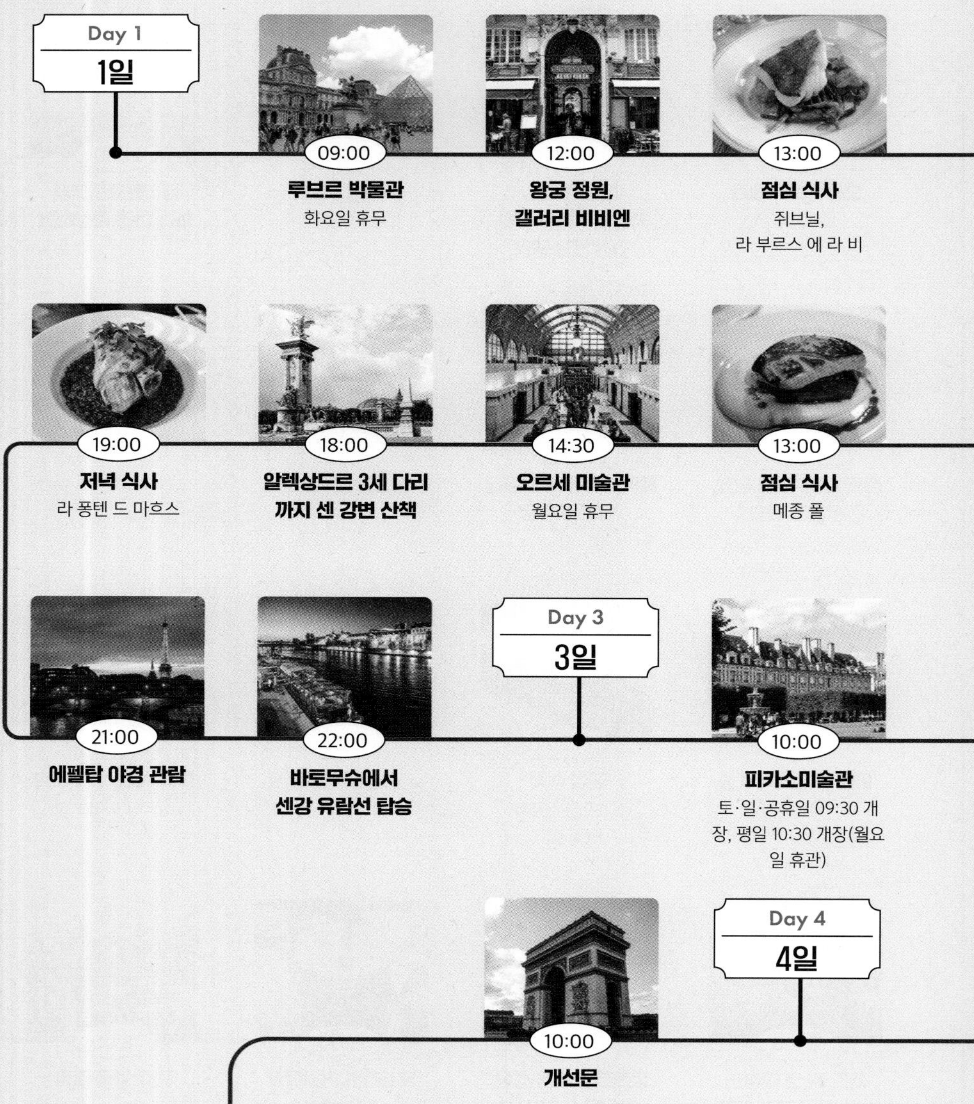
Day 1
1일
09:00
루브르 박물관
화요일 휴무
12:00
왕궁 정원,
갤러리 비비엔
13:00
점심 식사
쥐브닐,
라 부르스 에 라 비
13:00
점심 식사
메종 폴
14:30
오르세 미술관
월요일 휴무
18:00
알렉상드르 3세 다리
까지 센 강변 산책
19:00
저녁 식사
라 퐁텐 드 마흐스
21:00
에펠탑 야경 관람
22:00
바토무슈에서
센강 유람선 탑승
Day 3
3일
10:00
피카소미술관
토·일·공휴일 09:30 개
장, 평일 10:30 개장(월요
일 휴관)
Day 4
4일
10:00
개선문

15:00

오랑주리 미술관

화요일 휴무

17:00

**몽마르트르,
사크레쾨르 대성당,
테르트르 광장**

19:00

저녁 식사

세봉, 르 팡트뤼슈

21:00

**몽마르트르에서
파리 야경 감상하기**

12:00

**생트 샤펠, 도핀 광장,
퐁네프 다리**

10:30

**셰익스피어 앤 컴퍼니,
생미셸 광장**

09:30

노트르담 대성당

Day 2

2일

11:30

마레 지구에서 쇼핑

메르시

12:30

점심 식사

크레프리 쉬제트,
셰 느네스

14:00

퐁피두 센터

화요일 휴무

17:00

파리 시청, 생루이섬

베르티용 아이스크림

22:00

**재즈 바 르 피아노
바슈에서 맥주 한잔**

21:00

**생테티엔 뒤몽 성당,
팡테옹 야경 감상**

19:00

**무프타르 거리에서
저녁 식사**

라시에트 오 프로마쥬

18:00

몽쥬 약국 쇼핑

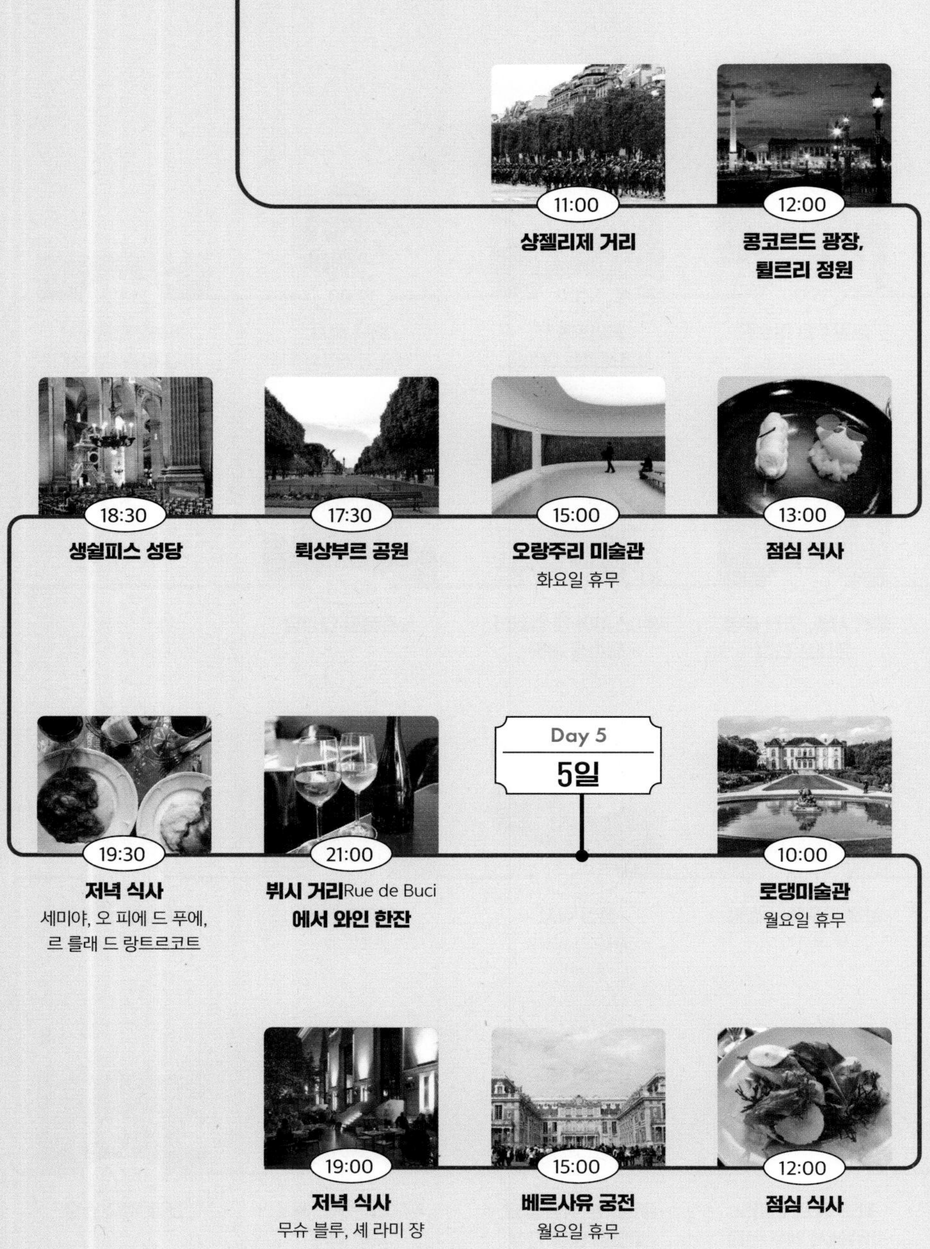
11:00
상젤리제 거리
12:00
콩코르드 광장,
튈르리 정원
13:00
점심 식사
15:00
오랑주리 미술관
화요일 휴무
17:30
뤽상부르 공원
18:30
생쉴피스 성당
19:30
저녁 식사
세미야, 오 피에 드 푸에,
르 를래 드 랑트르코트
21:00
뷔시 거리Rue de Buci
에서 와인 한잔
Day 5
5일
10:00
로댕미술관
월요일 휴무
12:00
점심 식사
15:00
베르사유 궁전
월요일 휴무
19:00
저녁 식사
무슈 블루, 셰 라미 장

7일 코스

파리부터 베르사유와 몽생미셸까지

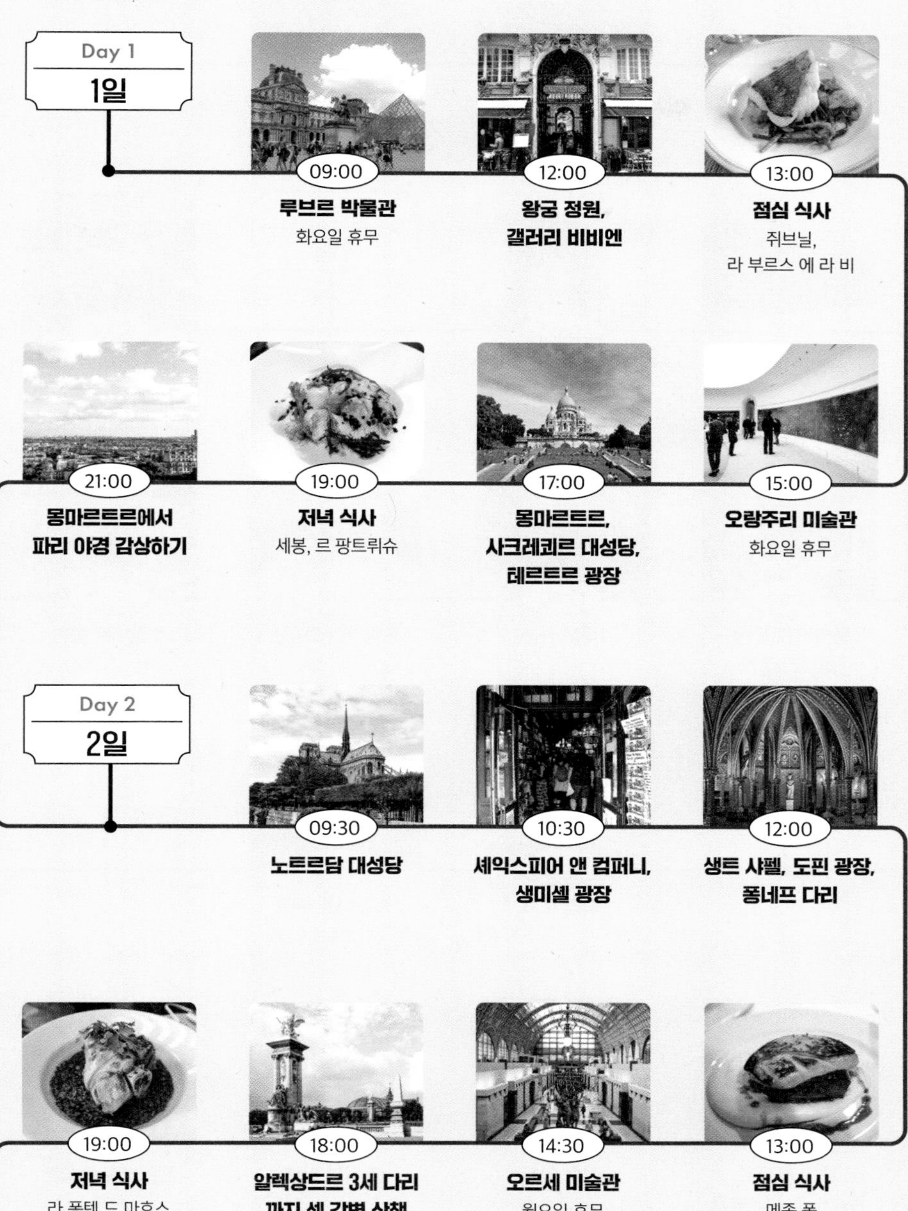
Day 1
1일
09:00
루브르 박물관
화요일 휴무
12:00
왕궁 정원,
갤러리 비비엔
13:00
점심 식사
쥐브닐,
라 부르스 에 라 비
15:00
오랑주리 미술관
화요일 휴무
17:00
몽마르트르,
사크레쾨르 대성당,
테르트르 광장
19:00
저녁 식사
세봉, 르 팡트뤼슈
21:00
몽마르트르에서
파리 야경 감상하기
Day 2
2일
09:30
노트르담 대성당
10:30
셰익스피어 앤 컴퍼니,
생미셸 광장
12:00
생트 샤펠, 도핀 광장,
퐁네프 다리
13:00
점심 식사
메종 폴
14:30
오르세 미술관
월요일 휴무
18:00
알렉상드르 3세 다리
까지 센 강변 산책
19:00
저녁 식사
라 퐁텐 드 마흐스

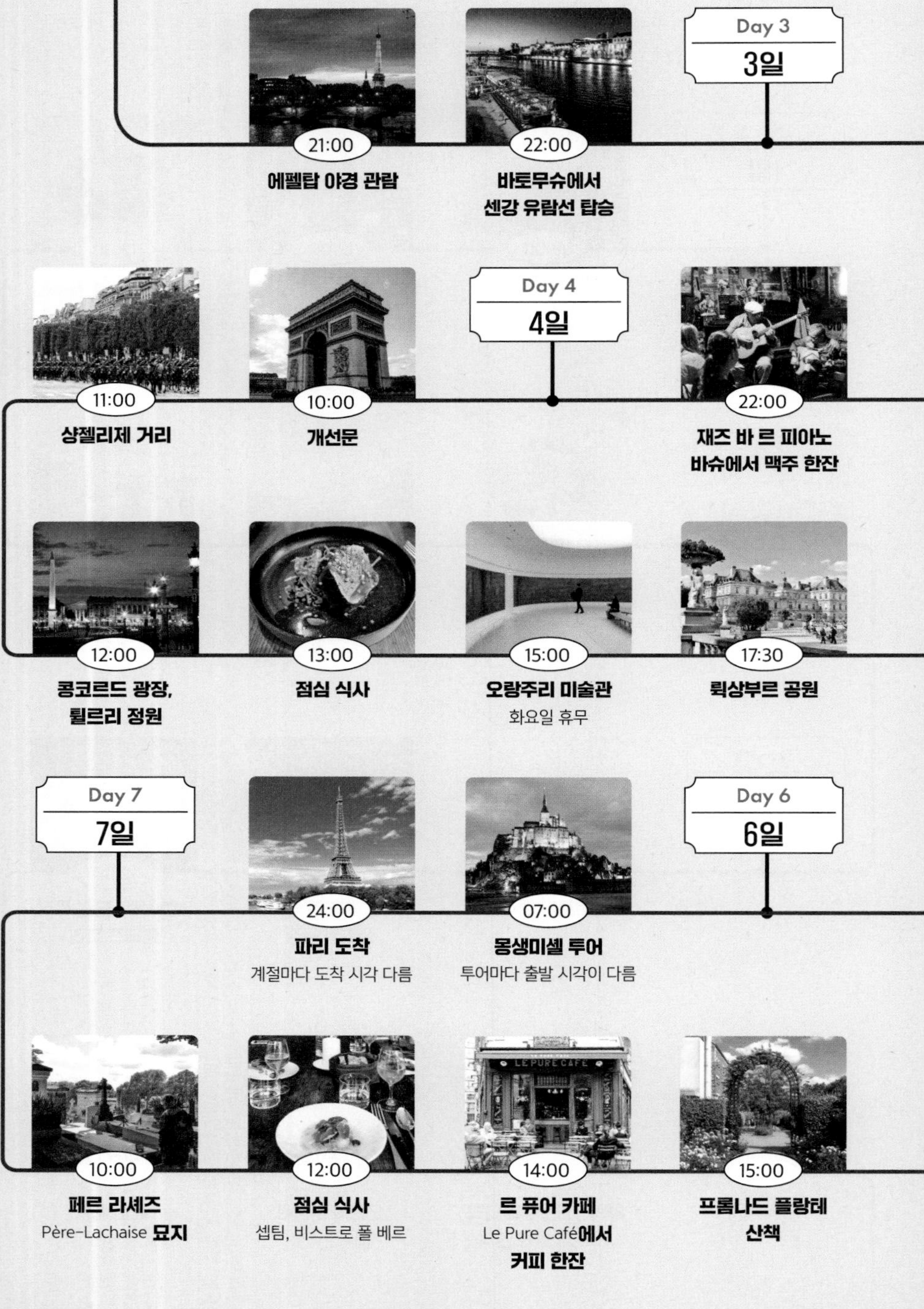

Day 3
3일
21:00
에펠탑 야경 관람
22:00
바토무슈에서
센강 유람선 탑승
Day 4
4일
11:00
샹젤리제 거리
10:00
개선문
22:00
재즈 바 르 피아노
바슈에서 맥주 한잔
12:00
콩코르드 광장,
튈르리 정원
13:00
점심 식사
15:00
오랑주리 미술관
화요일 휴무
17:30
뤽상부르 공원
Day 7
7일
24:00
파리 도착
계절마다 도착 시각 다름
07:00
몽생미셸 투어
투어마다 출발 시각이 다름
Day 6
6일
10:00
페르 라셰즈
Père-Lachaise 묘지
12:00
점심 식사
셉팀, 비스트로 폴 베르
14:00
르 퓨어 카페
Le Pure Café에서
커피 한잔
15:00
프롬나드 플랑테
산책

10:00
피카소미술관
토·일·공휴일 09:30 개장,
평일 10:30 개장(월요일 휴관)

11:30
마레 지구에서 쇼핑
메르시

12:30
점심 식사
크레프리 쉬제트,
셰 느네스

14:00
퐁피두 센터
화요일 휴무

17:00
파리 시청, 생루이섬
베르티용 아이스크림

18:00
몽쥬 약국 쇼핑

19:00
무프타르 거리에서 저녁 식사
라시에트 오 프로마쥬

21:00
생테티엔 뒤몽 성당, 팡테옹 야경 감상

18:30
생쉴피스 성당

19:30
저녁 식사
세미야, 오 피에 드 푸에,
르 를래 드 랑트르코트

21:00
뷔시 거리 Rue de Buci
에서 와인 한잔

Day 5
5일

10:00
로댕미술관
월요일 휴무

12:00
점심 식사

15:00
베르사유 궁전
월요일 휴무

19:00
저녁 식사
무슈 블루, 셰 라미 쟝

17:00
베르시 빌라쥬, 베르시 공원

19:00
저녁 식사
르 트랑 블루

21:00
베르시 쪽 센 강변 산책, 강변 바에서 와인 한잔

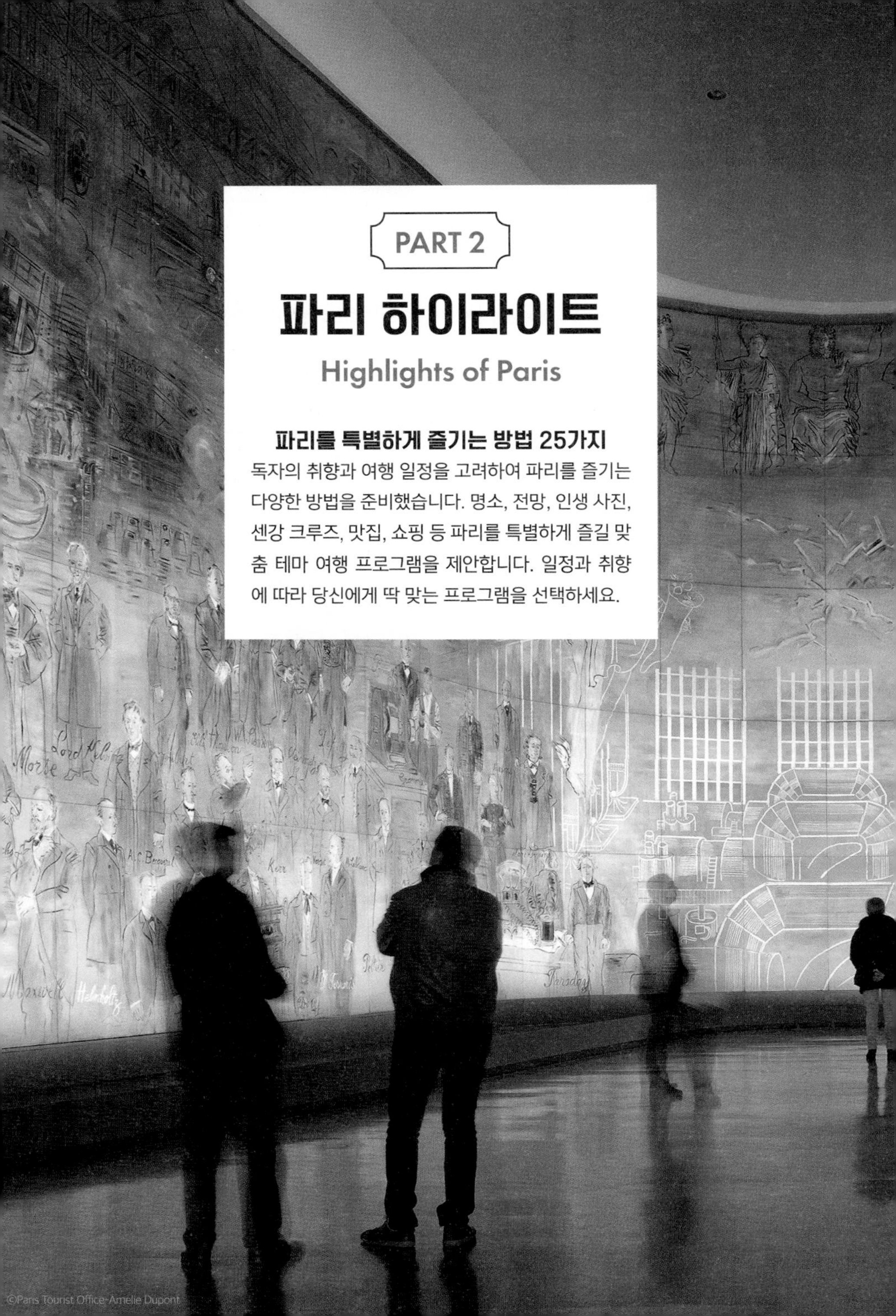

PART 2

파리 하이라이트

Highlights of Paris

파리를 특별하게 즐기는 방법 25가지

독자의 취향과 여행 일정을 고려하여 파리를 즐기는 다양한 방법을 준비했습니다. 명소, 전망, 인생 사진, 센강 크루즈, 맛집, 쇼핑 등 파리를 특별하게 즐길 맞춤 테마 여행 프로그램을 제안합니다. 일정과 취향에 따라 당신에게 딱 맞는 프로그램을 선택하세요.

Ampère
Savart
Ohm
Volta

Sightseeing 01

언제 봐도 가슴 떨리는 인기 명소 베스트 10

파리는 모든 여행자의 로망이다. 에펠탑, 루브르, 노트르담, 오르세미술관….
보고 느껴야 할 곳이 너무 많다. 그래서 준비했다. 파리에서 꼭 가야 할 인기 명소 10곳.
여러분의 친구, 지인들의 선택은 다음과 같다.

① 에펠탑 Tour Eiffel p130

파리의 인기 명소, 아니 세계에서 손꼽히는 인기 명소이다. 에펠탑은 모든 파리 여행자들의 로망이다. 사진이나 영상에서 수없이 봐왔던 거대한 철탑이지만 실제로 보는 순간의 감동은 상상했던 것의 몇 배가 된다. 유럽 여성들이 프러포즈 받고 싶은 장소 1위로 꼽히는 곳이다.

② 루브르 박물관 Musée du Louvre p174

<모나리자>, <밀로의 비너스>, <사모트라케의 니케>를 소장하고 있는 세계 최고 박물관 중 하나이다. 대영박물관, 메트로폴리탄 미술관과 더불어 세계 3대 박물관으로 불린다. 세계적인 규모의 작품들을 소장하고 있다. 루브르를 상징하는 유리 피라미드는 많은 이들의 인증 샷 명소이다.

③ 노트르담 대성당 Cathédrale Notre-Dame de Paris p210

2019년 4월 15일, 노트르담 대성당에 화재가 발생하면서 지붕과 첨탑을 잃었다. 화재 전, 연간 1천 4백만 명이 찾는 파리 최고의 명소였다. 현재는 복원 중으로 방문이 제한되고 있지만, 그 모습을 멀리서라도 보기 위해 관광객들의 발길이 끊이지 않는다.

④ 오르세 미술관 Musée d'Orsay p246

우리나라 여행자들의 만족도가 가장 높은 미술관으로 인상주의 화가의 수많은 작품을 소장하고 있다. 고흐의 <별이 빛나는 밤>, 고갱의 <타히티의 여인들>, 밀레의 <이삭줍기> 등 세계적으로 유명한 작품이 눈 앞에 펼쳐진다. 기차역을 개조해 만든 미술관이라 더 독특하다.

⑤ 개선문 Arc de Triomphe p154

에펠탑과 견줄 만한 파리의 랜드마크이다. 나폴레옹 1세가 영국, 러시아, 신성로마제국 연합국과 싸운 아우스터리츠 전투1805에서 승리한 날을 기념하기 위해 건립했다. 284개 나선형 계단을 걸어 전망대 오르면 샹젤리제 거리부터 에펠탑까지 파리 전경을 한눈에 담을 수 있다.

⑥ 뤽상부르공원 Le Jardin du Luxembourg p254

파리지앵이 가장 사랑하는, 파리의 센트럴 파크이다. 1612년 뤽상부르 궁전을 지을 때 만들었다. 파리 대학가 서쪽에 있다. 커다란 연못을 중심으로 수많은 동상과 녹지대, 형형색색 꽃으로 꾸며져 있다. 프랑스 상원 의회, 뤽상부르 궁전, 뤽상부르 미술관이 공원 안에 있다.

©Jean-Pierre Dalbera-flickr

⑦ 생트샤펠 Sainte-Chapelle p216

세상에서 가장 아름다운 스테인드글라스로 유명한 고딕 성당이다. 생트샤펠은 원래 왕궁 내 예배당이었다. 1248년 지은 성당으로, 화려한 스테인드글라스가 넋을 잃게 만든다. 스테인드글라스 대부분이 13세기에 만든 오리지널이다. 노트르담 성당이 자리한 시테섬에 있다.

⑧ 사크레쾨르 대성당 Sacré-Cœur p230

파리에서 가장 높은 언덕, 몽마르트르 위에 우뚝 솟은 성당이다. '사크레쾨르'란 성심, 즉 그리스도의 심장을 의미한다. 사람들은 성당 앞 계단에 앉아 파리의 전경을 내려다보며 여유를 즐긴다. 예술가들의 동네 몽마르트르에 있어 언제나 거리 공연이 끊이지 않는다.

©Kenta Mabuchi-flickr

⑨ 오랑주리 미술관 Musée de l'Orangerie p182

모네(1840~1926)의 거작 <수련> 8편을 전시하고 있는 파리 4대 미술관 중 하나이다. 콩코르드 광장 동쪽 튈르리 정원에 있다. 원래는 1852년 튈르리 정원의 오렌지 나무를 보호하기 위해 지은 온실이었으나, 모네가 <수련> 연작을 프랑스 정부에 기부하면서 미술관이 되었다.

⑩ 베르사유 궁전 Château de Versailles p350

루이 14세가 절대 왕권을 상징하기 위해 파리 외곽에 지은 전대미문의 대규모 궁전으로 웅장함과 화려함은 말로 다 설명할 수 없다. 그 아름다움을 인정받아 유네스코 세계문화유산으로도 지정됐다. 크게 궁전과 정원으로 나뉘는데 그 규모가 대단하여 다 돌아보려면 시간이 꽤 걸린다.

Sightseeing 02

오르세 말고 또 있다, 놓치면 후회할 미술관 베스트 5

로댕미술관, 피카소미술관, 조르주 퐁피두 센터…. 루브르와 오르세, 오랑주리에 가려있지만, 파리에는 이에 버금가는 미술관과 박물관이 넘쳐난다. 루브르보다 규모가 작고, 오르세보다 덜 유명하지만, 다른 도시에 있다면 버킷리스트가 되고도 남을 곳만 소개한다.

ⓒ피카소미술관

① **로댕 미술관** Musée Rodin p134

대체 불가능한 최고의 조각가 오귀스트 로댕의 박물관이다. 제법 알려지긴 했지만, 루브르나 오르세, 오랑주리보다는 유명세가 덜하다. 하지만 로댕의 작품 6,600여 점을 소장하고 있고, 특히 갖가지 나무와 장미, 벤치가 어우러진 정원에 로댕의 작품이 전시되어 있어 더욱 운치가 넘친다.

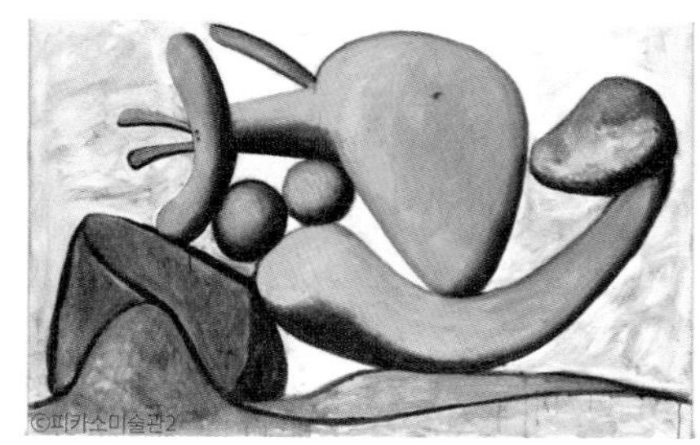

② **피카소미술관** Musée Picasso-Paris p284

피카소미술관은 세계 곳곳에 8개나 있다. 그중 파리 마레 지구의 피카소 박물관이 가장 손꼽힌다. 피카소가 남긴 4만여 점의 작품 중 5천여 점을 소장하고 있다. 규모가 크진 않지만, 피카소의 큐비즘 외에도 다양한 화풍의 작품을 확인할 수 있다. 기념품 가게도 꼭 방문해보자.

③ **조르주 퐁피두 센터** Le Centre Pompidou p194

조르주 퐁피두 센터는 공사 중이거나 공장 건물인 줄 착각할 정도로 파격적인 외관을 하고 있다. 그러나 파리의 대표적인 하이테크 건축물로 도서관, 현대미술관, 영화관, 카페 등을 갖춘 복합 문화 공간이다. 마티스, 피카소, 칸딘스키, 몬드리안 등 거장들의 작품을 대거 소장하고 있다.

④ **루이비통재단 미술관** Fondation Louis Vuitton p163

파리 북서쪽의 불로뉴 공원에 있다. 독특한 건축물이 이목을 끈다. 빌바오의 구겐하임 미술관을 설계한 프랑크 게리가 설계했다. 해마다 1백만 명이 방문한다. 입장은 30분 단위로 이루어진다. 관람 티켓을 예매하면서 개선문에서 출발하는 셔틀버스 티켓도 예매할 수 있다.

⑤ **앵발리드 군사박물관** Musée de l'Armée p139

프랑스 제1통령 혹은 나폴레옹 1세라 불리는 나폴레옹 보나파르트1769~1821의 무덤이 있는 곳이다. 중세부터 20세기 사이에 사용된 대포, 탱크, 갑옷, 군복, 전투 그림이 전시되어 있다. 나폴레옹 관련 유물도 다양한데, 세인트 헬레나 섬에서 사용했던 방을 그대로 복원해 놓아 눈길을 끈다.

돈과 시간을 아끼는 미술관 관람법

파리엔 유명 미술관이 많고 비용도 만만치 않다. 따라서 미술관 두 곳을 함께 관람할 수 있는 통합권이나 뮤지엄 패스를 잘 활용하는 게 중요하다. 2015년 테러 이후 소지품 검사를 철저하게 하고 있다는 점도 잊지 말자. 백팩, 트렁크 등 큰 가방을 소지하고 있으면 따로 보관해야 하거나 입장이 불가한 경우도 많다.

① 주요 미술관 통합권

주요 미술관 몇 곳만 둘러보고 싶을 때는 뮤지엄 패스보다 미술관 통합권을 활용하는 게 좋다. 개별 미술관 관람 티켓을 살 때보다 비용을 약 20% 줄일 수 있다. 통합권은 해당 미술관 티켓 부스에서 구매할 수 있다.

오르세(16유로)+로댕 박물관(14유로) 통합권 25유로

루브르 박물관(22유로) 티켓 소지 시 외젠 들라크루아 박물관 무료입장

② 뮤지엄 패스 Museum Pass

뮤지엄 패스는 파리와 파리 주변 60여 개의 박물관, 미술관을 저렴한 가격에 무제한으로 입장할 수 있는 자유 이용권이다. 뮤지엄 패스가 있으면 루브르와 오랑주리에선 표를 사기 위해 줄을 서지 않고 프리패스 할 수 있다. 박물관 외에도 개선문 등에 입장할 때에도 사용 가능하다. 하지만 하루에 두 군데 이상 가야 본전을 뽑을 수 있다. 뮤지엄 패스는 E-티켓과 종이 티켓이 있다. 우리나라 또는 현지에서 구매할 수도 있다. 여행 일정이 확실하면 우리나라에서, 변동 가능성이 있다면 현지 구매하자.

가격 성인 기준 2일권 70유로, 4일권 약 90유로, 6일권 110유로이다.

판매처

❶ 온라인 구매

여행 사이트 클룩 klook(www.klook.com)

www.parismuseumpass.fr

❷ 뮤지엄 패스 해당 박물관

❸ 그밖에 샤를 드골 공항 터미널(1, 2A, 2B, 2C, 2D, 2E, 2F, 3), 오를리 공항, 베르사유와 디즈니랜드의 관광 안내 데스크

뮤지엄 패스 사용 가능한 곳

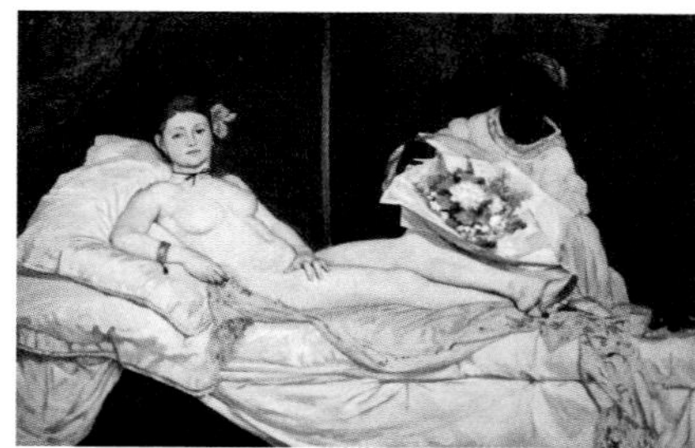

① **파리 시내** 루브르 박물관, 오르세 미술관, 오랑주리 미술관, 로댕 미술관, 피카소 미술관, 팡테옹, 개선문, 군사 박물관-나폴레옹 1세 무덤, 퐁피두 센터, 기메 미술관, 장식 미술 박물관, 패션과 섬유 박물관, 출판·광고 박물관, 니심 드 카몽도 미술관, 국립기술공예 박물관, 캐 브랑리 박물관, 속죄의 예배당, 시네마테크 프랑세즈-영화박물관, 과학 산업 박물관, 콩씨에르쥬리, 국립 외젠 들라크루아 박물관, 파리 하수도 박물관, 이민역사박물관, 아랍협회 박물관, 파리유태역사예술박물관, 국립해양박물관, 파리건축문화재단지-프랑스문화재박물관, 귀스타브모로 미술관, 클뤼니 중세 박물관, 음악박물관, 고대 지하예배당, 해방훈장 박물관, 발견의 전당, 입체모형박물관, 생트 샤펠 성당

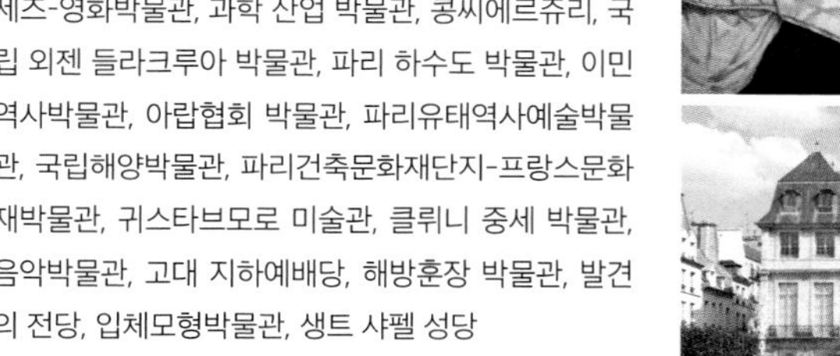

② **파리 근교** 베르사이유 궁전, 퐁텐블로, 성항공우주박물관, 국립고고학박물관, 국립세라믹박물관, 차리스왕궁수도원, 샹쉬르마른성, 콩 피에뉴성 국립박물관, 콩데미술관-샹티이성, 모리스드니 미술관, 메종-라피트 성, 말메종과 부아프레오 성의 국립박물관, 피 에르퐁 성, 포트루아얄 데 샹 미술관, 랑부이예 성, 왕비의 농장, 국립르네상스미술관 - 에쿠앙 성, 뫼동에 위치한 로댕 하우스, 생드니 대성당, 빌라 사보아, 뱅센느 성

ONE MORE

미술관과 궁전 공짜로 즐기는 방법

미술관, 박물관, 명소 매달 첫 번째 일요일은 파리 대부분의 박물관과 미술관이 무료다. 여행 기간에 첫 번째 일요일이 끼어 있다면 무료 관람 계획을 세우는 것이 좋다. 상시 무료로 개방되는 미술관, 박물관도 있다. 일부 유명 명소도 무료로 입장할 수 있다.

매달 첫째 일요일 무료 관람 가능한 곳 개선문11~3월, 베르사유 궁전11~3월, 생드니 성당11~3월, 콩시에주리11~3월, 사냥과 자연 박물관, 오랑주리 미술관, 기술 공예 박물관매주 화요일 6시부터 무료, 오르세 미술관, 루브르 박물관10~3월, 캐브랑리 박물관, 기메 박물관, 퐁피두 센터, 외젠 들라크루아 박물관, 피카소 박물관, 로댕 박물관 10~3월, 팡테옹11~3월, 생트 샤펠 성당11~3월

*최근 무료 관람일에는 온라인으로 예약해야 하는 곳이 많으니 확인하고 가자.

상시 무료 관람인 곳 파리 시립 현대 미술관, 프티 팔래

공원 묘지 파리의 공원 묘지에는 화가, 가수, 시인, 소설가, 배우 등 수많은 유명인들이 잠들어 있다. 오스카 와일드와 짐 모리슨의 묘는 전 세계에서 가장 많은 사람이 방문하는 묘지 top 10에 들며, 페르 라셰즈 묘지에 묻혀 있다. 파리의 묘지는 모두 무료로 입장 가능하다.

낭만 가득 센강 유람선 여행

에펠탑, 노트르담 대성당, 루브르, 오르세, 콩코르드 광장, 앵발리드, 알렉상드르 3세 다리….
센강 물줄기를 따라 아름다운 파리를 관람하는 것은 파리 여행의 백미이다. 유람선을 타고 핵심 명소를 둘러보는 데 한 시간 남짓 걸린다.

1. 언제 탈까?

가능하면 저녁 무렵에 타자. 파리가 가장 아름다운 시간은 단연코 해 질 녘이다. 석조 건물들은 해가 지기 시작하면 금빛으로 물든다. 해가 지기 시작할 때쯤여름 오후 9시경, 겨울 오후 5시경 승선한 후 파리의 밤 풍경을 감상하기를 추천한다.

2. 표는 인터넷으로 사자

인터넷으로 구매하면 바토무슈는 현지 가격의 반값 정도에 구매할 수 있다. 브데트 뒤 퐁네프는 인터넷 구매할 경우 10유로까지 가능하다. 다른 유람선의 경우는 할인 티켓을 찾아보기 힘들다.

3. 어디서 무엇을 탈까?

① 바토무슈 Bateaux-Mouches

센강 유람선의 대명사로 알려져 있다. 여러 유람선 회사 중 하나이지만, 유람선이 불어로 '바토무슈'라고 알고 있는 사람이 있을 정도이다. 규모가 크고 역사도 오래되었다. 한국어 안내 방송도 나온다. 한국에서 온라인으로 구매하면 현지 가격보다 더 저렴하다. 선착장은 센강 북쪽 알마교와 앵발리드교 사이에 있다. 🚶 ❶ 메트로 9호선 알마-마르소역Alma-Marceau에서 도보 5분 ❷ 버스 63, 72, 93, 42, 80번, Balabus 🏠 Port de la Conférence, 75008 📞 +33 1 42 25 96 10 🕓 **4월~9월** 10:00~22:30(30분 간격) **10월~3월** 10:00~22:00(45분 간격), 주말은 10:15부터 소요시간 1시간 10분 € 17유로 ☰ bateaux-mouches.fr

② 바토 파리지엥 Bateaux Parisiens

에펠탑 바로 앞에 선착장이 있다. 일반 유람선과 런치와 식사를 하며 즐길 수 있는 캐이터링 크루즈가 있다. 조금 한산하고 분위기가 조용해서 좋다. 개별 오디오 가이드가 있다. 🚶 ❶ 메트로 6호선 비르-아켐역Bir-Hakeim 도보 12분, 6·9호선 트로카데로역Trocadéro 도보 13분 ❷ 버스 42, 92번, Balabus 🏠 Port de la Bourdonnais, 75007 📞 +33 1 76 64 14 45 소요시간 1시간 € 19유로부터 ☰ bateauxparisiens.com

③ 카노라마 Canauxrama

영화 <비포선셋>에 나온 바로 그 유람선이다. 생마르탱 운하와 센강에서 유람선을 운행한다. 운행 시간은 2시간으로 유람선 중 가장 길다. 현지 가이드가 영어로 해설해준다. 선착장은 바스티유 근처 아르스널 부두Port de l'Arsenal에 있다. 🚶 메트로 1·5·8호선 바스티유역에서 도보 5분 📞 33 1 42 39 15 00 이메일 contact@canauxrama.net € 18유로부터 ☰ www.canauxrama.com

©Joe deSousa

④ 브데트 뒤 퐁네프 Vedettes du Pont Neuf

시테 섬 퐁네프 다리 옆 선착장에서 출발한다. 규모는 비교적 작은 편이며, 시테 섬 여행 후 이용하기에 편리하다. 한국어 안내는 하지 않는다.

🚶 메트로 7호선 퐁네프역Pont Neuf 에서 도보 5분
🏠 Pont Neuf, 75001 📞+33 1 46 33 98 38
€ 14유로부터 ☰ vedettesdupontneuf.com

⑤ 바토 뷔스 Batobus

버스처럼 타고 내릴 수 있는 유람선이다. 1일권을 끊으면 하루 동안 여러 번 타고 내릴 수 있다. 에펠탑, 오르세, 생제르맹데프레, 노트르담 대성당, 파리 식물원, 시청, 루브르, 샹젤리제, 보그르넬 등 9곳에 정류장이 있다.

📞 +33 1 76 64 79 12 € 1일권 23유로, 2일권 27유로(온라인)
☰ batobus.com

Sightseeing 05

다 모았어요! 파리 인생 사진 명소

인생 사진! 멋진 사진을 찍는 일은 이제 여행의 목적 중 하나가 되었다. 파리 여행을 오래 추억하게 해줄 유명한 인생 샷 명소부터 아는 사람만 아는 파리의 숨겨진 촬영 스폿까지 안내한다.

① 마르스 광장 Champ de Mars p133

파리에서 멋진 사진을 남기려면 그 배경엔 에펠탑이 꼭 들어가야 한다. 바게트나 샌드위치에 음료를 사 들고 광장 잔디밭에서 에펠탑을 배경으로 피크닉을 즐기는 모습을 카메라에 담는다면 인생 샷 어렵지 않다. 해 질 녘이라 노을이 지고 있다면 최고의 한 컷을 남길 수 있다.

©Rosivan Morais-Pexels

② 샤요궁 Palais de Chaillot p133

샤요궁은 높은 곳에서 바라볼 수 있는 전망대는 아니지만, 에펠탑을 가장 멋지게 조망할 수 있는 명소이다. 에펠탑과 함께 멋진 사진을 남기는 사진 명당으로도 유명하다. 에펠탑 북쪽 센강 건너편에 있다. 여름에 샤요궁 앞에 분수대가 켜지면 더 멋진 장면이 연출된다.

③ 루브르 박물관 앞 Musée du Louvre p174

루브르 박물관의 유리 피라미드는 포토 스폿으로 엄청난 사랑을 받는 곳이다. 많은 이들이 피라미드 꼭대기를 손으로 집는 모습을 연출하여 사진을 찍는다. 사람들이 많은 낮보다, 밤이 되어 은은하게 조명이 켜지면, 훨씬 더 분위기 있는 사진을 찍을 수 있다.

④ 개선문 Arc de Triomphe p154

개선문 꼭대기 전망대에 오르면 시원하게 쭉 뻗은 샹젤리제 거리를 비롯해 개선문을 중심으로 방사형으로 뻗어 나간 파리의 도로와 건물들을 한눈에 담을 수 있다. 특히 해 질 녘 파리에서 가장 화려한 거리인 샹젤리제에 불이 하나둘씩 들어오기 시작하는 멋진 풍경이 일품이다.

⑤ 몽마르트르 언덕 Montmartre p230

파리에서 가장 높은 언덕130m으로, 언덕을 오르다 보면 꼭대기에 서 있는 사크레쾨르 성당이 마치 하늘에 떠 있는 듯한 압도적 자태를 드러낸다. 거기서 뒤돌아보면 눈앞에 탁 트인 파리 시내가 한눈에 들어온다. 아쉽게도 에펠탑은 보이지 않는다.

⑥ 라 메종 로즈 골목 La Maison Rose

몽마르트르의 한 골목에 있는 이 식당은 핑크와 녹색으로 꾸며진 아기자기한 외관으로 관광객들의 사랑을 받고 있다. 아래를 보며 우측의 언덕 아래 풍경까지 넣어도 좋고, 반대로 골목을 조금 더 내려가 식당 옆면과 사크레쾨르 성당 돔을 한 프레임에 넣고 찍어도 멋진 사진을 얻을 수 있다. ⌂ 2 Rue de l'Abreuvoir, 75018

⑦ 생도미니크 가 Rue Saint-Dominique

에펠탑 근처 많은 맛집이 모여 있는 생도미니크 가는 활기찬 로컬 분위기에 파리의 상징 에펠탑이 더해져 자연스러우면서도 멋진 사진을 찍을 수 있는 숨은 명소이다. 생도미니크 가와 슈르쿠프 가Rue Surcouf가 교차하는 지점54 Rue Saint-Dominique, 75007에서 근사한 사진 한 장 남겨보자.

⑧ 팔래 드 도쿄 Palais de Tokyo p144

팔래 드 도쿄는 그 건축물 자체만으로도 신전을 연상케 하는 멋진 모습이지만, 거기에 에펠탑 뷰가 더해져 인생샷 포토 스폿으로 꼽기 충분하다. 팔래 드 도쿄와 파리 시립 현대미술관 사이 광장에서 사진을 찍으면 에펠탑과 드빌리 다리Passerelle Debilly가 멋진 배경이 되어 준다.

⑨ 프랭탕과 갤러리 라파예트 백화점 Printemps & Galeries Lafayette p168~169

라파예트 백화점 옥상에서 바라보는 파리 전경도 어느 전망대보다 아름답다. 옥상은 모두에게 개방돼 있으며, 루프톱 바가 있어 차나 음료도 마실 수 있다. 바로 옆의 프랭탕 백화점 역시 꼭대기 층 식당가의 테라스 자리는 파리 시내를 내려다볼 수 있는 훌륭한 명소로 손꼽힌다.

©신중현

⑩ **몽파르나스 타워** Tour Montparnasse p262

59층에 210m 높이의 몽파르나스 타워는 파리에서 가장 높은 빌딩이다. 덕분에 전망대에 오르면 시야를 방해하는 것 없이 탁 트인 파리 전경이 한눈에 들어온다. 56층에는 전망대 말고도 '씨엘 드 파리'라는 바가 있다. 음료 한잔 앞에 두고 앉아 근사한 에펠탑 뷰를 즐기기 좋다.

⑪ **예술의 다리** Pont des Arts p89

예술의 다리 위에서 프랑스 학사원을 배경으로 사진을 찍으면 멋진 인생 샷이 완성된다. 예술가들이 공연하는 낮에 찍어도 좋고, 조명이 켜진 밤에 찍어도 좋다. 다리에서 루브르의 문을 프레임으로 삼고 프랑스 학사원을 찍어도 아주 멋진 사진이 된다. 🚶 메트로 1호선 루브르 리볼리역Louvre Rivoly에서 도보 4~5분, 7호선 퐁네프역Pont Neuf에서 도보 4~5분

⑫ **비르아켐 다리** Pont de Bir Hakeim p88

파리의 사진 명소로 둘째가라면 서러운 곳이다. 일 년 365일 내내 웨딩 촬영, 광고 촬영 등으로 바쁜 곳이다. 영화 <인셉션>에 등장해 '인셉션 다리'로도 유명하며, 에펠탑이 잘 보여 함께 멋진 사진을 남길 수도 있다.

🚶 메트로 6호선 비르아켐역Bir Hakeim에서 도보 1~2분

⑬ **왕궁 정원** Jardin du Palais-Royal p190

왕궁Palais-Royal 뒤편 아케이드로 둘러싸인 비밀스러운 정원의 분수 앞 의자에 앉아 여유를 즐기는 모습을 찍어도 좋다. 하지만 이곳의 진정한 포토 스폿은 정원 앞 광장의 조형물이다. 블랙 앤 화이트 스트라이프 기둥 260개가 높낮이를 달리하여 리듬감 있게 서 있다. 기둥 위에 올라가 멋진 사진을 남겨보시길.

Sightseeing 06

오늘은 여유롭게, 반나절 파리산책

에펠탑, 개선문, 루브르, 오르세……. 일정에 여유가 있다면 반나절쯤,
그게 아니라면 한두 시간이라도 발길 가는 대로 산책을 해보자.
걸으면 더 많이 보고 느낄 수 있다. 파리의 내면 속으로 한 걸음 더 들어가 보자.

1. 파리 핵심 명소 산책하기

대표적인 명소를 한 번에 둘러볼 수 있는 코스다. 에펠탑, 개선문, 루브르뿐만 아니라 파리에서 가장 화려한 샹젤리제 거리와 콩코르드 광장까지 포함된다. 센강 다리 중 가장 화려한 알렉상드르 3세 다리, 그리고 그 위에서 바라보는 센강의 뷰 또한 이 코스의 하이라이트이다.

코스 에펠탑 → 샤요궁 → 팔래 드 도쿄·파리 현대미술관 → 이에나 거리Avenue d'Iéna → 개선문 → 샹젤리제 → 그랑 팔래와 프티 팔래 → 알렉상드르 3세 다리 → 콩코르드 광장 → 튈르리 정원 → 오랑주리 미술관 → 루브르

거리 약 6.5km 산책 시간 약 2시간(명소 관람·식사 시간 미포함)

2. 오래된 카페 따라 파리 산책하기

생제르맹 데프레와 몽파르나스엔 100년 이상 된 오래된 카페가 많다. 카페와 더불어 주변 명소까지 덤으로 구경할 수 있는 코스다. 오데옹역Odéon의 18세기 뒷골목 쿠르 뒤 코멕스 생탕드레를 시작으로 파리 최초의 카페 르 프로코프Le Procope, 예술가와 지식인의 아지트였던 카페 레 두 마고, 카페 드 플로르, 헤밍웨이의 단골 카페 라 클로즈리 데릴라, 20세기 카페 문화의 중심지 몽파르나스 가까지 이어진다.

코스 메트로 4·10호선 오데옹역Odéon → 쿠르 뒤 코멕스 생탕드레Cour du Commerce Saint-André → 르 프로코프 → 생제르맹 거리 → 카페 레 두 마고, 카페 드 플로르, 브라스리 리프 → 보나파흐트 거리Rue Bonaparte → 생쉴피스 성당 → 뤽상부르 정원 → 라 클로즈리 데릴라 → 몽파르나스 가 → 라 쿠폴La Coupole, 102 Blvd. du Montparnasse, 라 로통드, 르 돔, 르 셀렉트 → 몽파르나스 타워

거리 약 4km 산책 시간 약 1시간(명소 관람·식사 시간 미포함)

Sightseeing 07

알고 가면 더 재미있는 센강 다리 투어

고풍스러운 건물과 유적을 품고 있는 센 강변은 유네스코 세계문화유산이다. 센 강은 파리를 남북으로 가르고, 센 강 위의 다리는 파리를 다시 하나로 이어준다. 영화나 소설 속 배경이 된 다리 혹은 역사적인 명소가 된 다리 등 저마다 사연을 품은 센강의 다리를 소개한다.

① **미라보 다리** Pont Mirabeau 아폴리네르, 사랑을 잃고 시를 쓰다

센강 남서쪽의 파리 15구와 16구를 연결하는 철제 다리다. 프랑스 대혁명 당시 지도자 미라보 백작의 이름에서 따왔다. 프랑스의 유명한 시인 기욤 아폴리네르의 <미라보 다리>라는 시 덕분에 더욱 유명해졌다. 피카소의 소개로 만난 화가 마리 로랭생과의 슬픈 이별을 되새기며 쓴 아름다운 시이다.

메트로 10호선 미라보역Mirabeau에서 도보 3분

② **비르아켐 다리** Pont de Bir-Hakeim 아름다운 뷰, 365일 촬영중인

영화 <인셉션>에서 강한 인상을 남겨, '인셉션 다리'로도 불린다. 알렉상드르 3세 다리와 더불어 파리에서 가장 화려한 다리로 꼽힌다. 다리 자체로도 멋진 데다가 에펠탑 뷰까지 갖추고 있어 광고와 스냅 촬영, 웨딩 촬영의 단골 장소이다. 1층은 사람과 자동차가, 2층은 메트로가 다닌다. 메트로 6호선 비르아켐역Bir Hakeim에서 도보 1~2분

③ 알마 다리 Pont de l'Alma **황태자비 다이애나, 이곳에서 세상과 이별하다**

1997년 8월 31일, 영국의 황태자비였던 다이애나가 자동차 사고로 사망한 곳이다. 사고는 알마 다리 밑 터널에서 일어났다. 다리 북쪽 끝에는 레지스탕스를 기념하는 <자유의 불꽃> 동상이 있다. 다이애나비의 비공식적 추모 공간으로, 아직도 꽃과 메모로 그녀를 추모한다.

🚶 메트로 9호선 알마 마 르소역Alma Marceau에서 도보 2분, RER C선 퐁 드 알마역Pont de l'Alma에서 바로

④ 알렉상드르 3세 다리 Pont Alexandre III **센강에서 가장 아름다운**

화려한 아르누보 양식 다리로 샹젤리제 구역과 남쪽의 앵발리드를 연결해준다. 파리에서 가장 아름다운 다리다. 1892년 독일에 대항하기 위해 프랑스와 동맹을 맺은 러시아의 왕 알렉상드르 3세의 이름을 땄다. 근처의 돔형 건축물 그랑팔레와 어우러져 더욱 아름다운 모습을 연출한다. <미드나잇 인 파리>와 뤽 베송의 <엔젤-A> 등 수많은 영화와 뮤직비디오 배경으로 등장했다.

🚶 메트로 1·13호선 샹젤리제 클르망소역Champs-Elysees-Clemenceau에서 도보 3분, RER C선 앵발리드역Invalides에서 도보 3분

⑤ 예술의 다리 Pont des Arts **이 다리를 건너면 사랑이 이루어진다**

루브르와 센강의 남쪽 생제르맹데프레를 연결하는 보행자 전용 다리다. 사랑의 자물쇠 다리로 유명했으나, 무게를 감당하기 어려워 지금은 빼곡했던 자물쇠를 모두 철거했다. 근처에 프랑스 예술학교 에콜 데 보자르가 있어 '예술의 다리'로 불리지만, 연인과 함께 건너면 사랑이 이루어진다고 하여 '사랑의 다리'라고도 불린다.

🚶 메트로 1호선 루브르 리볼리역Louvre Rivoly에서 도보 4~5분, 7호선 퐁네프역Pont Neuf에서 도보 4~5분

Sightseeing 08

파리의 근대시장, 고풍스러운 파사쥬 여행

파사쥬는 아케이드 같은 곳이다. 프랑스 대혁명을 겪고 난 19세기 파리의 시장은 좁고 어두운 데다 하수도 시설이 없어 몹시 비위생적이었다. 이에 상인들이 깔끔하고, 비가 내려도 걱정 없이 쇼핑할 수 있는 파사쥬를 만들었다. 한때 160여 개에 달했으나 지금은 20여 개만 남아 있다.

① 갤러리 비비엔 Galerie Vivienne P191

루브르 북쪽, 왕궁 정원 근처에 있다. 1823년에 지었다. 20여 개의 파사쥬 가운데 가장 우아하고 화려하다. 역사성과 아름다움을 인정받아 프랑스 역사 기념물로 등록되었다. 200년 역사가 말해주듯 내부는 제법 고풍스러워 시간의 흔적을 느낄 수 있다. 176m에 이르는 아케이드 통로 따라 패션 가게, 인테리어 숍, 식당, 서점이 늘어서 있다. 프랑스의 소설가 콜레트가 사랑했던 고서점과 와인이 가득한 상점도 있다.

ONE MORE

300년 된 카페 골목

쿠르 뒤 코멕스 생탕드레 Cours du Commerce Saint-André P258

300년이 넘은 생제르맹데프레의 비밀스러운 작은 골목이다. 생제르맹 대로변과 분위기가 사뭇 달라, 이 길에 들어서면 갑자기 17~18세기로 이동한 기분이 든다. 1686년 문을 연 파리 최초의 카페 겸 레스토랑 르 프로코프Le procope가 있다. 빅토르 위고, 볼테르, 장 자크 루소 등 당대의 문인과 철학자들이 즐겨 찾던 곳이다. 1789년 프랑스 혁명 땐 이곳 8번가에서 <민중의 친구>라는 신문을 발간하기도 했다. 해가 지면 골목 양쪽으로 테이블이 늘어선다. 파리의 로맨틱한 밤거리를 즐기고 싶을 때 가면 좋다.

②**파사쥬 데 파노라마** Passage des Panoramas P192

갤러리 비비엔에서 북쪽으로 걸어서 9분 거리에 있다. 파리에서 꽤 아름다운 지붕 덮인 통로로 꼽힌다. 앤티크한 가구점, 빈티지 장식품점, 그림과 미술품 등이 있는 작은 부티크, 서점, 우표 상점, 장난감 숍, 박물관, 맛집과 바 등이 운치 넘치는 풍경을 연출하며 늘어서 있어 호기심을 자아낸다. 아담하고 아기자기한 레스토랑이나 카페, 비스트로가 가장 많다. 이것저것 구경하다 뭔가를 발견하는 소소한 즐거움을 맛볼 수 있다.

③**파사쥬 브라디** Passage Brady

조르주 퐁피두 센터와 파리 동역 사이에 있다. 파리의 여러 파사쥬 가운데 가장 이색적인 곳이다. 파리지앵 사이에서 파사쥬 브라디는 '리틀 인디아'라고도 불린다. 곳곳에 인도와 파키스탄 상점들이 들어서 있고, 알록달록한 색깔이 여기저기서 눈에 띈다. 다른 파사쥬는 물론 일반적인 파리 모습과 사뭇 달라 무척 인상적이다. '리틀 인디아'라는 별칭답게 커리 레스토랑, 향신료 상점 등을 찾아볼 수 있다. ⌂ 6 pass. Brady, 75010

Sightseeing 09

시테섬과 라탱에서 올드 파리 즐기기

노트르담 대성당이 있는 시테섬은 파리가 시작된 역사적인 장소이다. 올드 파리의 운치와 역사를 품을 수 있어 좋다. 라탱Latin은 파리의 옛 분위기가 잘 남아 있는 곳이다. 중세시대 이 지역의 대학에서 라틴어를 사용했는데, 그 덕분에 '라탱 지구'라는 이름을 얻었다.

① **시테섬** Île de la Cité P210

파리는 시테섬에서 시작되었다. '시테'는 불어로 도시라는 뜻이다. '파리'라는 도시 이름은 시테섬에 살던 원시 부족 파리시족에서 유래했다. 지금 공사 중인 노트르담 대성당과 파리 도로가 시작되는 원점 푸앙 제로가 있다. 이곳은 파리에서 가장 오래된 장소라고 할 수 있다.

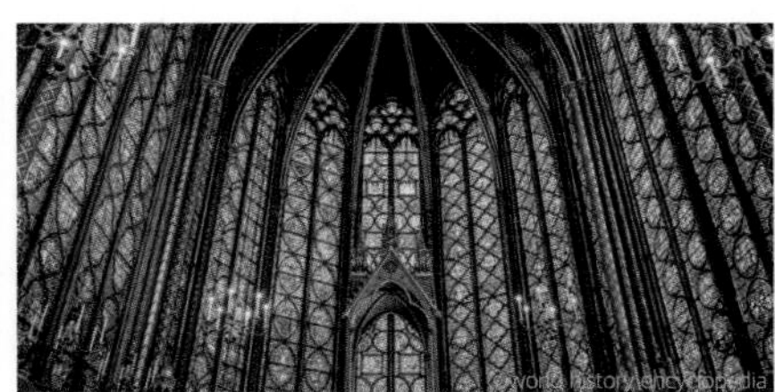
©world historyencyclopedia

©Jean-Pierre Dalbera-flickr

② **생트 샤펠** Église Sainte Chapelle P216

1248년 완공한 고딕 양식 성당이다. 독실한 기독교 신자였던 루이 9세가 콘스탄티노플의 보두앵 2세에게서 구매한 그리스도의 가시 면류관과 십자가, 대못 같은 유물을 보관하기 위해 지었다. 규모가 큰 성당은 아니지만, 세계에서 가장 화려하고 아름다운 스테인드글라스로 유명하다.

©Pline-Wikimedia Commons

©Jean-Pierre Dalbera-flickr

③ **콩시에르쥬리** Conciergerie P217

본래 왕궁이었다. 1358년 루브르와 뱅센느로 궁을 옮긴 뒤 파리 최초의 형무소가 되었다. 수감자 중 가장 유명한 인물로 루이 16세의 왕비 마리 앙투아네트를 꼽을 수 있다. 왕궁 건물 중 생트 샤펠만 그대로 성당으로 사용되고, 나머지 건물은 최고재판소와 국립역사기념관으로 사용되고 있다.

©Velyal-Wikimedia Commons

©Guilhem Vellut-flickr

④ **생테티엔 뒤 몽 성당** Saint-Étienne-du-Mont P321

15세기에 지어진 이 성당엔 451년 훈족의 침입 때 기도로 파리를 구한 수호 성녀 주느비에브의 성골함이 있다. 수학자 파스칼과 작가 장 라신의 유해도 안치되어 있다. 영화 '미드나잇 인 파리'의 촬영 장소이다. 영화에서 자정이 되면 종소리와 함께 주인공 길의 시간 여행이 이 성당에서 시작된다.

⑤ **무프타르 시장 거리** Marché de la rue Mouffetard P322

고대 로마 시대부터 길이 있었다. 지금도 아스팔트가 아니라 돌이 깔려 있어 예스러운 분위기가 난다. 빵집, 과일 가게, 레스토랑이 모여 있다. 거리가 끝나는 곳 근처에는 헤밍웨이가 살았던 아파트도 있다. 헤밍웨이는 이 거리를 '비좁지만 늘 사람들이 붐비는 매력적인 시장 골목'이라고 묘사했다.

©Paris Tourist Office, Daniel Thierry

⑥ **팡테옹** Panthéon P319

라탱 지구의 핵심 명소이다. 18세기에 지은 성당이었는데, 지금은 프랑스 위인들이 잠자는 국립 묘소이다. 신전 입구의 22개 기둥이 보는 이를 압도한다. 장 자크 루소, 볼테르, 에밀 졸라, 빅토르 위고, 퀴리 부인 등이 잠들어 있다. 근처에 대학교가 많아 팡테옹 앞은 학생들로 활기가 넘친다.

Sightseeing 10

파리 생제르맹, 이강인 응원가자

파리까지 갔는데, 프랑스 프로축구 리그 1리그앙을 경험하는 건 어떨까? 리그 1은 세계 5대 리그로 꼽힌다. 이강인이 리그 1의 파리 생제르맹 FCPSG에서 활동하면서 부쩍 관심이 높아졌다. 리그앙과 파리 생제르맹에 대해 소개한다.

리그 1 제대로 알기

리그앙은 프랑스 프로축구 1부 리그의 이름이다. 프랑스에선 1932년 처음 프로축구가 시작되었고, 2003년부터 리그앙이라는 명칭을 사용하기 시작했다. 리그앙은 프랑스어로 '1부 리그'라는 뜻이다.

리그앙은 잉글랜드의 프리미어리그, 스페인의 라리가, 독일의 분데스리가, 이탈리아의 세리에 A와 더불어 세계 5대 프로축구 리그로 인정받는다. 네덜란드의 에레디비시와 포르투갈의 프리메이라리가가 리그앙의 뒤를 잇고 있다. 리그앙 순위 4위까지 챔피언스리그에 참가할 권한이 주어진다. 챔피언스리그는 유럽 각국의 프로축구 구단이 해마다 최고의 팀을 가리기 위해 경쟁하는 최상위 클럽 대항전이다.

리그앙에 소속된 구단은 18개이다. 18개 팀이 안방과 원정에서 한 경기씩 경기를 치른다. 각 구단이 34경기를 벌인 뒤 우승팀을 가린다. 경기는 주로 주말에 이루어지나 가끔 주중에 열리기도 한다. 한 시즌은 8월에 시작해 이듬해 5월에 끝난다. 리그앙에서 가장 많은 우승을 차지한 구단은 파리 생제르맹 FC이다. 2023~2024년 시즌을 포함해 12회 우승을 차지했다. 10회 우승을 차지한 AS 생테티엔, 아홉 번 우승한 올랭피크 드 마르세유, 8회 우승한 AS모나코와 FC낭트, 7회 우승한 올랭피크 리옹이 파리 생제르맹을 뒤따르고 있다.

우리는 리그앙, 하면 이강인을 떠올리지만, 그 이전에 길을 닦아놓은 한국 선수들이 제법 많다. 90년대의 축구 스타 서정원은 한국의 첫 리그앙 출신 선수다. 그는 90년대 후반 두 시즌 동안 스트라스부르에서 활약했다. 서정원의 뒤를 이어 이상윤과 안정환이 뛰었고, 박주영은 AS 모나코에서 3시즌 동안 25골을 넣었다. 2011년 그는 리그앙을 떠나 프리미어리그 아스널로 떠났으나 프리미어리그 적응에 실패했다. 이밖에 정조국, 남태희, 권창훈, 석현준, 윤일록, 황의조 등이 프랑스 리그에 크고 작은 발자취를 남겼다.

리그 1의 넘버 원, 파리 생제르맹

이강인이 소속된 파리 생제르맹 FC는 리그앙 최다 우승팀이지만, 역사는 비교적 짧은 편이다. PSG는 1970년 파리 FC와 스타드 생제르맹이 통합하면서 세상에 얼굴을 내밀었다. 홈구장은 파리 서쪽 16구 끝에 있는 파르크 데 프랭스Parc des Princes이다. 연고지가 프랑스의 수도였으나 PSG는 한동안 그저 그런 팀이었다. 90년대부터 강팀으로 부상하더니, 2011년 카타르 투자청이 인수하면서 리그앙의 절대 강자이자 유럽에서 손꼽는 강호로 성장했다. 데이비드 베컴, 즐라탄 이브라히모비치, 에딘손 카바니가 활동하며 리그앙 우승은 물론 유럽 챔피언스리그의 단골손님이 되었다. 특히 2021년에는 월드 클래스 선수 세 명, 곧 메시, 네이마르, 음바페가 함께 뛰면서 세계적인 주목을 받았다. 축구 통계 사이트 트랜스퍼마크트에 따르면 2024년 기준 PSG의 가치는 약 1조3천억 원이다. 세계 축구 클럽 가운데 5~6위 권이다.

파리 생제르맹의 최대 라이벌은 올랭피크 드 마르세유이다. 마르세유는 프랑스 제2의 도시이다. 게다가 지역적으로는 남부에 위치하여 북부의 파리와 경쟁의식이 남다르다. 두 팀은 경기는 리그앙에서 가장 격렬한 더비이다. 이 두 팀의 대결을 '르 클라시크'라는 고유 명사로 부를 정도이다. 두 팀의 경기가 열리는 날에는 늘 경찰 병력이 대규모로 동원될 만큼 긴장감이 흐른다.

PSG 홈구장 파르크 데 프랭스 투어

파리 생제르맹의 홈구장은 파르크 데 프랭스Parc des Princes이다. 약 48,000명을 수용할 수 있다. 파리 서쪽 16구 끝에 있다. 파리 생제르맹은 세계적인 선수들이 거쳐 간 팀이다. 데이비드 베컴을 비롯해 리오넬 메시, 네이마르, 킬리안 음바페 등이 활동했으며, 현재는 대한민국의 이강인 선수가 소속된 팀이기도 하다. 덕분에 최근 파르크 데 프랭스를 찾는 한국인 관람객이 많이 늘었다. 이강인의 경기를 보기 위해 파리 여행 일정에 하나를 추가하는 것이다. 심지어 파리 생제르맹의 경기를 보기 위해 파리 여행을 계획했다는 사람이 있을 정도다. 경기장은 파리 시내 중심에서 조금 떨어져 있지만 지하철 9호선 Porte de Saint-Cloud 역에서 도보 6분 거리에 있어서 도심에서 찾아가기 어렵지 않다. 파르크 데 프랭스 경기장에서는 경기를 관람할 수도 있지만, 경기가 없는 시즌에는 투어도 가능하다. 경기 관람을 원한다면 홈페이지에서 경기 일정을 확인하고 꼭 예매하자. 경기장을 나와 바로 앞에 위치한 PSG 메가스토어에 들르는 것도 투어의 묘미가 될 것이다.

위치 24 Rue du Commandant Guilbaud, 75016 Paris
웹사이트 psg.fr 투어 예약 psg.fr 요금 15유로부터

PSG 유니폼을 살 수 있는 공식 스토어

PSG 메가스토어
주소 14 Rue Claude Farrère, 75016 Paris
영업시간 11:00~19:00

샹젤리제 지점
주소 92 avenue des Champs-Élysées, 75008 Paris.
영업시간 월~토 10:00~20:00, 일 11:00~19:00

파리의 식당 종류 이해하기

레스토랑, 비스트로, 브라세리, 카페…. 파리엔 음식점을 뜻하는 단어가 여럿이다. 원래는 용어마다 엄연한 차이가 있었지만, 현재는 그 경계가 많이 허물어졌다. 하지만 여전히 구분하는 음식점도 어렵지 않게 볼 수 있다. 맛집을 이용하기에 앞서 용어에 따른 차이를 알아보자.

① 레스토랑

레스토랑은 기본적으로 '식당'을 의미하며, 캐주얼 식당부터 고급 식당까지 아우른다. 비스트로나 카페, 브라세리보다는 음식을 전문으로 하는 곳이다. 레스토랑은 차나, 술, 디저트보다 식사가 중심이기 때문에 대부분 브레이크 타임이 있다.

② 비스트로

러시아 군인들이 빨리 식사하기 위해 '빨리'(비스트로)를 외쳤는데, 그게 오늘날 비스트로의 기원이 되었다는 설이 있다. 레스토랑보다 좀 더 캐주얼하다. 규모도 레스토랑보다 더 작고 대부분 전통 프랑스 음식을 내온다. 브레이크 타임이 있는 경우가 많다.

③ 브라세리

브라세리는 양조장을 뜻하는 프랑스어로 원래 선술집이었는데, 지금은 술과 식사를 함께 즐길 수 있는 곳을 의미한다. 비스트로보다는 음식이 덜 전문적인 느낌이 있다. 벨에포크 시대에 예술가들이 모여 술을 마시던 곳이라 고풍스러운 분위기가 느껴진다. 브레이크 타임 없는 게 특징이다.

④ 카페

카페와 브라세리는 비슷하여 그 차이를 명확히 구분하기는 어렵다. 커피 전문점이 아닌 이상, 파리의 카페 대부분은 음료와 술뿐만 아니라 식사도 할 수 있다. 브라세리와 더불어 브레이크 타임 없이 논스톱으로 운영된다.

Travel Tip

알아두면 좋은 파리의 식당 에티켓

문화 차이 때문에 여행 기분이 상하기도 한다. 종종 식당에서 겪었다는 인종 차별은 알고 보면 문화 차이, 에티켓 차이에서 오는 오해일 때도 있다. 단순하지만 중요한 에티켓을 기억하여 기분 좋게 여행하자.

1. 직원과 인사 나누기

프랑스에서 가장 중요한 것 중 하나가 인사 나누기이다. 낮 인사 '봉주르', 저녁 인사 '봉수아' 정도는 익혀서 상점이나 식당에서 혹은 길을 물을 때, 인사를 건네는 것이 좋다.

2. 직원의 안내를 받아 자리에 앉기

음식점을 이용할 때는 직원의 아내에 따르는 게 좋다. 예약석이 있을 수도 있고, 규모가 협소한 곳이 많은데 이런 곳에선 직원이 인원수에 맞게 자리를 배정해 준다. 무턱대고 빈 자리로 가서 앉지 않는 것이 좋다.

3. 큰 소리로 직원 부르지 않기

우리나라는 소리를 내어 직원을 부를 때가 많지만, 파리에선 이렇게 하면 무례한 것으로 여긴다. 일반적으로 직원과 눈을 마주치는 게 일반적이다. 또 주문할 때는 음식을 고른 뒤 메뉴판을 덮어두면 직원이 알아서 온다. 메뉴판을 계속 훑어보고 있으면 결정을 하지 못한 것으로 이해하여 주문을 받으러 오지 않는다.

4. 계산은 앉은 자리에서

우리나라는 손님이 계산대로 직접 가서 결제하는 게 일반적이지만, 파리는 그렇지 않다. 파리에서는 자리에 앉은 채로 직원을 불러 계산을 한다. 결제하기 전에 직원에게 계산서를 가져다 달라고 하면 된다.

ONE MORE

파리에서 식당 예약하는 방법 3가지

유명 식당에서 식사하고 싶다면 예약하는 게 좋다. 식당 홈페이지에 들어가서 예약할 수 있고, 전화로 예약을 받는 곳도 있다. 여행 사이트 트립어드바이저Tripadvisor의 식당 예약 어플 더 포크The fork를 이용하면 많은 식당을 클릭 한 번으로 손쉽게 예약할 수 있다. 어플로 예약할 경우, 최대 50%까지 할인을 받을 수 있으며, 한 식당을 이용할 때마다 얌Yum 포인트가 쌓인다. 포인트 실적에 따라 할인을 받을 수 있다. 유럽 10개국의 수많은 도시에서 이용할 수 있다. 더 포크의 불어 사이트 이름은 La forchette이다.

라포흐셰뜨 www.lafourchette.com

파리에서 꼭 먹어야 할 음식 베스트 10

미식의 나라, 프랑스 파리에서 먹는 즐거움을 놓치는 것은 유죄! 파리 미식 여행은 명소 여행만큼이나 즐겁고 행복한 일정이다. 미슐랭의 도시답게 맛있는 음식 종류도 넘쳐나서 몇 가지만 추천하는 게 쉬운 일은 아니지만, 그래도 파리에서 꼭 먹어야 할 음식 베스트 10을 소개한다.

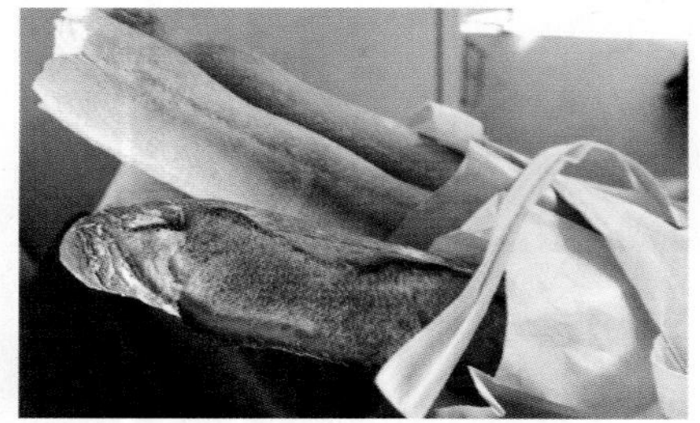

① 바게트 Baguette

프랑스의 대표적인 빵이다. 프랑스인들의 주식이며, 매년 바게트 장인을 가리는 대회가 열릴 정도로 프랑스인들에게는 중요한 음식이다. 바게트의 본고장 프랑스 파리에서는 식당에서 공짜로 제공되는 바게트마저 맛있다는 말이 과언이 아니다.

② 크루아상 Croissant

바삭한 크루아상과 커피, 오렌지 주스의 조합은 완벽한 파리지앵 스타일의 아침 식사가 된다. 진정한 '겉바속촉'을 맛볼 수 있다. 크루아상과 함께 아침 식사로 초콜릿이 든 페이스츄리 '빵오쇼콜라'도 많이 먹는다.

③ 마그레 드 까나르 Magret de Canard

레스토랑에 가면 메뉴에서 찾아보기 쉬운 오리 가슴살 스테이크이다. 프랑스인들이 좋아하는 요리 중 하나이며, 보통 미디엄웰 정도로 익혀서 제공된다. 소스는 가게마다 다르지만, 파리의 레스토랑에서 마그레 드 까나르를 선택한다면 실패할 일이 없다.

④ 에스카르고 Escargot

프랑스 요리를 대표하는 달팽이 요리이다. 전통적으로는 버터, 마늘, 파슬리로 만들어진 소스가 곁들여진다. 다른 소스를 사용하기도 하지만 이 전통의 맛을 담은 소스를 추천한다. 한국에서 경험하기 힘든 달팽이 요리를 프랑스에서 즐겨보자.

⑤ 푸아그라 Foie Gras

거위나 오리의 간으로 만든 프랑스의 대표적인 요리이다. 거위나 오리의 간은 송로버섯트러플, 캐비어와 함께 세계 3대 진미로 꼽히는 고급 식재료다. 푸아그라는 주로 전채 요리로 빵에 발라 먹을 수 있도록 요리한 테린terrine으로 많이 먹으며, 메인 요리로 스테이크와 함께 구워져 나오기도 한다.

⑥ 치즈 Fromage

프랑스에서 치즈는 주로 메인 요리와 디저트 사이에 하나의 코스로 나온다. 주식과도 같은 음식인 셈이다. 맛과 종류도 각양각색이다. 가장 대중적인 브리와 꽁테 치즈를 추천한다. 세계 3대 진미 중 하나인 트러플이 들어간 치즈도 잊지 말고 맛보자.

⑦ 크레이프 Crêpe

크레이프크레페는 달게 먹는 디저트 크레프와 햄·치즈·달걀 등 다양한 재료를 넣어 한 끼 식사로 손색 없는 갈레트Galette로 나눌 수 있다. 크레이프 전문점 크레프리Creperie나 노점에서 찾아볼 수 있다.

⑧ 마카롱 Macaron

마카롱은 디저트 천국 파리의 대표적인 디저트다. 이미 한국에 많은 프랑스 마카롱 브랜드가 들어와 있고, 한국 스타일의 마카롱도 많은 사랑을 받고 있다. 하지만 프랑스 현지에서 전통 마카롱을 즐기는 것은 여행의 또 다른 즐거움이다.

©Jun Seita/flickr

⑨ 양파 수프 soupe à l'oignon

빵과 양파가 들어간 따뜻한 수프 위에 치즈를 올려 내온다. 이 수프 한 그릇만 있어도 바게트 한 개는 거뜬히 해치울 수 있다. 추운 겨울날, 몸을 녹여주는 따뜻한 양파 수프는 프랑스인들의 위로 음식 중 하나이다.

©pxhere

⑩ 잠봉뵈르 Jambon Boir

잠봉은 햄, 뵈르는 버터를 뜻한다. 잠봉뵈르는 채소가 들어가지 않은 샌드위치로, 바게트에 고소한 버터와 짭조름한 슬라이스 햄을 넣어 먹는 파리지앵들의 한 끼 식사이다. 한국식 버터와 햄으로는 그 맛이 안 나온다. 잠봉뵈르는 꼭 프랑스에서 맛보아야 한다.

식사의 품격, 미슐랭 원 스타 레스토랑

미식의 도시 파리에는 4만 개가 넘는 식당이 있다. 조금 과장해서 말하면 미식의 도시답게 미슐랭 스타 레스토랑도 넘쳐난다. 투 스타, 쓰리 스타 레스토랑은 가격이 부담스러울 수 있다. 하지만 원스타만으로도 충분히 만족할만한 식사를 즐길 수 있다. 원 스타 레스토랑 가운데 비교적 음식 가격이 합리적인 맛집 두 곳을 추천한다. 비용을 절감하고 싶다면 점심에 가면 된다.

① 레스토랑 루이 Restaurant LOUIS 개선문 지역 P165

미슐랭 투 스타 셰프 밑에서 수련한 유명 셰프 스테판 페트레가 자신의 이름을 걸고 연 레스토랑이다. 2019년 미슐랭 원 스타를 획득했다. 아담한 규모이지만, 오픈 키친에서 셰프가 직접 요리하는 모습을 볼 수 있어 믿음이 간다. 요리는 전체적으로 맛이 강하지 않고 재료의 풍미가 살아있다. 고급 레스토랑에서 합리적인 가격으로 간단한 점심 코스 요리를 즐길 수 있다.

② **셉팀** Septime 바스티유 지역 P308

파리에서 가장 인기 있는 식당 중 하나로 꼽히는 곳이다. 분위기가 모던하면서도 캐주얼하다. 음식도 음식이지만 로맨틱한 인테리어가 마음을 사로잡는다. 메뉴는 재료의 상황에 따라 매일 바뀌며, 플레이팅보다 재료 본연의 맛을 살리는 데 치중한다. 물론 음식은 완벽하다. 유일한 단점이라면 예약하기가 하늘의 별 따기라는 것이다. 파리 여행을 계획 중이라면 일단 예약부터 하고 보자.

언제 가도 부담 없는 가심비 맛집

물가가 비싼 파리에서 매일 고급 레스토랑에서만 식사하며 여행할 수는 없다. 그렇다고 파리까지 와서 아무거나 먹을 수도 없는 일. 그래서 준비했다. 이름하여 파리의 가심비 식당. 가격 대비 만족감을 얻을 수 있는 맛집을 소개한다.

① 쥐브닐 Juveniles 루브르 지역 P199

파리 중심가 팔래 루아얄 근처에 있는 아담한 맛집이다. 소박한 분위기지만 다양한 매체에 이름을 올리며 유명세를 타고 있다. 식사 시간이 되면 파리지앵이 가득하며, 종종 미식가들도 찾아온다. 다양한 와인 셀렉션이 있다는 것도 장점이다. 가게 벽면 한쪽에 와인이 가득하다. 파리 중심가에서는 찾기 힘든 저렴한 가격의 보석 같은 곳이다.

② 카나르 에 샹파뉴 Canard et Champagne

오페라 지역 P166

파리 2구 파노라마 파사쥬 안에 있다. 전식 푸아그라로 시작해 본식으로 오리 가슴살 스테이크나 오리 다리 요리를 먹으며 샴페인을 곁들이면 가격 대비 훌륭한 식사가 된다. 가게 외관은 앤티크 분위기가 나는데 내부는 모던한 편이다. 지붕이 있는 파사쥬만의 독특한 분위기를 즐기고 싶다면 테라스 테이블을 추천한다. 지나가는 파리지앵을 구경하며 식사하는 재미가 있다.

③ 르 프티 막셰 Le Petit Marché

마레 지구 P302

마레의 보쥬광장 근처에 있는 로컬 프렌치 레스토랑이다. 합리적인 가격에 만족스러운 식사를 할 수 있어 현지인, 관광객에게 많은 사랑을 받고 있다. 특히 한국인들의 입맛과 마음을 사로잡고 있어 한국인들 사이에서 유명하다. 오리 요리와 참치 밀푀유의 인기가 좋으며, 오리고기 스테이크는 이 집에서 가장 인기 많은 메뉴 중 하나다.

④ 오 피에 드 푸에 Au pied de fouet

생제르맹데프레 P269

오래된 선술집 같은 분위기로 비교적 저렴한 가격에 프랑스 가정식을 즐길 수 있다. 생제르맹데프레의 골목에 있는 작은 식당이지만, 파리지앵의 아지트이기도 하다. 저렴하게 스테이크를 즐기고 싶다면 이곳을 추천한다. 하지만 조금 시끌벅적하며, 훌륭한 서비스를 기대하지는 말자. 식사 후 무료로 커피를 마실 수 있는 것은 플러스 요인이다.

⑤ 핑크맘마 Pink Mamma

몽마르트르

파리에서 가장 유명한 이탈리아 레스토랑 체인 '빅맘마'의 레스토랑이다. 지점이 여러 군데에 있는데 이름은 조금씩 다르다. 몽마르트 지구 피갈 지점의 인기가 제일 좋다. 식물 인테리어는 분위기만으로 여심을 사로잡는다. 피자와 트러플 파스타는 꼭 맛보아야 하는 메뉴 중 하나다. 20bis Rue de Douai, 75009 Paris
+33 1 75 85 03 72 매일 12:00~14:15 , 18:45~13:00

전망 좋은 레스토랑 베스트 5

에펠탑을 감상하며 식사를! 파리 여행자라면 누구나 꿈꾸는 로망이 아닐까? 우리도 한 번쯤은 에펠탑과 파리의 멋진 풍경을 감상하며 식사를 즐겨보자. 독자의 로망을 채워줄 음식점과 루프톱 바를 소개한다.

©Wikimedia Commons

©Wikimedia Commons

① **루아조 블랑** L'Oiseau Blanc **개선문 지역**

최고의 에펠탑 전망을 갖춘 미슐랭 원 스타 레스토랑이다. 개선문 근처 페닌슐라 호텔 루프톱에 있다. 음식, 서비스, 전망, 분위기, 어느 하나 나무랄 것이 없다. 파리지앵뿐 아니라 여행자들에게도 인기가 좋다. 몇 개월 전부터 예약이 차는 곳이니 예약은 필수다. 호텔 레스토랑인 데다가 미슐랭 맛집이라 가격은 좀 비싼 편이다.

🏠 19 Avenue Kléber , 75116 Paris

② **무슈 블루** Monsieur Bleu **에펠탑 지역** P148

팔래 드 도쿄와 파리 시립현대미술관 건물 안에 있는 레스토랑으로 멋쟁이 파리지앵들이 즐겨 찾는다. 에펠탑 뷰가 특별하다. 특히 테라스 자리는 센강을 바로 앞에 두고 있으며 에펠탑까지 훤히 보인다. 파리에서 저렴한 가격으로 멋집 뷰를 감상할 수 있는 곳으로 꼽히며, 햄버거 등 간단한 식사도 할 수 있다. 와인이나 칵테일만 즐길 수도 있다.

©Maison Blanche Paris

©Maison Blanche Paris

③ **매종 블랑슈** Restaurant Maison Blanche 에펠탑 지역

센강 북쪽에 있는 고급 레스토랑이다. 샹젤리제와 더불어 파리의 명품 거리로 유명한 몽테뉴가에 있다. 테라스에서 멋진 에펠탑 전망을 즐기며 만족스럽게 식사할 수 있다. 알마다리 북단에서 걸어서 5분 정도면 도착할 수 있다. 음식뿐 아니라 디저트도 맛이 좋다. 샹젤리제 극장과 같은 건물에 있다.

15 Av. Montaigne, 75008 Paris

©Joe deSousa-Wikimedia Commons

④ **르 카페 마를리** Le Café Marly 루브르 지역 P198

루브르 박물관 리슐리외 전시관 안에 있다. 루브르 안에 있어 궁전 분위기를 즐길 수 있는 것은 물론이고, 피라미드와 맞은편의 루브르 건물까지 정면에서 바라볼 수 있는 최고의 뷰를 가진 곳이다. 덕분에 가격은 일반 레스토랑 두세 배이다. 하지만 뷰가 너무 근사해 그 모든 게 용서된다. 특히 해 질 녘 피라미드에 불이 들어오기 시작하면 더욱 황홀한 뷰를 즐길 수 있다.

©Doc Searls-Wikimedia Commons

©Mikhail Nilov-pexels

⑤ **르 씨엘 드 파리** Le Ciel de Paris 몽파르나스 P262

몽파르나스 타워는 파리에서 가장 높은 59층 건물이다. 56층에 전망대와 르 씨엘 드 파리가 있다. 전망대도 좋지만, 좀 더 분위기를 내고 싶으면 르 씨엘 드 파리를 추천한다. 파리 시내가 훤히 내려다보이며, 특히 에펠탑을 정면에서 바라볼 수 있다. 식사 대신 음료만 마실 수도 있다. 타워 전망대 입장권보다 와인 한 잔 가격이 더 저렴하다.

와인바에서 파리의 낭만을 즐기자

종주국에서 와인을 맛보는 일은 파리 여행의 빼놓을 수 없는 즐거움이다. 와인바는 프랑스어로 바아 뱅Bar à vin 혹은 꺄브Cave라고 한다. 와인은 보통 샤퀴트리염장 햄, 소시지, 살라미 등나 치즈, 타파스와 함께 즐긴다. 파리의 낭만을 만끽하기 좋은 와인바를 소개한다.

① 프레디스 Freddy's **생제르맹데프레 지역** P273

생제르맹데프레의 센 거리54 Rue de Seine에 있다. 필자가 무척 애정하는 와인바다. 아담한 규모에 좌석은 바bar로만 구성되어 있다. 와인 리스트는 주기적으로 바뀌며, 간단한 타파스와 와인을 즐기기에 최고다. 가격 부담은 적고. 퀄리티는 훌륭하다. 타파스는 양이 적은 요리들이므로 여러 개 주문하여 먹기 좋다. 타파스 몇 개 주문하여 와인 한잔 곁들이면 한 끼 식사로도 손색이 없다.

② 프렌치 와인바 Frenchie Bar á Vins **레알 지역** P204

영국의 스타 셰프 제이미 올리버 밑에서 요리를 배운 그레고리 마르샹의 와인바이다. 훌륭한 와인과 맛있는 음식을 즐길 수 있다. 미슐랭 원 스타 레스토랑 '프렌치'의 와인바인데, 가격이 저렴한 편이다. 간이 조금 세지만 무엇 하나 맛없는 음식이 없다. 아담한 바지만 늘 손님들로 북적인다. 좀 늦게 가면 줄을 서야 할 수도 있다. 가게 이름은 제이미 올리버가 마르샹 셰프에게 지어준 별명이다.

③ 윌리스 와인바 Willi's Wine Bar **루브르 지역** P204

영국 출신 마크 윌리엄슨이 30여 년 전 문을 열었다. 풍부한 와인 리스트와 훌륭한 음식으로 유명하다. 주인 이름을 따 '윌리의 와인 바'라고 지었다. 파리지앵뿐 아니라 와인과 미식을 좋아하는 여행자들로 늘 북적인다. 매년 감각적인 포스터를 제작하여 판매하며, 수익금은 기부하고 있다. 매력적인 분위기에서 맛있는 음식과 와인을 즐기고 싶다면 윌리스 와인바를 기억해두자.

파리의 밤을 즐기기 좋은 바 세 곳

파리엔 낮에도 낭만이 흐른다. 그러니 밤에는 말해 무엇하랴. 운치 있게, 낭만적으로 파리의 밤을 즐기기 좋은 바를 소개한다. 시간이 지난 후에도 여행의 책장을 넘길 때마다 음악이 흐르는 파리의 밤이 새록새록 떠오를 것이다.

① 해리스 뉴욕 바 Harry's New York bar

오페라 지역 P168

1911년 미국의 유명 가수 토드 슬론이 맨해튼의 바를 파리로 그대로 옮겨와 만든 칵테일 바이다. 토마토 주스와 보드카를 섞어 만든 칵테일 '블러디 메리'Bloody Mary가 탄생한 곳으로 기억되는 곳이다. 피카소, 헤밍웨이, 사르트르, 곡예사 샤를 블롱댕 등이 즐겨 찾았던 곳으로도 유명하다.

오페라 지구 근처에 있으며, 바는 늘 활기가 넘친다.

② 르 피아노 바쉬 Le Piano Vache

라탱 지구 P328

운치가 흐르는 오래된 바이다. 재즈 바이지만 록, 디스코, 팝 등 다양한 음악을 들을 수 있다. 월요일엔 재즈 라이브 공연이 있다. 콘트라베이스와 기타 두 대로 하는 소박한 연주지만, 세 명의 연주는 결코 소박하지 않다. 연주를 듣기 위해 찾아온 사람들이 바를 가득 채운다. 가끔 피아노 연주자가 오기도 한다. 음료를 주문하면 따로 입장료를 내지 않아도 된다.

③ 르 카보 드 라 위셰트

Le Caveau de la Huchette 라탱 지구 P329

파리의 대표적인 재즈 바로 라이오넬 햄프턴, 카운트 베이시 등이 이곳에서 연주한 후 미국의 유명한 재즈 거장이 되었다. 16세기에 지어진 지하 창고 Caveau에 들어선 멋진 재즈 바이다. 재즈 아티스트들의 아름다운 선율이 울려 퍼지면, 사람들은 서로 손을 잡고 춤을 추기 시작한다. 미국 영화 <라라랜드> 촬영지이기도 하다.

Cafe & Bakery 01

코코 샤넬, 피카소, 헤밍웨이…
명사들이 사랑한 카페

시인, 소설가, 사상가, 정치인, 패션 디자이너…. 파리엔 명사들의 단골 카페가 아직도 남아 있다.
100년에서 300년이 흘러 명소가 아니지만, 명소가 되었다.
예술과 지성의 향기 가득한 명사들의 단골집을 소개한다.

① 앙젤리나 리볼리 Angelina

루브르 지역 P202

코코 샤넬이 즐겨 찾았다는 유명한 찻집이자 디저트 카페이다. 소설가 마르셀 프루스트의 단골집이기도 했다. 파리에 몇 군데 지점이 있다. 튈르리 공원 건너편 리볼리가의 아케이드에 있는 본점콩코르드 광장과 루브르 사이의 인기가 제일 좋다. 1903년 문을 열었으며, 20세기 초의 고풍스러운 분위기를 여전히 느낄 수 있다. 아프리칸 핫 초콜릿과 코코샤넬이 즐겨 먹었다는 디저트 몽블랑이 유명하다.

② 카페 레 두 마고 Les Deux Magots

생제르맹데프레 지역 P267

피카소, 헤밍웨이, 앙드레지드 같은 예술가들이 토론하고 교류를 나누던 곳이다. 앙드레 브르통이 주창한 초현실주의자들의 모임도 이곳에서 열렸다. 파리에서 가장 유명한 카페이다. 1837년 문을 열었으니까 200년이 다 된 카페이다. 헤밍웨이는 그의 에세이 <파리는 날마다 축제>에 제임스 조이스와 만나 술잔을 기울인 이야기를 썼다. 워낙 유명해서 가격은 다른 카페의 두 배 정도 비싸다.

③ 르 프로코프 Le Procope

생제르맹데프레 지역 P268

1686년에 처음 문을 연 파리 최초의 카페로 그 역사가 무려 330년이 넘었다. 생제르맹 데프레의 오래된 골목 쿠르 뒤코멕스 생탕드레에 있다. 루소, 나폴레옹, 쇼팽, 헤밍웨이, 볼테르 등 내로나 하는 명사들의 단골 카페였다. 볼테르가 가져다 놓고 글을 쓰던 대리석 테이블을 지금도 이 카페 2층에서 찾아볼 수 있다. 나폴레옹이 식사를 하고 돈이 모자라 맡기고 간 모자도 카페에 전시되어 있다.

④ 라 클로즈리 데릴라 La Closerie des Lilas

몽파르나스 지역 P277

헤밍웨이는 몽파르나스의 노트르담 데샹 거리Rue Notre Dame des Champs 부근에 살았다. 당시 라 클로즈리 데릴라는 그의 단골집이었다. 그는 이곳에서 <태양은 다시 떠오른다>를 집필했다. '미라보 다리'로 유명한 시인이자 피카소의 친구인 기욤 아폴리네르도 즐겨 찾았다. 그는 초현실주의라는 말을 처음으로 사용했다. 지금도 이 카페 테이블에는 단골이던 예술가들의 이름이 새겨져 있다.

⑤ 폴리도르 Le Polidor

라탱 지구 P325

1845년 문을 열었다. 소르본대학교와 뤽상부르공원 사이, 조용한 골목에 있다. 헤밍웨이가 가난했던 시절 자주 가던 레스토랑이다. 가격이 저렴한 편이며, 달팽이 요리가 유명하다. 영화 <미드나잇 인 파리>에서 주인공 길이 시간 여행을 통해 헤밍웨이를 만나는 장면이 실제 이곳에서 촬영되었다. 1845년부터 카드를 받지 않았다는 문구가 새겨진 깜찍한 팻말을 당당하게 걸어놓았으니, 현금을 챙겨 가자.

입이 즐거워진다, 파리 최고의 디저트 카페

'디저트'는 식탁을 '치우다'라는 뜻의 프랑스어 'Desservir'에서 유래했다. 식사를 마치고 난 뒤 먹는 음식이라는 뜻이다. 디저트는 파리 여행에서 결코 빠질 수 없다. 눈과 입을 모두 즐겁게 해주는 파리 최고의 디저트 카페를 소개한다.

① 앙젤리나 Angelina **루브르 지역** P202

마르셀 푸르스트와 코코 샤넬이 즐겨 찾았다는 오래된 디저트 카페이다. 100년이 넘은 전통을 가지고 있으며, 인테리어는 고풍스럽다. 파리에 지점이 몇 군데 있는데, 튈르리 공원 건너편 리볼리 가의 아케이드에 있는 본점이 인기가 좋다. 아프리칸 초콜릿과 몽블랑이 앙젤리나의 명물로 꼽힌다.

② 피에르 에르메 Pierre Hermé **파리 전역** P272

마카롱은 누가 뭐래도 피에르 에르메가 진리이다. 이곳에서는 제과계의 전설 피에르 에르메의 마카롱을 맛볼 수 있다. 패션지 보그는 그를 '패스츄리 계의 피카소'라고 칭송했다. 피에르 에르메의 마카롱은 촉촉한 식감이 특징이다. 마카롱 외에도 갸또작은 케이크류도 훌륭하다. 개선문, 앵발리드, 루브르 등 파리 전역에 지점이 있다.

③ **라 파티스리 시릴 리냑** La Pâtisserie Cyril Lignac
에펠탑과 앵발리드 P149

미슐랭 원 스타 셰프 시릴 리냑의 디저트 맛집이다. 가격이 조금 있는 편이지만 완벽에 가까운 디저트를 맛볼 수 있다. 독특한 회색 디저트 '에퀴녹스'가 인기가 좋으며, 프랑스 전통 디저트 바바 오 럼부터 레몬 타르트, 에클레어, 초콜릿 무스 등이 있다. 사요궁, 개선문, 바스티유 등지에 5개 지점이 있다.

④ **오 메르베이유 드 프레드** Aux Merveilleux de Fred
파리 전역 P304

머랭 디저트 전문점이다. 머랭이라고 하면 별로 관심 없는 이들이 많을지 모르지만, 이 집 디저트를 한 번 맛보고 나면 머랭의 신세계를 경험하게 된다. 머랭과 크림, 초콜릿의 조화가 완벽한 다른 곳에서 찾아보기 힘든 디저트다. 마레, 앵발리드, 생제르맹데프레 등 13곳에 지점이 있다.

⑤ **스토레** Stohrer
루브르 지역 P203

파리에서 가장 오래된 빵집으로 1730년 문을 열었다. 당시 왕실의 제빵사였던 니콜라 스토레가 오픈하였는데, 프랑스 전통 디저트인 바바 오 럼이 이 집에서 탄생했다. 바바 오 럼은 럼에 적신 빵과 크림을 조합하여 만든 것이다. 오늘날의 케이크보다 투박하지만, 그 맛에는 깊이가 있다.

⑥ **크레프리 쉬제트** Crêperie Suzzette
마레 지구 P303

프랑스 전통 디저트인 크레이프를 파는 곳이다. 다양한 크레이프를 즐길 수 있다. 이 집의 대표 메뉴는 크레프리 쉬제트이다. 오렌지 향이 가미된 프랑스 술 그랑 마니에르에 불을 붙인 다음 크레이프 위에 부어주는 독특한 조리법으로 만든다. 다소 생소한 조리 방식이라 보는 재미도 쏠쏠하다.

빵, 빵, 빵! 파리의 최고 베이커리

프랑스에서는 아침엔 크루아상이나 뺑오쇼콜라, 점심에는 바게트 샌드위치를 즐겨 먹는다. 프랑스에서 빵은 주식이다. 그래서 유명한 빵집이 많다. 세계에서 제빵을 배우기 위해 파리로 온다. 파리의 최고 베이커리를 소개한다.

① 푸알란 Poilâne

에펠탑 지역 P148

투박한 시골풍의 빵 캉파뉴를 전문으로 만든다. 1932년 문을 연 이래 기계를 전혀 사용하지 않고 천연 발효종을 사용해 화덕에서 직접 빵을 굽는다. 사과 파이도 이 집의 인기 메뉴 중 하나이다. 똬리를 틀고 있는 듯 동그란 사과 파이를 생각하면 늘 군침이 돈다.

② 라 파리지앵 마담 LA PARISIENNE Madame

생제르맹데프레 지역 P271

2016년 바게트 대회에서 우승을 거머쥔 집이다. 당연히 바게트는 두말할 것도 없이 모든 빵이 최고이다. 이 집 바게트는 바삭한 껍질을 한 입 베어 물면 속살이 부드럽게 찢어진다. 뤽상부르 공원 옆에 있다. 바게트 샌드위치 하나 사 들고 공원에 앉아서 여유를 즐겨도 좋다.

③ 뺑뺑 Pain Pain

몽마르트르 지역 P241

몽마르트르의 번화한 거리 마르티르 가에 있는 유명한 빵집으로, 몽마르트르 최고의 베이커리로 꼽힌다. 프랑스의 보수신문 피가로에서 뽑은 바게트와 크루아상 맛집 톱5에 꼽히기도 했다. 다양한 빵과 케이크로 많은 사랑을 받고 있다.

④ 블레 슈크레 Blé Sucré

바스티유 지역 P313

훌륭한 맛집이 넘치는 동네 바스티유에 있는 빵집이다. 미식가들이 뽑는 파리 최고의 빵집에 종종 이름을 올리는 곳으로 크루아상, 뺑오쇼콜라, 레몬 타르트 같은 빵과 디저트로 파리에서 항상 다섯 손가락 안에 들어간다. 크루아상 모양이 입체적이고 바삭해 인기가 많다.

⑤ 뒤 빵 에 데지데 Du Pain et des Idées

레퓌블리크 지역 P343

세계적인 미식 가이드 매체에 자주 이름을 올리는 파리 최고의 빵집 중 한 곳이다. 달팽이 모양의 에스카르고 빵이 유명하다. 필자는 버터 풍미가 강한 이 집 크루아상을 참 좋아한다. 애플파이도 인기가 많다. 오후 늦게 가면 종종 빵이 동이 난다.

2024 파리 최고의 바게트

파리는 바게트의 본고장이다. 파리에서는 매년 최고의 바게트를 가리는 파리 전통 바게트 대상 경연Grand Prix de la Baguette de Tradition Française이 열린다. 2024년 대회에서 우승한 파리 최고의 바게트 베스트 10을 소개한다.

파리 전통 바게트 대상 경연은 1994년부터 시작되었다. 매년 200명이 넘게 참여해 자존심을 걸고 경쟁한다. 파리 전통 바게트 대상 경연 우승자에게는 상금 4천 유로와 1년간 엘리제궁에 바게트를 공급할 수 있는 기회를 준다. 상금과 혜택도 혜택이지만, 우승자는 파리 최고의 바게트 장인으로 인정받는다는 점에서 자부심이 대단하다. 제빵 과정, 맛, 빵의 속살, 모양, 냄새, 이 다섯 가지를 심사 기준으로 삼는다. 바게트의 길이는 55cm에서 65cm, 무게는 250g에서 300g을 충족시켜야 한다. 소금은 밀가루 1kg당 18g만 사용해야 하는 엄격한 규칙이 적용된다. 2024년 우승은 11구에 있는 베이커리 불랑제리 유토피가 차지했다. 우승자 빵집의 바게트는 바게트 본연의 진수가 느껴진다. 따끈따끈한 바게트를 입에 넣으면 신선함과 바삭함이 생생하게 전해져 온다. 겉은 바삭하지만 딱딱하지 않고 속은 부드러우면서 식감이 쫄깃하게 살아있다. 한 입만 베어 물어도 1등 할 만하다는 말이 절로 나온다. 2위는 파리 5구의 메종 도레가, 3위는 7구의 라 파리지엔 도미니크 거리점La Parisienne St Dominique이 차지했다.

2024년 파리 전통 바게트 대상 순위

❶ **불랑제리 유토피** Boulangerie Utopie 🏠 20, rue Jean-Pierre-Timbaud (11구)
❷ **매종 도레** Maison Doré 🏠 29, rue Gay-Lussac (5구)
❸ **라 파리지엔** La Parisienne 🏠 85, rue Saint-Dominique (7구)
❹ **불랑제리 루제** Boulangerie Rougès 🏠 45, avenue de Saint-Ouen (17구)
❺ **레크랑 고흐망** L'Écrin gourmand 🏠 15, avenue du Docteur-Arnold-Netter (12구)
❻ **불랑제리 AA** Boulangerie AA 🏠 63, rue du Javelot (13구)
❼ **불랑제리 파리 앤 코** Boulangerie Paris and Co 🏠 4, rue de la Convention (15구)
❽ **매종 M** Maison M 🏠 2, avenue de la Porte-Didot (14구)
❾ **오 델리스 드 보지라르** Aux Délices de Vaugirard 🏠 48, rue Madame (6구)
❿ **뒤 빵 에 부** Du Pain et Vous 🏠 63, avenue Bosquet (7구)

Culture 01

헤밍웨이의 흔적을 찾아서

"파리는 마치 움직이는 축제처럼 어딜 가든 늘 당신 곁에 있게 될 것이다."

노벨문학상 작가 헤밍웨이1899~1961는 1920년대 대부분을 파리에 살았다.

글 쓰고 술을 마시고 예술가들과 교류했다. 헤밍웨이의 흔적을 따라 파리를 여행하자.

① 라 클로즈리 데릴라 La Closerie des Lilas
몽파르나스 P277

헤밍웨이가 몽파르나스의 노트르담 데샹 거리Rue Notre Dame des Champs 제재소 건물 꼭대기에 살던 시절, 자주 가던 카페이다. 그는 <태양은 다시 떠오른다>의 대부분을 이곳에서 집필했다. 기욤 아폴리네르도 즐겨 찾았다. 이 카페 테이블에는 헤밍웨이를 비롯한 단골 예술가들의 이름이 새겨져 있다.

② **폴리도르** Le Polidor

라탱 지구 P325

헤밍웨이가 가난했던 시절 자주 가던 레스토랑이다. 소르본 대학과 뤽상브르 공원에서 가깝다. 1845년 문을 열었다. 가격이 저렴한 편이며, 달팽이 요리가 유명하다. 영화 <미드나잇 인 파리>에서 주인공 길이 시간 여행을 통해 헤밍웨이를 만났던 식당으로, 영화 속 그 장면은 실제 이곳에서 촬영되었다.

③ **뤽상부르 공원** Le Jardin du Luxembourg

생제르맹데프레 P254

그가 살던 노트르담 데샹 거리와 가까워 자주 산책을 즐겼다. 헤밍웨이는 뤽상부르 미술관에서 인상파 그림을 감상하고 이 공원을 즐겨 찾았다. 지금은 오르세 등 다른 미술관으로 이전되었다. 파리에 살던 미국의 시인이자 소설가 스타인 여사와 이 공원에서 종종 교류하기도 하였다.

④ **카페 레 두 마고** Les Deux Magots

생제르맹데프레 P267

파리에서 가장 유명하고 오래된 카페 중 하나이다. 헤밍웨이는 이곳에서 제임스 조이스와 만나 술잔을 기울인 이야기를 그의 에세이 <파리는 날마다 축제>에 기록하고 있다. 카페가 워낙 유명해 가격이 다른 카페보다 훨씬 비싸다. 바로 옆집인 카페 드 플로르Café de Flore도 예술가들의 모임 장소였다.

⑤ **브라스리 리프** Brasserie Lipp

생제르맹데프레

생제르맹 거리를 사이에 두고 카페 드 플로르, 레 두 마고와 마주 보고 있다. 레 두 마고와 함께 헤밍웨이가 가장 좋아했던 곳이다. 그는 거울이 있는 벽면 바로 앞 테이블에 앉아 맥주와 감자 샐러드를 즐겨 먹었다. <파리는 날마다 축제>에서 "맥주는 시원하고 맛있었다. 올리브유를 뿌린 감자 샐러드는 적당히 짭짤하고, 쫀득쫀득했으며 올리브유의 향미도 감미로웠다."라고 묘사했다.

영화 속 명소로 떠나는 낭만 여행

라라랜드, 비포 선셋, 미드나잇 인 파리… 파리는 수많은 영화의 배경 무대였다.
영화 속 명소를 찾아가는 것은 파리 여행의 또 다른 즐거움이다.
스크린 속으로 걸어 들어가듯, 영화 속 분위기를 즐기며 특별한 파리 여행을 만들어 보자.

① 오랑주리 미술관 Musée de l'Orangerie
미드나잇 인 파리, **루브르 지역** P182

미드나잇 인 파리는 시나리오 작가 길이 1900년대의 파리를 꿈꾸며 과거로 가 시간 여행을 하는 이야기를 그리고 있다. 길은 약혼녀 이네즈와 어느 미술관을 찾아간다. 이곳이 하얀 타원형의 공간에 거대한 모네의 수련 연작이 전시된 오랑주리 미술관이다.

② 로댕 미술관 Musée Rodin
미드나잇 인 파리, **앵발리드 지역** P134

길과 이네즈는 로댕 미술관에도 동행한다. 미술관 정원에 전시 중인 로댕의 명작 <생각하는 사람>도 영화에 등장한다. 미술관 건물은 로댕이 살며 명작을 탄생시킨 저택으로, 로댕의 요청으로 연인이었던 카미유 클로델의 작품도 전시되어 있다.

③ 모네의 정원 Jardins de Claude Monet
미드나잇 인 파리, **지베르니** P360

영화는 주인공 길과 약혼녀 이네즈가 호수가 있는 아름다운 정원에 등장하면서 본격적으로 시작된다. 영화에 등장하는 정원이 지베르니의 모네 정원이다. 인상주의 화가 모네는 이곳에서 수련 연작 등 많은 명작을 탄생시켰다.

©Guilhem Vellut-flickr

④ 생테티엔 뒤 몽 성당 Saint-Étienne-du-Mont
미드나잇 인 파리, **라탱 지구** P321

21세기의 시나리오 작가 길은 어느 성당 계단에 앉아 잠시 휴식을 취하고 있다. 자정을 알리는 종소리가 울리자 저 멀리서 오래된 푸조 한 대가 다가와 멈춰 선다. 이때부터 시간 여행이 시작된다. 그 성당이 팡테옹 근처에 있는 생테티엔 뒤 몽 성당이다. 이 영화 덕분에 파리의 숨은 명소가 되었다.

⑤ **셰익스피어 앤 컴퍼니** Shakespeare and Company

비포 선셋, **라탱 지구** P318

주인공 제시와 셀린느가 파리에서 재회하는 첫 장면에 등장한다. 영화 <미드나잇 인 파리>에도 등장한 곳으로 파리에서 가장 유명한 서점이다. 오래전, 헤밍웨이와 피츠제럴드를 비롯한 가난한 작가들을 후원하기도 하였다. 예술과 문화가 살아있는 역사적인 장소로 많은 파리 여행자가 방문하는 명소이다.

⑥ **르 카보 드 라 위셰트** Le Caveau de la Huchette

라라랜드, **라탱 지구** P329

2017년 아카데미 감독상부터 주제가상까지 휩쓴 <라라랜드>는 미국이 배경이지만 영화 후반부에 파리가 등장한다. 이곳은 16세기에 지은 창고를 개조해 만든 재즈바로 라라랜드 촬영지이다. 미국의 유명 재즈 아티스트들이 거쳐 간 곳이기도 하다. 영화를 사랑하는 세계인들이 찾아오고 있다.

⑦ **도핀 광장** Place Dauphine 미 비포 유, **시테섬** P218

여자 주인공 루이자가 남자 주인공 윌에게 묻는다. 파리에서 가장 좋았던 곳이 어디냐고. 윌은 대답한다. 퐁네프 다리 옆 도핀 광장 노천카페에서 즐기는 진한 커피와 버터와 딸기잼을 바른 따뜻한 크루아상이 최고라고. 이 영화를 본 많은 이들이 시테섬의 도핀 광장을 찾는다.

⑧ **놀이공원 박물관** Musée des Arts Forains

미드나잇 인 파리, **바스티유(베르시)** P299

주인공 길이 시간 여행을 하다가 1920년대의 한 파티장에 도착한다. 이 파티장이 촬영된 곳이 놀이공원 박물관이다. 유럽 각국의 놀이기구를 전시하는 사설 박물관이다. 배우이자 골동품 딜러였던 장 폴 파방이 1996년 오랫동안 모은 수집품을 전시하기 위해 와인 창고를 개조해 만들었다. 방문은 예약제로 운영된다.

⑨ **프롬나드 플랑테** Promenade Plantée 비포 선셋, **바스티유 지역** P295

파리에서 9년 만에 재회한 제시와 셀린느는 파리 골목 곳곳을 돌아다니며 대화를 나눈다. 그들이 찾아간 곳 중 하나가 프롬나드 플랑테다. 철제 벤치에 앉아 대화를 나누는 모습이 많은 이들의 머릿속에 아름다운 장면으로 남아 있다. 프롬나드 플랑테는 폐기된 고가철로에 만든 아름다운 산책로이다.

⑩ **생투앙 벼룩시장** Marché aux Puces, Saint-Ouen

미드나잇 인 파리, **몽마르트르** P239

20세기 초의 '잃어버린 시대'를 동경하는 주인공 길은 생투앙 벼룩시장을 방문했다가 어느 상점에서 흘러나오는 콜 포터의 노래에 이끌려 가게로 들어간다. 그곳에서 만난 점원과 그 후에도 우연히 마주치며 인연을 이어가는 모습이 영화 속에서 아름답게 그려진다.

Shopping 01

여행자들이 많은 찾는 쇼핑 명소

쇼핑은 여행에 또 다른 즐거움을 안겨준다. 파리는 명품 거리부터 백화점, 약국과 벼룩시장까지 쇼핑 스폿이 다양하다. 매년 1월과 7월경에는 4~6주 동안 파리 전체가 대대적인 세일에 들어간다. 평소보다 많게는 70%까지 세일을 한다.

① 샹젤리제, 몽테뉴...명품은 명품 거리에서

파리는 샤넬, 크리스찬디올, 루이뷔통, 에르메스 등 명품 브랜드의 본고장이다. 명품매장은 주로 샹젤리제와 샹젤리제에서 이어지는 몽테뉴 거리Avenue Montaigne, 콩코르드 광장 북쪽 마들렌 근처의 포부르 생토노레 거리Rue du Faubourg Saint-Honoré에 모여있다. 오페라 지역의 프랭탕과 갤러리 라파예트 백화점, 루브르 부근에 최근 문을 연 사마리텐 백화점도 빼놓을 수 없다. 몽테뉴 거리는 지하철 1·9호선 프랑클랑 루즈벨트역Franklin D. Roosevelt에서 바로 연결되고, 생토노레 거리는 9호선 생 필립 뒤 룰역Saint-Philippe-du-Roule에서 1분 정도만 걸으면 나온다. 사마리텐 백화점은 메트로 7호선 퐁네프역에서 도보 1분 거리에 있다. 좀 더 저렴하게 명품 쇼핑을 하고 싶다면 라발레빌라주La Vallee Village를 추천한다. 라발레빌라주는 파리 중심부에서 동쪽으로 약 35km 거리에 있는 명품 아웃렛이다.

라발레빌라주 🚶 ❶ 메트로 14호선 쿠우 생태밀리옹역 1-2출구로 나와 Marne la vallee행 RER-A 선 탑승, 종점인 발드유럽역Val d'Europe 하차, 도보 14분 ❷ 라 발레 빌리지 셔틀버스 ☰ 셔틀 예약 https://www.thebicestervillageshoppingcollection.com/e-commerce/en/lvv/shopping-express 🏠 C3 Cours de la Garonne, 77700 Serris

② 파리의 4대 백화점

파리 3대 백화점은 프랭탕, 갤러리 라파예트, 봉막셰이다. 여기에 2021년에 재개장한 사마리텐을 더해 4대 백화점이라 부른다. 프랭탕과 갤러리 라파예트 본점은 오페라 부근에 나란히 있어 한꺼번에 둘러보기 좋다. 갤러리 라파예트는 몽파르나스에 지점도 운영하고 있으며, 규모가 파리에서 가장 큰 백화점이다. 프랭탕은 아름다운 건축물에 들어선 백화점으로도 유명하며, 파리 역사 기념물로도 등재되어 있다. 의류 몰과 화장품 몰로 나뉘어 있는데, 화장품 매장 건물 옥상에는 멋진 뷰를 가진 카페 겸 레스토랑도 있다. 봉막셰는 파리 최초의 백화점이자, 세계 최초의 백화점이다. 사마리텐 백화점과 더불어 루이뷔통 모에 헤네시 그룹 소유이다. 사마리텐 백화점에선 명품은 물론 프랑스 로컬 브랜드까지 다양하게 만날 수 있다. 꼭대기 층의 아름다운 유리 천장이 유명하다. 백화점 당일 구매 금액이 100유로를 넘거나 같은 백화점에서 3일 연속 구매 금액의 합이 100유로를 넘으면 12%의 면세 혜택을 받을 수 있다.

프랭탕 🚶 메트로 3·9호선 아브르 코마르탕역Havre - Caumartin에서 도보 2분 갤러리 라파예트 🚶 메트로 7·9호선 쇼세 당탱-라파예트역Chaussée d'Antin-La Fayette에서 도보 2분 봉막셰 🚶 메트로 10·12호선 세브르-바빌론역Sèvres - Babylone에서 도보 2분 사마리텐 🚶 메트로 7호선 퐁네프역Pont Neuf에서 도보 1분, 메트로 1호선 루브르-리볼리역Louvre - Rivoli에서 도보 3분

③ 마레 지구, 편집숍의 천국

마레 지구는 파리 최고의 멋쟁이들이 모이는 동네이다. 작은 골목마다 유명 의류 브랜드 매장과 편집숍, 갤러리, 디자이너 숍이 늘어서 있다. 파리에서 가장 유명한 편집숍 메르시Merci를 비롯해 아동 의류점 봉통Bonton, 미니멀리즘 스타일의 프랑스 의류 브랜드 아페쎄A.P.C, 명품 의류 브랜드 이자벨 마랑ISABEL marant, 캐쥬얼 패션 브랜드 이로IRO, 마린 룩으로 유명한 생제임스Saint James 등을 찾아볼 수 있다. 쇼핑하다 지치면 커피 한잔 마실 수 있는 작고 매력적인 카페도 많다.

메르시 🚶 메트로 8호선 생 세바스티앙 프루아사르역Saint-Sébastien-Froissart에서 도보 1분
봉통 🏠 Boulevard des Filles du Calvaire, 75003 🚶 메트로 8호선 생 세바스티앙 프루아사르역Saint-Sébastien-Froissart 에서 도보 1분
아페쎄 🏠 3 Boulevard des Filles du Calvaire, 75003 🚶 메트로 8호선 피유 뒤 칼베르역Filles du Calvaire에서 도보 3분
이자벨 마랑 🏠 47 Rue de Saintonge, 75003 🚶 메트로 8호선 피유 뒤 칼베르역Filles du Calvaire에서 도보 4분
이로 🏠 53 Rue Vieille du Temple, 75004 🚶 메트로 1·11호선 오텔 드 빌역Hôtel de Ville에서 도보 8~9분
생제임스 🏠 116 Rue Vieille du Temple, 75003 🚶 메트로 8호선 피유 뒤 칼베르역Filles du Calvaire에서 도보 4~5분

④ 중저가 브랜드는 리볼리 거리에서

파리에 명품만 있는 것은 아니다. 품질 좋은 중저가 브랜드도 넘쳐난다. 중저가 브랜드 쇼핑은 루브르 박물관 앞을 지나는 리볼리 거리에 가면 마음껏 즐길 수 있 다. 다양한 브랜드 매장이 지하철 1호선 루브르-리볼리역 Louvre-Rivoli부터 샤틀레역Chatelet 거쳐 오텔 드 빌역Hotel de ville까지 빼곡히 늘어서 있다. INTER SPORT, 자라, 세포라, H&M, 리바이스, 망고, 풋라커 등 유럽이 자랑하는 다양한 브랜드를 찾아볼 수 있다.

⑤ 먹을거리는 재래시장에서

파리의 시장은 날을 정해놓고 문을 여는 경우가 많다. 대표적인 시장이 바스티유 광장에서 열리는 바스티유 시장이다. 바스티유 시장은 파리의 시장 가운데 가장 크다. 매주 목요일07:00~13:30과 일요일07:00~14:00에 열린다. 시장이 들어서는 곳은 리샤르 루누아르 대로Boulevard Richard Lenoirdlau이고, 지하철로는 5호선 브레게-사빈역Bréguet-Sabin부터 1·5·8호선이 만나는 바스티유역Bastille까지이다. 신선한 과일과 야채, 치즈, 와인, 쿠키, 다양한 먹거리 등을 만날 수 있다.

마레 지구의 앙팡루즈 시장은 파리에서 가장 오래된 시장으로, 바스티유 시장과 달리 상설 시장이다. 규모는 그리 크지 않지만, 과일·채소·꽃·빵과 다양한 메뉴의 조리된 음식까지 판매한다. 간단하게 식사하기엔 안성맞춤인 푸드 코트가 있어 많은 이들이 이 시장을 찾는다.

바스티유 시장 🚶 지하철로 5호선 브레게-사빈역Bréguet-Sabin과 1·5·8호선 바스티유역Bastille 사이

앙팡루즈 시장 🚶 지하철 8호선 피유 뒤 칼베르역Filles du Calvaire에서 도보 6분

⑥ 화장품과 바디케어 상품은 약국에서

화장품과 바디 케어 상품은 파리에서 빼놓을 수 없는 쇼핑 리스트이다. 한국보다 많게는 1/3 가격에 살 수 있다. 하지만 모든 약국이 저렴한 것은 아니다. 그중에서도 특히 가격이 저렴한 곳이 몽쥬 약국과 시티파르마이다. 몽쥬 약국은 직원 중에 한국인도 있고, 한국어가 가능한 프랑스인 직원도 있어 이용이 편리하다. 에펠탑 근처(13-15-17, Rue du Commerce, 75015)에 지점이 있다.

몽쥬약국 Pharmacie Monge Notre Dame 🚶 메트로 7호선 플라스 몽쥬역Place Monge 1번 출구에서 직진, 도보 1분
🏠 1 Place Monge 75005 🕓 **월~토** 08:30~19:30 ≡ www.pharmacie-monge.fr

시티파르마 Citypharma 🚶 ①메트로 10호선 마비용역Mabillon에서 도보 2분 ②4호선 생제르맹 데프레역Métro Saint Germain des Près에서 도보 3분 ③버스 47번 🏠 26 Rue du Four, 75006 📞 +33 1 46 33 20 81 🕓 **월~금** 08:30~21:00 **토** 09:00~21:00 **일** 12:00~20:00 ≡ pharmacie-citypharma.fr

ⓒpharmacie Monge

⑦ 없는 게 없는 슈퍼마켓

모노프리MONOPRIX가 파리의 대표적인 슈퍼마켓이다. 그밖에 까르푸Carrefour, 오숑Auchan, 프랑프리Franprix 등이 있다. 모노프리는 생미셸 거리에 있는 매장24 Bd Saint-Michel, 75006이 쇼핑하기 편하다. 의류나 신발, 화장품, 문구류도 판매하며, 지하 매장에서는 패스트푸드나 스시 및 기타 조리 제품도 판매한다. 까르푸 대형매장은 16구에 있고, 파리 시내 곳곳에는 편의점인 까르푸 시티가 있다. 까르푸 시티가 대형 매장보다 가격이 비싼 편이지만 여행자가 이용하기는 좋다. 오숑도 파리 외곽에 대형마트가 있고, 파리 시내 곳곳에는 작은 슈퍼마켓 매장이 있다. 대형마트는 갖가지 물건을 저렴하게 사기 좋지만, 여행자가 이용하기에는 부담스러운 거리이다. 프랑프리도 파리 시내 곳곳에 있다. 여행하다 필요한 식료품을 구매하기 좋다.

©Damien Roue-flickr

©Chabe01-Wikimedia commons

⑧ 저렴하고 빈티지하다, 벼룩 시장 비드 그르니에 Vide-Grenier

많은 이들이 파리의 벼룩시장 하면 생투앙 벼룩시장과 방브 벼룩시장을 떠올린다. 가장 규모가 큰 생투앙은 주로 골동품 시장으로 여행객이 많이 찾는 곳이고, 방브는 현지인들이 많이 찾는다. 두 개의 벼룩시장 말고도 시내 곳곳에서 수많은 벼룩시장이 열리는데, 이를 비드 그르니에Vide-Grenier라고 한다. 비드 그르니에란 '비우다'라는 뜻의 비드Vide와 '창고'라는 뜻의 그르니에Grenier를 합쳐 이르는 말로, '창고를 비운다'라는 의미다. 쉽게 말해서 파리지앵이 창고를 비우기 위해 물건을 가지고 나와 길거리에 늘어놓고 파는 벼룩시장이다. 가격은 매우 저렴하다. 스테인리스 포크 4개를 0.2유로, 유리잔 5개를 3유로에 득템할 수도 있다. 캔버스 백이 0.5유로, 명품 지갑이 20유로에 팔리기도 한다. 위치와 날짜는 ☰ vide-greniers.org/75-Paris에서 확인할 수 있다.

마성의 약국 쇼핑 리스트

한국 여행자의 파리 쇼핑의 반은 약국, 특히 몽쥬약국에서 이루어진다고 해도 과언이 아니다. 파리의 약국은 마구 챙겨오고 싶은 마성의 드럭스토어이다. 간혹 개수 제한이 있어 아쉬울 수도 있다. 저렴한 가격에 현혹되어 잘 안 쓰는 제품을 구매할 수도 있으니 자기에게 잘 맞는 제품을 고르는 것이 중요하다.

① 마비스/르봉 치약

마비스 치약은 치석 제거에 탁월하다. 양치 후엔 입안이 개운하다. 하지만 거품이 많이 나지 않아 처음 사용하는 사람은 좀 불편할 수 있다. 르봉 치약은 무불소, 무파라벤, 무인공색소로 만든 100% 천연 치약이다. 치약의 명품으로 통한다.

② 라로슈포제(Effaclar Duo, 에빠끌라 듀오)

피부 트러블로 고생하는 사람의 고민을 단번에 해결해주는 크림이다. 며칠 꾸준히 사용하면 깔끔한 피부가 된다. 한국보다 저렴하게 구매할 수 있다. 파리 여행 중이라면 기회를 놓치지 말고 꼭 챙겨오자.

③ 르네 휘테르(샴푸)

인기 좋은 샴푸이다. 르네 휘테르라는 이름으로 나오는 다양한 기능의 샴푸가 있는데, 그 중 포티샤는 탈모와 두피 관리에 좋은 샴푸로 유명하다. 실리콘 무첨가에 약산성이라 안심하고 사용할 수 있다.

④ 바이오더마(클렌징 워터)

파리에서 약국 쇼핑의 대명사로 통하는 몽쥬약국에서 꼭 사야 할 필수 품목이다. 부피와 무게가 좀 있는 편이라 많이 사지 못해 아쉬워하는 여행자가 많다. 한국보다 가격이 저렴하고 성분도 좋아 언제나 인기가 많다.

⑤ 달팡 크림

누구에게나 무난히 잘 맞는 크림이다. 그래서 나이에 상관없이 선물하기도 좋다. 파리에 다녀온 후 달팡 크림을 몇 개 쇼핑해오면 마음이 든든하다. 달팡을 사용하면 피부 관리에 크게 신경 쓰지 않아도 된다는 여행자가 많다.

⑥ 유리아쥬(립밤)

지인들 선물용으로 부담 없는 가격대라 언제나 인기가 좋은 약국 쇼핑 리스트이다. 품질이 좋고 인지도가 높은 브랜드라 받는 사람도 기분 좋고 주는 사람도 뿌듯하다. 한국 가격과 1/3 수준의 가격 차이가 난다.

⑦ 유세린(하이알루론 나이트 크림)

그야말로 유명한 약국 쇼핑의 대표적인 품목이다. 착 감기며 피부에 스며들어 한국 여성들에게 인기가 많다. 독일 제품이지만 파리의 약국에서도 한국보다 저렴하게 구매할 수 있다. 가격은 한국의 절반 수준이다.

여행자에게 사랑받는 기념품 리스트

파리에는 취향에 따라 살 수 있는 기념품이 다양하다. 지인들에게 기념품을 선물하는 것도 즐거운 일이지만, 두고두고 파리 여행을 추억할 수 있는 기념품도 다채롭다. 파리 여행을 오래 기억하게 해줄 기념품과 선물용 쇼핑 리스트를 소개한다.

① 미술관과 박물관 기념품

루브르, 오르세, 오랑주리, 피카소…. 세계적인 박물관과 미술관 관람을 오래 기억하고 싶다면 잊지 말고 뮤지엄 숍과 아트숍을 방문하자. 간단하게는 문구, 머그잔, 손수건, 다이어리부터 유명 작품의 프린트 액자까지 탐나는 상품이 당신을 기다리고 있다.

② 마그넷

파리 기념품 중에 가장 대중적이면서 인기도 좋은 품목이다. 에펠탑 마그넷, 병따개 마그넷, 마카롱 마그넷 등 다양한 종류의 마그넷이 있다. 여행을 다녀온 뒤 수집하는 즐거움이 크다. 지인들에게 하나씩 건네기도 부담 없어 좋다.

③ 에펠탑 미니어처

파리 여행자가 반드시 사 오는 기념품 중 하나이다. 장식용 기념품 중에 가장 인기 좋다. 책장에, 장식장에, 혹은 거실에 놓아두자. 에펠탑 모형을 바라볼 때마다 파리 여행의 추억이 봄날의 아지랑이처럼 새록새록 피어오를 것이다.

④ 트러플 오일 & 트러플 소금

향이 독특하고 품위 있어 고기 먹을 때나 파스타 등 간단한 요리에 사용하기 좋다. 갤러리 라파예트 별관에 있는 식품관La Maison Le Gourmet 지하 식료품점에서 살 수 있다. 오일은 사이즈에 따라 15~27유로, 소금은 4~8유로 정도이다. 국내에서 사는 것보다 2~3배 저렴하다.

⑤ 에코백

저렴하고 기념으로 소장하기도 좋다. 마레 지구의 편집숍 메르시의 에코백과 셰익스피어 & 컴퍼니의 에코백 등이 인기가 좋다. 메르시 에코백은 색깔, 크기도 다양해서 취향대로 고르기 좋다. 그밖에 서점 이봉랑베르와 오에프알ofr의 에코백도 인기가 좋다.

⑥ 와인

프랑스는 와인의 종주국이다. 어느 와인이든 우리나라와 3배 정도 차이가 난다. 전문점으로는 라비니아Lavinia, 22 Av. Victor Hugo, 75116나 니콜라Nicolas, 95 Av. Victor Hugo, 75016를 추천한다. 니콜라는 파리에 지점이 수십 개다. 대형마트에서도 다양한 와인을 만나볼 수 있다. 1병까지만 면세 반입이 가능하고, 두 병째부터는 관세를 내야 한다.

⑦ 눅스 오일

파리에서 구매하는 화장품 리스트 중 TOP3 안에 드는 단골 상품이다. 머리에서 발끝까지 사용 가능한 오일로 한국 판매 가격의 절반도 되지 않는다. 파리에서 놓쳐선 안 되는 쇼핑 리스트 중 하나다. 가격 10유로 후반 정도의 가격에 시티파르마나 몽쥬 약국에서 구매할 수 있다.

⑧ 유리아쥬 립밤

눅스 오일과 함께 화장품 리스트 TOP3 안에 드는 아이템이다. 성능이 좋은 립밤이라 많은 이들이 애용한다. 한국에서보다 약 3배 저렴하게 구매할 수 있다. 3유로 정도의 가격에 시티파르마나 몽쥬 약국에서 구매할 수 있다.

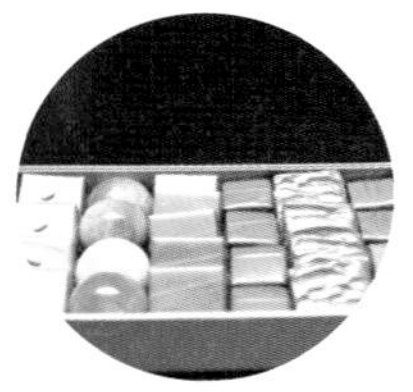

⑨ 초콜릿

파리엔 초콜릿 장인이 많다. 한 번 맛보면 다른 초콜릿은 먹을 수 없을 만큼 맛이 특별하다. 여름철엔 초콜릿이 녹지 않게 보관에 유의하자. 추천 초콜릿 전문점은 파트릭 로제Patrick Roger, 르 쇼콜라 알랭 뒤카스Le chocolat Alain Ducasse, 장 폴 에뱅 쇼콜라티에Jean-Paul Hevin이다.

⑩ 마카롱

와인과 마찬가지로 프랑스가 종주국이다. 마카롱이란 용어 자체도 불어이다. 디저트 카페, 마카롱 전문점, 공항에서 어렵지 않게 살 수 있다. 마카롱 가게로는 샹젤리제 거리의 라뒤레Ladurée와 생제르맹데프레의 피에르 에르메 Pierre Herme를 추천한다.

돈이 되는 부가세 환급제 100% 활용법

알뜰한 쇼핑을 위해 꼭 챙겨야 하는 게 바로 부세금 환급, 즉 일명 택스 리펀이다. 부가세 환급 제도만 잘 활용하면 쇼핑 금액의 10% 이상 되돌려받을 수 있다. 야무진 쇼핑을 위해 부가세 환급 정보를 세세하게 안내한다.

꼭 알아야 할 부가세 환급 정보

❶ 모든 상품의 부가세를 환급해주는 건 아니고 택스 리펀 제휴 가맹점 VAT REFUND, TAX FREE, TAX REFUND에서 쇼핑한 상품만 환급해준다. 백화점, 아웃렛, 브랜드 숍에 주로 텍스 리펀 로고가 붙어 있다.

❷ 물건을 사기 전에 부가세 환급TAX FREE, VAT REFUND, TAX REFUND이 가능한지 확인하는 게 좋다.

❸ 부가세 환급은 유럽 연합에 거주하지 않는 16세 이상의 사람이 100유로 초과의 물품을 구매했을 때 받을 수 있다.

❹ 일반적으로 택스 리펀 제휴 가맹점에서 당일 최소 100유로 초과 쇼핑하거나 3일 연속으로 같은 매장에서 구매한 물품 금액의 합이 100유로 초과하면 부가세를 환급받을 수 있다. 표준부과 세율은 20%이고 약국 상품은 10%, 음식과 책은 5.5%이다. 단, 온라인 쇼핑은 부가세 환급 대상이 아니다.

❺ 100유로 초과 구매하면 직원이 택스 리펀 서류를 준다. 서류에 이름과 여권 번호, 구매한 제품명, 제품 가격, 환급받을 금액 등을 적는다. 직원이 써주기도 하는데, 서류 내용을 반드시 확인한다.

❻ 환급은 공항, 백화점, 글로벌 블루 같은 대행사의 세관 환급 창구VAT Refunds에서 받을 수 있다. 보통 공항에서 많이 받는다.

❼ 세금은 현금 또는 카드 입금으로 돌려준다. 현금으로 받을 때는 환급액의 10%를 수수료로 내야 한다. 상품 구매 후 3개월 이내에 환급 신청을 마쳐야 한다.

세금 환급 신청 시 준비물

여권, 항공권 이티켓, 제품 구매 매장에서 증빙한 세금환급신청서 및 영수증, 구매 물품

부가세 환급 신청 장소

샤를 드골 공항 터미널 2A의 5번 체크인 카운터 근처, 아웃렛 라빌레빌리지, 백화점 등(몽쥬약국 등 특정 매장에서는 환급받은 후 15일 이내에 유럽연합국가를 떠나는 경우 그 자리에서 선 면세 혜택을 받을 수 있다.)

공항에서 부가세 환급받는 방법

❶ 세금 환급 신청 시 필요한 준비물을 들고 공항 터미널의 환급 창구VAT Refunds로 가서 세관 도장을 받는다.

❷ 현장에서 현금을 바로 수령 할지, 카드와 연결된 계좌로 추후 환급받을지 선택한다.

❸ 곧바로 현금으로 환급받거나, 세관 도장이 찍힌 서류들을 봉투에 동봉하여 우체통에 넣고 카드 계좌로 추후 환급받는다.

❹ 현금으로 환급받을 때는 10% 정도의 수수료를 지급해야 하지만, 바로 현금으로 돌려받는 장점이 있다.

❺ 카드 계좌로 환급받으면 별도 수수료가 없다. 단, 원화로만 받을 수 있고, 짧게는 4주 길게는 10주까지 기다려야 한다.

❻ 파란색 기계인 텍스 리펀 키오스크가 환급 창구 근처에 있다. 사용법은 간단하다. 한국어로 설정한 뒤, 법적의

무요약이 나오면 확인 버튼을 누른다. 다음 화면에서 물품을 구매하고 받은 Tax Free Form의 바코드를 기계에 스캔한다. 이후 녹색 스마일 아이콘이 뜨면 모든 절차가 끝난 것이고, 붉은 스마일 아이콘이 뜨면 세관원에게 가서 도장을 받아야 한다.

ONE MORE

세금 환급 시 주의 사항

❶ 보안 검색 후에도 세관 환급 창구가 있으나, 구매한 물품을 보여달라고 하는 경우가 있어 불편하다. 되도록 보안 검색 전에 환급 신청을 끝내자.

❷ 공항에서 현금으로 환급받는 경우 줄을 길게 서서 기다려야 하거나, 환급 절차 진행이 더뎌 시간이 좀 걸릴 수 있다. 공항에서의 환급을 계획하고 있으면 만약을 대비해 비행기 탑승 최소 2시간 반~3시간 전에는 공항에 도착하기를 권한다.

❸ 텍스 리펀을 받은 후, 유럽연합국가에서 90일 이내에 귀국하여야 한다.

❹ 공항에서 텍스 리펀 받을 경우 텍스 리펀 서류 하나당 3유로의 수수료가 부과된다. 한 군데에서 쇼핑하여 서류 수를 줄이자.

❺ 세관의 도장을 받은 텍스 리펀 서류는 만약을 대비해 사진을 찍어두자. 문제가 생길 시 증거 자료가 될 수 있다.

Special Tip

프랑스의 의류와 신발 사이즈

여성 의류

	XS	S	M	M-L	L
대한민국	44	55	66	77	88
프랑스	32	34	36	38	40

남성 의류

	XS	S	M	L	XL
대한민국	90	95	100	105	110
프랑스	44	46	48	50	52

여성 신발

대한민국	220	225	230	235	240	245	250	255	260
프랑스	36.5	37	37.5	38	38.5	39	39.5	40	40.5

남성 신발

대한민국	240	245	250	255	260	265	270	275	280
프랑스	38.5	39	39.5	40	40.5	41	41.5	42	42.5

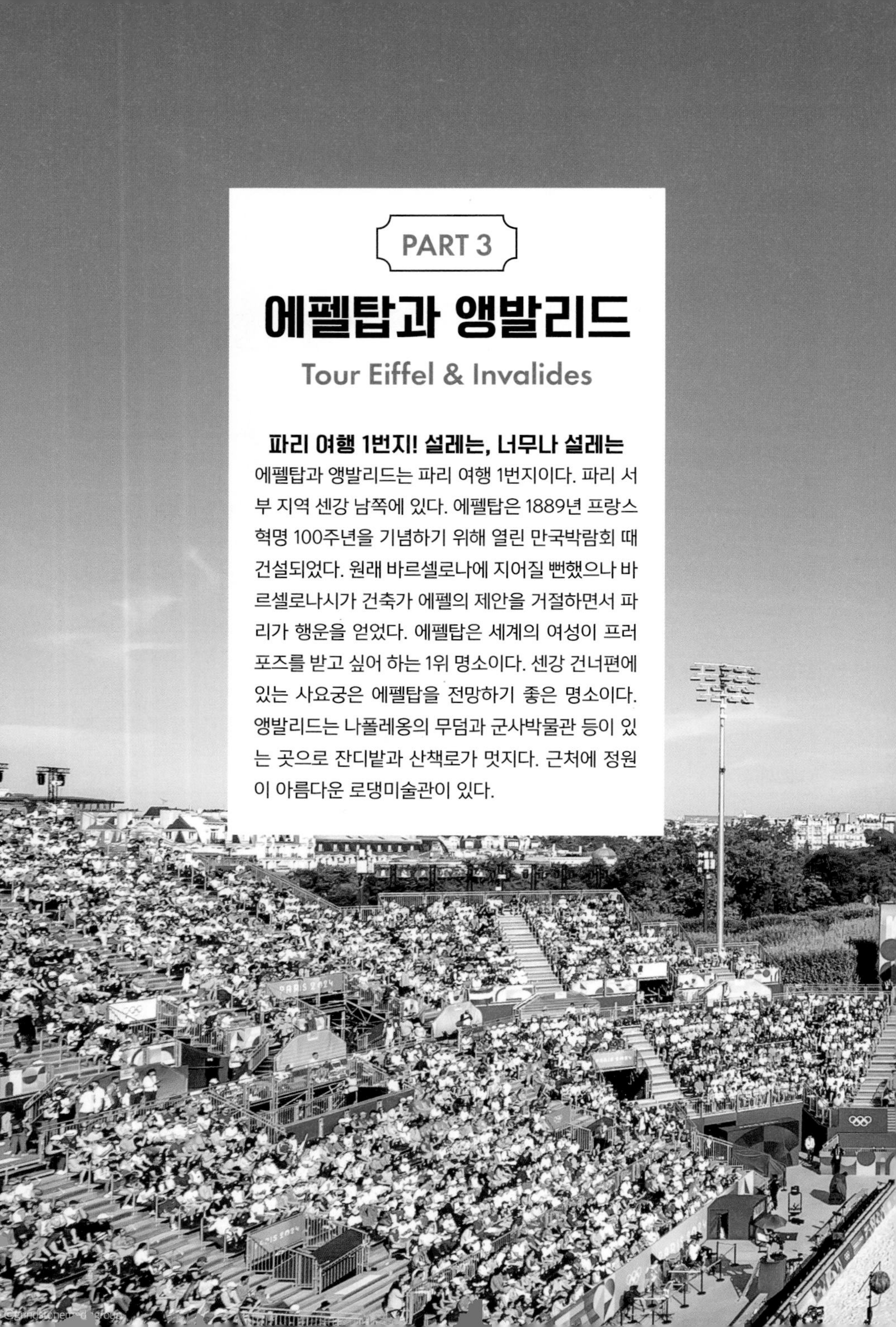

PART 3

에펠탑과 앵발리드

Tour Eiffel & Invalides

파리 여행 1번지! 설레는, 너무나 설레는

에펠탑과 앵발리드는 파리 여행 1번지이다. 파리 서부 지역 센강 남쪽에 있다. 에펠탑은 1889년 프랑스 혁명 100주년을 기념하기 위해 열린 만국박람회 때 건설되었다. 원래 바르셀로나에 지어질 뻔했으나 바르셀로나시가 건축가 에펠의 제안을 거절하면서 파리가 행운을 얻었다. 에펠탑은 세계의 여성이 프러포즈를 받고 싶어 하는 1위 명소이다. 센강 건너편에 있는 사요궁은 에펠탑을 전망하기 좋은 명소이다. 앵발리드는 나폴레옹의 무덤과 군사박물관 등이 있는 곳으로 잔디밭과 산책로가 멋지다. 근처에 정원이 아름다운 로댕미술관이 있다.

PARIS 2024
PARIS 2024

에펠탑과 앵발리드 지구
라 파티스리 바이 시릴 리냑
Avenue Pierre 1er de Serbie
국립 기메 동양 박물관
Musée national des arts asiatiques Guimet
레나
Lena
도착
파리 시립 현대미술관
Musée d'Art Moderne de la Ville de Paris
Avenue Kléber
Avenue du Président Wilson
팔래 드 도쿄
Palais de Tokyo
무슈 블루
트로카데로
Trocadéro
알마 다리
Pont de l'Alma
마르모탕 미술관
Musée Marmottan Monet(2km)
Av. de New York
샤요 궁
Palais de Chaillot
퐁드 랄마
Pont de l'Alma –Musée du Quai Bra
Avenue des Nations Unies
캐 브랑리 박물관
Musée du quai Branly
Rue
트로카데로 정원
Jardins du Trocadéro
바토 파리지앵
Bateaux Parisiens
Rue de l'Université
이에나 다리
Pont d'Iéna
Avenue des Nations Unies
Avenue Rapp
Avenue Bosquet
Av. de la Bourdonnais
Av. de New York
Quai Branly
에펠탑
Tour Eiffel
Rue Saint-Dominique
라 퐁
Rue de l'Exposition
Rue Augereau
파리 생제르맹 홈구장
Parc des princes
샹 드 마르스 광장
Champ de Mars
비르아켐 다리
Pont de Bir Hakeim
샹 드 마르스- 투르 에펠
Champ de Mars-Tour Eiffel
비르아켐
Bir Hakeim
Rue Desaix
그랑팔레 에페메흐
Boulevard de Grenelle
Place Joffre
푸알란
육군
라 모트피케 그르넬르
La Motte-Picquet - Grenelle
Rue du Commerce
Bd. de Grenelle
Rue Frémicourt
Avenue Émile Zola

Avenue Franklin Delano Roosevelt
Av. des Champs-Élysées
Albert 1er
앵발리드 다리
Pont des Invalides
알렉상드르 3세 다리Pont Alexandre III
앵발리드
Invalides
브라스리 투미유
Bd. de la Tour-Maubourg
de la Motte-Picquet
군사 박물관
Musée de l'Armée
Bd. des Invalides
앵발리드 저택
L'hôtel des Invalides
출발
로댕 미술관
Musée Rodin
Avenue de Tourville
하루 여행 베스트 코스 지도의 빨간 점선 참고, 역방향 투어도 가능
로댕 박물관 → 도보 6분 → 앵발리드-군사 박물관 → 도보 5분 →
그랑팔레 에페메흐 → 도보 5분 → 마르스 광장 → 도보 6분 → 에펠탑 →
도보 10분 → 샤요 궁 → 도보 11분 → 팔래 드 도쿄 &파리 시립 현대미술관

에펠탑 뚜흐 에펠 Tour Eiffel

©noriox

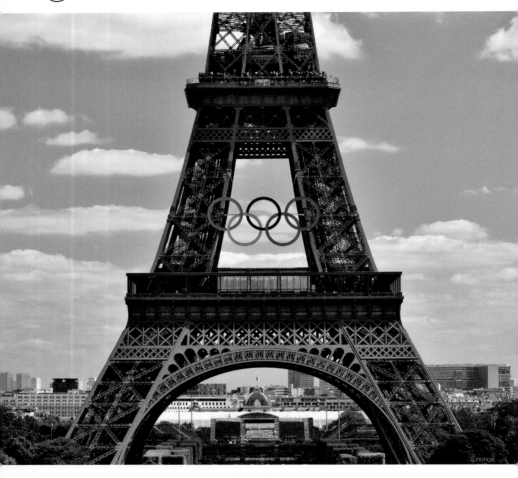

🚶 ❶ 메트로 6호선 비르아켐역Bir-Hakeim 도보 10분, 파시역Passy 도보 13분. 9호선 트로카데로역Trocadéro 도보 15분, 이에나역Iéna 도보 13분 ❷ RER C선 샹드마르스-투르 에펠역Champs de Mars-Tour Eiffel 도보 8분, 퐁드 랄마역Pont de l'Alma 도보 10분 ❸ 버스 42, 69, 72, 82, 87번

⌂ Champ de Mars, 5 Avenue Anatole France, 75007 ✆ +33 8 92 70 12 39 ◷ 09:00~23:45(악천후나 많은 관광객으로 인해 일시적으로 중단될 수 있음, 폐장 1시간 전까지 입장. 3세 이하 무료-무료 티켓 발권 필수, 7월 14일 휴무)

€ 3층 전망대 엘리베이터 성인 35.30유로, 학생 17.70유로, 어린이 8.90유로
2층 전망대 엘리베이터 성인 22.60유로, 학생 11.30유로, 어린이 5.70유로
2층 전망대 계단 성인 14.20유로, 학생 7.10유로, 어린이 3.60유로
2층 계단+3층 전망대 엘리베이터 성인 26.90유로, 학생 13.50유로, 어린이 6.80유로
2층 레스토랑 쥘 베른 점심 180유로, 저녁 290~320유로

≡ www.toureiffel.paris **2층 레스토랑 쥘 베른 예약** www.restaurants-toureiffel.com

인생 사진 순위 1위, 프러포즈 선호 장소 1위

에펠탑은 파리 서부 센강 남쪽에 있다. 매년 7백만 명 이상이 찾는 파리 여행 1번지이자 세계 여성이 프러포즈를 받고 싶은 장소 1위이다. 최근에는 인스타그램 인생 사진 순위 유럽 1위에 오르기도 하였다. 에펠탑이 없었다면 파리는 지금과 같은 명성을 얻지 못했을 것이다. 에펠탑은 프랑스 혁명 100주년 기념으로 열린 1889년 만국박람회 때 건설되었다. 만국박람회는 프랑스 혁명을 기념하는 의미도 있었지만, 프로이센 프랑스 전쟁1870~1871에서 독일에 패한 치욕을 만회하고 프랑스의 국력을 세계에 과시하려는 의도도 컸다. 국력을 과시하기엔 거대한 철제 건축물이 안성맞춤이었다.

에펠탑은 세상에서 가장 유명한 철제 구조물로, 탑을 설계한 건축가 귀스타브 에펠1832~1923의 이름을 따 지었다. 에펠탑은 원래 바르셀로나에 지어질 뻔했으나 바르셀로나가 에펠의 제안을 거절하면서 파리가 에펠탑을 얻을 수 있었다. 에펠탑은 샹 드 마르스 광장에서 열린 만국박람회장의 정문 역할을 하였다. 탑의 높이는 324m이다. 파리에서 가장 높은 건축물로, 빌딩으로 치면 81층 높이다. 모두 3개 전망대가 있는데, 1층과 2층 전망대는 계단과 엘리베이터로 올라갈 수 있고, 3층 꼭대기 전망대는 엘리베이터로만 올라갈 수 있다. 1층 전망대 높이는 지상에서 57m이고, 2층은 115m이다, 3층 전망대는 276m이다. 전망대마다 음식점, 기념품 가게 등이 있다. 매표소는 에펠탑 기둥 양쪽에 있다. 테러를 대비하기 위해 타워 입구와 티켓 검사 시 소지품을 검사하므로, 여름 성수기엔 일정보다 20~30분 미리 도착하는 게 좋다. 에펠탑 앞 샹드 마르스마르스 광장에서는 2024 파리 올림픽 당시 에펠탑을 배경으로 비치 발리볼 경기가 열리기도 했다.

©David McSpadden-Wikimedia

©grindstonemediagroup

©Yann Caradec

ONE MORE

©Hulton Archive-flickr

예술가들, 에펠탑을 반대하다

지금은 프랑스를 넘어 세계적인 명소이자 건축물이지만, 에펠탑의 탄생은 순조롭지 않았다. 특히 많은 예술가와 지식인이 경관을 해친다는 이유로 에펠탑 건설을 반대했다. 소설가 모파상은 파리의 수치라며 비판했고, 에밀 졸라는 흉물스러운 쇳덩어리라고 평했다. 그리고 작곡가 구노는 '철제 아스파라거스'라며 거세게 반대했다. 특히 모파상1850~1893은 종종 탑 2층에 올라 점심을 먹곤 했는데, 그 이유는 파리에서 탑이 보이지 않는 유일한 곳이기 때문이었다. 그는 또 그곳에서 글을 쓰기도 했는데 그 이유 또한 에펠탑이 보이지 않아서였다.

📖 에펠탑 전망대 가이드

©Public Domain Pictures

3층 전망대

지상 276m에 있다. 2층 전망대115m까지 계단 또는 엘리베이터를 타고 갔다가 다시 엘리베이터를 타고 올라간다. 파리에서 가장 높은 곳에서 낭만의 도시를 360도 파노라마로 감상할 수 있다. 기념품 가게와 샴페인 바가 있다. 바람이 심하게 부는 날에는 운영을 중지한다.

€ ①엘리베이터 성인 28.3유로, 학생(12~24세) 14.1유로, 어린이(4~14세) 7.1유로
② 2층 계단+3층 전망대 엘리베이터 성인 21.5유로, 학생 10.7유로, 어린이(4~14세) 5.4유로(티켓은 현장에서만 구매 가능)

2층 전망대

지상 115m 높이에 있다. 계단과 엘리베이터로 올라갈 수 있다. 미슐랭 1스타 레스토랑 쥘 베른Le Jules Verne과 뷔페식당, 기념품 가게, 마카롱 숍이 있다. <해저 2만리>로 유명한 프랑스의 공상과학 소설가 이름에서 따왔다. 파리 여성들이 프러포즈를 받고 싶은 곳 1순위로 꼽힌다. 인기가 많으므로, 홈페이지 예약이 필수이다.

€ ①2층 전망대 엘리베이터 성인 18.1유로, 학생 9유로, 어린이 4.5유로
② 2층 전망대 계단 성인 12.3유로, 학생 5.6유로, 어린이 2.8유로(홈페이지 예약 필수)

1층 전망대

높이 57m에 있다. 전망대가 가장 넓고 시설도 많다. 에펠탑의 건축 상황을 전시하는 박물관, 영상실, 뷔페식당, 기념품 가게 등이 있다. 1층 전망대 아랫부분(아치 위) 4면에 프랑스의 유명한 과학자, 공학자 및 수학자 7명의 이름이 새겨져 있다. 입장료는 2층 전망대 가격과 같다.

©Christophe Meneboeuf - Travelogg

©pxhere

Travel Tip 1

인생 샷을 얻을 수 있는 에펠탑 촬영 스폿

사요 궁 Palais de Chaillot

에펠탑 북쪽 센강 건너편에 있다. 샤요 궁 앞 트로카데로 정원Jardins du Trocadéro에서 사진을 찍으면 에펠탑이 멋지게 나온다. 사요 궁의 트로카데로 광장에서 가수 싸이가 <강남 스타일> 플래시 몹을 펼쳤다.

1 Place du Trocadéro et du 11 Novembre, 75016

샹 드 마르스 광장 Champ de Mars

파리군사학교의 연병장 잔디밭이다. 1889년 파리 만국박람회 때 대회장으로 사용한 드넓은 광장이다. 에펠탑 사진에 꼭 나오는 곳으로 파리 시민과 여행자들의 피크닉 장소이다. 여름밤이면 수많은 관광객이 에펠탑 야경을 감상하는 모습이 장관이다. 2024년 파리 올림픽 당시 샹드마르스에서 에펠탑을 배경으로 비치 발리볼 경기가 열렸다.

2 Allée Adrienne Lecouvreur, 75007

그랑팔레 에페메흐 Grand Palais Éphémère

파리군사학교 앞에 있다. 거대한 유리 벽에 49개국 언어로 '평화'라는 단어를 새겨 놓았던 '평화의 벽'을 철거하고, 2021년에 임시로 세운 전시장이다. 이름에서 알 수 있듯이 보수 공사로 휴관 중인 그랑팔레를 대신하는 공간이다. 패션쇼와 예술 공연, 미술 전시회 등이 열린다. 2024년 파리 올림픽 때 태권도 경기장으로 사용되었다. 이곳에서 에펠탑을 프레임에 넣으면 사진이 멋지게 나온다. 2 Pl. Joffre, 75007

Travel Tip 2

에펠탑 앞 센강 유람선

바토 파리지앵 Bateaux Parisiens

에펠탑 바로 앞에 선착장이 있다. 일반 관광 유람선과 런치와 디너 크루즈가 있다. 조금 한산하고 분위기가 조용해서 좋다. 파리 시립 현대미술관 근처 선착장에서 출발하는 바토 무슈Ba-teaux-Mouches가 더 유명하지만, 바토 파리지앵도 센강을 즐기기 좋다. 개별 오디오 가이드가 한국어를 포함하여 14개 언어로 해설 방송을 제공한다.

❶지하철 6호선 비르-아켐역Bir-Hakeim 도보 12분. 6·9호선 트로카데로역Trocadéro 도보 13분 ❷버스 42, 72, 82, 92번, Balabus Port de la Bourdonnais, 75007
+33 8 25 01 01 01 € 일반 관광 유람선 성인 19유로부터, 어린이 9유로부터 케이터링 크루즈 95유로부터
일반 관광 유람선 4월 9일~9월 중순 매일 10:00~22:30(30분 간격), 9월 중순~4월 초 10:30~22:00(1시간 간격)
케이터링 크루즈 **런치** 매일 12:30~14:45, **디너** 매일 18:00~19:30 (예약 홈페이지) 소요시간 1시간
www.bateauxparisiens.com

로댕 미술관 뮈제 호댕 Musée Rodin

❶ 메트로 13호선 바렌역Varenne에서 도보 2분 ❷ 버스 69, 82, 87, 92번
79 Rue de Varenne, 75007 +33 1 44 18 61 10
화~일 10:00~18:30(마지막 입장 17:45까지) 휴관 월, 1월 1일, 노동절, 성탄절
€ ❶정원·미술관·특별전시 14유로 ❷오르세+로댕 통합티켓 25유로
❸18세 이하 무료입장, 10월~3월 매월 첫째 주 일요일은 성인도 무료입장
❹ 뮤지엄 패스 사용 가능
www.musee-rodin.fr

대체 불가능한, 정원이 아름다워 더 좋은

"살아 있는 모든 생물은 공기를 들이마시고, 영혼을 뱉어낸다. 나는 그러한 과정을 묘사하고 싶은 것이다."

대체 불가능한 최고의 조각가 오귀스트 로댕Auguste Rodin, 1840~1917의 말이다. 그는 영감보다 노력으로 독보적인 위치에 오른 예술가였다. 로댕은 가난한 집에서 태어나 13세에 미술학교에 들어가 드로잉과 모형 제작을 배웠다. 청년기의 로댕은 불행했다. 에콜 데 보자르에 세 번이나 떨어졌고, 사랑하는 누이를 잃었다. 1864년엔 살롱 전에 출품했으나 거절당했다. 30대 중반 이탈리아제노바·피렌체·로마·나폴리·베네치아 여행을 계기로 그는 조각가로 다시 태어난다. 특히 미켈란젤로에 큰 감동을 받고 독창적인 조각을 창조하기 시작했다. 40대가 되면서 1880년대 마침내 그는 대체 불가능한 조각가가 되었다. <칼레의 시민>, <생각하는 사람> 등 대표작 대부분이 마흔 살 이후의 작품이다. 인체에 대한 풍부한 묘사와 인간의 감정까지 표현한 그의 작품은 그야말로 미켈란젤로의 조각에 버금가는 걸작이다. 로댕 미술관은 센강 남쪽 군사 박물관 부근에 있다. 지하철 바렌역에서 가깝다. 로댕의 작품이 전시되어 있는 지하철역에서 나와 박물관 표시 팻말을 따라 걷다 보면 아담하고 참한 길이 나온다. 걷는 내내 작은 정원과 예쁜 건물이 아름답게 어우러져 오히려 샹젤리제보다 더 파리다운 면모를 보여준다. 이렇게 걷다 보면 베이지색 건물이 나오는데, 이 건물이 로댕 미술관이다. 입구가 아담하고 예뻐서 탁 트인 광장에서 우람하게 시작되는 루브르나 오르세와 대조적이다.

원래 이곳은 이사도라 덩컨, 릴케, 마티스 등 유명 예술가들이 사용하는 작업실이었다. 그들이 떠나자 1911년 프랑스 정부가 매입하여 로댕에게 작업실로 제공했다. 로댕은 비롱 저택Hotel Biron, 18세기 건물로 비롱 원수가 살던 곳이다.이라 불리는 이곳에서 죽을 때까지 예술의 세계에 흠뻑 빠져 지냈다. 그는 죽기 1년 전인 1916년 자신의 작품을 모두 프랑스에 기증하였고, 이 저택은 그대로 로댕 미술관이 되었다. 현재 그의 작품 6,600여 점을 소장하고 있다. 안으로 들어서면 정원이 시작된다. 정원은 그냥 정원이 아니고 야외 전시장이다. 실내 전시관이 있는 비롱 저택도 아름답지만, 갖가지 나무와 장미, 벤치가 어우러진 이 정원은 숲의 분위기가 나서 마음을 설레게 한다. 정원에서 처음 눈에 들어오는 작품은 로댕의 대표작 <생각하는 사람>이다. 울창한 나무 사이로 <세 망령>, <지옥의 문>, <칼레의 시민> 등이 전시되어 있다. 특히 <생각하는 사람>은 원뿔 모양의 커다란 나무 몇 그루에 둘러싸여 있어, 꽃봉오리 속에 조각 작품이 자리 잡고 있는 듯 인상적이다. 비롱 저택의 전시관에는 <입맞춤>, <청동시대> 등이 전시되어 있다. 또 르누아르나 모네, 고흐, 카미유 클로델의 작품도 일부 전시되어 있다. 여유 있게 쉬면서 혹은 산책하면서 예술 작품 감상하기에 이보다 더 좋은 곳은 없을 것이다. 시간 여유를 가지고 찾는 것을 잊지 말자.

Travel Tip

Musée Rodin

이것만은 꼭 보자-로댕의 대표작품들

비롱 저택 전시 작품

입맞춤

사랑에 빠진 남녀가 깊은 키스로 사랑을 확인하고 있는 석고로 제작된 조각상이다. 단테의 <신곡>에 나오는 프란체스카와 파울로의 비극적 사랑을 표현한 작품으로 <신곡>의 여러 이야기 가운데 가장 서정적인 이야기이다. 입맞춤이란 서로의 사랑을 확인하는 숭고한 행위이지만, 로댕의 <입맞춤>은 슬프다 못해 처연함마저 느껴진다. 지옥에 떨어지는 듯한 고통을 치러야 했던 로댕과 카미유 클로델이 나눈 사랑의 은유인 듯 보여 더 안타깝다.

청동시대

30대 후반의 대표작이다. 조각한 것이 아니라 살아있는 모델을 석고로 본을 뜬 것이 아닌가 의심을 샀을 정도로 타의 추종을 불허하는 생명력을 가진 작품이다. 자신의 몸을 구석구석 있는 그대로 보여주고 있는 입상인데, 바라보고 있으면 살아 있는 듯하여 말이라도 걸어올 것 같은 느낌이 든다.

정원에 전시된 작품

생각하는 사람

깊은 고뇌에 빠져 있는 로댕의 걸작이다. 꽃과 나무로 둘러싸인 아늑한 곳에 벌거벗은 몸을 있는 그대로 보여주며 턱을 괴고 앉아 있다. 또 다른 로댕의 대표작 <지옥의 문>의 주인공이기도 하며, <지옥의 문> 시리즈의 여러 작품 가운데 가장 먼저 제작되었다. 로댕은 『신곡』의 작가 단테이탈리아의 시인, 1265~1321를 모델로 하여 <생각하는 사람>을 제작하였다. 가만히 보고 있으면 몸의 근육과 힘줄에 표현된 고뇌와 생각의 결이 한 편의 시처럼 절절히 마음에 와 닿는다. 로댕은 여러 개의 생각하는 사람을 만들었는데, 이것은 1906년 거대한 사이즈의 청동으로 제작한 것이다. 팡테옹에 있던 것을 로댕 박물관을 개관하면서 옮겨왔다.

지옥의 문

단테의 『신곡』 지옥편을 주제로 하여 청동으로 만든 로댕의 대표작이다. 로댕은 1880년부터 죽기 직전인 1917년까지 27년 동안 이 작품을 위해 영혼을 쏟아 부었으나 완성하지 못하고 세상을 떠났다. <지옥의 문>에는 단테와 지옥편의 안내자 베르길리우스지옥편의 주요 등장 인물이자 고대 로마의 시인가 지옥을 방문하여 고통에 빠진 사람들을 바라보는 이야기가 담겨 있다. 가로 400cm, 세로 635m, 너비 85cm로 문 상층부에는 <생각하는 사람>이 작게 조각되어 있고, 문 맨 위에는 지옥에 떨어졌으나 탈출을 시도하려는 <세 망령>의 조각상이 서 있다. 이 <세 망령>의 큰 사이즈 조각 작품도 로댕 박물관 정원에 전시되어 있다. <지옥의 문>은 로댕 박물관 외에 전 세계의 미술관 7곳에 전시되어 있는데, 그 가운데 7번째 에디션을 삼성문화재단이 소장하고 있다.

칼레의 시민들

칼레는 프랑스 노르망디 해안의 작은 항구 도시로 영국에서 가까운 곳이다. 1347년 칼레가 영국에 함락되자, 영국군은 칼레 시민 가운데 6명의 대표를 뽑아 처형하게 되면 나머지 시민들의 목숨은 살려주겠다고 제안했다. 이때 시민 6명이 고통에 떨면서도 칼레 사람의 목숨을 구하기 위해 대표가 되겠다고 나섰다. 훗날 칼레 시는 로댕에게 당시의 이야기를 담은 조각 작품을 제작해 달라고 의뢰하였는데, 그것이 로댕 박물관 정원에 전시되어 있는 <칼레의 시민들>이다. 목에 밧줄을 감고 고뇌에 찬 표정으로 서 있는 칼레의 여섯 영웅의 모습을 생생하게 감동적으로 표현하고 있다.

©ean-Pierre Dalbera from flickr

ONE MORE

비극의 주인공, 카미유 클로델

로댕 미술관에서는 로댕의 제자이자 연인이었던 카미유 클로델Camille Claudel, 1864~1943의 작품도 만나볼 수 있다. 로댕은 눈을 감으며 클로델 전시관을 만들어 줄 것을 유언으로 남겼다. 어려서부터 조각에 남다른 재능을 보였던 클로델은 열아홉 살에 로댕을 만나 조수로 함께 지내다 연인 관계가 되었다. 하지만 로댕에겐 이미 사실혼 관계인 아내가 있었다. 게다가 로댕은 클로델의 번뜩이는 재능이 두려워 그녀와 갈등을 빚기도 했다. 결국 클로델은 제대로 된 사랑을 얻지 못하고, 제자로서 재능도 인정받지 못한 채 7년 만에 그의 곁을 떠나게 된다. 사랑에 실패한 후 그녀는 정신적 불안과 스트레스에 시달렸다. 그러다 정신병원에 들어가 30여 년 동안 불행의 늪을 헤매다 생을 마감했다. 로댕은 그녀의 인생을 비극으로 만들었지만 자신의 미술관에 클로델 작품을 전시하게 해주었다. 로댕도 그녀의 재능을 인정하고 뒤늦은 화해를 요청한 것이다.

캐 브랑리 박물관 뮈제 뒤 캐브랑리 Musée du Quai Branly

🚶 ❶ RER C선 퐁드 랄마역Pont de l'Alma에서 도보 10분 ❷ 버스 42, 72번
37 Quai Branly, 75007 📞 +33 1 56 61 70 00
🕓 **화~일** 10:30~19:00, **목** 10:30~22:00 **휴관** 월요일, 1월 1일, 5월 1일,
€ 14유로, 뮤지엄 패스 사용 가능, 18세 이하는 무료 ☰ www.quaibranly.fr

파리에서 원시 문명 관람하기

에펠탑 동쪽 센 강변에 있다. 비유럽 인류사 박물관으로 유리, 자연목, 콘크리트 등이 조화를 이루고 있는 외관이 인상적이다. 프랑스의 유명한 건축가 장 누벨Jean Nouvel의 작품인데, 그는 파리의 아랍세계연구소와 카르티에 재단, 우리나라의 리움 박물관을 디자인한 세계적인 건축가이다. 프랑스는 대통령 임기 중에 박물관을 하나씩 짓는 전통이 생겼다. 퐁피두 센터는 조르주 퐁피두 대통령, 루브르의 피라미드는 프랑수아 미테랑 대통령, 그리고 캐 브랑리 박물관은 자크 시라크 대통령 재임 기간에 지었다. 입구에 들어서면 아름다운 정원이 등장하여 식물원인가 착각이 든다. 조경가 질 크레망의 작품이다. 건물 외벽에도 식물을 심었는데, 식물학자 패트릭 블랑이 디자인했다. 박물관엔 아프리카, 아시아, 오세아니아, 아메리카의 초기 문명을 집중적으로 전시해 원초적인 분위기가 짙게 풍긴다. 나선형 통로가 각 전시실로 안내하는데, 이국적인 원시 문명을 몽환적인 분위기에서 감상할 수 있다. 정원엔 카페 자크가 있다. 옥상 테라스에 있는 파노라마 레스토랑 레종브레Les Ombres는 에펠탑이 보이는 파리 풍경을 즐기며 잠시 쉬어 가기 좋다.

앵발리드 군사 박물관 로텔 데 쟁발리드-뮈제 드 라흐메
L'hôtel des Invalides - Musée de l'Armée

❶메트로 13호선 바렌역Varenne과 8호선 라 투르-모부르역La Tour-Maubourg에서 도보 5분, 13호선 생-프랑수아-자비에역 Saint-François-Xavier에서 도보 7분 ❷버스 28, 63, 69, 82, 83, 92, 93번 Musée de l'Armée, 129 Rue de Grenelle, 75007
+33 8 10 11 33 99 **매일** 10:00~18:00 **휴관** 1월 1일, 5월 1일, 성탄절
€ 15유로, 뮤지엄 패스 사용 가능, 18세 미만 무료 www.musee-armee.fr

©Franck Legros.jpg

©jpeilgen-flickr

나폴레옹 여기에 잠들다

앵발리드 군사박물관은 프랑스 제1통령 혹은 나폴레옹 1세라 불리는 나폴레옹 보나파르트1769~1821의 무덤이 있는 곳이다. 1670년 루이 14세가 부상병과 퇴역 군인을 위해 지은 요양소와 병원이었으나 현재는 군사박물관, 군사 입체 모형 박물관, 현대사 박물관, 퇴역 군인들의 요양원, 황금 돔이 인상적인 생 루이 데 앵발리드 교회 등이 있는 복합 공간이다. 앵발리드 교회 돔 아래 지하 묘지에 나폴레옹의 유해가 있다. 나폴레옹은 아프리카 대륙 서쪽의 작은 섬, 세인트 헬레나로 유배를 갔다가 1821년 그곳에서 사망했다. 1840년 루이 필리프 왕이 나폴레옹의 유해를 파리로 옮겨와 국장을 치러주었다. 돔 교회는 바로크 시대 유명 건축가 쥘 아르두앙 망사르의 작품이다. 그는 베르사유 궁전과 방돔 광장 등 루이 14세 시대의 많은 작품을 남겼다. 군사박물관이 들어선 것은 1905년이다. 중세부터 20세기 사이에 사용된 대포, 탱크, 무기, 갑옷, 군복, 그림 등 군사 유물이 전시되어 있다. 나폴레옹 관련 유물도 다양한 데, 세인트 헬레나 섬에서 사용했던 방을 그대로 복원해 놓아 눈길을 끈다. 2024년 파리 올림픽 때 앵발리드 앞 잔디밭에서 양궁 경기가 열렸고, 마라톤 경기 결승 지점이 되기도 했다.

마르모탕 모네 미술관 뮈제 마르모탕 모네 Musée Marmottan Monet

🚶 ❶ 메트로 9호선 라 뮈에트 역La Muette에서 도보 7분 ❷ 버스 22, 32, 52번 🏠 2 Rue Louis Boilly, 75016
📞 +33 1 44 96 50 33 🕓 10:00~18:00, 마지막 입장 17:00(목요일은 21:00까지, 목요일 마지막 입장 20:00) 휴관 월요일, 1월 1일, 노동절, 성탄절 € 14유로, 학생 9유로, 뮤지엄 패스 사용 불가 ☰ www.marmottan.fr

모네의 <수련>과 <인상, 해돋이>를 만나다

파리 서쪽 끝 16구의 조용하고 아름다운 주택가에 있다. 세계에서 모네 작품을 가장 많이 볼 수 있는 곳이다. 마르모탕 가문의 저택이었으나 폴 마르모탕1856~1932이 세상을 떠나면서 소장품과 저택을 프랑스 국립미술학교인 에콜 데 보자르에 기증했다. 인상파와 신인상파의 작품 300여 점을 소장하고 있다. 하이라이트는 인상파의 기념비적인 작품, 모네의 <인상, 해돋이>이다. 또 <수련>을 비롯하여 모네의 작품을 원 없이 감상할 수 있다. 드가, 마네, 피사로, 르누아르, 고갱, 베르트 모리조 등 다른 인상파 화가의 작품도 감상할 수 있다. 베르트 모리조1841~1895는 인상파 여류 화가로, 그녀는 마네의 동생 외젠 마네의 부인, 그러니까 마네의 제수였다. 그녀는 남편과 딸을 모델로 일상을 담은 그림을 많이 그렸다. 그녀의 작품 81점이 전시되어 있다. 미술관 내부는 촬영 금지라 모든 작품을 눈으로만 감상해야 한다. 흔히 볼 수 없는 작품들이라 감흥이 배가된다. 인상파의 그림, 특히 모네의 그림을 좋아하는 이들에게 추천한다.

샤요 궁 팔래 드 샤요 Palais de Chaillot

❶ 메트로 6·9호선 트로카데로역Trocadéro에서 도보 2분

❷ 버스 22, 32, 63, 72, 82번

1 Place du Trocadéro et du 11 Novembre, 75016

에펠탑의 멋진 모습을 한눈에

에펠탑 북쪽 센강 건너편에 있다. 에펠탑을 정면에서 바라보며 멋진 구도로 사진을 찍을 수 있는 명당이다. 원래 사용궁 자리엔 트로카데로 궁전Palais du Trocadéro이 있었다. 1937년 만국박람회를 위해 신고전주의 양식으로 재건축했다. 지하철역과 정원 이름은 여전히 '트로카데로'이다. 궁전 앞 광장에는 대형 분수가 있다. 긴 건물이 분수를 둥글게 감싸 품에 안고 있다. 대형 분수 양쪽 잔디밭에는 밤낮 할 것 없이 많은 이들이 에펠탑을 구경한다. 특히 에펠탑 야경을 눈에 담기 위해 많은 이들이 찾는다. 샤요 궁에는 다양한 박물관과 전시실이 있다. 사요 궁 정면을 기준으로 오른쪽에는 해양 박물관과 인류 박물관이, 왼쪽에는 건축과 문화유산 박물관과 샤요 국립 극장이 있다. 샤요 궁 테라스는 에펠탑을 배경으로 인생 사진을 찍을 수 있는 최고 포토 스폿이다. 1940년 아돌프 히틀러도 프랑스 침공 작전을 성공한 후 이 테라스에서 기념사진을 찍었다. 1948년 12월에는 사요 궁에서 유엔 총회가 열려 세계 인권 선언이 채택되었다. 사요 궁은 1991년 세계문화유산으로 등재되었다.

국립 기메 동양 박물관 뮈제 나시오날 데 자흐 아지아티크 기메

Musée national des arts asiatiques Guimet

❶ 메트로 9호선 이에나역Iéna에서 도보 1분, 6호선 부아시에르역Boissière에서 도보 4분 ❷ 버스 22, 30, 32, 63, 82번
6 Place d'Iéna, 75116 +33 1 56 52 53 00 **수~월** 10:00~18:00 휴관 화요일, 1월 1일, 노동절, 성탄절
€ 상설전+기획전 성인 13유로, 학생 10유로(뮤지엄패스 사용 가능, 매월 첫 번째 일요일 상설전 및 기획전은 성인과 학생 모두 무료) www.guimet.fr

한국 최초의 파리 유학생을 만나다

세계 최대 아시아 전문 박물관이다. 1878년 사업가 에밀 기메Emile Etienne Guimet, 1836~1918가 리옹에 설립했다가 1884년 국가에 기증하자 1888년 파리로 이전하였다. 기메 박물관은 프랑스에 한국의 문화를 최초로 소개한 통로였다. 1888년 민속학자 샤를 바라Charles Varat, 1842~1893는 프랑스의 동방 정책의 일환으로 한국을 찾았다. 그는 1889년까지 머물면서 『조선종단기』를 썼다. 그는 처음 본 제물포 풍경을 이렇게 적고 있다.

> ……그것은 내 평생 처음 보는 아름다운 장관이었다. 해안선과 항구를 이루는 크고 작은 섬들을 따라 아기자기한 산봉우리들이 솟아 있었고 항구 전체를 사슴 동산처럼 완벽하게 감싸 안은 가운데 마침 떠오르는 아침 햇살이 눈부시게 빛나고 있었다…….

바라는 서울에서 부산까지 여행하며 조선의 생활상과 문화를 관찰하고 기록했다. 그는 불교 유물을 비롯하여 다양한 한국의 문화유산을 수집하여 파리로 돌아갔다. 놀랍게도 당시 기메 박물관에는 연구 보조자로 근무하는 조선인이 있었는데, 그가 홍종우이다. 1893년 기메 박물관은 바라가 수집해온 한국의 유물을 가지고 홍종우의 도움으로 2층에 한국관을 만들었다. 고려시대의 불화 수월관음도를 비롯하여 반가사유상, 신라 금관 등 1천여 점의 유물이 소장돼 있다.

ONE MORE

조선 최초 파리 유학생 홍종우

조선 최초의 파리 유학생유학 기간 1890~1893이다. 그는 항상 한복을 입고 파리 거리를 거닐었고, 고종의 사진을 몸에 지니고 다녔다. 당시 파리 문화계에는 아시아 열풍이 불고 있었기에 홍종우는 늘 관심의 대상이었다. 그는 법학을 공부하고자 하였으나 뜻을 이루지 못하고 기메 박물관 보조 연구원으로 근무하며 춘향전과 심청전을 번역했다. 박물관에는 그의 사진과 명함, 그가 불어로 번역한 우리의 고전이 남아 있다. 1894년 그는 고종의 명을 받고 일본에 망명해있던 갑신정변의 주역 김옥균을 상해로 유인해 권총으로 암살했다.

파리 시립 현대미술관 뮈제 다르 모데흔 들 라 빌 드 파리
Musée d'Art Moderne de la Ville de Paris

❶ 메트로 9호선 이에나역Iéna에서 도보 5분, 알마-마르소역Alma-Marceau에서 도보 3분
❷ 버스 32, 42, 63, 72, 80, 82, 92번 11 Avenue du Président Wilson, 75116 +33 1 53 67 40 00
화~일 10:00~18:00(마지막 입장 17:15, 목요일은 21:30까지 야간 개장) 휴관 월요일, 4월 17일, 5월 1일, 5월 8일, 6월 5일, 성탄절 € 상설전 무료, 기획전 유료(전시회마다 가격 상이), 뮤지엄 패스 사용 불가 www.mam.paris.fr

©Paris Tourist Office, Amelie Dupont

©pierre antoine

피카소와 마티스의 작품을 무료로 감상하자

20, 21세기 근현대 작품들을 전시하고 있다. 상설전과 기획전으로 나뉘어 운영되며, 상설전은 무료로 관람할 수 있다. 유료라 해도 아깝지 않을 피카소, 마티스, 라울 뒤피, 로베르 들로네 등 수많은 거장의 작품을 만날 수 있다. 특히 커다란 타원형 벽면을 알록달록 가득 채우고 있는 라울 뒤피의 초대형 작품 <전기의 요정>La Fée Eléctricité은 현대미술관의 하이라이트다. 앙리 마티스의 방Salle Matisse에는 그의 대표작 <춤>이 하얀 벽면에 걸려 있다. 한국의 예술가 백남준의 작품도 만날 수 있다.

2010년 세상을 놀라게 한 사건이 이곳에서 벌어졌다. 피카소와 마티스 작품을 포함한 회화 다섯 점을 도난당한 것이다. 돈으로 환산하면 1억 유로에 달하는 작품이었는데, 창문을 깨고 들어온 마스크를 쓴 남자가 액자에서 그림을 떼어 가는 모습이 CCTV에 포착됐다. 범인은 잡았지만, 아쉽게도 작품들의 행방은 여전히 묘연하다. 파격적인 현대 미술품을 전시하는 팔래 드 도쿄가 바로 옆에 있어 함께 둘러보기 좋다.

팔래 드 도쿄 Palais de Tokyo

❶ 메트로 9호선 이에나역Iéna에서 도보 3분, 알마-마르소역Alma-Marceau에서 도보 5분 ❷ 버스 32, 42, 63, 72, 80, 82, 92번
13 Avenue du Président Wilson, 75116 +33 1 81 97 35 88 12:00~24:00(비수기 12:00~21:00, 홈페이지 확인 필요) 휴관 화요일, 1월 1일, 5월 1일, 성탄절 € 성인 12유로, 26세 미만·학생 9유로, 뮤지엄 패스 사용 불가
palaisdetokyo.com

©Palais de Tokyo

©Palais de Tokyo

©Palais de Tokyo

트렌디한 예술이 가득한 젊은이들의 명소

이름만 들어선 어떤 곳인지 가늠하기 어렵지만, 이곳은 유럽 최대 규모의 현대미술관이다. 파리 16구 센강 북쪽 강변, 파리 시립 현대미술관 바로 옆에 있다. 신전을 연상케 하는 기둥이 줄지어 서 있는 모습이 눈에 들어오는데, 기둥을 가운데 두고 양쪽 날개에 미술관이 자리 잡고 있다. 오른쪽이 파리 시립 현대미술관이 고, 왼쪽이 파격의 예술로 명성을 얻은 팔래 드 도쿄이다. 회화, 조각, 설치, 디자인, 패션, 비디오 아트, 영화, 현대 무용이 전시 또는 공연된다. 팔래 드 도쿄의 색다른 전시는 언제나 파격의 상상력을 선사한다. 시립 현대미술관 건물과 함께 건축가 준코 사카무라가 설계한 것으로, 1937년 만국박람회 때 일본관으로 쓰였다. 이후 오랜 시간 창고 등으로 쓰이다가 2002년 새 단장을 하여 개성이 넘치는 미술관으로 개관하였다. 개관 무렵 프랑스에는 그들의 현대미술의 위상이 점점 낮아지는 것에 대한 비판과 우려가 팽배해 있었다. 팔래 드 도쿄는 프랑스 현대미술에 대한 반성과 부흥을 꿈꾸며 개관한 미술관이다. 노출 콘크리트를 그대로 드러낸 실내 디자인이 퍽 인상적이다. 작가의 실험 정신과 관객의 참여로 생명력을 이어가는 공간을 추구하고 있다. 미술관답지 않게 소장품은 전혀 없고, 독특하고 개성 넘치며, 실험 정신이 뛰어난 젊은 작가의 작품을 주로 전시하고 있다. 프랑스에서 활동하고 있거나 활동한 적이 있는 작가들, 프랑스적인 상상력을 보여줄 수 있는 작가라면 대단한 경력이 없어도 누구나 전시할 수 있다. 팔래 드 도쿄는 운영시간마저 예술적이다. 미술관 최초로 무려 자정까지 운영한다.

팔래 드 도쿄는 미술관만큼이나 트렌디한 아트 숍, 디자인 서점, 패션 잡화 코너 등이 있어 젊은이들이 많이 찾는다. 상품들은 유명 디자이너의 작품이라 개성이 넘친다. 팔래 드 도쿄와 시립 현대 미술관 사이엔 노천카페도 있다. 노천카페는 센강과 에펠탑을 감상할 수 있어 인기가 좋다. 해가 진 뒤엔 조명을 밝힌 에펠탑의 황홀한 모습을 감상할 수 있다.

Travel Tip

팔래 드 도쿄에서 에펠탑과 센강 즐기기

©box

팔래 드 도쿄는 에펠탑과 센강을 즐기기 아주 좋다. 오후 2~3 시쯤 파리 시립 현대미술관과 팔래 드 도쿄의 전시를 관람한 뒤 1층 서점과 아트 숍, 패션 잡화 코너에 들러 기념품을 사고 해가 질 무렵엔 미술관 안의 레스토랑 무슈 블루 Monsier Bleu(p148)에서 에펠탑을 바라보며 식사를 하자. 식사 후엔 가까이에 있는 바토무슈 호 선착장Bateaux-Mouches, 알마다리와 앵발리드교 사이에 있다.에서 유람선을 타고 센강의 밤 정취와 화려한 에펠탑 야경을 마음껏 즐기자. 이 일정대로 여행한다면 꿈 같은 하루가 될 것이다.

에펠탑·앵발리드의 맛집

일러두기 파리의 맛집과 숍은 7~8월엔 한달씩 휴무하는 곳이 많으므로 미리 참고해두자. 일요일과 월요일에 쉬는 집도 많다.

라 퐁텐 드 막스 La fontaine de Mars

오바마가 먹었던 프랑스 가정식 요리

에펠탑 근처의 식도락 거리인 생 도미니크 거리Rue Saint-Dominique에 있는 맛집이다. 2009년 파리를 방문한 오바마 대통령이 프랑스 가정식 식사를 원해 이곳을 찾은 이후 유명해지기 시작했다. 전통 비스트로 분위기 속에서 프랑스 남부의 전통 요리를 맛볼 수 있으며, 보기와는 달리 백 년이 넘는 역사를 가지고 있다. 가격이 저렴한 편은 아니지만, 매일 재료에 따라 바뀌는 오늘의 요리는 좀 저렴하게 맛볼 수 있다. 오리 스테이크를 추천한다. 만족스러운 식사를 할 수 있을 것이다. 저녁에는 예약을 하지 않으면 테이블 잡기가 어렵고, 점심에는 피크 시간만 피하면 자리를 얻을 수 있다. 식사 후 걸어서 에펠탑에 들르기 좋다.

❶ 메트로 8호선 에콜 밀리테르역École Militaire에서 도보 8분 ❷ RER C선 퐁드 랄마Pont de l'Alma역 도보 8분 ❸ 버스 69, 80, 92번 129 Rue Saint-Dominique, 75007 +33 1 47 05 46 44 **금~월** 12:00~15:00, 19:15~23:00 **화~목** 12:00~15:00, 19:30~23:00 € 메인 요리 35유로부터 www.fontainedemars.com

셰 라미 장 Chez L'Ami Jean

성격 강한 셰프의 맛있는 요리

생 도미니크 거리 샛길에 있다. 이곳의 셰프 스테판 제고는 오픈 키친에서 강한 포스를 풍기며 고래고래 소리를 지르는 인물로 유명하다. 파리의 '고든 램지'Gordon Ramsy, 독설과 불 같은 기질로 유명한 영국의 스타 셰프라 불리는 그는 미슐랭에 적대적이라고도 소문나 있다. 그럼에도 불구하고 이곳은 예약을 하지 않으면 자리를 잡기 어려울 정도로 늘 만석이다. 요리는 두말할 것 없이 훌륭하다. 가격은 좀 비싼 편이지만, 스테판 제고의 음식을 맛보기 위해 찾는 이들의 발길이 끊이지 않는다. 외관은 허름한 편이지만, 내부는 클래식한 멋을 풍긴다. 앙트레전채 요리로는 문어 요리가 유명하며, 메인은 어떤 것을 주문하더라도 후회 없는 선택이 될 것이다. 디저트는 라이스 푸딩이 유명하다. 한국인에게 밥을 달달한 디저트와 함께 먹는 것이 어색할 수도 있지만, 파리에 왔으니 한번 시도해 볼 만 하다. 양이 좀 많은 편이니 고려하시길.

❶ 메트로 8호선 라 투르-모부르역La Tour-Maubourg에서 도보 10분 ❷ 버스 69, 80, 92번 27 Rue Malar, 75007 +33 1 47 05 86 89 **화~금** 12:00~14:00, 19:00~23:00 **토** 12:00~14:00 휴무 일, 월 € 20~40유로 대 lamijean.fr

베요타 베요타 타워 에펠 Bellota-Bellota Tour Eiffel

세계 최고의 하몽과 치즈 맛보기

세계 최고의 햄으로 꼽히는 스페인식 햄 하몽과 치즈 전문점이다. 소금에 절인 커다란 돼지 다리가 가게 유리창 앞에 대롱대롱 매달려 있다. 지중해풍 타일로 장식돼 있는 가게 내부에서는 스페인의 느낌이 풍긴다. 파리에서 스페인 하몽보다 더 맛있는 하몽을 맛보고 싶다면 이곳을 추천한다. 미국인이면서 프렌치 요리의 대모라 불렸던 줄리아 차일드가 1948년부터 파리에 살며 즐겨 찾았던 곳이기도 하다. 좋은 재료를 찾기 위해 파리 시장 곳곳을 돌아 다녔던 그녀의 단골집이라 더 믿음이 간다. 에펠탑 부근과 샹젤리제, 생제르맹, 마레지구에 지점을 두고 있다. 에펠탑 지점은 생 도미니크 거리의 샛길 장 니코 거리에 있다.

❶ 메트로 8호선 라 투르-모부르역La Tour-Maubourg에서 도보 7분 ❷ 버스 28, 63, 69번 18 Rue Jean Nicot, 75007 +33 1 53 59 96 96 **월~토** 10:00~23:00 휴무 일요일 bellota-bellota.com

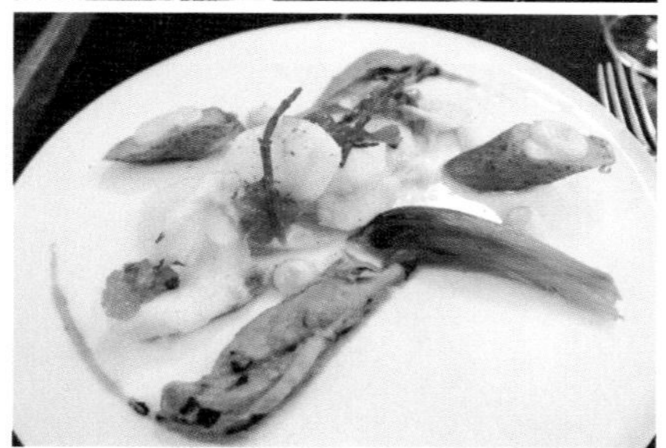

브라스리 투미유 Brasserie Thoumieux

정통 프랑스 요리 맛보기

생 도미니크 거리에 있는 4성급 호텔 투미유Thoumieux에 있는 브라스리레스토랑보다 약간 캐쥬얼한 음식점 레스토랑이다. 브라스리 투미유는 프랑스 전통 레스토랑 느낌의 화려하고 고급스런 인테리어에 양복을 빼 입은 직장인들이 가득한 곳이다. 첫인상은 프랑스 영화에 나오는 고급 레스토랑 분위기가 나지만, 의외로 캐쥬얼하고 가격 또한 비싸지 않다. 거기다 미슐랭 스타 셰프의 레스토랑이니 음식도 훌륭하다. 특히 식전 빵과 오리고기 스프레드는 감동적이다. 빵은 식사하는 동안 계속 채워준다. 합리적인 가격에 훌륭한 정통 프랑스 요리를 맛볼 수 있는 곳을 원하는 이에게 추천한다.

❶ 메트로 8호선 라 투르 모부르역La Tour-Maubourg에서 도보 5분 ❷ 버스 28, 69번 79 Rue Saint-Dominique, 75007 +33 1 47 05 79 00 매일 12:00~14:30, 19:00~23:00 € 점심 39유로부터

무슈 블루 Monsieur Bleu

에펠탑 뷰가 너무 아름다운

파리의 멋쟁이들이 모두 모이는 매력적인 레스토랑이다. 팔래 드 도쿄와 파리 시립 현대미술관이 들어선 건물 안에 있다. 이곳의 가장 큰 매력은 에펠탑 뷰이다. 특히 무슈 블루의 테라스 자리는 센강을 바로 앞에 두고 있는 데다 에펠탑까지 훤히 보여, 파리의 아름다운 모습을 바라보며 식사할 수 있는 곳으로 손꼽힌다. 파리에서 저렴한 가격으로 멋진 뷰를 감상하며 식사할 수 있는 곳은 드물다. 에펠탑이 보이는 곳에서의 식사는 대부분 가격이 비싼 편인데, 무슈 블루는 가격마저 착하다. 분위기만 봐서는 고급 식사만 가능할 것 같지만, 햄버거 등 간단한 식사도 할 수 있고, 음료만 마시는 것도 가능하다. 게다가 멋쟁이 파리지앵을 구경하는 재미도 쏠쏠하다. 미술관의 전시를 늦게까지 감상하고 나와 이곳에서 와인 한잔 하기 안성맞춤이다

❶ 메트로 9호선 이에나역Iéna에서 도보 5분, 9호선 알마-마르소역Alma-Marceau에서 도보 5분 ❷ 버스 72번
20 Avenue de New York, 75116 +33 1 47 20 90 47
월~금 12:00~14:30, 19:00~02:00 **토·일** 12:00~16:00, 19:00~02:00 € 메인 요리 23~32유로, 와인 10유로 내외
monsieurbleu.com

푸알란 Poilâne

80년 전통의 화덕에서 구운 빵

에펠탑에서 남서쪽으로 12분 거리에 있다. 예쁜 모양의 디저트를 판매하는 빵집을 기대했다면 푸알란에 들어서자마자 실망할지도 모른다. 이곳의 빵은 투박하고 거친 모양이 주를 이루기 때문이다. 하지만 모양새만 보고 맛을 과소평가해서는 절대 안 된다. 푸알란은 1932년 문을 연 이래 3대째 전통을 이어오고 있으며, 기계를 전혀 사용하지 않고 천연 발효 종을 사용해 화덕에서 직접 빵을 구워낸다. 프랑스 대통령도 푸알란의 빵을 즐겨 먹는다고 전해지며, 식전 빵으로 이곳의 빵을 이용하는 파리의 식당도 많다. 푸알란의 대표적인 빵은 깡파뉴Campagne라고 불리는 투박한 시골 빵이다. 똬리를 틀고 있는 모양의 사과 파이도 인기 품목 중 하나이다. 바삭하면서도 촉촉한 빵과 인공적인 단맛 없는 사과 졸임의 조화가 최고의 맛을 선사한다. 생제르맹 데프레에도 지점이 있다.

❶ 메트로 6호선 뒤플렉스역Dupleix에 서 도보 3분 ❷ 버스 42번 49 Boulevard de Grenelle, 75015
+33 1 45 79 11 49 **화~일** 07:15~20:00 휴무 월 € 1.1유로부터 www.poilane.fr

라 파티스리 바이 시릴 리냑 La Pâtisserie by Cyril Lignac

샤요 가의 라 파티스리 ❶ 메트로 9호선 이에나역Iéna에서 도보 5분 ❷ 버스 32, 63, 92번 2 Rue de Chaillot, 75116 +33 1 47 20 64 51 **화~일** 07:00~20:00, **월** 07:00~19:00 € 디저트류 5.5~6유로 www.gourmand-croquant.com
쎄브르 가의 라 파티스리 ❶ 메트로 10·13호선 뒤록역Duroc에서 도보 2분 ❷ 버스 82, 87, 92번 133 rue de Sèvres, 75006 +33 1 55 87 21 40 매일 07:00~20:00
폴 베르 가의 라 파티스리 ❶ 메트로 8호선 페데르브 샬리니역Faidherbe Chaligny에서 도보 4분, 9호선 샤론역Charonne 에서 도보 5분 ❷ 버스 46, 86번 24 rue Paul Bert, 75011 +33 1 55 87 21 40 **월** 07:00~19:00, **화~일** 07:00~20:00
파스퇴르 가의 라 파티스리 ❶ 메트로 6·12호선 파스퇴르역Pasteur에서 도보 2분 ❷ 버스 39, 70, 88, 95번 55 Boulevard Pasteur, 75015 +33 1 55 87 21 40 **화~금** 10:00~19:30, **토·일** 10:00~19:00

소피 마르소의 옛 연인이 만드는 디저트 맛보기

미슐랭 1스타 셰프 시릴 리냑의 빵집이다. 그는 영원한 미소녀 이미지의 프랑스 영화배우 소피 마르소의 옛 연인이기도 했다. 가게 안에 들어서면 고급스러운 자태로 진열된 디저트들이 시선을 사로잡는다. 종류는 많지 않고 예닐곱 가지 정도이다. 다른 빵집에 비해 가격이 비싼 편이지만, 크게 부담 없이 먹을 수 있다. 프랑스 전통 디저트인 바바오럼Baba au Rhum부터 레몬 타르트, 산딸기 타르트, 초콜릿무스, 에클레어 등 취향에 따라 고를 수 있다. 회색은 디저트에 잘 사용되지 않는 색이지만, 이곳의 회색 초콜릿으로 장식된 케이크 에퀴녹스Equinoxe는 인기가 좋다. 디저트류 외에 빵과 샌드위치도 판매한다. 파리에 여러 군데 지점을 두고 있다.

PART 4

개선문·샹젤리제·오페라

Arc de Triomphe · Champs-Élysées · Opera

낭만적인, 너무나 낭만적인

개선문은 에펠탑에 버금가는 파리의 상징 건축물이다. 개선문의 샤를 드골 광장에서 12갈래 도로가 방사형으로 뻗어 있는데, 그 모습이 마치 별처럼 보인다. 샹젤리제 거리는 이 12갈래 도로 가운데 가장 유명하다. 프랑스 혁명 기념일인 7월 14일엔 개선문, 샹젤리제 거리에서 군사 퍼레이드가 열린다. 샹젤리제는 개선문에서 콩코르드 광장까지 곧게 뻗은 대로이다. 길이는 약 1.9km로, 파리의 손꼽히는 명품 거리이다. 오페라는 프랭탕과 라파예트 등 유명 백화점이 모여있는 파리에서 가장 화려한 지역이다.

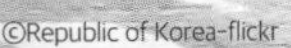

©Republic of Korea-flickr

개선문·샹젤리제·오페라 지구

자크마르-앙드레 미술관
Musée Jacquemart-André
Boulevard Ha
퐁다시옹 루이비통
Fondation Louis Vuitton(2.7km)
Av. Wagram
Av. de Friedland
샤를 드골 에투알
Charles de Gaulle Étoile
개선문
Arc de Triomphe
출발
Rue Washington
샹젤리제 거리
Avenue des Champs-Élysées
생 필립 뒤 룰
Saint-Philippe-du-
Rue du
파리 생제르맹 공식 스토어
조르쥬 생크
George V
매종 프라디에
Av. F Roosevel
Av. d'Iéna
Av. Marceau
라뒤레
Avenue George V
Av. des Champs-Élysées
Rue Lincoln
Rue Pierre Charron
Rue Marbeuf
프랑클랑 루즈벨트
Franklin D. Roosevelt
페드라 알타
Rue François 1er
Av. Montaigne
Av. Franklin Delano Roosevelt
상젤리제 클
Champs-Él
Clemen
그랑 팔
Grand P
몽테뉴 거리
Avenue Montaigne
Avenue Pierre 1er de Serbie
파리 시립 현대미술관
Musée d'Art Moderne de la Ville de Paris
알마-마르소
Alma - Marceau
Cours Albert 1er
팔래 드 도쿄
Palais de Tokyo
Av. de New York
바토 무슈
Bateaux-Mouches
알마 다리
Pont de l'Alma
앵발리드 다리
Pont des Invalides
퐁드 랄마
Pont de l'Alma
캐 브랑리 박물관
Musée du quai Branly
Bd. de la Tour-Maubourg

하루 여행 베스트 코스 지도의 빨간 점선 참고, 역방향 투어도 가능
개선문 → 도보 3분 → **샹젤리제 거리** → 도보 10분 → **몽테뉴 거리** → 도보 10분 → **그랑 팔래** → 도보 2분 → **프티 팔래** → 도보 8분 → **콩코르드 광장**
Rue de Miromesnil
Rue du Havre
Rue de la Chaussée d'Antin
Boulevard Haussmann
프랭탕 백화점
미로메닐
Miromesnil
레스토랑 루이
(550m)
갤러리 라파예트
아브르 코마르탱
Havre - Caumartin
Boulevard Malesherbes
쇼세 당탱 라파예트
Chaussée d'Antin-La Fayette
Rue Tronchet
팔래 가르니에 Palais Garnier
카나르 에 샹파뉴
(750m)
오페라
Opéra
마들렌
Madeleine
Rue d'Aguesseau
엘리제 궁
Rue du Faubourg Saint-Honoré
Boulevard de la Madeleine
해리스 뉴욕 바
르 프티 방돔
Avenue de l'Opéra
Rue Royale
방돔 광장
Place Vendôme
Av. des Champs-Élysées
콩코드
Concorde
도착
콩코르드 광장
Place de la Concorde
주드폼 국립미술관
Jeu de Paume
bert 1er
오랑주리 미술관
Musée de l'Orangerie
튈르리 정원
Jardin des Tuileries
콩코르드 다리
Pont de la Concorde
Quai des Tuileries
오르세 미술관
Musée d'Orsay

개선문 아크 드 트리옹프 Arc de Triomphe

🚶 ❶ 메트로 1·2·6호선과 RER A선을 타고 샤를 드골 에투알 역Charles de Gaulle Étoile 하차. 1번 출구로 나와 1~2분 정도 직진하면 개선문 지하 통로가 나온다. ❷ 버스 22, 30, 31, 52, 73, 92번, 일요일만 운행하는 Balabus

Place Charles de Gaulle, 75008 📞 +33 1 55 37 73 77

🕓 **10월~3월** 10:00~22:30 **4월~9월** 10:00~23:00 휴무 1월 1일, 5월 1일, 12월 25일(5월 8일, 7월 14일, 11월 11일은 오전만 휴무)

€ 16유로, 뮤지엄 패스 사용 가능, 18세 이하 무료

≡ www.paris-arc-de-triomphe.fr

©전아경

나폴레옹, 그리고 황홀한 전망

개선문은 에펠탑과 견줄 만한 파리의 랜드마크이다. 나폴레옹 1세가 아우스터리츠 전승 기념으로 1806년 건립을 시작했다. 하지만, 나폴레옹 1세의 실각, 왕정의 복고 등 정치적 변화를 겪은 탓에 높이 50m, 넓이 45m에 이르는 거대한 문은 1836년에야 완공되었다. 애석하게도 나폴레옹1769~1821은 1815년 워털루 전투에서 패배한 뒤 아프리카 서쪽 남대서양의 외딴 섬 세인트 헬레나에 유배되었고 결국 그곳에서 최후를 맞이했다. 그는 죽은 지 20년 가까이 지나서야 유해가 되어 개선문을 통과할 수 있었다.

개선문이 있는 광장은 '샤를 드골 광장'이다. 이 광장을 중심으로 샹젤리제 거리를 비롯하여 12갈래 도로가 방사형으로 뻗어 있는데, 그 모습이 마치 별과 같아서, 이 광장은 별을 뜻하는 프랑스어 에투알Étoile로 불리기도 한다. 프랑스 18대 대통령재위 1959~1969을 지낸 샤를 드골1890~1970이 제2차 세계 대전 때 독일로부터 파리를 해방시킨 후 이 개선문을 통과하며 행진했다. 샤를 드골이 서거한 후 이곳은 샤를 드골 에뚜알 광장Charles de Gaulle Étoile으로 불리고 있다.

개선문 외벽에는 승리를 기념하는 다양한 부조가 새겨져 있다. 안쪽 외벽에는 참전 용사들과 장군들 이름이 새겨져 있으며, 지하에는 1차 세계 대전에 참전한 무명용사의 무덤이 있다. 통합과 화해의 상징이 된 이 무덤 위에는 지금도 '꺼지지 않는 불꽃'이 타오르고 있다.

많은 이들이 개선문을 찾는 이유는 파리 시내를 한눈에 담기 위해서다. 나선형 계단 284개를 오르면 이윽고 전망대이다. 전망대에선 샹젤리제 거리와 저 멀리 에펠탑까지 눈에 담을 수 있다. 해 질 녘에 오르면 더 낭만적이다. 파리 시내에 하나둘 불이 켜지는 모습을 보고 있자면, 만사 제치고 이곳에 올라와야 하는 이유를 실감하게 된다. 제2차 세계대전 승전 기념일인 5월 8일, 프랑스 혁명 기념일인 7월 14일, 제1차 세계대전 종전일인 11월 11일은 파리 시민들에게 특별한 날이다. 매년 세 기념일 오전 개선문에서는 헌화식 등 특별한 행사가 열린다. 특히 혁명 기념일에 열리는 군사 퍼레이드가 볼만하다.

Travel Tip 1

개선문은 지하 통로로 가야 해요

개선문 주변은 방사형 도로라서 지상으로는 진입할 수 없다. 지하철 입구 같은 지하 출입구로 내려가야 갈 수 있다. 샹젤리제 거리에서 개선문을 바라보고 섰을 때 오른쪽 인도 끝에 지하 통로가 있다. 지하로 걸어가다 보면 왼쪽에 지상으로 올라가는 계단이 나온다. 지상으로 올라오면 높이 50m, 넓이 45m에 달하는 웅장한 개선문이 눈앞에 나타난다.

 샹젤리제 거리 아브뉴 데 샹젤리제 Avenue des Champs-Élysées

❶ 메트로 1·2·6호선 샤를 드골 에투알역Charles de Gaulle Étoile, 1호선 조르쥬 생크역George V, 1·9호선 프랑클랑 루즈벨트역Franklin D. Roosevelt, 1·13호선 샹젤리제-클르망소역Champs-Élysées Clemenceau ❷ 버스 73번, Balabus

Av. des Champs-Élysées, 75008

©Republic of Korea-flickr

오! 샹젤리제

샹젤리제는 파리에서 가장 화려한 거리다. 개선문의 샤를 드골 광장에서 콩코르드 광장까지 곧게 뻗은 1.9km에 이르는 대로이다. '오 샹젤리제'라는 샹송 덕분에 더 익숙하다. 샹젤리제는 불어로 '엘리시온의 들판'이라는 뜻이다. 엘리시온은 그리스 신화에서 죽은 영웅들이 가는 이상향, 즉 천국을 뜻한다. 프랑스 대통령 공식 관저인 엘리제 궁Palais de l'Elysee은 샹젤리제 거리 가까이에 있어 '엘리제'라 불리게 되었다. 샹젤리제 거리엔 구찌, 샤넬, 루이뷔통 등 유명 브랜드 숍이 있다. 샹젤리제 거리를 따라 콩코르드 광장 방향으로 내려오다, 프랑클랑 루즈벨트역에서 오른쪽으로 접어들면 파리의 또 다른 명품 거리 몽테뉴 거리가 나온다. 샹젤리제와 함께 들러보기 좋다. 샹젤리제 거리는 명품 숍으로만 유명한 것은 아니다. 프랑스 최대 국경일인 7월 14일 바스티유의 날혁명 기념일에는 군사 퍼레이드가 펼쳐진다. 또 이 거리는 세계적인 사이클 경기 '투르드 프랑스'Tour de France의 종료 지점이다. 그밖에도 파리지앵들은 신나는 축구 경기나 대형 행사가 있을 때 이 거리로 몰려들어 축제를 벌인다.

몽테뉴 거리 아브뉴 몽테뉴
Avenue Montaigne

파리 최고의 명품 거리

명품 쇼핑 거리라고 알려진 샹젤리제 거리엔 사실 명품 숍은 많지 않다. 오히려 명품 숍은 몽테뉴 거리에 모여 있다. 샹젤리제 거리를 따라 콩코르드 광장 방향으로 내려오다 프랑클랑 루즈벨트역Franklin D. Roosevelt에서 오른쪽 길로 접어들면 몽테뉴 거리가 나온다. 이곳엔 구찌, 샤넬, 셀린느, 크리스찬 디올, 루이뷔통 등 웬만한 브랜드가 다 몰려 있다. 언제나 관광 버스가 거리를 가득 메우고, 매년 1억 유로에 가까운 명품 도난 사건이 발생한다.

이곳은 18세기 이전까지 미망인이 많이 살아 '미망인의 거리'알레 데 뵈브, allée des Veuves로 불리다가 18세기에 이르러 프랑스 르네상스 시대의 철학자 미셸 드 몽테뉴Michel de Montaigne, 1533~1592의 이름에서 따서 몽테뉴 거리로 이름을 바꾸었다.

❶지하철 1·9호선 프랑클랑 루즈벨트역Franklin D. Roosevelt, 9호선 알마-마르소역Alma-Marceau ❷버스 28, 42, 72, 80, 83, 93번 Avenue Montaigne, 75008

바토 무슈
Bateaux-Mouches

한국어 안내가 나오는 센강 유람선

영화 <비포 선셋>의 주인공 제시와 셀린느가 센강 유람선을 타는 로맨틱한 장면이 나온다. 그렇다. 파리의 낭만을 제대로 느끼려면 유람선이 제격이다. 명소 대부분이 센 강변에 있는 까닭에 유람선을 타면 더욱 깊이 파리를 느낄 수 있다. 바토 무슈는 파리 유람선 중 하나이지만, 지금은 유람선의 대명사로 알려져 있다. 규모가 크고 역사도 오래되었다. 한국어 안내 방송도 나온다. 한국에서 온라인으로 승선 티켓을 구매하면 현지 가격보다 더 저렴하다. 선착장은 알마교와 앵발리드교 사이에 있다. 유람선은 해 질 녘에 탑승하는 게 제일 낭만적이다. 루브르, 노트르담, 에펠탑의 아름다운 야경에 넋을 잃다 보면 1시간이 훌쩍 지나 간다. 여름엔 밤 9시에야 해가 지기 시작하니 그즈음 탈 것을 추천한다. 영화 <미드나잇 인 파리>의 배경 음악 'Si tu vois ma mere'나 'Bistro Fada'를 듣는다면 감흥이 배가될 것이다. ❶ 메트로 9호선 알마-마르소역Alma-Marceau에서 도보 5분 ❷ 버스 63, 72, 93, 42, 80번, Balabus Port de la Conférence, 75008 +33 1 42 25 96 10 4~9월 10:00~23:00(30분마다 운행), 10~3월 10:00~22:00(45분마다 운행) 소요시간 1시간 10분 € 성인 17유로, 13세 미만 8유로, 4세 미만 무료 bateaux-mouches.fr

그랑 팔래 Grand Palais

🚶❶ 지하철 1·13호선 샹젤리제-클르망소역Champs-Élysées-Clemenceau에서 도보 2분.
1·9호선 프랑클랑 루즈벨트역Franklin D. Roosevelt에서 도보 7분
❷ 버스 28, 42, 52, 63, 72, 73, 80, 83, 93번
3 Avenue du Général Eisenhower, 75008 📞 +33 01 44 13 17 17
€ 홈페이지에서 확인 ☰ www.grandpalais.fr

복합 문화 공간, 순수 미술부터 패션까지

센강의 알렉상드르 3세 다리 앞에 있는 웅장한 유리 돔 건물이다. 에펠탑, 프티 팔래Petit Palais, 알렉상드르 3세 다리와 함께 1889년과 1900년에 연이어 열린 만국박람회를 위해 지었다. 철과 유리 8.5톤으로 만든 돔 밑에 중앙홀, 국립갤러리, 공연장, 영화관, 대형 홀, 과학박물관 등이 들어선 문화 공간이다. 아르누보 양식으로 지어진 획기적인 건축물로 많은 찬사를 받았다. 밤이 되면 지붕의 청동 조각이 아름다운 자태를 자아낸다. 그랑 팔래는 제1차 세계 대전 때는 군 병원으로, 2차 세계 대전 나치 점령 기간엔 트럭 창고로 사용되기도 했다. 그동안 순수 미술부터 패션, 사진, 음악, 춤, 영화, 연극, 스포츠까지 다양한 예술 행사가 열렸다. 2024년 파리 올림픽 때 이곳에서 펜싱과 태권도 경기가 열렸다. 펜싱의 오상욱 선수가 이곳에서 금메달 두 개를 땄다. 태권도 경기에서 오혜리 코치가 심판의 판정 오류에 항의하며 경기장으로 올라가 판정을 바로잡은 곳도 그랑팔레이다. 이래저래 우리에겐 오래 기억에 남을 특별한 공간이다. 문화공간으로 되돌리는 공사를 진행하고 있어서 2025년 봄까지는 임시 휴업 중이다.

프티 팔래 Petit Palais

🚶 ❶ 메트로 1·13호선 샹젤리제 클르 망소역Champs-Elysées Clémenceau에서 도보 2분, 1·9호선 프랑클랑 루즈벨트역Franklin D. Roos- evelt에서 도보 5분 ❷ RER C선 앵발리드역Invalides에서 도보 5분 ❸ 버스 28, 42, 72, 73, 83, 93번
Avenue Winston Churchill, 75008 📞 +33 1 53 43 40 00 🕓 **화~목·일** 10:00~18:00, **금·토** 10:00~21:00 휴관 월요일, 공휴일 € 상설전은 무료, 특별전은 전시마다 상이 ≡ www.petitpalais.paris.fr

파리 시립미술관, 렘브란트부터 세잔까지

그랑 팔래 건너편에 있다.'작은 궁전'이라는 말이 무색할 만큼 웅장하고 아름답다. 그랑팔래, 알렉상드르 3세 다리와 함께 1900년 만국박람회를 앞두고 지었다. 알렉상드르 다리 건너로는 웅장한 황금 돔 건물 앵발리드 군사박물관까지 보여, 파리의 화려함을 경험할 수 있는 멋진 장소이다. 프티팔래는 파리시립미술관 열네 개 가운데 하나로, 순수 미술품을 전시하고 있다. 상설 전시관과 특별 전시관으로 나누어져 있으며 상설 전시는 무료다. 주로 중세와 르네상스 시대의 회화, 장식용 예술품을 소장하고 있으며, 18세기 가구와 그림도 구경할 수 있다. 또 17세기 화가 렘브란트, 루벤스, 니콜라 푸생의 작품과 인상주의 화가 모네, 시슬레, 피사로, 세잔의 작품도 전시되어 있다. 이런 유명 화가들의 작품을 무료로 만날 수 있다는 것은 파리가 선사하는 큰 행운이다. 안뜰에는 작은 정원이 있고, 정원 옆에는 카페 '프티 팔래의 정원'Le Jardin du Petit Palais이 있다. 신전 같은 기둥이 세워진 테라스에서 정원을 바라보며 멋진 티 타임을 즐길 수 있다.

 콩코르드 광장 쁠라스 들 라 꽁꼬흐드 Place de la Concorde

🚶 ❶ 메트로 1·8·12호선 콩코르드역Concorde에서 도보 2분 ❷ 버스 24, 42, 72, 84, 94번, Balabus

⌂ Place de la Concorde, 75008

©Jorge Royan-Wikimedia

©신중환

©Cristian Bortes-Wikimedia

파리에서 가장 크고 아름다운 광장

샹젤리제 거리가 끝나는 곳에 있다. 영화 <악마는 프라다를 입는다>와 스콧 피츠제럴드의 소설『밤은 부드러워』에 등장하는 광장이다. 분수대, 오벨리스크 등이 있다. 18세기 루이 15세 때 만들어졌다. 프랑스 혁명기에 단두대를 설치하고 광장을 처형장으로 사용하였다. 1793년 루이 16세와 왕비 마리 앙투아네트가 몇 달 간격으로 이곳에서 처형됐다. 원래 루지 15세 광장이었으나, 1795년 '콩코르드 광장'으로 바꾸었다. 콩코르드는 불어로 화합과 조화라는 뜻이다. 광장의 오벨리스크는 높이 23m, 무게 23톤에 이르는 거대한 돌기둥으로, 1831년 이집트에서 선물로 받은 것이다. 이 오벨리스크는 룩소르 신전에 있던 것이다. BC1550년경 람세스 2세 때 돌기둥 두 개를 세우고, 파라오를 찬양하는 노래 1600자를 상형문자로 새겼다. 나머지 오벨리스크는 룩소르 신전에 있다. 오벨리스크 양쪽에는 바티칸의 성 베드로 광장 분수를 본떠 만든 분수대가 있다. 분수대는 8개 여신상으로 장식되어 있다. 이 여신상은 프랑스의 8대 도시 루앙·릴·스트라스브르·리옹·마스세유·보르도·낭트·브레스트를 의미한다.

자크마르-앙드레 미술관 뮤제 자크마르 앙드레 Musée Jacquemart-André

❶ 메트로 9·13호선 미로메닐역Miromesnil에서 도보 7분, 9호선 생-필립-뒤-룰역Saint-Philippe-du-Roule에서 도보 6분
❷ 버스 22, 28, 43, 52, 54, 80, 83, 84, 93 158 Boulevard Haussmann, 75008 +33 1 45 62 11 59
10:00~18:00(월요일 야간 개장 20:30까지) € 상설전 12유로, 특별전 18유로, 뮤지엄 패스 사용 불가
www.musee-jacquemart-andre.com

고풍스러운 미술관 카페에서 티타임을

파리에서 가장 아름다운 사립미술관이다. 샹젤리제 북쪽 오쓰만 가에 있다. 19세기의 은행가였던 에두아르 앙드레와 그의 부인이자 화가였던 넬리 자크마르의 저택을 미술관으로 사용하고 있다. 부부가 수집한 18세기 프랑스 회화와 이탈리아 르네상스 시대 작품을 전시하고 있다. 저택에 들어서면 마치 과거로 가는 여행이 시작된 느낌이 든다. 대기실, 응접실 등 부부가 사용하던 다양한 방에 멋진 작품이 전시되어 있다. 조각가 알프레드 부셰, 프랑스의 유명한 여류 화가 루이스 엘리자베스 비제 르 브룬, 여인들의 초상화로 유명한 장 마르크 나티에를 비롯한 유명 작가들의 작품을 감상할 수 있다. 대표적인 작품으로는 장 마르크 나티에의 <마틸드 드 카니시의 초상>과 네덜란드의 화가 렘브란트의 <엠마오의 저녁 식사> 등이 있다. 작품도 멋지지만 미술관 내부에 있는 카페도 인기가 좋다. 부부가 사용하던 식당을 19세기 응접실 분위기가 나는 카페로 바꾸어 놓았다. 간단하게 식사할 수 있으며, 디저트도 유명하다.

팔래 가르니에 팔래 가흐니에 Palais Garnier

❶ 메트로 3·7·8호선 오페라역Opéra에서 도보 2분. 7·9호선 쇼세 당탱-라파예트역Chaussée d'Antin-La Fayette에서 도보 4분 ❷ RER A선 오베르역Auber에서 도보 2분 ❸ 버스 20, 21, 22, 27, 29, 42, 52, 66, 68, 81, 95번 8 Rue Scribe, 75009 +33 1 71 25 24 23
매일 10:00~17:00(주간 공연·예외적인 휴관 및 하절기 제외, 마지막 입장 45분 전)
€ 일반 15유로, 25세 미만 10유로, 12세 미만 무료 www.operadeparis.fr

<오페라의 유령>이 이곳에서 태어났다

화려한 외관, 웅장한 규모가 감탄을 자아내는 공연장이다. 오후 5시까지 내부를 관람할 수 있다. 19세기 건축가 샤를 가르니에가 르네상스에서 바로크에 이르는 다양한 건축 양식을 혼합하여 완성했다. 벽화와 기둥, 대리석 계단, 금빛 샹들리에로 장식된 실내는 베르사유 궁전의 화려함에 뒤지지 않는다. 하이라이트는 천장화이다. 샤갈의 <꿈의 꽃다발>이 그려져 있는데, 그림 속엔 모차르트, 바그너, 스트라빈스키를 포함한 열네 명의 음악가가 작곡한 오페라 속 장면이 담겨 있다. 1896년 공연 중 샤갈의 그림 중앙에 달린 7톤의 크리스털 샹들리에가 떨어져 관객 한 명이 사망했다. 프랑스 작가 가스통 르루1868~1927는 이 사고에서 영감을 얻어 소설『오페라의 유령』을 썼다. 그는 가면을 쓴 오페라의 유령 '팬텀'과 프리마돈나 크리스틴 그리고 오페라 극장의 후원자 라울 백작의 사랑과 질투를 공포와 스릴 넘치는 로맨스로 그려냈다.

Travel Tip

세상에서 가장 아름다운 스타벅스 오페라점

팔래 가르니에에서 도보로 5분 거리인 카퓌신느 거리에 있다. 외관은 다른 스타벅스와 다를 바 없지만, 안으로 들어서면 박물관이나 미술관에 입장한 기분이 든다. 고풍스러운 장식과 샹들리에가 매우 아름답다. 세상의 스타벅스 가운데 가장 아름다운 매장으로 손꼽힌다. 3 Boulevard des Capucines 75002

퐁다시옹 루이비통 Fondation Louis Vuitton

메트로 1호선 레 사블롱Les Sablons역에서 도보 13분, 개선문에서 셔틀버스 승차
8 Avenue du Mahatma Gandhi, 75116 +33 01 40 69 96 00
월·수·목 11:00~20:00, **금** 11:00~21:00, **토·일** 10:00~20:00(화요일 휴관) € 일반 16유로 학생 10유로
셔틀 타는 곳 44 Av. de Friedland, 75008(메트로 1, 2, 6호선과 RER A호선의 샤를 드골 에투알역 Charles de Gaulle Etoile 2번 출구)
www.fondationlouisvuitton.fr

©Fondation Louis Vuitton

건축미가 돋보이는 공원 안 미술관

루이비통 그룹의 후원으로 세워진 현대 미술관으로 파리 북서쪽의 불로뉴 공원 안에 있다. 독특한 건축물이 이목을 끄는데, 캐나다 출신의 세계적인 건축가 프랑크 게리Frank Gehry가 설계했다. 그는 스페인 빌바오의 구겐하임 미술관의 건축가이자 일찌감치 프리츠커 상을 수상한 건축계의 거장으로도 잘 알려져 있다. 2층으로 이루어진 미술관의 11개의 갤러리에서 상설 전시와 기획 전시를 개최하고 있으며, 2014년 개관 이래 해마다 백만 명 이상의 관람객이 방문한다. 입장은 30분 단위로 이루어진다. 방문 시간을 정해 홈페이지에서 혹은 어플을 다운 받아 티켓을 미리 예매할 것을 추천한다. 지하철 1호선 레 사블롱역에 내려서 10분 정도만 걸으면 되며, 개선문에서 셔틀버스Bluebus for Louis Vuitton Foundation를 이용해도 된다. 전시 티켓을 예매하면서 셔틀버스 티켓2유로, 예약 필수도 예매할 수 있다.

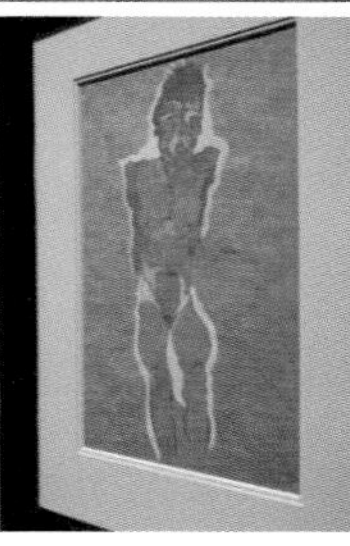

페드라 알타 Pedra Alta

푸짐한 가성비 해산물 맛집

메트로 1호선 프랑클랑 루즈벨트역과 조르쥬 생크역 사이, 샹젤리제 거리 남쪽 마호뵈프가에 있다. 커다란 쟁반 위에 빼곡히 올라간 여러 가지 해산물과 랍스터를 마음껏 맛볼 수 있는 포르투갈 음식점이다. 예약은 받지 않으며, 줄을 서서 기다려야 한다. 가성비 맛집이라 손님이 많지만 브레이크 타임이 없어 테이블이 빠르게 회전되는 편이다. 홍합·새우·오징어·랍스터가 들어간 해산물 모둠과 감자·채소와 함께 나오는 커다란 스테이크가 인기 메뉴다. 워낙 푸짐해 2인분으로 3명이 충분히 먹을 수 있다. 포르투갈 와인을 맛볼 수 있으며, 파리 동쪽 베르시에 지점이 있다.

❶ 메트로 1호선 프랑클랑 루즈벨트역Franklin D. Roosevelt에서 도보 6분, 1호선 조르쥬 생크역George V에서 도보 6분
❷ 버스 32, 42, 73, 80번
25 Rue Marbeuf, 75008 +33 1 40 70 09 99
12:00~01:00 € 2인 50~70유로대
www.pedraalta.pt

베르시 지점
❶ 메트로 14호선 쿠르 생테밀리옹역Cour Saint-Émilion에서 도보 6분, 6호선 뒤고미에역Dugommier에서 도보 6분
❷ 버스 24, 64, 87번
13 Place Lachambeaudie, 75012
+33 1 44 68 02 50 12:00~02:30

레스토랑 루이 Restaurant LOUIS par le chef Stéphane Pitré

❶ 메트로 7호선 르 플르티에역Le peletier에서 도보 1분 ❷ 버스 26, 32, 42, 43, 67, 74번
23 Rue de la Victoire, 75009 +33 1 55 07 86 52
월~금 12:00~14:30, 19:30~22:15 **휴무** 토, 일요일
€ 점심 50유로대, 저녁 115유로부터 www.louis.paris

가격이 합리적인 미슐랭 1스타 레스토랑

오페라 구역의 라파예트 거리 위쪽 빅토리아 거리에 있다. 미슐랭 2스타 셰프 밑에서 수련한 스테판 피트레가 자시의 이름을 걸고 연 레스토랑이다. 2019년 미슐랭 1스타 레스토랑이 되었다. 테이블 10개 남짓인 아담한 규모이지만, 오픈 주방에서 셰프가 직접 요리하는 모습을 볼 수 있어 믿음이 간다. 고급 레스토랑에서 48유로라는 합리적인 가격으로 점심 코스 요리를 즐길 수 있다. 전식 3가지, 본식, 후식 2가지 등 모두 6가지 음식을 이 가격에 맛볼 수 있는 레스토랑은 파리에서 흔하지 않다. 음식은 전체적으로 맛이 강하지 않고 재료의 풍미가 살아있다. 셰프와 사진 촬영을 원하면 주방에서 나와 친절하게 포즈를 취해준다. 유명 셰프의 요리를 합리적인 가격에 맛보고 싶다면 이곳을 추천한다.

카나르 에 샹파뉴 Canard et Champagne

파리 최고의 오리 요리

카나르 에 상파뉴는 '오리와 샴페인'이라는 뜻이다. 파리 2구 파노라마 파사쥬 안에 있다. 전식 푸아그라로 시작해 본식으로는 오리 가슴살 스테이크인 마그레 드 카나르Margret de canard 혹은 오리 다리 요리인 콩피 드 카나르Confit de canard가 나온다. 가격은 비교적 합리적이며, 샴페인을 곁들여 먹으면 가격 대비 훌륭한 식사를 할 수 있다. 디저트는 바닐라 타르트의 인기가 좋다. 이곳은 오래전 초콜릿 가게였다. 초콜릿 가게 시절 꾸민 앤티크 분위기가 그대로 살아있어 외부가 멋스럽다. 지붕이 있는 파사쥬만의 독특한 분위기를 즐기고 싶다면 테라스 테이블을 추천한다.

메트로 8·9호선 그랑 불르바르역Grands Boulevards과 리슐리외-드루오역Richelieu-Drouot 에서 도보 3~5분 57 Passage des Panoramas, 75002
+33 9 83 30 06 86 **월~금, 일** 12:00~14:30, 19:00~22:30 **토** 12:00~22:30
€ 점심 17.5유로부터, 저녁 29유로부터 www.frenchparadox.paris

라뒤레 Ladurée

최고의 마카롱을 맛보다

파리에서 마카롱으로 가장 유명한 브랜드이다. 1862년 콩코르드 광장 부근의 마들렌 거리의 상점에 처음 문을 열었다. 지금은 파리에만 모두 7개의 매장이 있고, 세계 곳곳에도 진출해 있다. 파리의 매장 가운데 가장 유명한 매장은 샹젤리제 거리에 있는 지점으로, 파리 현지에서 본토의 맛을 보려는 세계 각지의 여행객들로 늘 문전성시를 이룬다. 가게 외관은 알록달록 아기자기하고, 내부는 고풍스럽고 화려하여, 한번 발을 들여놓으면 그냥 나갈 수 없게 된다. 매장 규모가 크고 바도 있어 식사는 물론 디저트, 티타임까지 라뒤레의 모든 것을 즐길 수 있다. 열쇠고리, 손수건 등 다양한 기념품도 판매한다. 덕분에 샹젤리제 점 앞은 언제나 줄이 길게 늘어서 있다.

❶ 메트로 1호선 조르쥬 생크역George V에서 도보 3분 ❷ 버스 32, 73번 75 Av. des Champs-Élysées, 75008 +33 1 40 75 08 75 08:00~21:30 € 마카롱 개당 2.5유로 www.laduree.fr

매종 프라디에 Maison Pradier

달콤한 디저트의 세계로

파리의 대표적인 신문 르 피가로에서 초콜릿 에클레어 맛집 1위로 선정된 곳이다. 1859년부터 전통을 이어오고 있으며, 오페라점과 앵발리드점을 비롯하여 현재 파리에 10개 매장을 두고 있다. 초콜릿 외에 패스트리, 마카롱, 케이크 등 다양한 메뉴가 있다. 초콜릿 에클레어슈크림의 일종는 인기가 워낙 좋아 일찍 동이 나므로 늦게 가면 그 달콤한 맛을 보지 못할 수도 있다. 매장에는 먹고 갈 수 있도록 테이블이 마련되어 있다. 빵과 디저트뿐만 아니라 샐러드와 샌드위치, 수프도 판매하므로 간단하게 식사하기도 좋다.

오페라 점

🚶 메트로 3·9호선 아브르 코마르탱역Havre-Caumartin에서 도보 5분 🏠 107-109 Rue Saint-Lazare, 75009
📞 +33 1 83 79 98 89 🕓 **월~토** 08:00~20:00, **일** 09:00~18:00

스타벅스 오페라 점 Starbucks

세계에서 가장 아름다운 스타벅스 매장

스타벅스는 우리에게 익숙한 미국 체인 커피숍이지만, 스타벅스 오페라 점은 다른 매장과 분위기가 다르다. 스타벅스는 전 세계 수많은 도시에 지점을 두고 있는데, 그 중에 각 도시마다 지역 특색을 살린 인테리어로 꾸민 지점이 하나씩 있다. 파리의 스타벅스 오페라점이 그런 곳으로, 세계에서 가장 아름다운 매장 중 하나로 꼽힌다. 샹들리에는 오래된 오페라 극장을 연상케 하고, 벽과 천장은 화려하고 아름답다. 그래서 어떤 여행자는 파리에서 가장 좋았던 곳으로 스타벅스 오페라 점을 꼽기도 한다. 얼음이 들어간 아이스 커피를 마시고 싶을 때 마땅한 곳을 찾지 못했다면, 이곳에 들러 색다른 분위기를 만끽해 보자.

🚶 ❶ 메트로 3·7·8호선 오페라역Opéra에서 도보 2분 ❷ 버스 20, 22, 29, 42, 53, 66, 68, 81, 95번 🏠 3 Boulevard des Capucines, 75002 📞 +33 1 42 68 11 20 🕓 **월~금** 07:00~22:00 **토** 7:30~23:00 **일** 07:30~22:00

해리스 뉴욕 바 Harry's New York bar

피카소가 즐겨 마시던 칵테일

1911년 미국의 유명 가수 토드 슬론은 파리 오페라 지구의 한 비스트로를 인수했다. 그는 맨해튼의 바를 그대로 파리로 옮겨와 뉴욕 스타일로 꾸미고, 스코틀랜드 출신의 바텐더 해리 맥엘혼을 고용해 '해리스 뉴욕 바'를 오픈했다. 이곳은 칵테일 '블러디 메리'Bloody Mary가 탄생한 곳으로 유명하다. 블러디 메리란 영국의 여왕 메리 1세를 이르는 말이다. 그녀는 아버지 헨리 8세가 단행한 종교 개혁을 전면 부정하고 신교도들을 무참히 처형시켜 '블러디 메리'라고 불리게 되었다. 이후 토마토 주스와 보드카를 섞어 만든 이곳의 빨간 칵테일도 메리 1세에게 처형된 이들의 피를 상징한다는 의미를 부여하여 '블러디 메리'라고 부르게 됐다. 덕분에 이곳은 칵테일로 유명한 바가 되었다. 헤밍웨이, 사르트르, 곡예사 샤를 블롱댕 등이 즐겨 찾았던 곳으로도 유명하다. 오페라 근처에 위치하고 있으며, 칵테일을 즐기려는 사람들로 늘 활기가 넘친다.

❶ 메트로 3·7·8호선 오페라역 Opéra에서 도보 3분
❷ 버스 21, 27, 29, 68, 81, 95번
5 Rue Daunou, 75002
+33 1 42 61 71 14
월~토 12:00~02:00
일 17:00~01:00
www.harrysbar.fr

프랭탕 백화점 Printemps

건물과 전망이 예술적인 백화점

불어로 '봄'이라는 이름을 가진 프랭탕은 갤러리 라파예트, 봉 막셰와 더불어 파리 3대 백화점이다. 갤러리 라파예트 바로 옆에 있는데, 오페라에서 가까워 코스를 정해 둘러 보기 좋다. 화려한 돔을 이고 있는 모습이 인상적이다. 유명 건축가 폴 세딜의 대표적인 건축물로 150여 년 전에 지어졌다. 공을 많이 들인 느낌이 물씬 풍기며, 실내 천장에는 이탈리아의 지안도메니코 파치나의 거대한 모자이크 작품이 장식되어 있다. 1975년에는 백화점 건축물의 가치를 인정받아 프랑스 역사 기념물에 등재되었다. 건물은 여성관과 남성관으로 나누어져 있으며, 두 건물은 다리를 통해 연결되어 있다. 남성관 가장 위층에는 멋진 뷰를 가진 카페 겸 레스토랑도 있다.

❶ 메트로 3·9호선 아브르 코마르탱역Havre-Caumartin ❷ 버스 20, 21, 22, 27, 29, 53, 66, 81, 95번 64 Boulevard Haussmann, 75009 +33 1 42 82 50 00 **월~토** 10:00~20:00, **일** 11:00~20:00 www.printemps.com

갤러리 라파예트 Galeries Lafayette

❶ 메트로 7·9호선 쇼세 당탱-라파예트역Chaussée d'Antin-La Fayette에서 도보 2분
❷ 버스 22, 53, 66, 68, 81번
40 Boulevard Haussmann, 75009 +33 1 42 82 34 56
월~토 10:00~20:30, **일** 11:00~20:00
haussmann.galerieslafayette.com

©신중환

파리에서 가장 큰 백화점

쇼핑 천국 파리의 대표적인 백화점 세 군데 중 하나로 프랭탕 백화점 옆에 있다. 19세기 말 작은 상점으로 시작해 1912년 백화점으로 문을 열었다. 파리에서 가장 규모가 큰 백화점으로 명품 브랜드를 비롯해 수많은 브랜드가 입점해 있다. 외관은 좀 낡아 보이지만 내부는 100년이 넘은 스테인드글라스 유리 돔 아래로 층마다 화려하게 꾸며져 있어 꽤 고풍스럽다. 옥상에 올라가면 파리 중심가의 전경을 볼 수 있으며, 포토 스폿으로도 인기가 높다. 3~7월, 9~12월에는 매주 금요일 오후 3시에 패션 모델들이 참여하는 패션쇼도 관람할 수 있다. 패션쇼는 예약을 통해서만 참석할 수 있다.

©kuhnmi-flickr

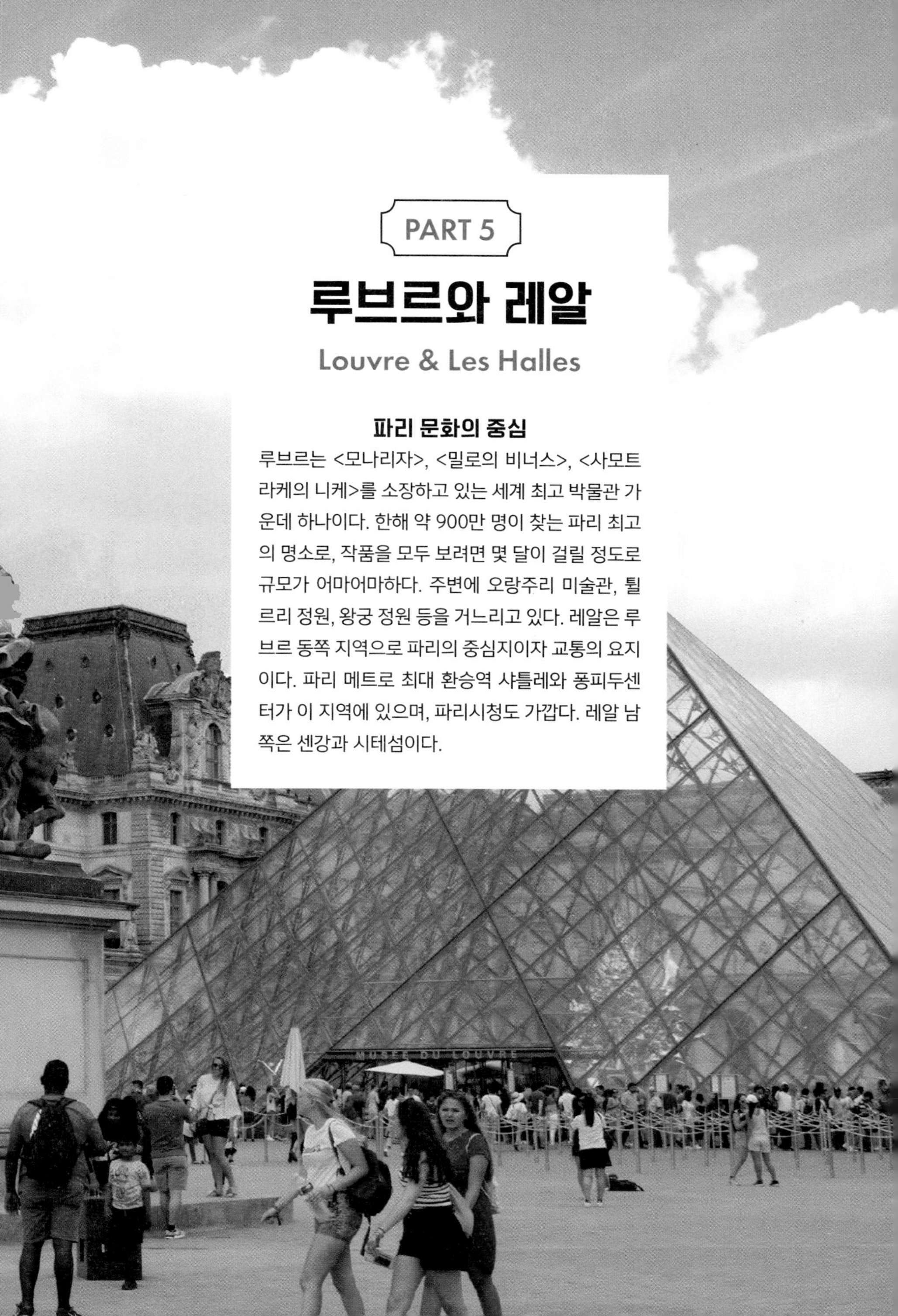

PART 5

루브르와 레알

Louvre & Les Halles

파리 문화의 중심

루브르는 <모나리자>, <밀로의 비너스>, <사모트라케의 니케>를 소장하고 있는 세계 최고 박물관 가운데 하나이다. 한해 약 900만 명이 찾는 파리 최고의 명소로, 작품을 모두 보려면 몇 달이 걸릴 정도로 규모가 어마어마하다. 주변에 오랑주리 미술관, 튈르리 정원, 왕궁 정원 등을 거느리고 있다. 레알은 루브르 동쪽 지역으로 파리의 중심지이자 교통의 요지이다. 파리 메트로 최대 환승역 샤틀레와 퐁피두센터가 이 지역에 있으며, 파리시청도 가깝다. 레알 남쪽은 센강과 시테섬이다.

루브르와 레알 지구

마들렌
Madeleine
rd Malesherbes
Bd de la Madeleine
라비니아
Lavinia
Rue des Capucines
르 프티 방돔
Le Petit Vendôme
Rue Royale
Rue Saint-Florentin
방돔 광장
Place Vendôme
Rue Danielle Casanova
Rue des Petits Champs
Avenue de l'Opéra
Rue Saint Honoré
콩코르드
Concorde
콩코르드 광장
조부아
Jovoy
주드폼 국립미술관
Jeu de Paume
Rue de Rivoli
앙젤리나
Rue du 29 Juillet
갈리냐니 서점
Librairie Galignani
출발
튈르리 Tuileries
오랑주리 미술관
Musée de l'Orangerie
튈르리 정원
Jardin des Tuileries
장식 미술 박물관
Musée Des Arts Décoratifs
Palais Royal-
Musée du Louv
리볼리 거리 Rue de Rivoli
Quai des Tuileries
루브르 박물관
Musée du Louvre
Quai François Mitterrand
오르세 미술관
Musée d'Orsay
Pont de
에꼴 데 보자르
l'École des Beaux-Arts

하루 여행 베스트 코스 지도의 빨간 점선 참고, 역방향 투어도 가능
오랑주리 미술관 & 튈르리 정원 → 도보 10분 → 루브르 박물관 → 도보 5분 → 왕궁 정원 → 도보 5분 → 갤러리 비비엔 → 도보 17분 → 퐁피두 센터
파사쥬 데 파노라마
Passage des Pan
부르스
Bourse
7 Rue Vivienne
라 부르스 에 라 비
갤러리 비비엔
Galerie Vivienne
와인 바
n du Palais Royal
상티에
Sentier
프렌치 와인 바
Rue Réaumur
Rue Montorgueil
Rue Étienne Marcel
코다마
Rue Jean-Jacques Rousseau
Rue Montmartre
이푸도
Ippudo
레스카르고 몽토르게이
L'Escargot Montorgueil
몽토르게이 거리
Rue Montorgueil
오 피에드 코숑
Au Pied de Cochon
피루에트
Rue de Turbigo
레 알
Les Halles
Boulevard de Sébastopol
Rue du Renard
도착
조르주 퐁피두 센터
Centre Georges Pompidou
루브르 리볼리
Louvre - Rivoli
Rue Aubry le Boucher
리볼리 거리 Rue de Rivoli
스트라빈스키 분수
Fontaine Stravinsky
사마리텐 백화점
Samaritaine
Rue des Lombards
Quai du Louvre
퐁네프
Pont Neuf
샤틀레
Châtelet
생 메리 교회
Église Saint-Merry
Rue de Rivoli
Quai de la Mégisserie
퐁네프 다리
Pont Neuf
시티 홀
City Hall
브데트 뒤 퐁네프
파리 시청
Hôtel de Ville de Paris
시테 섬Île de la Cité
샹쥬 다리
Pont au Change

루브르 박물관 뮈제 뒤 루브르 Musée du Louvre

🚶 ❶ 메트로 1·7호선 팔래 루아얄-뮈제 뒤 루브르역Palais Royal-Musée du Louvre에서 도보 2~3분
❷ 1호선 튈르리역Tuileries에서 도보 2~3분
Rue de Rivoli, 75001 +33 1 40 20 53 17, 1 40 20 50 50
월·목·토~일 09:00~18:00 **수·금** 09:00~21:00 휴무 화요일, 1월 1일, 5월 1일, 크리스마스
€ 일반 22유로, 18세 미만 무료
www.louvre.fr

인류의 역사와 예술을 품다

<모나리자>, <밀로의 비너스>, <사모트라케의 니케>를 소장하고 있는 세계 최고 박물관 가운데 하나이다. 대영박물관, 메트로폴리탄 미술관과 더불어 세계 3대 박물관으로, 바티칸 박물관까지 포함하여 세계 4대 박물관으로 꼽힌다. 한해 약 900만 명이 찾는 파리 최고의 명소로, 작품을 모두 보려면 몇 달이 걸릴 정도로 규모가 어마어마하다. 소장품이 5만 점이 넘으며, 225개 전시실에 고대부터 19세기에 이르는 유물과 예술품 약 3만5천여 점이 전시되어 있다. 직원만 해도 2천 명이 넘는다.

루브르는 12세기 말 바이킹을 방어하기 위한 요새로 지은 것을 16세기 프랑수아 1세 때 르네상스 양식으로 개조하여 왕궁으로 사용하였다. 루이 14세가 베르사유로 왕궁을 이전한 뒤로는 왕실 소장품 전시 공간으로 사용하였다. 나폴레옹 1세 때인 1793년 처음으로 박물관이 되었으며, 지금의 모습을 갖춘 것은 1852년 나폴레옹 3세 때이다. 루브르는 1981년 미테랑 대통령의 '그랑 프로제'Grands Projets 때 새롭게 변했다. 전시관이 확장되었고, 박물관 앞에 루브르의 또 다른 명소 유리 피라미드가 들어섰다. 미국 건축가 이오밍 페이Ieoh Ming Pei가 설계한 유리 피라미드는 프랑스 혁명 200주년에 맞춰 1989년에 완성되었다. 초기엔 에펠탑이 그랬듯이 루브르에 어울리지 않는다며 반대에 직면했으나 지금은 구 건축과 신 건축의 조화가 아름답다는 찬사를 받고 있다. 해가 지면 불 밝힌 유리 피라미드가 절경을 연출해준다.

루브르의 전시관은 반지층부터 3층프랑스식으로는 -1, 0, 1, 2층까지 드농관, 쉴리관, 리슐리외관으로 크게 나누어져 있으며, 이 세 개의 전시관은 ㄷ자 모양을 이루고 있다. 박물관 내부는 규모가 크고 미로와 같아 계획 없이 들어갔다가는 길을 잃고 헤맬 수 있다. 미리 보고 싶은 작품을 점찍어 놓고 동선을 짜서 관람하거나, 여행사를 통해 가이드 투어를 하는 것도 좋은 방법이다.

ONE MORE

미테랑 대통령의 그랑 프로제 Grands Projets

1983년 프랑수아 미테랑François Mitterrand, 1916~1996 대통령은 프랑스의 위상을 새로이 하기 위해 대규모 현대적인 건축물을 세워 과거와 현재의 조화로 파리를 재구성하려 했다. 이것이 '그랑 프로제'인데, 공식 명칭은 '대형 건축과 도시화 작업'Grandes Operations d'Architecture et d'Urbanisme이다. 이때 루브르 앞마당에 대형 유리 피라미드가 만들어졌다. 유리 피라미드는 현재 루브르의 상징물로 여겨지고 있으며, 여행객들에게는 필수 포토 스폿이다. 오르세 미술관, 라파뎅스의 개선문, 프랑스 국립도서관미테랑 도서관, 바스티유 오페라 극장 등이 그랑 프로제 사업으로 이루어졌다.

Travel Tip 1

루브르 입장하기 루브르는 항상 많은 사람들이 줄서서 기다리는 진풍경이 벌어진다. 성수기와 무료 입장이 가능한 날에는 30분~1시간은 줄을 서서 기다려야 한다.

루브르 진입 방법은 여러 개이다. 유리 피라미드에 있는 입구는 가장 붐비지만, 가장 빠르게 진입할 수 있는 방법이다. 지하철 1호선 팔래 루아얄-뮈제 뒤 루브르역Palais Royal-Musée du Louvre에서 7번 출구로 나가 연결된 루브르 지하로 진입하는 방법도 있다. 루브르의 안뜰인 카루젤 광장 중앙에 있는 개선문에서 에스컬레이터를 타고 내려가 루브르 지하로 진입할 수도 있다. 차를 이용할 경우 지하 주차장에서도 박물관 표지판을 따라 걸어서 루브르에 진입할 수 있다. 그러나 어느 곳으로 가든 줄 서는 것을 피할 수 있는 방법은 없다.

1차로 루브르에 진입하면 위험 물품을 소지했는지 검문을 받은 후 나폴레옹 홀로 가게 된다. 나폴레옹 홀은 루브르 세 개의 전시관을 연결하는 중심점이 되는 곳으로, 지상의 유리 피라미드 아래에 있다. 이곳에는 티켓 판매소, 안내 데스크 등이 있다. 티켓 판매기에서 티켓을 구입하려면 다시 줄을 서야 한다. 뮤지엄 패스 소지자는 티켓을 구매할 필요가 없으므로 다시 줄 서는 수고를 덜 수 있다. 안내 데스크에서 한국어 안내 책자를 받는 것을 잊지 말자. 박물관 규모가 너무 커서 가이드 맵 지도가 반드시 필요하다.

Travel Tip 2

루브르 전시관 미리알기 루브르는 전시관 세 개가 반지층에서 3층까지 ㄷ자 모양으로 구성되어 있다. 전시관 이름은 드농, 쉴리, 리슐리외이다.

드농관 1802년 나폴레옹 1세에 의해 루브르 초대 관장이 된 드농 1758~1823 남작의 이름을 따서 지었다. 반지층부터 1층과 2층에 걸쳐 있다. 그리스와 로마시대 작품부터 이탈리아의 르네상스 회화, 프랑스 신고전주의와 낭만주의에 이르는 방대한 작품이 전시되어 있다. 2층 전시실이 가장 인기가 좋다. 루브르의 간판급 스타인 <모나리자>와 <사모트라케의 니케>승리의 여신가 이곳에 있기 때문이다.

<사모트라케의 니케>는 2층 입구 중앙 계단 위에 있고, 2층 이탈리아 회화 전시관대전시실 중 711전시실에 레오나르도 다빈치의 <모나리자>가 있다. 그밖에 라파엘로, 보티첼리의 작품도 찾아볼 수 있다. 바로 옆 프랑스 회화 전시실에는 신고전주의의 대표주자인 자크 루이 다비드, 들라크루아, 앵그르의 걸작이 있다.

쉴리관 16세기 말과 17세기 초에 재정 장관을 지내며 프랑스 발전에 크게 기여한 쉴리1560~1641 공작의 이름을 따서 지었다. 고대의 수많은 조각 작품을 볼 수 있는 곳이다. 반지층에는 중세시대 루브르 궁전을 복원한 성채와 이집트 신전의 수호신 <스핑크스>가 있다. 1층과 2층에는 고대 이집트, 그리스, 페르시아의 유물이 전시되어 있는데, 조각 전시실인 1층이 가장 인기가 좋다. 1층 345전시실에 루브르를 빛내주는 아름다운 조각상 <밀로의 비너스>가 있기 때문이다. 3층에는 17~19세기의 프랑스 회화 작품이 전시되어 있다.

리슐리외관 루이 13세 때 재정상을 지내며 프랑스를 근대국가로 발전시키는 데 공헌한 리슐리외1585~1642의 이름을 따서 지었다. 반지층부터 3층에 이르는 수많은 전시실에 고대의 유물과 유럽의 회화가 주로 전시되어 있다. 메소포타미아 유물이 전시되어 있는 1층에는 고대 바빌로니아의 함무라비 왕이 재정한 최초의 성문법 <함무라비 법전>이 있다. 법전 안에는 282개의 법조문이 새겨져 있다. 2층에는 중세부터 19세기까지의 장식 미술품이 주로 전시되어 있다. 화려함의 극치를 보여주는 <나폴레옹 3세의 아파트>가 볼 만하다. 화려한 식탁과 의자, 거실 가구, 샹들리에 등이 온통 금빛으로 빛나며 고풍스러운 왕궁 내부의 모습을 그대로 보여준다. 회화관 3층에는 루벤스의 대작 <마리 드 메디시스의 일대기> 24점이 전시되어 있다. 마리 드 메디시스는 피렌체 메디치 가문에서 시집을 온 프랑스 왕 앙리4세 1553~1610의 부인이다

Travel Tip 3

효과적으로 작품 관람하기

먼저 드농관으로 가자. 유명한 작품 몇 점은 가는 길이 안내되어 있다. 사모트라케의 니케 그림이 그려진 화살표를 따라가면 2층으로 올라가는 계단 끝에 <사모트라케의 니케> 조각상을 마주하게 된다. 니케 조각상을 보고 섰을 때 오른쪽 입구로 들어서면 이탈리아 회화 전시실이다. 레오나르도 다 빈치, 라파엘로 등 이탈리아 거장들의 회화 작품이 전시되어 있다.

전시실 오른쪽으로 난 통로를 들어서면 <모나리자>가 나타난다. 모나리자 뒤쪽으로 난 통로를 통과하면 프랑스 회화 전시실로, 자크 루이 다비드, 들라크루아, 앵그르의 걸작이 있다. 왔던 길을 다시 되돌아 니케 조각상에서 한 층 아래인 1층으로 내려가 직진하면 쉴리관이다. 이곳에서 <밀로의 비너스>를 만날 수 있다. 비너스 상을 바라보며 다양한 그리스 조각상을 지나 계단을 내려가면 대형 스핑크스를 마주하게 된다.

그 다음은 리슐리외관으로 이동하자. 1층에 함무라비 법전이 있고, 2층에는 나폴레옹 3세의 아파트, 3층으로 올라가면 푸생 전시실을 비롯한 프랑스 회화들을 볼 수 있고, 루벤스, 렘브란트와 같은 북유럽 거장들의 회화 작품을 만날 수 있다. 이 정도만 보더라도 상당한 시간이 소요된다.

ONE MORE

루브르 실속 관람 팁 세 가지

뮤지엄 패스 뮤지엄 패스는 파리와 파리 주변의 박물관과 미술관 60여 곳을 무제한으로 입장할 수 있는 자유 이용권이다. FNAC우리나라의 교보문고 같은 곳이나 각 박물관, 기차역 관광안내소, www.klook.com/ko, 여행사 사이트 등에서 구매할 수 있다. 뮤지엄패스는 유효기간이 있어 정해진 시간 안에 방문해야 하는 단점이 있다. 인터넷 구매가 편리하긴 하지만 일정에 변화가 생길 수도 있으므로 현지 구매를 추천한다. 성인 기준 2일권 70유로, 4일권 약 90유로, 6일권 약 110유로이다.

오디오 기기 대여하기 티켓 판매기에서 입장 티켓을 구매하면서 오디오 가이드 티켓도 추가로 구매할 수 있다. 오디오 가이드 티켓은 5유로이다. 가까운 곳에 오디오 가이드 대여소가 있으므로, 그곳에서 티켓을 내고 신용카드나 여권을 맡기면 오디오 가이드 기기를 대여해 준다.

야간 개장을 활용하자 매주 수요일, 금요일엔 9시까지 개장한다. 오후 늦게17시 정도라면 방문객이 적어 줄을 서지 않고 입장할 수 있으며, 내부에도 사람이 적어 여유롭게 돌아볼 수 있다. 덤으로 루브르의 훌륭한 야경까지 볼 수 있으니 야간 개장을 절대 놓치지 말자. 리슐리외관 창문으로 유리 피라미드의 멋진 야경도 즐길 수 있다.

루브르 미술관 단면도

3층

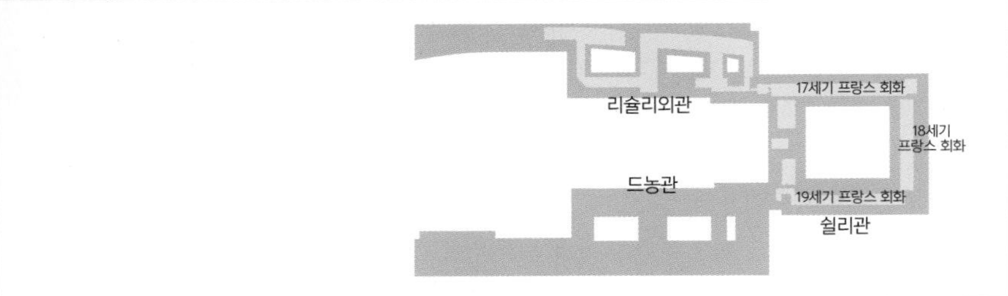

2층

❶ 모나리자
❷ 사모트라케의 니케
❸ 나폴레옹 1세의 대관식
❹ 메두사 호의 뗏목
❺ 민중을 이끄는 자유의 여신
❻ 나폴레옹 3세의 아파트

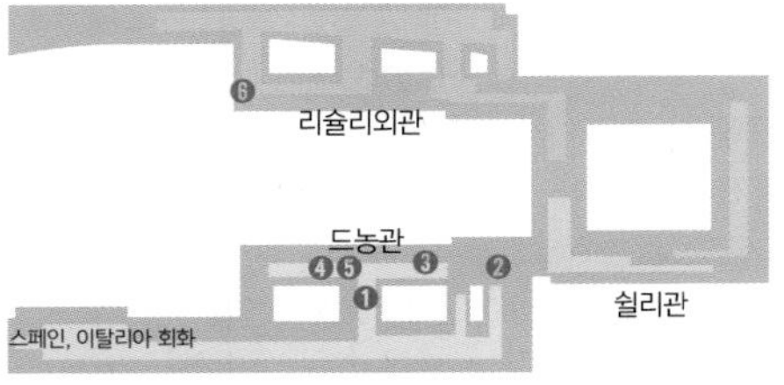

1층

❶ 밀로의 비너스
❷ 함무라비 법전
❸ 죽어가는 노예상

반지층

❶ 대형 스핑크스

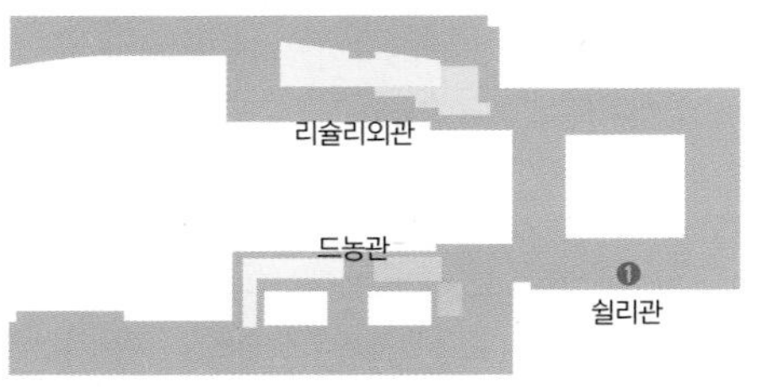

Louvre Special
꼭 봐야할 루브르의 명작들

1 드농관

모나리자Mona Lisa 레오나르도 다빈치1452~1519의 대표작이자 루브르의 대표 소장품이다. 살짝 미소를 띤 신비로운 표정이 살아 있는 듯하여 보는 이를 매료시킨다. 다빈치는 피렌체의 비단 장수 지오콘도로부터 아내의 초상을 그려달라는 주문을 받고 4년에 걸쳐 모나리자를 그렸다고 전해진다. <모나리자>는 현재 방탄유리에 보관되어 있으며, 2층 이탈리아 회화 전시관대전시실 711전시실에 있다.

Travel Tip

<모나리자>는 왜, 이탈리아가 아니라 프랑스에 있을까?

전성기 시절 레오나르도 다빈치1452~1519는 주로 피렌체와 밀라노에서 활동했다. 하지만 말년의 그는 외로웠다. 밀라노를 떠나 로마로 갔으나 세상은 이 위대한 작가를 냉대했다. 고독의 나날을 보내던 어느 날 프랑스의 젊은 왕 프랑수아 1세1494~1547. 프랑스 문예 부흥을 일으켰고, 프랑스의 중심을 루아르의 고성에서 파리로 옮겼다.가 그를 초대했다. 1516년 말 다빈치 역작 <모나리자>, <성 모자와 성 안나> 등을 챙겨, 사랑했으나 외면 받은 조국 이탈리아를 영원히 떠났다. 그는 왕의 수석 화가·건축가·기술자가 되어 생의 마지막 3년을 프랑수아 1세의 여름 궁전 근처에 있는 고성 클로 뤼세에서 보냈다. 1519년 다빈치는 프랑수아 1세가 지켜보는 가운데 조용히 눈을 감았다. 다빈치는 떠났으나 그를 소중하게 대접한 덕에 프랑스는 인류의 명작 <모나리자>와 <성 모자와 성 안나>를 얻을 수 있었다. 루아르 강가의 고성 클로 뤼세는 현재 다빈치 박물관으로 운영되고 있다. <p.372>

사모트라케의 니케Victoire de Samothrace 날개를 단 승리의 여신 니케를 표현했다. 기원전 200년경 에게 해 해전 승리를 기념하기 위해 제작된 것으로 추정되는 고대 그리스의 대표적인 조각상이다. 1863년 프랑스의 고고학자 샤를 샴푸아소가 사모트라케 섬에서 발견하였는데, 발견 당시 산산조각이 나 있는 상태였다. 머리와 팔이 없어 아쉽지만 조각조각 완벽하게 복원해 아름다운 날개와 바람에 날리는 듯한 옷자락을 생생하게 느낄 수 있다. 스포츠 용품 회사 나이키NIKE가 이 조각상에서 브랜드 이름을 따왔다. 드농관 2층 입구 중앙 계단 위에 전시되어 있다.

나폴레옹 1세의 대관식Le Sacre de Napoléon 나폴레옹에게 등용된 왕립 화가 자크 루이 다비드1748~1825가 4년에 걸쳐 그린 그림이다. 모델들에게 대관식 상황을 재현하게 해서 그렸다. 프랑스의 영웅 나폴레옹 1세는 교황을 파리 노트르담 대성당에 초대해 대관식을 치루었다. 하지만 그림 제목과 달리, 그림에서는 나폴레옹이 관을 받지 않고, 나폴레옹이 황후 조세핀에게 관을 씌우는 모습으로 묘사되어 있다. 드농관 2층 702전시실에서 찾아볼 수 있다.

메두사 호의 뗏목 Le radeau de la Méduse 1816년 세네갈을 식민지로 만들기 위해 출발한 프랑스 군함 메두사 호가 난파하는 사건이 발생했다. 구조선에 타지 못한 150여 명의 사람들은 13일 동안 물도 식량도 없이 뗏목을 타고 표류하며 생지옥을 겪어내야 했다. <메두사 호의 뗏목>은 삶과 죽음을 오가며 광기의 시간을 보낸 사람들이 구조선을 발견하던 순간의 절박한 모습을 묘사하고 있다. 33세의 나이에 요절한 프랑스 낭만주의 화가 테오도르 제리코1791~1824가 27세에 그린 작품이다. 그는 메두사 호의 비극을 제대로 묘사하기 위해 기록을 모으고, 생존자를 만나고, 광인과 시체를 직접 관찰하는 등 철저한 준비과정을 거쳤다. 1819년 살롱에 출품하여 찬사와 비난을 동시에 받았지만, 결국 프랑스 낭만주의 회화를 대표하는 명작으로 인정받았다. 드농관 2층 700전시실에 있다.

민중을 이끄는 자유의 여신 La Liberté guidant le peuple 프랑스 바로크 시대의 낭만파 화가 외젠 들라크루아1798~1863가 민중들이 일으킨 1830년 7월 혁명 당시의 모습을 담은 작품이다. 죽은 사람들과 그 시체를 밟고 서서 민중을 이끄는 여신의 모습이 극적 대조를 이룬다. 드농관 2층 700전시실에서 찾아볼 수 있다.

죽어가는 노예상 Michel-Ange 이탈리아 르네상스 시대의 조각가이자 화가 미켈란젤로1475~1564의 작품이다. 교황 율리우스 2세의 무덤을 장식하기 위해 만들었으나, 무덤이 만들어지지 못해 두 개의 조각상만 남게 되었다. 이 조각상이 <죽어가는 노예상>으로, 두 개 모두 루브르에 전시되어 있다. 오른쪽 노예상은 '빈사의 노예'로 모든 것을 운명에 맡긴 듯 편안한 표정과 자세를 취하고 있고, 왼쪽 노예상은 '묶여있는 노예'로 저항의 몸부림을 온몸으로 보여준다. 드농관 1층 유물관에 있다.

2 쉴리관

밀로의 비너스 Venus de Milo 고대 그리스의 조각상 가운데 가장 아름다운 조각상으로 손꼽힌다. 길이 2m가 넘는 이 조각상은 그리스 신화에서 사랑과 미를 관장하는 여신인 아프로디테를 묘사한 것으로 전해진다. 완벽한 8등신 인체 비율은 두 팔이 없음에도 아름다움의 모든 것을 보여준다. 세련된 자세와 우아하게 늘어진 옷자락, 몸을 약간 비틀고 서서 왼쪽 무릎을 앞으로 내민 자세는 헬레니즘 양식의 특징이다. 1820년 밀로스 섬 아프로디테 신전 부근에서 발견되어 프랑스 해군 장교에 의해 루이 18세에게 헌납되었다. 쉴리관 1층 345전시실에서 찾아볼 수 있다.

대형 스핑크스 Grand Sphinx 이집트의 고대 유적이다. 1823년 루브르는 카이로 주재 영국 외교관이 보유하고 있던 이집트 유물 4000점을 사들였는데, 그 중 하나가 나일강의 타니스Tanis에서 발굴되어 현재 쉴리관에 전시되어 있는 대형 스핑크스이다. 스핑크스는 그리스어로 괴물을 뜻하며, 이집트 신전의 수호신이다. 얼굴은 파라오이집트의 왕, 몸은 사자의 형상을 하고 있는데, 이는 왕의 막강한 권력과 신성함을 의미한다. 높이 183cm 너비 480cm

에 이르며 28톤의 핑크빛 화강암으로 조각되었다. 루브르에는 몇 개의 스핑크스가 전시되어 있는데, 그 가운데 이 대형 스핑크스의 상태가 가장 완벽하다. 쉴리관 반지층의 전시관에서 찾아볼 수 있다.

앉아있는 서기관 Le scribe accroupi 고대 이집트의 수도였던 멤피스Mempis를 발굴할 때 나온 귀한 유물이다. 4600년 전에 만들어졌으나 보존 상태가 훌륭해 서기관의 얼굴 표정이나 몸의 근육에 생동감이 넘친다. 서기관은 경제, 행정, 법 분야에서 활동하던 고대 이집트의 관리를 말한다. <앉아있는 서기관>이 손에 쥐고 있는 것은 나일강 유역에서 만들어진 최초의 종이 파피루스이다. 쉴리관 1층 635전시실에 있다.

3 리슐리외관

함무라비 법전 Code of Hammurabi '이에는 이, 눈에는 눈'으로 유명한 <함무라비 법전>은 고대 바빌로니아의 왕 함무라비가 BC1750년경에 선포한 성문법이다. 함무라비가 자신이 만든 법 내용을 돌에 새겨 놓아 아직도 사라지지 않고 전해지고 있다. 루브르에는 세계에서 단 하나뿐인 <함무라비 법전> 완본이 전시되어 있다. 1901년 페르시아의 옛 도시 자크 드 모르간에서 발견된 것으로, 높이 225cm의 돌기둥에 법전을 쐐기문자로 새겨놓은 것이다. 바빌로니아 왕국의 법 제도는 물론 통치 시스템과 사회 분위기를 엿볼 수 있어 귀한 유물로 대접을 받고 있다. 리슐리외관 1층 227전시실에 있다.

나폴레옹 3세의 아파트 루이 나폴레옹이 1852년 나폴레옹 3세 황제로 즉위하면서 살았던 곳이다. 건축가 엑토르 르퓌엘을 등용해 루브르궁에 꾸몄다. 그가 베르사유 궁전이 아닌 루브르궁을 택한 이유는 프랑스 대혁명 때 죽은 루이 16세의 잔재를 없애고, 나폴레옹 가문의 뒤를 이어 왕으로서의 명예를 회복하기 위해서였다. 온통 금빛으로 빛나는 이곳은 프랑스 왕실의 화려했던 일상생활을 엿볼 수 있는 곳으로 당시의 건축, 가구, 인테리어 스타일이 그대로 남아 있다. 세계에서 가장 화려한 아파트의 면모를 아낌없이 보여준다. 리슐리외관 2층에 있다.

©Geoff Livingston, Flickr

©Kenta Mabuchi-flickr

오랑주리 미술관 뮈제 드 로랑주리 Musée de l'Orangerie

❶ 메트로 1·8·12호선 콩코르드역Concorde에서 도보 7분
❷ 버스 24, 42, 52, 72, 73, 84, 94번
Jardin Tuileries, 75001 +33 1 44 50 43 00
9:00~18:00(홈페이지에서 입장 날짜와 시간 예약 필수) 휴관 화요일, 5월 1일, 7월 14일 오전, 크리스마스
€ 12.5유로, 매달 첫째 일요일 무료, 뮤지엄 패스 사용 가능
www.musee-orangerie.fr

모네의 수련, 인상파, 로댕의 조각을 모두 보고 싶다면

새하얀 타원형의 전시실에 모네Claude Monet, 1840~1926의 거대한 <수련> 연작을 전시하고 있는 파리 4대 미술관 중 하나이다. 콩코르드 광장 동쪽 튈르리 정원에 있다. 모네는 파리 근교 지베르니Giverny에 있는 그의 집 연못에서 영감을 얻어 명작 <수련>을 남겼다. 많은 사람들이 <수련> 연작을 보기 위해 오랑주리를 찾는다.

오랑주리는 '오렌지 나무 온실'이란 뜻이다. 원래 1852년 튈르리 정원의 오렌지 나무를 보호하기 위해 온실로 지어졌다. 이후 군인들의 침실, 진료실, 창고 등으로 사용해오다, 모네가 1차 세계대전의 전사자들을 추모하기 위해 제작한 <수련> 연작을 프랑스 정부에 기부하면서 미술관으로 다시 태어났다. 프랑스 정부는 모네의 제안을 그대로 받아들여 자연광을 살리고 인테리어를 최소화했다. 1927년 5월 높이 2m, 길이가 무려 91m에 달하는 모네의 작품 8점이 무한함을 상징하는 두 개의 타원형 전시실에 마침내 모습을 드러냈다. 하지만 안타깝게도 모네는 개관을 몇 개월 앞둔 1926년 12월 세상을 떠나고 말았다.

오랑주리는 1999년부터 2006년까지 대대적인 리노베이션 공사를 진행했다. 모네 전시관 위층엔 장 발터Jean Walter와 폴 기욤Paul Guillaume이 기증한 작품을 전시하는 공간이 있었는데, 이 전시실을 제거하고 장 발터와 폴 기욤 컬렉션은 지하로 옮겼다. 현재 이들이 기증한 르누아르, 세잔, 피카소, 마티스, 모딜리아니, 앙리 루소, 수틴 등의 작품 146점도 만날 수 있다. 리노베이션 공사를 통해 오랑주리의 모든 작품은 자연광 속에서 감상할 수 있게 되었다.

오랑주리 미술관 옆 잔디밭에는 로댕의 조각 작품도 전시되어 있다. 그의 대작 <지옥의 문>에 나오는 <아담과 이브의 낙원 추방>, <세 망령>, <어두운 그림자> 등은 뜻밖의 감동을 준다. 잊지 말고 감상해보자.

ONE MORE 1

모네와 자포니즘Japonism

자포니즘은 19세기 중후반 유럽에 유행하던 일본풍 사조로, 모네와 반 고흐 등 일본 문화에 심취한 많은 인상파 화가들이 일본풍 작품을 남겼다. 자포니즘은 1855년 파리 만국박람회 때 일본이 도자기를 선보이면서 시작되었다. 재미있는 것은 예술가들의 이목을 끌었던 것은 도자기가 아니라 도자기를 싼 포장지였다. 포장지에는 에도시대의 풍경과 서민들의 일상을 담은 풍속 판화 '우키요에'가 그려져 있었다. '우키요에'는 신드롬을 일으키며 퍼져 나갔고, 새로운 표현 방식을 갈구하던 유럽 인상파 화가들에게 큰 영향을 끼쳤다.

모네는 자포니즘에 대한 애정이 열렬했다. 지금도 지베르니에 있는 모네의 집에 가면 일본 그림과 우키요에 사본 200여 점이 전시되어 있다. 원본은 모두 파리 모네 미술관에 있다. 모네는 아내 카미유에게 기모노를 입혀 그림을 그리기도 했다.<기모노를 입은 카미유>, 1875년 작, 모네 미술관 고흐1853~1890도 일본 판화가 케이사이 아이센의 작품을 모사하여 <일본풍 기생>을 작품으로 남겼다.

Travel Tip

오랑주리에서 꼭 봐야 할 작품

모네의 수련 연작

1층 특별 전시실에 있다. 하얀 타원형 전시실 두 곳에 수련 연작 8점이 영화처럼 펼쳐져 있다. 모네가 파리 근교 지베르니 작업실에서 그린 필생의 역작들이다. <수련-아침>, <수련-해질녘>, <수련-아침의 버드나무들>, <수련-초록 그림자>, <수련-구름>, <수련-나무 그림자>, <수련-버드나무 두 그루>, <수련-버드나무가 드리워진 맑은 아침> 등 수련 대작 8점이 당신의 마음을 압도할 것이다.

장 발터와 폴 기욤 컬렉션

전시실이 지하에 있으나 수련 전시관처럼 창을 통해 자연광이 들어온다. 미술품 애호가 장 발터와 폴 기욤이 기증한 르누아르, 세잔, 피카소, 마티스, 모딜리아니, 앙리 루소, 수틴 등의 작품 146점을 만날 수 있다. 르누아르의 <피아노 치는 소녀들>, <편지를 들고 있는 여인>, <어릿광대 옷을 입은 클로드 르누아르>, 세잔의 <사과와 비스킷>, <배와 녹색 사과가 있는 정물>, 피카소의 <포옹>, <치수 큰 목욕녀>, <젊음들>, 마티스의 <붉은 바지를 입은 여인>, 루소의 <결혼> 같은 어디서 본 듯한 작품이 곳곳에서 발길을 잡는다.

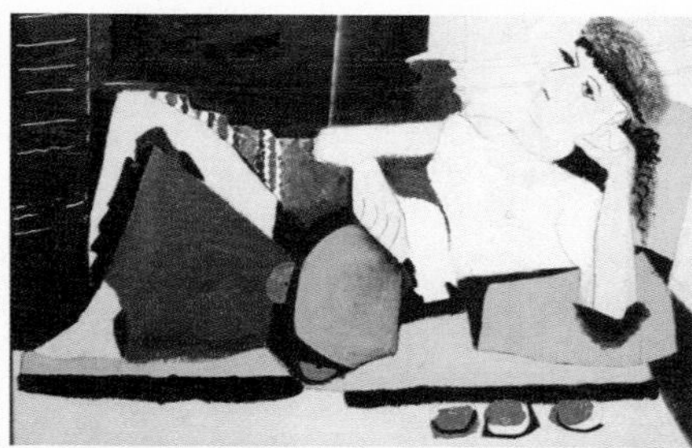

ONE MORE 2

장 발터와 폴 기욤 컬렉션의 기구한 사연

폴 기욤은 20세기 초 파리의 미술품 딜러였다. 인상파, 신인상파의 명작을 수집했으며 생 수틴Chaim Soutine, 1893~1943과 모딜리아니Modigliani, 1884~1920의 든든한 후원자였다. 하지만 42세의 나이에 의문의 죽음을 당하고, 그의 소장품은 아내 도미니카에게 상속되었다. 도미니카는 건축가인 장 발터와 재혼했고, 그도 역시 의문의 죽음을 당한다. 도미니카는 경찰의 조사를 받게 되지만 곧 풀려나고, 프랑스 정부는 그녀와의 합의 끝에 발터&기욤 컬렉션을 기증받게 된다. 그들의 컬렉션은 1965년부터 오랑주리 미술관에서 전시하고 있다.

주 드 폼 국립미술관

갤러리 나시오날 뒤 주 드 폼 Galerie nationale du Jeu de Paume

❶ 메트로 1·8·12호선 콩코르드역 Concorde 도보 7분 ❷ 버스 42, 72, 73, 84, 94번 1 Place de la Concorde, 75008
+33 1 47 03 12 50 **화** 11:00~21:00 **수~일** 11:00~19:00(변동 가능성 있으므로 홈페이지에서 확인 필수, 홈페이지에서 방문 시간 지정 예약 필수) 휴관 월요일, 1월 1일, 5월 1일, 크리스마스
€ **일반** 현장 13유로/온라인 12유로 **학생** 현장 9.5유로/온라인 7.5유로(뮤지엄 패스 사용 불가) www.jeudepaume.org

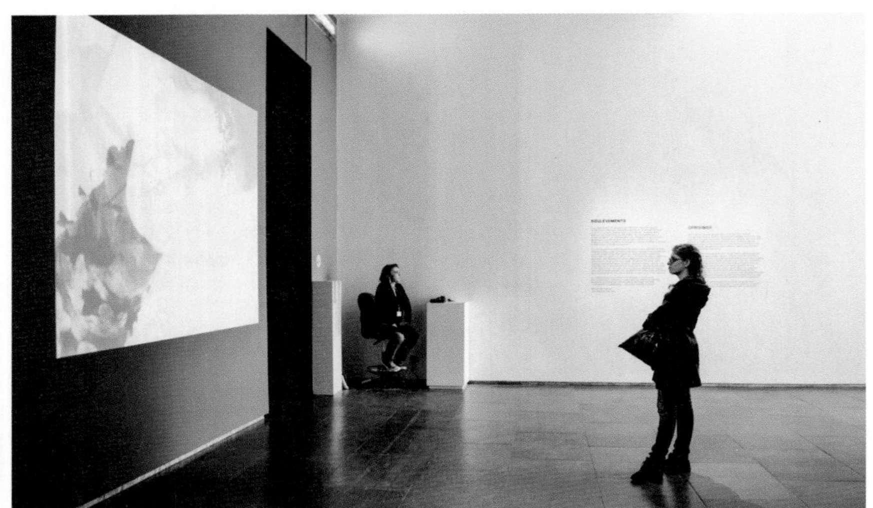

사진, 영상, 뉴미디어 전문 미술관

콩코르드 광장 동쪽 튈르리 정원에 있다. 오랑주리 미술관과 남북으로 멀리서 마주 보고 있다. 주 드 폼은 '공과 코트가 있는 게임'이라는 뜻으로 프랑스 전통 방식의 옥내 테니스를 말한다. 나폴레옹 3세 집권 시기였던 1861년 옥내 테니스 경기장으로 만들어졌고, 나중에 미술 전시장으로 활용되었다. 제2차 세계대전 때인 1940년대에는 독일군이 유대인에게 약탈한 예술품을 보관하는 창고로 사용되었다. 오르세 미술관이 생기기 전까지, 세계에서 가장 유명한 인상파 그림을 전시하는 갤러리였으나, 1986년 오르세 미술관이 생기면서 인상파 그림을 모두 옮겨갔다. 미테랑 대통령의 '그랑 프로제'의 일환으로 개축되면서 1991년 프랑스의 첫 번째 국립 현대 미술관으로 개관했다. 주 드 폼 미술관은 늘 흥미로운 사진과 영상 등 현대 예술 작품을 전시하는 것으로 유명하다. 현대 미술의 한영역을 차지하고 있는 사진과 영상, 뉴미디어 예술에 관심이 있다면 꼭 방문하길 추천한다.

튈르리 정원 쟈흐댕 데 튈르리Jardin des Tuileries

🚶 ❶ 메트로 1·8·12호선 콩코르드역Concorde에서 도보 3분, 1호선 튈르리역Tu- ileries에서 도보 3분
❷ RER C선 뮈제독세역 Musée d'Orsay에서 도보 4분 ❸ 버스 21, 27, 68, 69, 72, 95번 🏠 113 Ru de Rivoli, 75001
🕓 9월 마지막 일요일부터 3월 마지막 토요일까지 매일 07:30~19:30,
3월 마지막 일요일부터 9월 마지막 토요일까지 매일 07:00~21:00, 6~8월 매일 07:00~23:00

파리지앵이 사랑하는 아름다운 정원

콩코르드 광장과 루브르 박물관 사이에 있다. 팔각형 호수, 분수, 조각품, 예쁜 꽃과 나무가 있는 파리의 대표적인 정원이다. 1564년 앙리 2세의 왕비 카트린 드 메디시스가 튈르리궁과 정원을 만들었다. 1664년 베르사유 정원을 설계한 앙드레 르 노트르가 재정비한 후 지금의 모습을 갖추었다. 튈르리 궁전은 1871년 '파리 코뮌'시민들이 세운 사회주의 자치 정부의 봉기로 불에 타 소실되었다. 자크 시라크 대통령 때인 1998년 로댕, 장 뒤뷔페, 앙리 로랑스 등 유명 조각가의 작품이 설치되어 품격이 더욱 높아졌다. 튈르리 정원은 19세기 인상주의 화가의 작품에 자주 등장한다. 〈비오는 날의 튈르리 정원〉은 인상파 화가 카미유 피사로1830~1930의 대표작 중 하나이다. 에두아르 마네1832~1883는 〈튈르리에서의 음악회〉라는 작품을 남겼다. 6월 말부터 8월 말까지는 범퍼카, 회전목마, 회전 그네, 관람차 등이 등장하여 놀이공원으로 변신한다. 정원 안에 오랑주리 미술관과 주 드 폼 국립미술관이 들어서 있다.

방돔 광장 쁠라스 방돔 Place Vendôme

❶ 메트로 1·8·12호선 콩코르드역Concorde에서 도보 6분. 3·7·8호선 오페라역Opéra에서 도보 5~7분. 1호선 튈르리역Tuileries에서 도보 5분
❷ 버스 21, 24, 27, 29, 42, 52, 68, 72, 81, 84, 94번
Place Vendôme, 75001 Paris

쇼팽과 코코 샤넬이 묵은 호텔이 있는 곳

파리의 아름다운 광장 중 하나이다. 루이 14세가 베르사유 궁전을 설계한 건축가 쥘 아르두앙 망사르Jules Hardouin-Mansart, 1646~1708에게 명하여 절대 왕권을 상징하는 의미로 파리 중심에 만들었다. 광장 중앙에 나선형으로 감아 올라간 높은 탑이 서 있다. 원래 이 자리에는 루이 14세의 기마상이 있었으나 프랑스 혁명 때 파괴되었다. 그 후 나폴레옹이 아우스터리츠 전투1805년 12월 지금의 체코 브루노 지방에서 나폴레옹 군대 6만8천여 명이 9만여 명에 이르는 러시아-오스트리아 동맹군을 물리친 전투. 나폴레옹이 거둔 가장 큰 승리 중 하나이다. 승전 기념으로 로마 트리아누스 황제의 승전 기념탑 형태를 본떠 세웠다. 탑은 양이 어마어마한 청동으로 만들었는데, 이 청동은 아우스터리츠 전투에서 빼앗은 대포 1200여 개를 녹여 얻은 것이다. 탑 꼭대기에 나폴레옹 상이 세워져 있다.

광장을 둘러싼 고풍스러운 건물에는 파리의 최고급 호텔과 명품 숍이 들어서 있다. 그 가운데 리츠호텔Hotel Ritz Paris은 방돔 광장의 명물로 꼽힌다. 코코 샤넬이 한동안 묵었던 곳이자, 세계적인 작곡가 쇼팽이 생을 마감했던 곳으로 유명하다. 리츠호텔에서는 유명인들을 오마주하기 위해 스콧 피츠제럴드, 코코 샤넬, 쇼팽, 찰리 채플린, 마르셀 프루스트 등의 이름을 딴 스위트룸을 준비해 놓고 있다. 또 1956년에는 헤밍웨이가 1929년 경 호텔에 두고 갔던 트렁크 두 개가 발견되었는데, 가방 속에서 훗날 출판하게 되는 파리 체류기『파리는 날마다 축제』의 원고 일부가 발견되기도 했다.

장식 미술 박물관 뮈제 데자르 데꼬라티프 Musée des Arts Décoratifs

❶ 메트로 1·7호선 팔래 루아얄-뮈제 뒤 루브르역Palais Royal-Musée du Louvre에서 도보 3분, 1호선 튈르리역Tuileries에서 도보 3분, 7호선 피라미드역Pyramides에서 도보 5분 ❷ 버스 21, 27, 39, 68, 69, 72, 81, 95번 107 Rue de Rivoli, 75001
+33 1 44 55 57 50 **화~일** 11:00~18:00 **휴무** 월요일, 1월 1일, 5월 1일, 성탄절
€ 15유로(오디오 가이드 포함), 26세 미만 무료, 장식미술박물관+니심드카몽도박물관 통합 티켓 22유로(오디오 가이드 포함), 뮤지엄 패스 사용 가능 madparis.fr

파리 장식 예술의 모든 것

튈르리 정원 동쪽 끝 루브르 옆에 있다. 가구, 도자기, 직물, 유리 공예, 광고, 패션 등 다양한 장식 미술품을 전시하고 있다. 입구 중앙 홀에서 튈르리 정원이 훤히 보인다. 자연광이 잘 들어와 느낌이 따뜻하다. 몽소 공원 근처에 있는 니심 드 카몽도 박물관Musée Nissim de Camondo, 파리의 부르주아 생활상을 엿볼 수 있다. 1911년 지은 저택을 박물관으로 사용하고 있다. 전시장 곳곳에 럭셔리한 가구와 공예품, 그릇이 가득 차 있다. 6유로 추가하면 장식 미술 박물관은 물론 카몽도 박물관까지 관람 가능한 통합 티켓을 구매할 수 있다.과 더불어 파리 장식 미술의 모든 것을 보여준다. 장식 미술 박물관은 공예품 전시관, 광고 전시관, 패션과 직물 전시관으로 구성되어 있다. 공예품 전시관에는 중세부터 오늘에 이르기까지의 장식품과 공예품을 전시하고 있다. 광고 전시관에서는 13세기 광고 자료부터 재미있는 광고 그림, 광고 포스터까지 관람할 수 있다. 패션과 직물 전시관에서는 16세기부터 현재에 이르기까지의 1만6천여 점이 넘는 의상과 직물을 감상할 수 있다. 상설전 외에도 자동차 전시회, 바비 인형 전시회, 캐리커처 전시회 등 다양한 주제로 특별전을 개최해 오고 있다.

왕궁 정원 쟈흐댕 뒤 팔래 후아얄 Jardin du Palais Royal

❶ 메트로 1·7호선 팔래 루아얄-뮈제뒤 루브르역Palais Royal-Musée du Louvre에서 도보 2분, 7호선 피라미드역Pyramides에서 도보 4분 ❷ 버스 21, 27, 39, 48, 69, 72, 81, 95번

6 Rue de Montpensier, 75001 08:00~22:00

카페와 설치 예술이 있는 작은 오아시스

루브르 북쪽에 있다. 원래 '팔래 카르디날'이라 불리던 곳으로, 루이 13세의 재상 카르디날 리슐리외의 저택이었다. 루브르의 세 전시관 중 하나를 리슐리외(1585~1642)에서 따왔다. 그는 죽으면서 저택을 왕가에 기증했고, 루이 13세의 부인 안느 도트리시와 루이 14세가 거주하면서 왕궁으로 불리게 되었다. 왕궁 뒤편엔 아케이드로 둘러싸인 비밀스러운 정원이 있는데, 도심 속 작은 오아시스 같은 곳이다. 복잡한 루브르를 둘러보고 잠시 쉬기 좋다. 프랑스 특유의 조경 방법으로 각지게 자른 나무가 양쪽으로 멋지게 늘어서 있다. 아케이드에는 갤러리·카페·상점이 들어서 있는데, 하절기엔 노천카페가 성시를 이룬다. 패션 브랜드 메종 키츠네에서 운영하는 카페 키츠네51 Gal de Montpensier, 75001도 있다. 정원 앞 광장의 조형물도 주목하자. 블랙 앤 화이트 스트라이프가 새겨진 기둥 260개가 높낮이를 달리하여 리듬감 있게 서 있다. 프랑스의 유명 미술가 다니엘 뷔랑의 작품으로 이름난 포토 스폿이다. 벨기에 조각가 폴 뷰리가 스테인리스 공 10개로 만든 분수 조형물도 있다. 왕궁 건물은 프랑스 국무원, 헌법재판소, 문화부가 사용하고 있다.

 갤러리 비비엔 Galerie Vivienne

🚶 ❶ 지하철 3호선 부르스역 Bourse에서 도보 3분, 1·7호선 팔래 루아 얄-뮈제 뒤 루브르역에서 도보 7분, 7호선 피라미드역Pyramides에서 도보 7분 ❷ 버스 20, 29, 39, 74, 85번
4 Rue des Petits Champs, 75002 🕓 08:30~20:00 ≡ www.galerie-vivienne.com

파사쥬, 너무나 아름다운

파사쥬Passage는 지붕 덮인 통로, 쉽게 말해 아케이드이다. 19세기 초 파리의 시장은 하수도 시설이 없어 몹시 비위생적이었다. 이에 상인들이 깔끔하고 비를 피할 수 있는 파사쥬를 만들었다. 한때 160여 개에 달했지만, 1853년 오스만 남작이 파리 개조 사업을 시작한 뒤 고급 백화점에 밀려났다. 1823년에 지은 갤러리 비비엔은 파리에 남은 20여 개 파사쥬 중 가장 우아하고 화려하다. 왕궁 정원 북쪽에 있는데, 1974년 프랑스 역사 기념물로 지정되었다. 176m의 파사쥬에 들어서면 타임머신을 타고 1800년대로 순간 이동한 기분이 든다. 유리 지붕으로 들어온 햇빛이 오래된 벽돌, 고전적인 장식, 바닥의 모자이크 타일을 비추며 아름다운 분위기를 연출한다. 모자이크 장식은 프티 팔래, 오페라 가르니에, 프랭탕 백화점의 모자이크를 작업한 이탈리아의 지안도메니코 파치나1826~1903의 작품이다. 그는 베니스의 산마르크 대성당 모자이크 복원 작업에도 참여했다. 고서점 리브레리 주솜Librairie Jousseaume, 1826년 오픈과 세계의 와인을 즐길 수 있는 르그랑 피유 에 피스Legrand Filles et Fils가 유명 상점이다.

 파사쥬 데 파노라마 Passage des Panoramas

메트로 8, 9호선 그랑 블루바르역Grands Boulevards에서 도보 1분
11 Bd Montmartre, 75002
06:00~24:00(상점마다 상이)

©Joe deSousa-Wikimedia Commons

©Phil Beard-flickr

©Guilhem Vellut-flickr

파리의 옛 정취를 담은 골목길

파리는 대로가 많지만, 곳곳에 비스트로 테라스나 골목길 같은 파사쥬가 있다. 파사쥬 데 파노라마는 몽마르트르 남쪽에 있는 파사쥬로 지붕이 온실처럼 덮여 있어 추위나 기상변화에 상관없이 편안하게 산책하기 좋다. 갤러리 비비엔에서 비비엔 거리Rue Vivienne 따라 북쪽으로 도보 6분 정도 가면 파사쥬 데 파노라마와 연결된다. 파리에서 꽤 아름다운 지붕 덮인 통로로 꼽힌다. 앤티크한 가구점, 빈티지 장식품점, 그림과 미술품 등이 있는 작은 부티크, 서점, 우표 상점, 장난감 숍, 박물관, 맛집과 바 등이 운치 넘치는 풍경을 연출하며 늘어서 있어 호기심을 자아낸다. 아담하고 아기자기한 레스토랑이나 카페, 비스트로가 가장 많다. 이것저것 구경하다 뭔가를 발견하는 소소한 즐거움을 맛볼 수 있다. 오래된 엽서 속의 풍경 같은 고풍스러운 모습이 19세기 말 무렵 파리의 옛 정취를 느끼게 해준다. 구경하다 쉬고 싶으면 파사쥬에서 여유롭게 한잔하기 좋다. 추천 맛집은 오리 요리와 샴페인 전문점 '프렌치 패러독스'FrenchParadox - Canard & Champagne이다.
프렌치 패러독스 57 Pass. des Panoramas, 75002

사마리텐 백화점 사마리텐느 Samaritaine

메트로 7호선 퐁네프역Pont Neuf 1번 출구에서 도보 1분, 메트로 1호선 루브르 리볼리역에서 도보 4분 9 Rue de la Monnaie, 75001 +33 1 88 88 60 00
매일 10:00~20:00 www.samaritaine.com

©Joe deSousa-Wikimedia Commons

©Joe deSousa-Wikimedia Commons

©Joe deSousa-Wikimedia Commons

문화유산이 된 아름다운 백화점

사마리텐 백화점은 루브르 박물관 동쪽, 퐁네프 다리 옆에 있다. 150년이 된 백화점으로 한동안 안전상 이유로 문을 닫았다가 루이비통 모네 헤네시 그룹이 인수하여 7년 동안의 리모델링 공사를 거쳐 2021년 과거와 현대의 아름다움이 조화를 이룬 건물로 다시 태어났다. 백화점은 퐁네프관과 바로 옆 리볼리관으로 구성돼 있다. 아르누보 아르데코 양식의 퐁네프관은 원래 있던 건물을 리모델링한 것이고, 리볼리관은 현대적 이미지로 신축한 것이다. 리모델링 비용으로 무려 1조 원이 넘게 투입했다고 해서 큰 관심을 받았다. 개장과 함께 사마리텐 백화점은 파리의 새로운 명소로 자리 잡았다. 퐁네프관은 예전 모습을 살려 복원했다. 공작 벽화와 아르누보 파사드, 중앙 계단, 빛에 따라 색이 변하는 유리 지붕과 지붕을 지탱하는 철제 구조물1907년 프란시스 주르댕이 처음 설치했다.이 시선을 끈다. 특히 천장 아래 벽 사면을 채우고 있는 공작새 프레스코화는 백화점에 역사적 가치를 부여해 준다. 높이는 3.5m, 길이는 115m이다. 애초의 프레스코화를 완벽하게 복원해 백화점을 상징하는 공간이 되었다. 사마리텐은 백화점이기 이전에 문화유산으로 존중받고 있다. 쇼핑하지 않더라도 사마리텐의 아름다움을 꼭 챙겨보자. 동쪽 길 건너편에는 루이비통 파리 본사가 있다.

조르주 퐁피두 센터 상트르 조르주 퐁피두 Centre Georges Pompidou

❶ 메트로 11호선 람뷔토역Rambuteau에서 도보 2분, 1·11호선 레알역Les Halles에서 도보 5분
❷ RER A·B·D선 샤틀레 레알역Châtelet-Les Halles에서 도보 3분 ❸ 버스 29, 38, 75번
Place Georges-Pompidou, 75004
+33 1 44 78 12 33
수~월 11:00~21:00(목요일 23시까지) 휴관 화요일, 5월 1일
€ 현대 미술관(상설전) 성인 15유로, 어린이 12유로
(가이드 투어 티켓 4.5유로, 매달 첫째 일요일 무료, 뮤지엄 패스 사용 가능)
centrepompidou.fr

파격적이라 더 아름답다

흔히 퐁피두 센터 혹은 보부르 센터라고 불리는 이곳은 도서관, 현대미술관, 영화관, 카페 등을 고루 갖춘 복합 문화 공간이다. 프랑스 제5공화국의 2대 대통령인 조르주 퐁피두 재임 당시 건립하기 시작해 퐁피두 대통령의 이름을 붙였다. 1977년 완공된 이 건물은 아직도 공사 중이거나 공장 건물로 착각하기 십상이다. 다소 파격적인 외관을 한 퐁피두 센터는 파리의 대표적인 하이테크 건축물이다. 밖으로 모두 드러난 파이프와 에스컬레이터 덕분에 건축 당시 많은 비판을 받기도 했지만, 현재는 파리를 대표하는 랜드마크 중 한 곳이 되었다. 건물 외관을 뒤덮고 있는 빨강, 노랑, 파랑 등 색색의 파이프들은 그냥 건물을 장식하고 있는 것이 아니다. 파이프의 색깔에 따라 담당하는 기능이 있다. 녹색은 배수관, 파란색은 온도 조절 장치, 노란색은 전기 배선, 붉은색은 에스컬레이터다. 안으로 숨겨 놓아야 할 것들을 밖으로 모두 뽑아 놓은 것이다.

퐁피두 센터의 대표적인 공간은 4층과 5층에 있는 국립 현대미술관으로, 유럽 최대 규모 현대미술관이다. 전시 작품은 1905년부터 1960년까지, 그리고 1960년 이후부터 현재까지로 크게 두 시기로 나누어 구분할 수 있다. 마티스, 피카소, 칸딘스키, 몬드리안 등 20세기 초 거장들의 작품과 앤디 워홀, 니키 드 생 팔 등의 현대 작가의 작품 등 10만 점이 넘는 작품을 소장하고 있다. 작가 한 명을 집중적으로 다루는 기획 전시를 매년 열고 있으며, 다양한 설치 미술전도 열린다. 외관에 설치된 에스컬레이터와 이동 통로에서 파리의 멋진 뷰를 볼 수 있다는 것도 퐁피두 센터의 자랑거리이다. 꼭대기 층에 있는 레스토랑에서는 파리 시내의 멋진 풍경을 감상하며 식사를 하거나 차를 마실 수 있다. 퐁피두 센터 앞의 볼거리 많은 스트라빈스키 광장에서는 예술가들이 모여 악기 연주와 다양한 퍼포먼스를 선보여 여행자를 즐겁게 만든다.

생 메리 교회 에글리즈 생 메리 Église Saint-Merri

🚶 ❶ 메트로 1·11호선 오텔 드 빌 역Hôtel de Ville에서 도보 3분, 1·4·7·11·14 호선 샤틀레역 Châtelet에서 도보 4분 ❷ 버스 38, 67, 69, 76, 75, 72번 🏠 76 Rue de la Verrerie, 75004
📞 +33 1 42 71 93 93 ☰ saintmerry.org

프랑스에서 가장 오래된 종을 품다

지하철 오텔 드 빌역Hôtel de Ville 부근 베르리 거리Rue de la Verrerie에 있는 아주 오래된 교회이다. 700년경 파리에서 순교한 수도사 성인 메데리쿠스에게 바친 교회라 생 메리 교회라 불린다. 프랑스의 고딕 후기 플랑부아양Flamboyant, 15세기 유럽에서 유행한 고딕 양식의 일종. 창과 문의 골조를 불꽃 모양으로 만든 양식. 고딕 양식보다 더 장식적이다. 양식으로 1515년에서 1612년 사이에 지어졌다. 외관이 화려하면서도 섬세하고, 실내의 스테인드글라스와 둥근 천장도 인상적이다. 이 교회엔 두 가지 보물이 전해지고 있는데, 1331년 만들어진 파리에서 가장 오래된 종과 성수반성수를 담아 성당 입구에 놓아두는 그릇이다. 매주 주말엔 교회 자원봉사자들의 무료 클래식 공연이 열린다. 공연 날짜와 시간은 교회 홈페이지에서 확인할 수 있다. 교회 앞 스트라빈스키 광장엔 16개 조각과 설치물로 구성된 기발한 분수가 있다. 작곡가 스트라빈스키의 <봄의 제전>을 형상화한 작품이다. 스위스의 부부 조각가인 장 탱글리와 니키 드 생 팔의 작품으로, 스트라빈스키 분수라 부른다. 또 광장에는 거대한 인물 벽화도 있다. 프랑스의 유명한 그라피티 예술가 제프 아에로솔의 작품으로 광장의 트레이드마크이다.

몽토르게이 거리 뤼 몽트르게이 Rue Montorgueil

🚶 ❶ 메트로 3호선 상티에역 Sentier 도보 3분, 4호선 에티엔 마르셀 역Étienne Marcel 도보 3분
❷ 버스 29번

모네의 숨결이 흐르는 아름다운 거리

인상파 화가 모네1840~1926의 회화 <1878년 6월 30일, 축제가 열린 파리의 몽토르게이 거리>로 유명해진 거리이다. 1878년 6월 30일은 파리 만국박람회 폐막 축제가 열린 날이었다. 모네는 몽토르게이 거리의 한 발코니에서 그림을 그렸다. 거리엔 군중이 가득하고 수많은 깃발이 나부낀다. 현재 이 그림은 오르세 미술관에 전시되어 있다. 몽토르게이는 보행자 전용 도로로, 고전적인 예스러움과 현대적인 간결함이 조화를 이루고 있다. 파리지앵의 일상이 그림처럼 펼쳐진다. 예쁘게 치장한 레스토랑, 식재료 상점, 빵집, 카페가 거리 양쪽으로 쭉 늘어서 있다. 밤이 되면 닳고 닳아 반질반질해진 길바닥 돌이 야간 조명에 반사돼 그 멋이 배가 된다. 유명한 레스토랑으로는 달팽이 요리로 이름난 레스카르고L'Escargot가 있다. 1720년 문을 연 파리에서 가장 오래된 빵집 스토레Stohrer도 이 거리에 있다. 프랑스의 전통 디저트인 바바 오 럼Baba au Rum이 탄생한 곳으로 유명하다. 비스트로 오 로쉐 드 캉칼Au Rocher de Cancale도 빼놓을 수 없다. 새벽 2시까지 문을 열어 늦은 밤 간단하게 와인 한잔하기 좋다.

르 카페 마를리 Le Café Marly

❶ 메트로 1·7호선 팔래 루아얄-뮈제 뒤 루브르역Palais Roy- al-Musée du Louvre에서 도보 1분
❷ 버스 21, 27, 39, 68, 69, 72, 95번 93 Rue de Rivoli, 75001
+33 1 49 26 06 60 매일 08:00~02:00
€ 샌드위치 25유로 cafe-marly.com

루브르 박물관의 전망 좋은 카페

루브르 박물관 리슐리외 전시관 안에 있다. 루브르의 유리 피라미드를 바로 앞에서 바라보며 식사할 수 있다. 루브르 안에 있어 궁전 분위기를 즐길 수 있는 것은 물론이고 피라미드와 맞은편의 루브르 건물까지 정면에서 바라볼 수 있는 최고의 뷰를 가진 곳이다. 덕분에 가격은 일반 레스토랑 가격의 두세 배이다. 높은 가격이지만, 이곳에서 즐길 수 있는 전망은 그 모든 것을 상쇄시킨다. 특히 해가 지기 시작하는 시간, 루브르가 금빛으로 물들고 피라미드에 불이 들어오기 시작하면, 식사하며 느긋하게 황홀한 뷰를 즐길 수 있다.

©Luc Mercelis-flickr

©Joe deSousa-Wikimedia Commons

르 프티 방돔 Le petit vendôme

단골이 되고 싶은 음식점

방돔 광장 근처에 있는 인기 많은 맛집이다. 양복 차림을 한 직장인부터 동네 주민까지, 발 디딜 틈 없이 꽉 찬다. 테이블에서 식사하는 사람도 많지만, 이 집의 명물인 바게트 샌드위치를 테이크아웃 하려는 사람들이 길게 줄을 선 모습이 인상적이다. 친절한 주인 아주머니의 추천에 따라 오늘의 요리Plat du jour를 주문했더니, 주먹 두 개 크기의 거대한 미트볼이 쌀밥 위에 올려져 나왔다. 혼자 먹기에 너무 푸짐한 요리를 시킨 것 같았지만, 너무 맛있어서 순식간에 그 많은 음식을 다 먹었다. 식당에서 단골 파리지앵이 주인 아주머니와 주고받는 다정한 대화를 구경하는 재미가 쏠쏠하다. 그들이 디저트로 '늘 먹던 거'라 주문하면, 아주머니는 아무렇지도 않게 초콜릿 무스를 내온다. 나도 그들처럼 '늘 먹던 거'라고 외쳐보고 싶어지는 곳이다.

❶ 메트로 3·7·8호선 오페라역Opéra 도보 5분 ❷ 버스 42, 52번
8 Rue des Capucines, 75002
+33 1 42 61 05 88
월 08:00~16:30 **화~토** 8:00~02:00
휴무 일요일
€ 양파 수프+오늘의 요리=27유로 안팎

쥐브닐 Juveniles

미식가들의 맛집

팔래 루아얄 근처에 있는 조그마한 맛집이다. 하지만 파리에서 손꼽히는 곳으로 늘 다양한 매체에 이름을 올린다. 10개 남짓한 테이블이 놓인 소박한 분위기지만 식사 시간마다 파리지앵이 가득하며, 혼자 식당을 찾은 미식가들도 적잖게 보인다. 좋은 와인을 제공하는 것으로도 유명하며, 가게 한쪽 벽면엔 와인이 가득하다. 전식은 10~23유로, 본식은 24~60유로, 후식은 9~11유로 정도이다. 언제나 멋진 와인과 잘 어울리는 요리를 선보이기 위해 노력하고 있다.

❶ 메트로 7호선 피라미드역Pyramides에서 도보 5분 ❷ 버스 29, 39번
47 Rue de Richelieu, 75001 +33 1 42 97 46 49
화~토 12:00~14:00, 19:00~22:00 휴무 일·월
www.juveniles winebar.com

라 부르스 에 라 비 La Bourse et La Vie

저렴하게 즐기는 최고의 식사

팔래 루아얄 북쪽 블럭에 있다. 파리의 유명 셰프 대니얼 로즈의 세컨 레스토랑이다. 미국 시카고 출신인 그는 루브르 근처에 첫 레스토랑 스프링Spring을 개업하여 성공시킨 후, 두 번째 레스토랑을 오픈했다. 스프링보다 좀 더 저렴하게 훌륭한 식사를 할 수 있다. 프렌치 요리 전문으로 정해진 메뉴와 그날그날 달라지는 재료로 요리하는 오늘의 메뉴가 있으며, 맛은 모두 훌륭하다. 그는 미슐랭의 조건에 맞는 음식보다 자신이 먹고 싶은 것, 고객이 원하는 것에 초점을 맞추는 요리가이다. 전식부터 후식까지 부족한 것 없는 훌륭한 식사를 즐길 수 있다.

❶ 메트로 3호선 부르스역Bourse에서 도보 2분
❷ 버스 20, 29, 39, 74, 85번
12 Rue Vivienne, 75002 +33 1 42 60 08 83
월~금 12:00~14:00, 18:30~22:00 휴무 토·일
€ 점심 25유로부터, 저녁 42유로부터
www.labourselavie.com

오 피에 드 코숑 Au pied de cochon

새벽까지 영업하는 레스토랑

메트로 4호선 레알역Les Halles에서 5분 거리에 있다. 파리의 레스토랑은 비교적 일찍 문을 닫는다. 오 피에 드 코 숑은 연중무휴로 새벽 5시까지 문을 연다. 1947년 개업한 이래로 단 한 번도 문을 닫은 적이 없다. 피에 드 코숑은 돼지 족발이라는 뜻이다. 가게 이름에 걸맞게 커다란 돼지 족발이 통째로 나오는 요리가 유명하고, 그 밖에 해산물과 어니언 수프 또한 유명하다. 특히 그뤼에르 치즈가 듬뿍 올려져 나오는 어니언 수프는 미국 1세대 스타 셰프 줄리아 차일드가 파리 거주 당시 이곳에서 즐겨 먹었던 메뉴 중 하나이다. 바게트를 어니언 수프에 찍어 먹으면 한 끼 식사로도 손색이 없다.

❶ 메트로 4호선 레알역Les Halles 에서 도보 5분
❷ RER A·B·D선 샤틀레-레 알역Châtelet-Les Halles에서 도보 5분 ❸ 버스 74, 85번 6 Rue Coquillière, 75001
+33 1 40 13 77 00 매일 08:00~11:00, 11:30~05:00
€ 20유로 안팎부터 www.pieddecochon.com

이푸도 IPPUDO

장 자크 루소 거리 지점 🚶 ❶ 메트로 4호선 레알역Les Halles과 에티엔 마르셀역Étienne Marcel에서 도보 5분, 3호선 상티에역Sentier에서 도보 6분 ❷ 버스 29, 48, 67, 74, 85번 🏠 74-76 Rue Jean-Jacques Rousseau, 75001 📞 +33 1 42 86 09 85 🕓 **월~목** 12:00~15:00, 18:00~22:00 **금** 12:00~15:00 18:00~23:00 **토** 12:00~23:00 **일** 12:00~22:30
€ 라멘 13.5유로부터 ≡ www.ippudo.fr

생제르맹 데 프레 지점 🚶 ❶ 메트로 10호선 마비용역Mabillon에서 도보 3분, 4·10호선 오데옹역Odéon에서 도보 3분 ❷ 버스 58, 63, 70, 86, 87, 96번 🏠 14 Rue Grégoire de Tours, 75006 📞 +33 1 42 38 21 99 🕓 **화~목** 12:00~15:00, 18:00~22:00. **금** 12:00~15:00, 18:00~23:00. **토** 12:00~23:00. **일** 12:00~22:30 휴무 월

파리의 라멘집

라멘은 현지 음식에 지쳐갈 즈음, 하지만 한국 음식은 너무 비싸 망설여질 때 먹기 좋은 음식이다. 이푸도는 1985년 일본 하카타에 처음 문을 연 이후 2008년 뉴욕에 지점을 내 큰 성공을 거두면서 전 세계 여러 나라에 지점을 오픈했다. 파리에는 장 자크 루소 거리와 생제르맹 데프레에 지점이 있는데, 일본의 맛 그대로를 느낄 수 있어 많은 파리지앵의 사랑을 받고 있다. 인테리어에서 일본 분위기가 물씬 풍기며, 주방은 일본인들이, 서빙은 프랑스인들이 담당하고 있다. 서양인들이 큰 소리로 '이랏샤이마세'를 외치는 이색적인 광경도 볼거리다. 밤늦게까지 와인과 맥주를 마신 다음 날 속을 달래고 싶다면 이 라멘집을 추천한다. 메트로 4호선 레알역Les Halles과 에티엔 마르셀역Étienne Marcel에서 도보 5분 거리에 있다.

레스카르고 L'Escargot

파리에서 가장 유명한 달팽이 요리 전문점

파리에서 제대로 된 달팽이 요리를 맛보고 싶은 이에게 추천하는 곳이다. 상호의 에스카르고는 달팽이라는 뜻이며, 이 집 간판 위에도 커다란 달팽이 조형물이 있다. 1832년에 문을 연 전통 있는 맛집으로, 180년이 넘는 역사를 자랑한다. 파리에서 가장 유명한 달팽이 요리 전문점이지만, 다양한 프랑스 전통 음식도 맛볼 수 있다. 맛도 물론 훌륭하다. 달팽이 요리의 맛은 기본적으로 소스에 달려 있는데, 전통 소스는 녹색의 파슬리 소스이다. 이곳에서는 다른 곳에서 맛볼 수 없는 커리, 트러플, 푸아그라 등으로 만든 다양한 소스까지 맛볼 수 있다. 입구 테라스는 식물로 장식되어 있고, 실내는 고풍스럽고 웅장하다. 분위기는 사뭇 다르지만, 그 어느 쪽이라도 이국적이라 흥미롭다.

❶ 메트로 4호선 레알역Les Halles에서 4분, 4호선 에티엔 마르셀역Étienne Marcel에서 도보 3분 ❷ RER A·B·D선 샤틀레 레알역Châtelet Les Halles에서 도보 5분 ❸ 버스 29, 74, 85번 38 Rue Montorgueil, 75001 +33 1 42 36 83 51 매일 12:00~22:30 € 달팽이 6피스 12유로부터, 메인 20~60유로 escargotmontorgueil.com

앙젤리나 Angelina

코코 샤넬도 즐겨 찾은 디저트 카페

마르셀 프루스트와 코코 샤넬도 즐겨 찾았다는 유명한 찻집이자 디저트 카페이다. 루브르 박물관을 비롯해 파리에 지점이 몇 군데 있는데, 튈르리 공원 건너편 리볼리 가의 아케이드에 위치한 본점이 인기가 좋아 늘 줄이 길게 늘어서 있다. 1903년에 문을 열었으며, 20세기 초의 고풍스러운 분위기가 아직도 고스란히 전해진다. 앙젤리나의 명물은 아프리칸 핫 초콜릿과 몽블랑이다. 가나와 코트디부아르에서 공수한 아프리카 코코아를 사용한 핫 초콜릿의 그 진한 맛은 어디서도 맛보기 힘들다. 밤 맛이 진하게 느껴지는 몽블랑도 매우 달콤하다. 다만 핫 초콜릿과 몽블랑을 함께 먹을 경우 너무 달 수도 있으니, 취향을 염두에 두고 주문하자. 그 밖에 형형색색 아름다운 자태의 다양한 디저트가 있다. 브런치나 간단한 식사도 가능하다.

❶ 메트로 1호선 튈르리역Tuileries에서 도보 2분, 1·8·12호선 콩코르드역Concorde에서 도보 3분 ❷ 버스 72번
226 Rue de Rivoli, 75001
+33 1 42 60 82 00 **월~금** 07:30~19:30 **토** 08:30~19:30 **일** 8:00~19:00
€ 몽블랑 9.7유로, 토스트 11.5유로, 아침 식사 22유로 www.angelina-paris.fr

스토레 Stohrer

파리에서 가장 오래된 300년 빵집

스토레는 파리에서 가장 오래된 빵집이다. 1730년 몽토르게이 거리에 문을 열었다. 1725년 루이 15세와 결혼한 폴란드의 공주 마리 레크잰스카는 프랑스로 오면서 폴란드에서 그녀의 제빵사인 니콜라 스토레를 데리고 왔다. 5년 후 그는 자신의 이름을 따 빵집을 오픈했다. 프랑스의 전통 디저트인 바바 오 럼Baba au Rhum 혹은 럼 바바 Rhum baba가 이 집에서 탄생했다. 바바 오 럼은 럼에 적신 빵과 크림을 조합하여 만든 것이다. 오늘날 유행하는 디저트 케이크보다는 좀 투박한 모습이지만, 그 맛에는 깊이가 있다. 그밖에 다양한 빵과 디저트가 있으며, 테이크아웃만 가능하다.

❶ 메트로 4호선 에티엔 마르셀역Étienne Marce에서 도보 4분, 3호선 상티에역Sentier에서 도보 4분 ❷ 버스 29번

51 Rue Montorgueil, 75002 +33 1 42 33 38 20

월~토 08:00~20:30 **일** 08:00~20:00

€ 럼바바 5.1유로 stohrer.fr

코다마 Kodama

아기자기한 티 전문점

레알 지역의 오래된 골목에 있는 작은 카페로 티 전문점이다. 아기자기하면서도 심플한 인테리어가 감각적이라 파리 젊은이들이 많이 찾는다. 녹차, 홍차, 허브차 등 다양한 티가 있으며 주로 유기농 티를 사용한다. 티볼이나 찻주전자, 보온병 등도 판매한다. 편안하고 차분한 분위기에서 차를 즐기며 여유를 만끽하기 좋다.

❶ 메트로 4호선 에티엔 마르셀역Étienne Marcel에서 도보 3분 ❷ 버스 29번 30 Rue Tiquetonne, 75002

+33 1 45 08 83 44

월·수~토 10:30~19:00

화·일 13:30~19:00

€ 티 4.5유로부터

kodamaparis.com

윌리스 와인 바
Willi's Wine Bar

미식가와 와인 애호가를 위하여

파리를 여행할 때 훌륭한 와인과 음식은 꼭 경험해 봐야 할 아이템 중 하나다. 윌리스 와인 바는 좋은 와인과 맛있는 음식으로 유명한 곳이다. 파리지앵뿐 아니라 세계의 와인 애호가와 미식가들에게도 널리 알려져 있다. 이곳은 영국 출신의 마크 윌리엄슨이 30여 년 전 문을 열고, 자신의 이름에서 따다 '윌리의 와인 바'라 이름 지었다. 윌리스 와인 바는 매년 감각적인 포스터를 만들어 판매하는 것으로도 유명하다. 판매 수익금은 기부하고 있다. 매력적인 분위기에서 만족스러운 음식과 와인을 즐기고 싶다면 윌리스 와인 바를 추천한다. 팔래 루아얄 북쪽 건너편에 있다.

❶ 메트로 7·14호선 피라미드역Pyramides에서 도보 5~6분, 1·7호선 팔래 루아얄-뮈제 뒤 루브르역Palais Royal-Musée du Louvre에서 도보 6분 ❷ 버스 29번 13 Rue des Petits Champs, 75001 +33 1 42 61 05 09
월~토 12:00~23:30(음식 12:00~14:30, 19:00~23:30)
www.williswinebar.com

프렌치 와인 바 Frenchie Bar á Vins

와인은 물론 요리도 맛있는

영국의 스타 셰프 제이미 올리버 밑에서 요리를 배운 그레고리 마르샹의 와인 바이다. 마르샹은 2009년 파리 2구의 작은 골목에서 레스토랑 '프렌치'를 성공시켰다. 그리고 2년 뒤 맞은편에 '프렌치 와인 바'를 오픈했다. 가게 이름인 '프렌치'는 제이미 올리버가 마르샹 셰프에게 지어준 별명이다. 테이블 7개 남짓으로 작은 바지만 늘 손님들로 북적이며, 좀 늦게 가면 줄을 서는 건 기본이다. 하지만 훌륭한 음식과 와인을 맛보게 되면 기다림의 지루함 따위는 모두 잊어버린다. 저렴한 가격이지만 음식은 레스토랑과 같은 수준이다. 혹시 레스토랑에서 자리를 잡지 못했다면 이곳으로 와 즐거운 식사를 만끽해보자.

❶ 메트로 3호선 상티에역Sentier에서 도보 2분
❷ 버스 20, 39번 5-6 Rue du Nil, 75002
+33 1 40 39 96 19 € 음식 9유로부터, 와인 6유로부터
매일 18:30~23:00 frenchie-restaurant.com

조부아 Jovoy

향수 편집 숍

어디서나 살 수 있는 흔한 향수는 이곳에 없다. 조부아는 쉽게 접할 수 없는 희소성 있는 향수만을 전문적으로 판매하는 향수 편집 숍이다. 매장에 들어서면 기분 좋은 향기가 후각을 자극한다. 한국인을 비롯한 동양인들은 유명 브랜드를 선호하기 때문에 작은 규모의 향수 브랜드만을 취급하는 이곳은 잘 찾지 않는 편이다. 하지만 이 숍은 세계 유명 조향사들의 철학을 담은 희소성 있는 향수만을 판매한다는 자부심을 갖고 있다. 향수의 본고장 파리에서 자신만의 특별한 향수를 구하고 싶다면 주저 없이 이곳을 추천한다. 튈르리 정원 옆 리볼리 가에 있다.

❶ 메트로 1·8·12호선 콩코르드역Concorde에서 도보 3분, 1호선 튈르리역Tuileries에서 도보 3분 ❷ 버스 72번
4 Rue de Castiglione, 75001 +33 1 40 20 06 19
월~토 11:00~19:00 € 28유로~300유로
jovoyparis.com

©Alikaphoto

©Alikaphoto

갈리냐니 서점 Librairie Galignani

200년 된 영어 서적 전문 책방

파리 최초의 영어 서적 전문 책방으로 튈르리 공원 옆 리볼리 가에 있다. 16세기부터 이탈리아 베니스에서 출판업을 하던 갈리냐니 가문이 17세기 말 파리로 이주하여 1801년 문을 연 서점이다. 영어 서적 판매가 금지되었던 프랑스의 독일 점령 시기에 예술 서적에 중점을 두기 시작하였고, 전쟁 이후 순수 미술 서적 판매로 크게 성공을 거두었다. 지금도 다양한 순수 예술 분야 서적을 찾아볼 수 있다. 갈리냐니의 책들 가운데 영어 서적은 5만 여 종으로 이곳 전체 서적의 40%에 달한다. 한국의 작가 한강과 정영문의 작품을 영어로 번역한 책도 만나볼 수 있다.

❶메트로 1호선 튈르리역Tuileries에서 도보 2분, 1·8·12호선 콩코르드역Concorde에서 도보 4분 ❷버스 72번
224 Rue de Rivoli, 75001 +33 1 42 60 76 07 월~토 10:00~19:00 휴무 일 www.galignani.fr

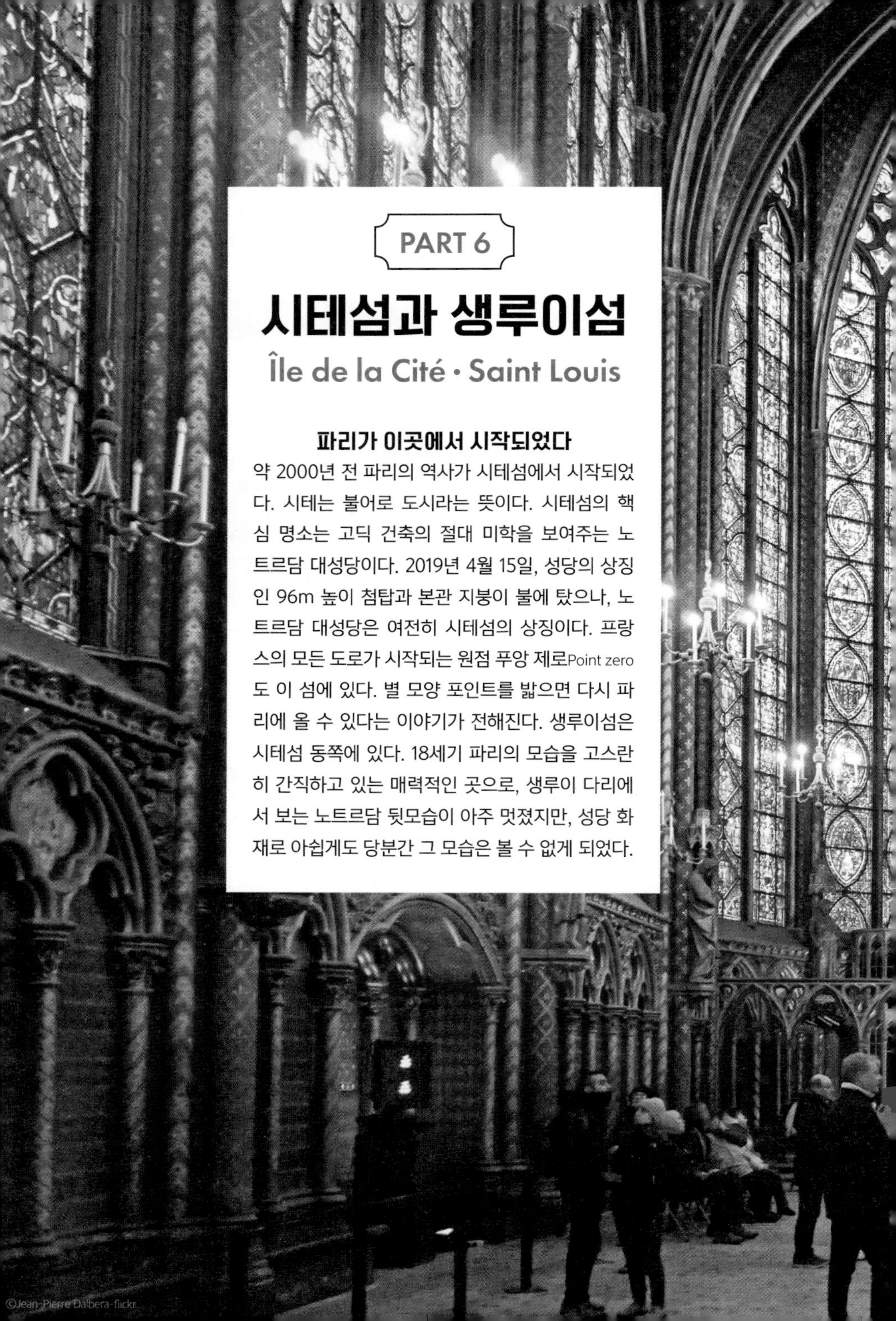

PART 6

시테섬과 생루이섬

Île de la Cité • Saint Louis

파리가 이곳에서 시작되었다

약 2000년 전 파리의 역사가 시테섬에서 시작되었다. 시테는 불어로 도시라는 뜻이다. 시테섬의 핵심 명소는 고딕 건축의 절대 미학을 보여주는 노트르담 대성당이다. 2019년 4월 15일, 성당의 상징인 96m 높이 첨탑과 본관 지붕이 불에 탔으나, 노트르담 대성당은 여전히 시테섬의 상징이다. 프랑스의 모든 도로가 시작되는 원점 푸앙 제로Point zero도 이 섬에 있다. 별 모양 포인트를 밟으면 다시 파리에 올 수 있다는 이야기가 전해진다. 생루이섬은 시테섬 동쪽에 있다. 18세기 파리의 모습을 고스란히 간직하고 있는 매력적인 곳으로, 생루이 다리에서 보는 노트르담 뒷모습이 아주 멋졌지만, 성당 화재로 아쉽게도 당분간 그 모습은 볼 수 없게 되었다.

시테섬과 생루이섬 지구
리볼리 거리 Rue de Rivoli
파리 플라쥬
Pairs Plages
사마리텐 백화점
샤틀레
Châtelet
퐁네프
Pont Neuf
Quai de la Mégisserie
도착
브데트 뒤 퐁네프 센강 유람선,
Vedettes du Pont Neuf
퐁네프 다리
Pont Neuf
부키니스트
Bouquinistes
상쥬 다리
Pont au Change
도핀 광장
Place Dauphine
레스토랑 메종 폴
노트르담 다리
Pont Notre-Dame
콩시에르쥬리
Conciergerie
꽃과 새 시장
Marche aux Fleurs et
aux Oiseaux
최고재판소
Palais de Justice
Quai des Grands Augustins
생트샤펠 성당
Église Sainte Chapelle
Bd. du Palais
시테
Cité
시테섬
Île de la Ci
생제르맹 데 프레
Saint-Germain-des-Prés
생미셸 다리
Pont Saint-Michel
Rue de la Cité
생미셸 노트르담
Saint-Michel - Notre-Dame
푸앙 제로
Point Zéro
Quai Saint-Michel
생미셸 분수 광장
Fontaine Saint-Michel
부키니스트
Bouquinistes
노트르담
Cathédrale Notre
Quai de Montebello
오데옹
Odéon
생제르맹 거리 Boulevard Saint-Germain
라탱 지구
Quartier Latin

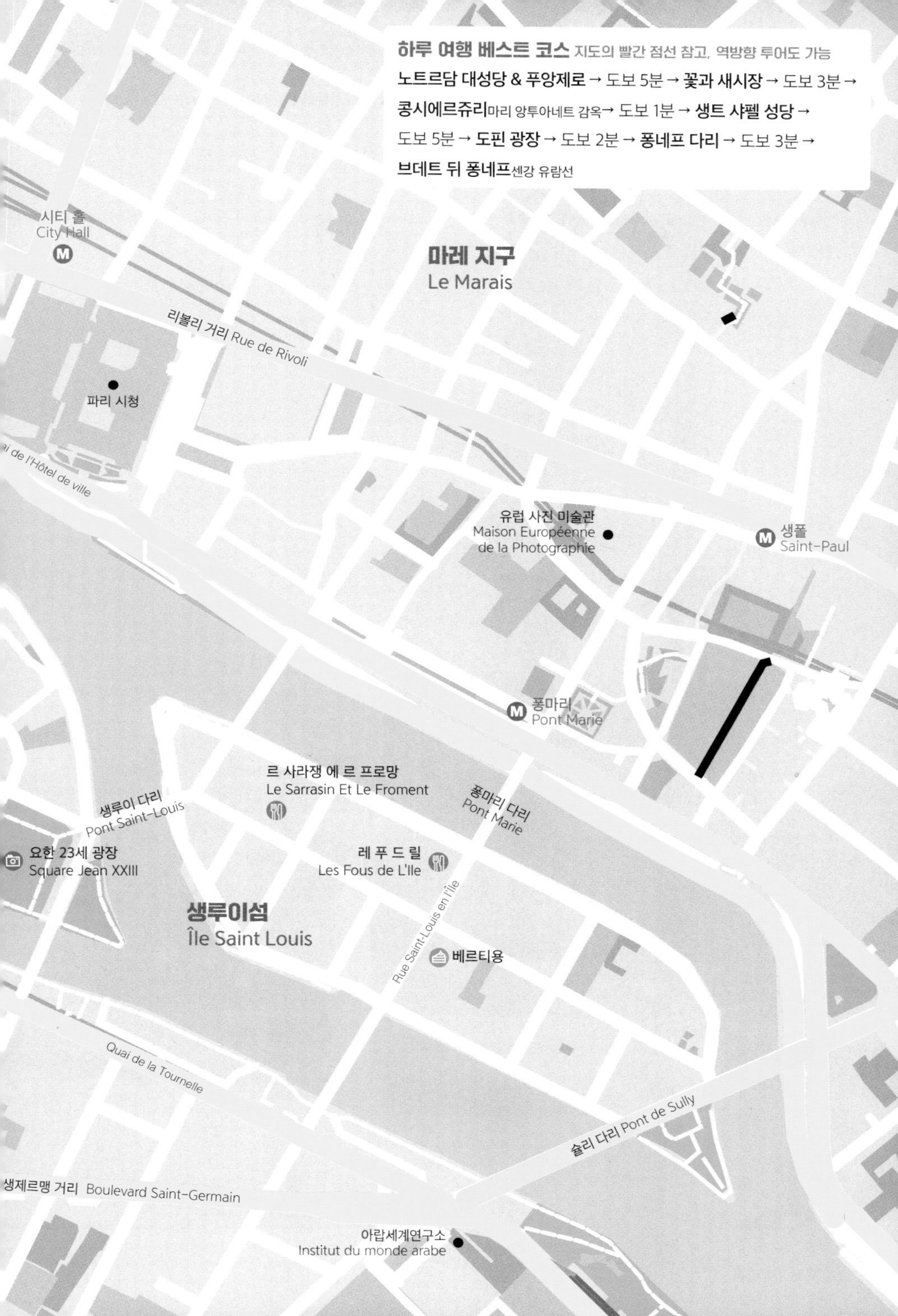
하루 여행 베스트 코스 지도의 빨간 점선 참고, 역방향 투어도 가능
노트르담 대성당 & 푸앙제로 → 도보 5분 → 꽃과 새시장 → 도보 3분 →
콩시에르쥬리마리 앙투아네트 감옥→ 도보 1분 → 생트 샤펠 성당 →
도보 5분 → 도핀 광장 → 도보 2분 → 퐁네프 다리 → 도보 3분 →
브데트 뒤 퐁네프센강 유람선
시티 홀
City Hall
마레 지구
Le Marais
리볼리 거리 Rue de Rivoli
파리 시청
ai de l'Hôtel de ville
유럽 사진 미술관
Maison Européenne
de la Photographie
생폴
Saint-Paul
퐁마리
Pont Marie
르 사라쟁 에 르 프로망
Le Sarrasin Et Le Froment
퐁마리 다리
Pont Marie
생루이 다리
Pont Saint-Louis
요한 23세 광장
Square Jean XXIII
레 푸 드 릴
Les Fous de L'Ile
Rue Saint-Louis en l'île
생루이섬
Île Saint Louis
베르티용
Quai de la Tournelle
쉴리 다리 Pont de Sully
생제르맹 거리 Boulevard Saint-Germain
아랍세계연구소
Institut du monde arabe

노트르담 대성당 까떼드랄 노트르담 드 파리 Cathédrale Notre Dame de Paris

❶ 메트로 4호선 시테역Cité에서 도보 2분, 4호선 생미셸역St-Michel에서 도보 3분
❷ RER B, C선 생미셸 노트르담역Saint-Michel-Notre-Dame에서 도보 5분
❸ 버스 21, 27, 38, 47, 75, 96번
6 Parvis Notre-Dame-Pl. Jean-Paul II, 75004
+33 1 42 34 56 10

©Habib M'henni

프랑스 고딕 건축의 보물

센강의 자연 섬 시테Île de la Cité는 파리가 시작된 곳이다. 율리우스 카이사르가 쓴 『갈리아 전기』에 따르면 기원전 1세기경 이 섬에 '파리시족'이 살고 있었다. 시테는 불어로 도시라는 뜻이다. 이 섬에 고딕건축의 보물 노트르담 대성당이 있다. 노트르담Notre Dame은 '우리의 부인'이라는 뜻으로, 성모 마리아를 의미한다. 노트르담 대성당은 1163년 루이 7세 때 착공 후 약 180년 만인 1345년 완공되었다. 영국으로부터 마녀로 지목되어 화형당했던 오를레앙의 소녀 잔다르크1412~1431, 프랑스를 구하라는 하느님의 계시를 받고 영국과 벌인 백년전쟁에 참전하여 프랑스를 승리로 이끌었으나 영국의 영향권에 있던 부르고뉴 시민들에게 붙잡혀 영국으로 압송되었다.가 이곳에서 시성식을 거친 후 성인이 되었다. 나폴레옹 1세는 스스로 황제라 칭하고 1804년 노트르담에서 대관식을 거행했다. 프랑스 혁명을 거치며 심하게 파괴되어 한때 와인 창고로 사용되는 등 수난을 겪었으나 19세기 초에 복원을 결정했다. 하지만 엄청난 비용 때문에 철거까지 논의되기에 이른다. 오늘까지 성당을 지킨 건 문학 작품의 영향이 크다. 빅토르 위고1802~1885의 소설 『노트르담 드 파리』의 배경이 되면서 성당의 중요성을 재인식되어 복원될 수 있었다. 프랑스의 지도자 드골1890~1970과 미테랑1916~1996 대통령의 장례식이 이곳에서 치러졌다.

노트르담 대성당은 몇 년 전까지 한해에 1천4백만 명이 찾는 파리 최고의 명소였다. 프랑스의 고딕 건축물 중 최고 걸작이다. 정면에는 문이 세 개 있고, 문 위로는 정교하고 아름다운 장미창이 있다. 성당은 동서남북 어느 방향에서든 웅장함과 독특한 아름다움을 감상할 수 있었다. 그러나 2019년 4월 15일 오후 8시경, 노트르담이 화염에 휩싸였다. 지붕이 무너지고, 하늘 높이 솟아있던 첨탑이 시민들 눈앞에서 쓰러졌다. 노트르담은 당시 보수 공사 중이었다. 천 년 전에 만들어진 목제지붕과 첨탑을 지키기 위한 공사였다. 마크롱 대통령은 5년 이내에 복원하겠다고 밝혔다. 복원 공사로 관람은 할 수 없으나 여전히 많은 관광객이 찾는다. 공사장 벽에 설치한 사진과 만화로 화재 당시 모습과 복원 공사 과정을 살펴볼 수 있다. 일부지만 정면과 측면의 아름다운 장미창과 정면의 문도 구경할 수 있다.

Travel Tip

프랑스 모든 도로의 기준점, 푸앙 제로

노트르담 앞 광장에는 도로 원점 포인트푸앙 제로, Point zero가 있다. 위치상 파리의 중심점이 되는 곳으로 프랑스의 모든 도로가 이곳에서 시작된다. 별 모양 포인트를 밟으면 다시 파리에 올 수 있다는 이야기가 전해져, 많은 여행객이 별 포인트를 밟으며 파리와의 재회를 꿈꿔 왔다. 하지만 아쉽게도 노트르담 대성당 복원 공사로 지금은 광장에 진입할 수 없다.

ONE MORE

영화 <노트르담의 꼽추>

빅토르 위고의 소설 『노트르담 드 파리』를 각색하여 만든 영화이다. 노트르담 대성당이 배경 무대이며 안소니 퀸꼽추 콰지모도 역과 지나 롤로부리지다집시 처녀 에스메랄다 역가 열연했다. 콰지모도는 노트르담의 종탑에 사는 종지기였다. 종탑에 오르면 파리 시내를 한눈에 담으며 콰지모도와 에스메랄다의 슬픈 사랑을 애틋하게 느낄 수 있었는데, 당분간 종탑 전망대에 오를 수 없어 아쉽다. <노트르담의 꼽추>는 뮤지컬과 디즈니의 애니메이션으로도 제작되어 많은 사람에게 감동을 선사했다.

Special Tip

노트르담 대성당 깊이 구경하기

1

중세의 상징, 고딕건축

유럽의 중세는 봉건제도와 기독교 문화의 절대적 권위가 절정을 이룬 시대였다. 이 시기엔 수백 년 동안 큰 전쟁과 정치적 혼란이 없었다. 유럽 사회가 대체로 사회적, 경제적, 정치적, 문화적인 발전을 이룬 시기였다. 경제 사정이 좋아지자 영주들은 세금을 받아 성을 짓고, 교회는 신에게 더 가까이 가기 위해 더 크게 더 높이 성당을 지으려 했다. 당시 교회 건축은 바실리카 양식이나 로마네스크 양식이 주를 이루고 있었다. 이들 양식으로 건축한 교회는 무거운 천장을 받치기 위해 두꺼운 벽체를 사용해야 했기에, 넓은 실내 공간을 가질 수 없었다. 게다가 두꺼운 벽을 뚫고 창을 내기도 어려워 실내가 어두울 수밖에 없었다. 그러나 12세기 무렵 프랑스 북부를 중심으로 고딕건축이 등장하면서 새로운 바람이 불기 시작했다. 고딕건축은 천장을 지지하는 갈빗대 모양 뼈대Rib Vault, 다발기둥, 버팀 기둥Flying Buttress 등으로 천장의 무게를 분산시켜 벽체를 얇게 지을 수 있는 획기적인 건축 기법이었다. 고딕건축의 개발로 교회의 벽체가 얇아지자 실내 공간이 넓어졌고, 스테인드글라스로 장식한 아름다운 창을 내어 실내 분위기를 환하게 만들 수 있었다. 또 벽체 외부에 버팀 기둥을 세워 높은 첨탑까지 세울 수 있었다. 유럽의 대표적인 고딕 건축물로는 파리의 노트르담 대성당, 독일의 쾰른 성당, 영국의 웨스트민스터 사원 등이 있다. 노트르담 대성당은 최초로 버팀기둥을 사용한 건축물이다. 성당 양쪽 측면에서 버팀 기둥을 확인할 수 있다.

2

노트르담의 정문에 담긴 뜻

노트르담 대성당 정면에는 성서의 이야기로 구성한 세 개의 문이 있다. 맨 왼쪽 문이 성모 마리아의 문이고, 가운데 문은 최후의 심판문이다. 맨 오른쪽 문은 성 안나성모 마리아의 어머니의 문이다. 불이 나기 전 여행자들은 성 안나의 문 앞에 줄 서서 대기하다가 성당을 관람한 후 성모 마리아의 문으로 나왔다. 성당 밖에서 바라보면 문 위쪽에 성경에 나오는 왕들을 새긴 조각상 28개가 일렬로 장식되어 있다. 이 조각상들이 '제왕의 회장'이다. 제왕의 회장 위쪽 중앙부의 둥근 창이 성모자 상이 있는 장미창이다.

3

아름다운 장미창

노트르담에는 장미창이 모두 세 개 있다. 하나는 성당 정면 '제왕의 회장' 위쪽 중앙부에 있고, 나머지 두 개는 성당 옆면 벽체에 있다. 장미창은 스테인드글라스로 장식되어 있어, 성당 실내 분위기를 환하고 아름답게 만들어 준다. 옆면 벽체에 있는 장미창은 높이 있으므로 망원경을 준비해 가면 자세히 볼 수 있다. 남쪽 측면 장미창은 그리스도와 마리아, 12사도의 모습이 장식되어 있다. 이 창 아래에 잔다르크 상이 있는데, 스테인드글라스의 빛을 받아 은은하게 빛난다. 북쪽 측면 장미창은 구약성서에 나오는 인물들로 장식되어 있다. 장미창의 스테인드글라스는 모두 네 가지 색으로만 만들었다. 창을 통해 들어오는 빛은 세상의 모든 빛을 담고 있는 듯하다. 그래서 성당 실내는 더욱 경건하고 성스럽게 느껴진다. 성당이 복원되면 그 모습을 다시 감격스럽게 확인할 수 있으리라.

4

지금은 오를 수 없는 노트르담의 탑

성당 정면에서 보면 문이 세 개 있고, 오른쪽남쪽과 왼쪽북쪽 맨 위에 높이 69m에 이르는 탑 두 개가 솟아있다. 불이 나기 전, 성당 왼쪽 옆으로 가면 탑 전망대 입구가 있었다. 입구엔 사람들이 줄지어 서서 입장 순서를 기다리곤 했다. 전망대로 오르는 계단은 387개이다. 쉬운 일이 아니지만 많은 사람이 탑 전망대에 올랐다. 오르지 않는다면, 노트르담의 일부만 보는 것이기 때문이다. 전망대는 북쪽 탑에서 남쪽 탑으로 연결되어 있다. 남쪽 탑은 종탑이다. 종의 무게는 무려 13톤, 종의 이름은 엠마누엘이다. 전망대에서 바라보는 파리 풍경은 아름답기 그지없다. 센강과 파리의 골목 그리고 아름다운 건축물이 그림처럼 펼쳐진다. 복원이 끝나면 그 멋진 풍경을 다시 보게 될 것이다.

생루이섬 일 생 루이 Île Saint-Louis

©Wikimedia Commons

시테섬 동쪽의 매력적인 섬

노트르담의 뒤쪽에 있는 섬이다. 노트르담의 아름다운 뒷모습을 보고 생루이 다리를 건너면 이윽고 생루이 섬l'Ile St. Louis이다. 생루이섬은 루이 9세의 이름에서 따왔다. 18세기 프랑스의 모습을 고스란히 간직하고 있는 매력적인 곳이다. 관광객으로 분주한 시테섬과 달리 분위기가 조용하고 차분하다. 파리지앵이 가장 살고 싶어 하는 고급 주거 지역으로 파리의 부자들이 사는 곳이다. 아름다운 골목 구석구석엔 노천카페, 살롱, 갤러리, 향초·빵·아이스크림·초콜릿을 파는 예쁜 상점이 자리하고 있다. 대표적인 상점으로는 아이스크림 가게 베르티용Berthillon과 아모리노Amorino Saint Louis, 기발한 소품이 가득한 기념품 가게 필론PYLONES - ÎLE SAINT LOUIS이 있다. 베르티용은 4대를 이어오는 전통 있는 아이스크림 가게로 예전엔 왕실에 납품하기도 했던 곳이다. 화학 첨가물을 넣지 않고 천연 재료로 만든 아이스크림으로 유명하다.

❶ 메트로 7호선 퐁마리역Pont Marie과 쉴리 모를랑역Sully Morland에서 도보 1~2분, 4호선 시테역Cité 에서 도보 5분
❷ RER B·C선 생미셸역St-Michel에서 도보 3분 ❸ 버스 67, 86, 87번

상점 주소 베르티용 29-31 Rue Saint-Louis en l'Ile, 75004
아모리노 47 Rue Saint-Louis en l'Ile, 75004 필론 57 Rue Saint-Louis en l'Ile, 75004

©Wikimedia Commons

©Guilhem Vellut flickr

생트 샤펠 에글리즈 생트 샤펠 Église Sainte Chapelle

❶ 메트로 4호선 시테역Cité과 생미셸역St-Michel에서 도보 1~2분, 1·4·7·11·14호선 샤틀레역Châtelet 도보 5분
❷ RER B·C선 생미셸역St-Michel에서 도보 2분 ❸ 버스 21, 27, 38, 47, 96번 10 Boulevard du Palais, 75001
+33 1 53 40 60 80 **4~9월** 09:00~19:00 **10~3월** 09:00~17:00 휴관 1월 1일, 5월 1일, 크리스마스
€ 일반 13유로, 18세 미만 무료, 콩시에르쥬리+생트 샤펠 통합 티켓 20유로, 뮤지엄 패스 사용 가능
www.sainte-chapelle.fr

©Jean-Pierre Dalbéra-flickr

©Jean-Pierre Dalbéra-flickr

세계에서 가장 아름다운 스테인드글라스

시테섬의 생트 샤펠은 1248년 완공한 전형적인 고딕 성당이다. 루이 9세가 콘스탄티노플의 보두앵 2세에게 구입한 그리스도의 가시 면류관과 십자가, 대못 같은 유물을 보관하기 위해 지었다. 유물들은 노트르담 대성당 성물 박물관에서 보관하고 있다. 생트 샤펠은 세계에서 가장 아름다운 스테인드글라스를 볼 수 있는 곳이다. 어마어마하게 화려한 스테인드글라스가 사방을 둘러싸고 있어 보는 이의 넋을 잃게 만든다. 생트 샤펠은 원래 왕궁 내 예배당이었다. 현재는 최고재판소, 생트 샤펠, 파리 최초의 형무소인 콩시에르쥬리로 나누어져 있다. 성당 입구는 법원과 함께 사용한다. 법원 입구에 사람들이 두 줄로 줄지어 서 있는데, 오른쪽 줄에 서면 성당으로 들어갈 수 있다. 소지품 검사를 해서 입장하기까지 시간이 좀 걸린다. 성당은 2층 건물인데, 옛날에는 어두운 1층은 서민들이, 스테인드글라스가 있는 2층은 왕족이나 왕궁 관료들이 사용했다. 스테인드글라스의 2/3는 13세기에 만들어진 오리지널로, 구약과 신약에 담긴 성서 이야기가 정교하게 묘사되어 있다. 화창한 날 가면 스테인드그라스의 아름다움을 더욱 깊이 느낄 수 있다.

콩시에르쥬리 Conciergerie

🚶 ❶ 메트로 4호선 시테역Cité에서 도보 3분, 1·4·7·11·14호선 샤틀레역Châtelet에서 도보 4분
❷ RER B·C 생미셸 노트르담역Saint-Michel-Notre-Dame에서 도보 5분 ❸ 버스 21, 27, 38, 47, 96번
2 Boulevard du Palais, 75001 +33 1 53 40 60 80 09:30~18:00 휴관 1월 1일, 노동절, 성탄절
€ 일반 13유로, 18세 미만 무료, 콩시에르쥬리 +생트 샤펠 통합티켓 20유로, 뮤지엄 패스 사용 가능
≡ www.paris-conciergerie.fr

©Jean-Pierre Dalbera-flickr

©Pline-Wikimedia Commons

마리 앙투아네트, 이곳에 갇히다

1391년부터 감옥으로 사용되기 시작한 파리 최초의 형무소이다. 프랑스 대혁명 당시 정권을 잡은 자코뱅당Jacobins이 '공포 정치'를 펼칠 때 단두대로 가기 전 죄수를 가두는 감옥으로 사용되었다. 고문실이 있을 만큼 악명이 높았으며, 약 2,800여 명이 이곳에서 갇혔다 처형되었다. 수감자 중 가장 유명한 인물로 루이 16세의 철없는 왕비 마리 앙투아네트를 꼽을 수 있다. 그녀가 갇혔던 당시 모습을 구경할 수 있다. 프랑스의 혁명가 조르주 당통과 나폴레옹 3세도 이곳에 수감되었다. 생트 샤펠과 함께 관람할 수 있는 통합 티켓을 구매하면 가격이 저렴하다.

ONE MORE

마리 앙투아네트 Marie Antoinette, 1755~1793

마리 앙투아네트는 신성 로마제국800~1806의 프란츠 1세와 오스트리아의 여제 마리아 테레지아의 15번째 자녀로 오스트리아 빈에서 태어났다. 당시 프로이센지금의 독일의 위협을 받고 있던 오스트리아는 그녀를 프랑스의 황태자루이 16세와 결혼시켜 두 나라의 동맹을 강화했다. 1770년 14살 때 베르사유 궁전에서 황태자비가, 1774년엔 프랑스의 왕비가 되었다. 철없고 사치스러운 생활을 하던 그녀는 백성들로부터 미움을 사 프랑스 혁명기에 체포되었다. 콩시에르쥬리에서 2달간 수감 생활을 한 후 1793년 콩코르드 광장에서 처형되었다.

도핀 광장 쁠라스 도핀 Place Dauphine

노천카페에서의 차 한 잔

영화 <미 비포 유>에서 여자 주인공 루이자가 남자 주인공 윌에게 묻는다. 지금까지 가본 곳 중에서 가장 좋았던 곳이 어디냐고. 윌이 말한다. 퐁네프 다리 옆 도핀 광장이라고. 진한 커피와 버터에 딸기잼을 바른 따뜻한 크루아상을 먹으며 도핀 광장 노천카페에 앉아 있는 게 최고라고.

도핀 광장은 시테 섬 퐁네프 다리 옆에 있다. 1605년 앙리 4세는 마레 지구의 보쥬 광장Place des Vosges 공사를 추진하고, 이어서 1607년 도핀 광장 공사에 들어갔다. 후계자라는 뜻을 가진 도핀Daupin은 앙리 4세의 아들 루이 13세를 지칭한다. 건물 가운데에 광장이 있는데, 앙리 4세는 이 광장에 극장을 설치해 시민들의 공연과 집회를 위한 공간으로 활용하도록 했다.

삼각형 모양의 아담한 광장은 아름다운 건물로 둘러싸여 있다. 1층은 상가이고 2층부터는 주거지이다. 1층 상가에 들어선 예쁜 카페와 레스토랑이 광장을 빛내주고 있다. 광장에 들어서면 시간이 멈춘 듯하다. 영화 <미드나잇 인 파리>의 주인공 길과 아드리아나처럼 시간 여행을 떠나고 싶어진다. 영화 주인공들은 도핀 광장에 있는 레스토랑 폴Restaurant Paul 앞에서 마차를 타고 꿈꾸던 '벨 에포크'La belle époque 시대로 시간 여행을 떠나 화가 로 트렉, 고갱, 드가를 만나 즐거운 시간을 보낸다. 레스토랑 폴은 프랑스의 유명 배우 이브 몽탕Yves Montand, 1921~1991과 아내였던 시몬 시뇨레1921~1985의 단골 식당으로도 유명하다. 센 강변을 걷다 윌의 말처럼 작고 아름다운 광장의 노천카페에 앉아 커피와 크루아상을 즐겨보자.

🚶 ❶ 메트로 7호선 퐁네프역Pont Neuf에서 도보 3분, 4호선 시테역Cité에서 도보 5분
❷ 버스 21, 27, 38, 47, 96번 주소 Place Dauphine, 75001

Travel Tip

영화 덕에 더 유명해진 퐁네프Pont Neuf

센강에서 가장 오래된 다리로, 1578년 건설을 시작하여 1607년에 완성되었다. 영화 <퐁네프의 연인들>의 배경으로 알려졌지만 영화는 세트장에서 촬영했다. 길이는 238m이고, 다리 아래에는 12개의 아치가 있다. 아치에는 마스카롱Mascaron이라는 그로테스크한 인물 조각 285개가 있는데, 액운을 막아주기 위해 설치한 것으로 한국의 벽사와 같은 것이다. 퐁네프 다리 서쪽에 있는 예술의 다리에 가면 전체 모습을 눈에 담을 수 있다.

🚶 메트로 7호선 퐁네프역Pont Neuf

ONE MORE

평화롭고 아름다웠던 벨 에포크 시대

벨 에포크La belle époque는 불어로 '좋은 시절' 또는 '아름다운 시절'이라는 뜻이다. 유럽에서 전쟁과 갈등이 없었던 시기로, 프로이센-프랑스 전쟁이 끝난 1871년부터 제1차 세계대전 발발 직전인 1914년 사이를 말한다. 이 시기 유럽은 산업혁명의 영향으로 물질적으로 정신적적으로 풍요로운 시대를 지냈다. 인상파, 표현주의, 입체주의, 초현실주의가 이때 등장했으며, 에펠 탑과 바우하우스 등이 이 시기를 대표하는 상징물이다. 외식, 레저, 주말여행이 대중화되기 시작했다.

꽃과 새 시장 막셰 오 플로 Marché aux Fleurs et aux Oiseaux

❶ 메트로 4호선 시테역Cité 에서 도보 1분 ❷ 버스 21, 38, 47, 96번
Place Louis Lépine, Quai de la Corse, 75004
월~일 09:30~19:00

엘리자베스 여왕이 다녀갔다

1808년 문을 연 파리에서 가장 오래된 시장이다. 계절 꽃은 물론 외래 꽃, 난, 작은 나무, 씨앗까지 다양하게 취급한다. 알록달록 꽃과 나무로 가득한 모습은 바라만 봐도 안구가 정화된다. 꽃을 살 수도 있지만 마치 전시회처럼 꽃을 진열해 놓은 것을 구경하는 것만으로 기분이 좋아진다. 낭만과 예술의 도시에 어울리는 풍경이다. 이곳에서는 꽃뿐 아니라 예쁜 인테리어 소품도 판매한다. 정원을 꾸밀 수 있는 작은 새장부터 앤티크 소품까지 다양하게 갖추어 놓았다. 규모는 크지 않지만, 꽃을 구경하는 것만큼이나 마음을 즐겁게 해 해준다. 2014년 6월엔, 2022년 9월에 사망한 영국의 여왕 엘리자베스 2세가 방문했다. 그 뒤로 '엘리자베스 2세 꽃시장'Marche aux fleurs Reine-Elizabeth-II 이라는 별칭을 갖게 되었다. 시테섬을 여행하다 꽃시장을 발견한다면 예기치 않은 선물을 받은 기분이 들 것이다. 매주 일요일엔 이곳에서 새 시장도 열린다. 카나리아, 앵무새 등 조류뿐만 아니라 물고기와 설치류까지 판매하여 시장에 활기를 불어넣는다.

부키니스트 Bouquinistes

🚶 ❶ 센강 북쪽 마리 다리Pont Marie와 예술의 다리Pont des Arts 사이
❷ 센강 남쪽 루아얄 다리Pont Royal와 쉴리 다리Pont de Sully 사이
☰ www.bouquinistedeparis.com

유네스코도 인정한 강변 서점

흔히 센강은 '두 개의 책장 사이에서 흐르는 세계에서 유일한 강'이라고 묘사되기도 한다. 책장이란 부키니스트를 의미한다. 부키니스트는 센 강변에서 고서적과 헌책을 주로 판매하는 길거리 노점이다. 센 강변 남쪽과 북쪽 3km가 넘는 길가에 녹색 철제 박스 900여 개가 쭉 놓여 있는데, 이것이 고서적 판매점 부키니스트이다. 고서적뿐 아니라 헌책, 잡지, 포스터, 그림도 판매한다. 단순한 노점 같지만, 그 역사가 400년이 넘어 이제는 센 강변의 문화로 자리 잡았다. 1789년엔 부키니스트라는 단어가 프랑스 사전에 등재됐으며, 1991년에는 부키니스트를 포함한 센강 주변의 역사와 문화가 세계문화유산에 등재되기도 했다. 상자의 규격까지 정해 지금의 모습을 갖춘 것은 1930년이다. 부키니스트는 파리 시의 허가를 받은 뒤 일주일에 일정 기간 이상 영업을 해야 한다. 센 강변에 늘어선 초록색 철제 상자는 파리의 소울을 담고 있는 또 하나의 볼거리이다. 부키니스트를 구경하며 강변을 걸어보자. 누가 아는가? 레미제라블 초판본이라도 발견하게 될지.

©pexels

©Wally Gobetz-flickr

파리 플라쥬 Paris Plages

🚶 ❶ 메트로 1호선 루브르-리볼리역Louvre-Rivoli, 7호선 퐁네프역Pont Neuf, 1·4·7· 11·14호선 샤틀레역Châtelet, 1·11호선 오텔 드 빌역Hôtel de Ville ❷ 버스 27, 38, 58, 67, 69, 70, 72, 74, 75, 76, 96번

🏠 Voie Georges Pompidou 🕓 **7월 중순~8월 중순** 10:00~20:00 € 무료

센강에서 바캉스 즐기기

플라쥬는 '해변'을 뜻하는 프랑스어로 파리 플라쥬는 말 그대로 '파리 해변'을 의미한다. 햇볕이 따갑게 내리쬐는 7월, 바다도 없는 파리에 해변이 생긴다. 퐁네프 다리 근처 조르쥬 퐁피두 도로Voie Georges Pompidou에 모래 5천 톤을 투입해 인공 해변을 만든다. 바캉스를 떠나지 못한 파리 시민과 여행자를 위한 멋진 휴식 공간이다. 2002년부터 시작된 파리 플라쥬는 여름마다 열리는 특별한 이벤트이다. 처음엔 센 강변 조르쥬 퐁피두 도로에만 인공 해변을 운영했으나, 2007년부터는 라 빌레트 운하Basin de La Villette에도 플라쥬를 만들고 있다. 사람들은 인공 해변에서 일광욕을 즐기거나 독서를 하며 도심 속에서 그들만의 바캉스를 즐긴다. 파리 플라쥬는 이제 여름날 파리지앵들이 사랑하는 하나의 이벤트로 자리 잡았다. 음악 축제, 발리볼 시합, 댄스, 테이블 축구 등 즐길 거리도 다양하다. 모래사장의 썬 베드는 무료로 사용 가능하며, 근처 카페 겸 바에서 간단한 먹을거리와 음료를 즐길 수도 있다. 베를린, 브뤼셀, 부다페스트 등 다른 대도시도 파리 플라쥬를 모티브로 도심 속 해변을 만들고 있다.

시테 섬과 생루이 섬의 맛집과 디저트 카페

레스토랑 폴 Restaurant Paul

❶ 메트로 7호선 퐁네프역Pont Neuf 도보 4분 ❷ 버스 27, 58, 67, 70, 72, 74번
15 Place Dauphine, 75001 +33 1 43 54 21 48
월~일 12:00~14:30, 19:00~22:00 www.restaurantpaul.fr

영화 <미드나잇 인 파리>에 나온 맛집

도핀 광장에 위치한 작은 레스토랑으로 다소 평범해 보이지만 내공이 있는 곳이다. 프랑스 유명 배우 이브 몽탕과 그의 아내 시몬 시뇨레의 단골집으로도 유명했다. 서비스, 음식, 분위기 모두 만족스럽다. 테라스는 도핀 광장을 바라보며 앉아 있기 좋은 곳이다. 테라스 지나 레스토랑으로 들어서면 창문 너머로 센강이 훤히 보인다. 로맨틱한 분위기 덕분에 영화 <미드나잇 인 파리>에 등장하기도 했다. 영화 속 주인공 길과 아드리아나는 이곳 테라스에서 서로의 마음을 확인하고, 식당 앞에 나타난 마차를 타고 '벨 에포크'La belle époque, 아름다운 시절이라는 뜻으로, 파리가 평화와 번영을 누리던 19세 말부터 1차 세계대전 사이 기간을 말한다. 인상주의, 만국박람회, 에펠탑, 파리의 첫 지하철, 알렉상드르 3세의 다리 등이 이때 생겨났다. 시대로 시간 여행을 떠난다. 로맨틱한 분위기에서 멋진 식사를 원하는 이에게 추천한다.

🚶 ❶ 메트로 7호선 퐁 마리역Pont Marie에서 도보 3분
❷ 버스 67번 🏠 33 rue des Deux Ponts 75004
📞 +33 1 43 25 76 67 🕓 **월~일** 12:00~14:30 19:00~22:30,
토·일 12:00~22:30 ≡ lesfousdelile.becsparisiens.fr

레 푸 드 릴 Les Fous de L'Ile

미슐랭 가이드가 추천한 캐주얼 레스토랑

'섬의 미치광이들'이라는 다소 독특한 이름을 가진 이곳은 생루이 섬에 위치한 캐주얼한 레스토랑이다. 실내는 프랑스 국조인 수탉으로 화려하고 재미있게 장식되어 있다. 음식 또한 캐주얼하여 프랑스 전통 음식인 푸아그라부터 타르타르, 스테이크, 햄버거까지 젊은이들의 취향에 맞춘 메뉴를 갖추고 있다. 미슐랭 가이드에 추천되기도 하였으며, 특히 햄버거는 많은 사람들이 찾는 메뉴 중 하나다. 생루이 섬의 명물인 베르티용 아이스크림이 디저트로 나온다.

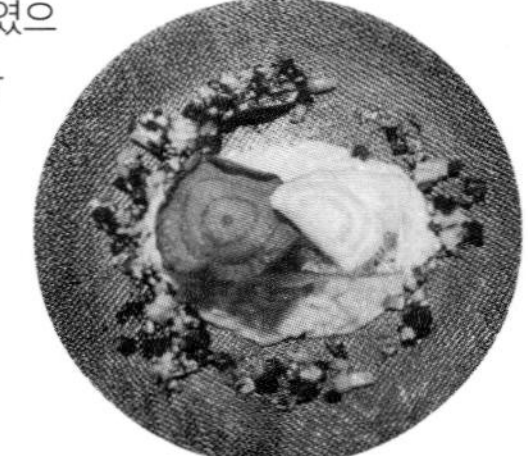

베르티용 Berthillon glacier

파리 최고의 아이스크림 맛보기

파리에서 가장 유명한 아이스크림 가게로, 생루이 섬의 명물이다. 1954년에 처음 문을 열었고, 오픈한 지 얼마 되지 않아 파리의 최고 아이스크림 가게로 이름을 올렸다. 32가지 수제 아이스크림이 있는데, 크게 우유가 들어간 아이스크림과 과일로 만든 소르베로 나누어져 있다. 특히 베르티용의 소르베는 과일의 풍미가 진하게 느껴져서 좋다. 파리 최고의 아이스크림을 원하는 이에게 추천한다. 생루이 섬의 거의 모든 카페에서도 베르티용의 아이스크림을 판매한다. 입구에 베르티용이라고 적혀 있는 카페에서, 유사품이 아닌 진짜 베르티용 아이스크림을 맛볼 수 있다.

🚶 ❶ 메트로 7호선 퐁 마리역Pont Marie에서 도보 3분 ❷ 버스 24, 67, 86, 87번
🏠 29~31 Rue Saint-Louis en l'Île, 75004 📞 +33 1 43 54 31 61
🕓 **수~일** 10:00~20:00 휴무 월, 화

르 사라쟁 에 르 프로망 Le Sarrasin Et Le Froment

❶ 메트로 7호선 퐁 마리역Pont Marie에서 도보 5분 ❷ 버스 24, 67번
86 Rue Saint-Louis en l'Île, 75004
+33 1 56 24 32 06 11:00~22:00 휴무 수요일

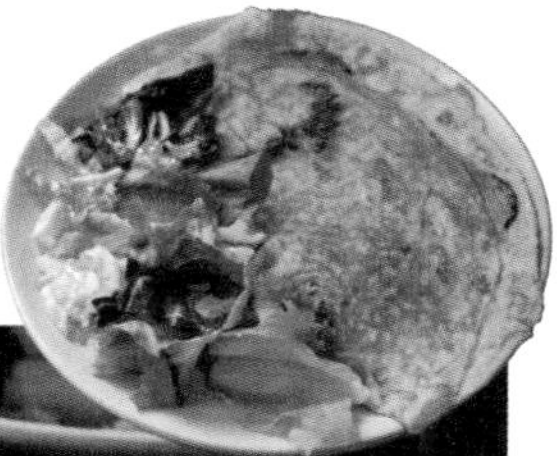

한 끼 식사로 손색없는 크레이프

시테섬 동쪽에 있는 생루이섬엔 크레이프 가게가 밀집해 있다. 르 사라쟁 에 르 프로망은 생루이섬의 많은 크레이프 가게 중에서도 손꼽히는 맛집이다. 오전 11시부 터 밤 11시까지 논스톱으로 운영되기에 식사 시간을 놓쳐 한 끼 때우고 싶을 때 더없이 좋다. 우리가 흔히 알고 있는 디저트용 크레이프에서 갈레트Galette라 불리는 식사 대용 크레이프까지 다양한 메뉴를 선택할 수 있다. 특히 크레이프와 갈레트와 음료를 세트로 선택하면 제법 착한 가격에 배불리 먹을 수 있다. 햄, 달걀, 치즈, 버섯 등 취향에 따라 재료를 고르면 얇은 크레이프 반죽 위에 선택한 재료를 듬뿍 올려 준다. 생루이섬에 가게 되면, 잊지 말고 르 사라쟁 에 르 프로망을 찾아보자.

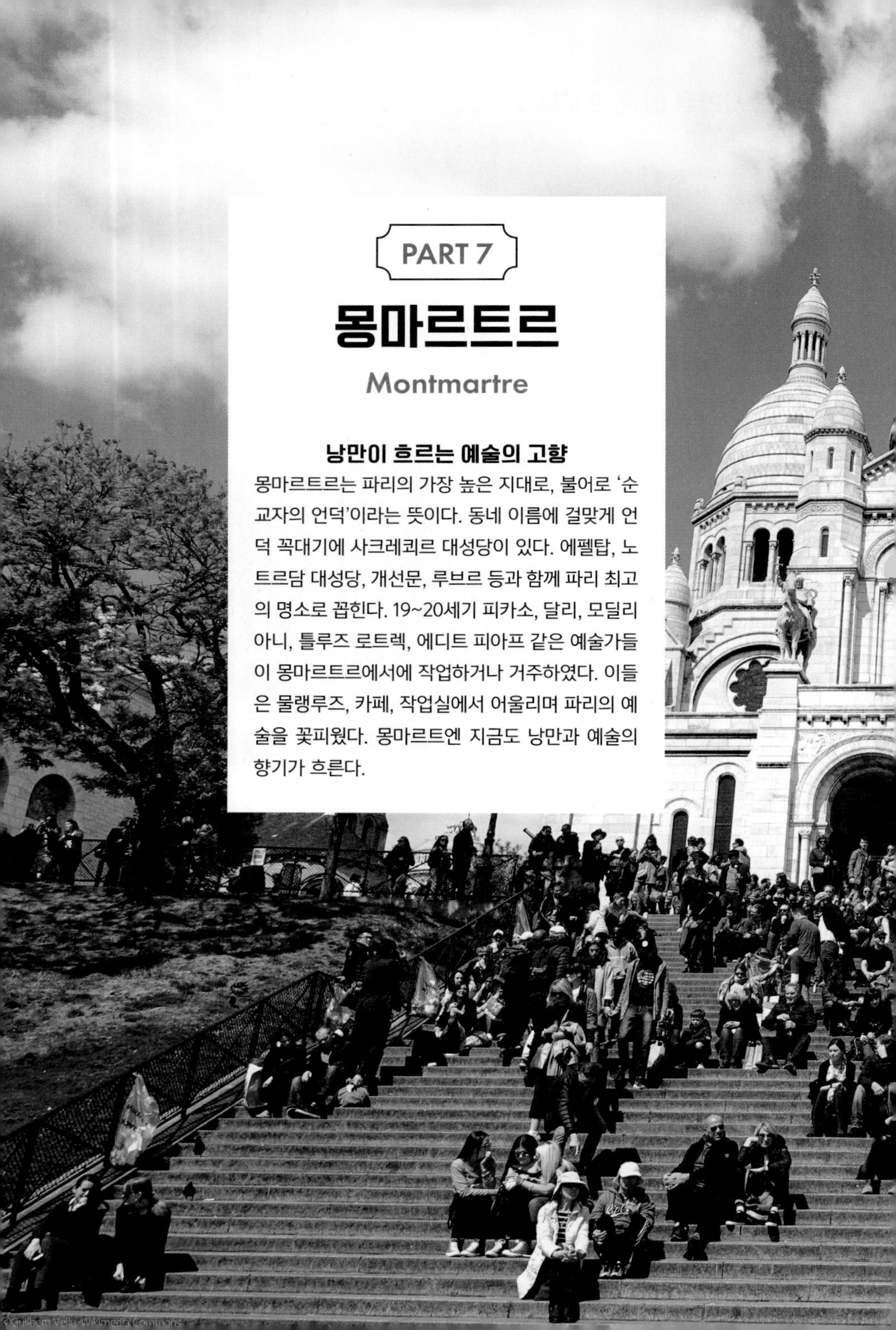

PART 7

몽마르트르

Montmartre

낭만이 흐르는 예술의 고향

몽마르트르는 파리의 가장 높은 지대로, 불어로 '순교자의 언덕'이라는 뜻이다. 동네 이름에 걸맞게 언덕 꼭대기에 사크레쾨르 대성당이 있다. 에펠탑, 노트르담 대성당, 개선문, 루브르 등과 함께 파리 최고의 명소로 꼽힌다. 19~20세기 피카소, 달리, 모딜리아니, 툴루즈 로트렉, 에디트 피아프 같은 예술가들이 몽마르트르에서에 작업하거나 거주하였다. 이들은 물랭루즈, 카페, 작업실에서 어울리며 파리의 예술을 꽃피웠다. 몽마르트엔 지금도 낭만과 예술의 향기가 흐른다.

HERE
NIGHT
AND DAY
SOMEONE
IS PRAYING
TO THE LORD

몽마르트르 지구
Av. de Saint-Ouen
La Fourche
몽마르트르 묘지
Cimetiére de Montmartre
출발
물랭 루즈
Moulin Rouge
블렁슈
Blanche
Place de Clichy
Bd des Batignolles
Bd de Clich
Rue Blanche
하루 여행 베스트 코스 지도의 빨간 점선 참고, 역방향 투어도 가능
물랭 루즈 → 도보 8분 → 사랑해 벽 → 도보 9분 →
벽을 뚫는 남자→ 도보 3분 → 달리 박물관 → 도보 2분 →
테르트르 광장 → 도보 3분 → 사크레쾨르 대성당

생투앙 벼룩시장
Marché aux Puces, Saint-Ouen(1.5km)
오 라팽 아질과
르 물랭 들라 갈레트
Au Lapin Agile &
Moulin de la Galette
벽을 뚫는 남자
Le Passe-Muraille
르 물랭
들라 갈레트
도착
사크레쾨르 대성당
Basilique du Sacré-Cœur de Montmartre
달리 박물관
Dalí Paris
테르트르 광장
Place du Tertre
바토 라부아
Bateau Lavoir
사랑의 벽
Le mur des je t'aime
아베쓰
Abbesses
빵빵
세봉
Anvers
삐갈르
Pigalle
Bd de Clichy
까베 카페숍
르 팡트뤼슈

사크레쾨르 대성당 바실리크 뒤 사크레쾨르드 몽마르트르
Basilique du Sacré-Cœur de Montmartre

메트로 2호선 앙베르역 Anvers에서 도보 9~10분, 12호선 아베스역Abbesses에서 도보 8분
35 Rue du Chevalier de la Barre, 75018 +33 1 53 41 89 00
❶ 성당 06:00~22:30 ❷ 돔 10:30~20:30(수시로 변경, 홈페이지 확인 필수)
www.sacre-coeur-montmartre.com

©Nathan Molinari-flickr

©Guilhem Vellut-flickr

©edwin11-flickr

몽마르트르 언덕의 상징

몽마르트르는 파리에서 가장 높은 언덕129m이다. 19세기 말 예술가와 보헤미안이 모여들면서 예술과 놀이의 거리로 발전하였다. 이 언덕 꼭대기에 사크레쾨르 대성당이 있다. 사크레쾨르는 성심, 즉 그리스도의 심장을 의미한다. 하얀색 돔이 돋보이는 성당으로 비잔틴 양식과 로마네스크 양식이 어우러져 파리에서도 조금 이국적이다. 1871년 프로이센 전쟁에서 패한 후, 목숨을 잃은 이들의 영혼을 위로하기 위해 성당을 지었다. 몽마르트르는 '순교자의 언덕'이란 뜻으로, 기독교 포교 활동을 하던 생 드니 주교가 참수당한 곳이라 이런 이름을 갖게 되었다. 성당은 1875년 착공하여 1914년 완공됐다. 사크레쾨르 대성당은 에펠탑, 노트르담 대성당, 개선문 등과 함께 파리 최고의 명소로 손꼽힌다. 성당 뒤편 종탑에는 19톤에 달하는 세계에서 가장 무겁고 큰 종이 있다. 성당의 하얀 돔은 계단 230여 개를 올라가 다다를 수 있다. 계단을 오르다 숨이 차오를 즈음 고개를 돌리면 숨이 막히도록 아름다운 파리 시내가 눈 앞에 펼쳐진다. 성당 앞 계단과 경사진 잔디밭에서 버스킹, 피크닉, 길거리 퍼포먼스를 즐길 수 있다.

테르트르 광장 뻘라스 뒤 테르트르 Place du Tertre

🚶 ❶ 메트로 2호선 앙베르역Anvers에서 도보 7분, 12호선 아베스역Abbesses에서 도보 10분
❷ 버스 몽마르트로뷔스Montmartrobus
⌂ Place du Tertre, 75018

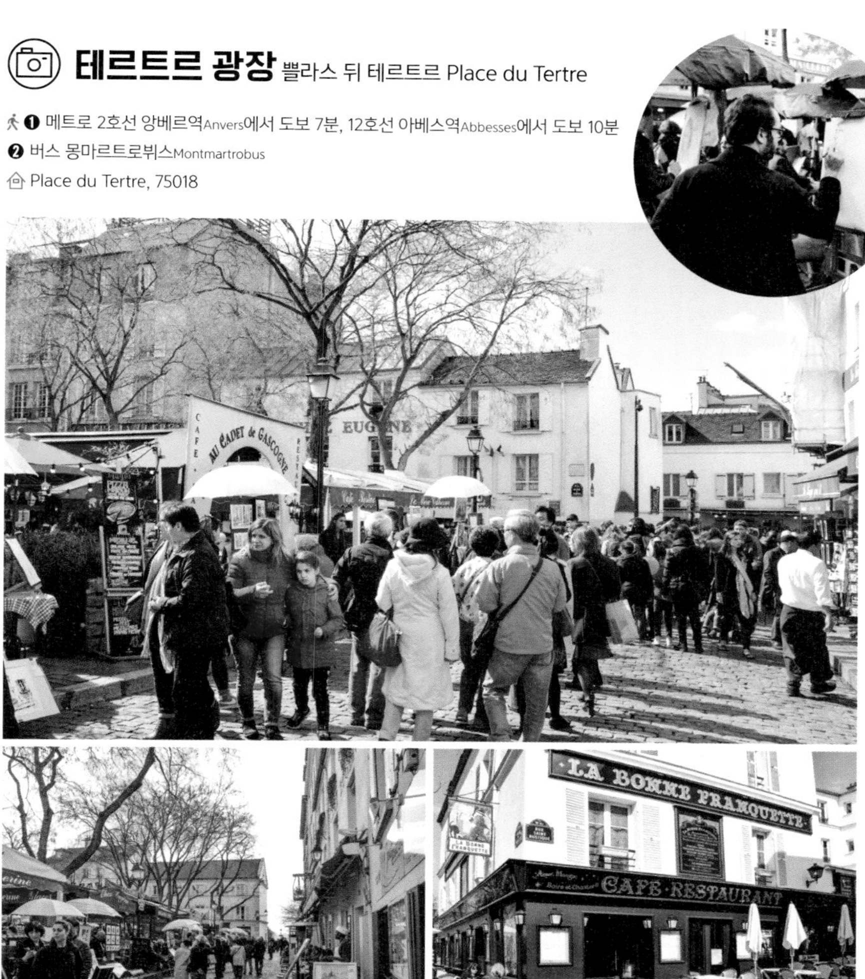

거리 예술가들의 성지

테르트르는 '작은 언덕 꼭대기'라는 뜻으로, 파리에서 여행객이 가장 붐비는 장소이다. 이젤을 놓고 그림을 그리는 화가들, 버스킹을 하는 예술가들, 수많은 여행자로 활기가 넘친다. 화가들이 관광객의 얼굴을 그려주는 광경을 구경하는 재미도 쏠쏠하다. 1860년대 파리 근교에서 파리로 편입되었다. 20세기 초 몽마르트르에는 많은 예술가가 살았다. 피카소, 살바도르 달리, 르누아르의 흔적을 쉽게 찾아볼 수 있다. 피카소의 아틀리에가 있었던 바토 라부아Bateau Lavoir, 세탁선와 달리 박물관Espace Dali이 멀지 않은 곳에 있다. 르누아르를 비롯한 화가들 그림의 단골 소재가 됐던 갈레트의 풍차Moulin de la Galette도 광장 근처에서 찾아볼 수 있다. 광장 6번가에 자리한 레스토랑 라 메르 카트린La Mere Catherine은 재미있는 옛이야기를 전해주고 있다. 1814년 나폴레옹 전쟁 당시 러시아 코사크 병사들이 이 레스토랑에 들러 술을 주문하곤 했다. 하지만 상부의 허락 없이 빠져나왔던 그들은 마음이 급해 러시아어로 '빨리'러시아어로 비스트로를 외쳤는데, 그게 바로 오늘날 프랑스의 작은 식당을 의미하는 '비스트로'의 기원이 되었다.

물랭 루즈 Moulin Rouge

❶ 메트로 2호선 블랑슈역Blanche에서 도보 1분, 2·13호선 플라스 드 클리쉬역Place de Clichy과 피걀역Pigalle에서 도보 5분
❷ 버스 30, 54, 80, 95번 82 Boulevard de Clichy, 75018 +33 1 53 09 82 82
이브닝 디너쇼 19:00 입장, 이브닝 쇼 21:00, 23:00 입장
€ 이브닝 쇼 87유로부터, 이브닝 디너쇼 205유로부터(시간, 요일에 따른 변동 가능) ≡ www.moulinrouge.fr

©Rutger van der Maar-flickr

©rawpixel

©rawpixel

캉캉 춤의 고향

물랭루즈는 '빨간 풍차'라는 뜻으로 몽마르트르 남서쪽 피걀Pigalle에 있는 카바레이다. 피걀 지역은 성인용품 가게, 에로티시즘 박물관 등으로 유명한 환락가이다. 1889년 이곳에 빨간 풍차로 장식한 물랭루즈가 생겨났다. 당시는 파리가 가장 번성을 이룬 벨 에포크Belle époque 시대였다. 주름이 많은 치맛자락을 잡고 다리를 들어 올리는 캉캉 춤이 물랭루즈에서 시작됐다. 처음엔 부자들을 상대하는 창부들이 추는 춤이었지만, 훗날 하나의 춤으로 자리를 잡았다. 물랭 루즈에서는 지금도 쇼를 하고 있다. 공연만 관람하는 이브닝 쇼도 있고, 저녁을 먹으며 공연을 보는 이브닝 디너쇼도 있다. 노래 공연, 성인용 공연, 서커스 공연을 보여준다. 미성년자는 관람 불가이다. 니콜 키드먼과 이완 맥그리거 주연의 뮤지컬 영화 <물랭루즈>는 이곳을 배경으로 하고 있다. 유명한 창부를 보고 첫눈에 반한 가난한 작가, 그리고 물랭루즈를 후원하는 부자 고객인 공작 사이의 사랑과 갈등에 관한 이야기이다. 이 영화 덕분에 물랭 루즈는 더욱 유명한 관광지가 되었다.

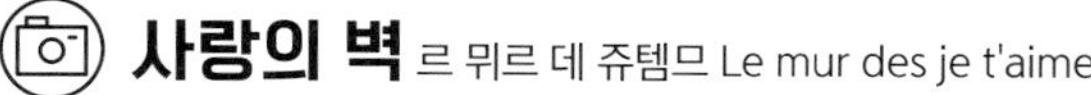

사랑의 벽 르 뮈르 데 쥬템므 Le mur des je t'aime

❶ 메트로 12호선 아베스역Abbesses에서 도보 1분, 2·12호선 피갈역Pigalle에서 도보 4분 ❷ 버스 30, 54번

Square Jehan Rictus, Place des Abesses, 75018 +33 6 77 06 81 38

❶ 개장 **월~금** 08:00, **토·일·공휴일** 09:00 ❷ 폐장 **1월** 17:30, **2월 1일~3월 1일** 18:00, **3월 2일~4월 15일** 19:00, **4월 16일~5월 15일** 21:00, **5월 16일~8월 31일** 21:30, **9월** 20:00, **10월 1일~12월** 18:30 혹은 17:30

www.lesjetaime.com

몽마르트르에서 사랑을 생각하다

사랑! 이 단어만큼 아름답고 마음이 따뜻해지는 낱말이 또 있을까? 사랑이란 말만큼 마음을 설레게 하는 언어가 또 있을까? 전 세계 어딜 가나 연인들이 남긴 사랑의 징표는 흔히 찾아볼 수 있다. 자신들의 이름을 새긴 자물쇠를 난간에 달기도 하고, 칼이나 펜으로 벽에 이름과 날짜를 새기기도 한다. 사랑을 염원하는 연인들을 위한 벽이 파리에도 있다. 타일 612개로 만들어진 40m² 크기의 벽에는 300개가 넘는 언어로 '사랑해'라는 말이 1천 번이 넘게 새겨져 있다. '사랑해', '나는 당신을 사랑합니다', '나 너 사랑해'라고 새겨진 한국어도 있다. 한글을 잘 모르는 사람이 적은 것마냥 삐뚤빼뚤 새겨져 있지만, 그게 오히려 더 귀엽다.

사랑해 벽은 2000년 프레데릭 바롱Frédéric Baron과 캘리그라피스트인 클레어 키토Claire Kito가 힘을 합쳐 만든 것으로, 밸런타인데이에 연인들을 위한 만남의 장소로 만들었다. 이 벽에 새겨진 여러 나라 말로 된 사랑의 단어는 프레데릭 바롱이 각국 대사관을 돌아다니며 수집해 모은 것이다. '사랑해'라는 말이 빼곡히 적힌 이곳은 누구에게나 로맨틱한 장소이다. 남색 타일에 하얀색 글씨로 빼곡히 쓰인 벽면 중간중간에 빨간색 조각들이 있는데, 이는 찢어진 마음의 파편을 상징하는 것이다. 낭만적인 몽마르트르 언덕 근처에 있어 포토 스폿으로 사랑받고 있다.

달리 박물관 달리 파리 Dalí Paris

🚶 ❶ 메트로 12호선 아베스역 Abbesses에서 도보 6분, 라마르크-콜랭 쿠르역Lamarck- Caulaincourt에서 도보 8분
❷ 버스 54, 80번 🏠 11 Rue Poulbot, 75018 📞 +33 1 42 64 40 10 🕒 매일 10:00~18:00
€ 일반 16유로, 8세 이하 무료(오디오 가이드 3유로) ≡ www.daliparis.com

©Florian75018-Wikimedia Commons

"나는 초현실주의 그 자체다."

스페인 출신 초현실주의 화가 살바도르 달리Salvador Dali, 1904~1989의 예술세계를 엿볼 수 있다. 양쪽으로 말려 올린 콧수염은 그의 트레이드 마크로 남았다. 바르셀로나와 마드리드 미술 학교에서 공부했으나 괴팍하고 불안정한 성격 탓에 퇴학을 당하고, 1926년 파리로 왔다. 그때 그의 나이 스물둘이었다. 파블로 피카소, 후안 미로와 교류하며 작품 활동에 큰 영향을 받았다. 그는 1929년 몽마르트르 지역의 초현실주의 모임에 가입한다. 하지만 초현실주의의 주창자이자 프랑스의 시인 앙드레 브르통과의 불화로 1934년 파리의 초현실주의 그룹에서 제명당한다. 그리고 유명한 말을 남긴다. "나는 초현실주의 그 자체다." 1931년 그의 작품 중 가장 유명한 흐물거리는 시계가 있는 그림 <기억의 지속>이 탄생했다. 박물관은 그의 활동 주 무대였던 몽마르트르 테르트르 광장 근처에 있다. 조각, 판화를 포함한 작품 300여 점이 전시되어 있으며, 상설 전시 외에도 특별 전시가 매년 열린다. 그는 유명한 사탕 추파춥스의 포장지도 디자인했다. 살바도르 달리에 관해 더 알고 싶다면 그의 삶을 그려낸 영화 <리틀 애쉬>를 추천한다.

벽을 뚫는 남자 르 빠스 뮈라유 Le Passe-Muraille

🚶 ❶ 메트로 12호선 라마르크-콜랭쿠르역Lamarck - Caulaincourt에서 도보 3분
❷ 버스 몽마르트로뷔스Montmartrobus
🏠 Place Marcel Aymé, 75018

오마주, 소설의 재현

<벽을 뚫는 남자>는 프랑스 소설가 마르셀 에메Marcel Ayme, 1902~1967의 유명 단편소설이다. 우리나라에서 뮤지컬로 공연된 적이 있다. 몽마르트르에 살던 한 중년 남자 뒤티유욀은 자신에게 벽을 통과하는 능력이 있다는 것을 발견한다. 그는 특별한 능력을 사용해 범죄를 저지르고 감옥에 가지만, 벽을 뚫고 탈옥하여 무법자로 산다. 그러다 한 유부녀를 좋아하게 되고, 남편이 집을 비운 밤마다 그녀의 집으로 가서 사랑을 나눈다. 하루는 두통약을 먹고 어김없이 그녀의 집을 찾았다. 그리고 벽을 통과해 빠져나오려던 순간, 서서히 몸이 굳는 것을 느낀다. 그가 먹은 약은 두통약이 아니라 벽을 통과하는 이상한 능력을 없애기 위해 1년 전 의사에게 처방받은 약이었다. 그는 벽을 통과하지 못한 채 그대로 굳어버리고 만다. 몽마르트르의 마르셀 에메 광장에 가면 벽을 다 빠져나오지 못한 뒤티유욀을 만날 수 있다. 소설가 마르셀 에메에 대한 오마주로 만든 동상이라, 동상의 손을 잡으면 글을 잘 쓰게 된다는 이야기가 전해진다. 얼마나 많은 사람이 소원을 빌었는지 한쪽 손이 반질반질하다. 마르셀 에메는 이 광장에서 300m 정도 떨어진 생-방썽Saint-Vincent 묘지에 잠들어 있다.

바토 라부아 세탁선 Bateau Lavoir

❶ 메트로 12호선 아베스역Abbesses에서 도보 3분
❷ 버스 몽마르트로뷔스Montmartrobus
13 Rue Ravignan, 75018

피카소의 아틀리에, <아비뇽의 처녀들>을 그렸다

멋진 뷰를 자랑하는 에밀 구도 광장Place Emile-Goudeau에 오르면 피카소의 아틀리에가 있던 건물 바토 라부아가 나온다. 바토 라부아는 '세탁선'이라는 뜻으로, 생김새가 18세기 센강에서 빨래를 하기 위해 떠다니던 세탁선과 비슷하다고 해서 프랑스의 시인이자 비평가인 막스 자코브1876~1944가 붙인 이름이다. 그는 예술가들의 거주지이자 사교 장소였던 바토 라부아를 만든 장본인이기도 하다. 피카소는 파리에 처음 왔을 때 막스 자코브와 인연을 맺으면서 이곳을 아틀리에로 사용했다. 그는 이곳에서 <아비뇽의 처녀들>을 탄생시켰다. 아비뇽은 파리로 오기 전 그가 머물던 바르셀로나의 거리 이름이다. 모딜리아니, <춤>으로 유명한 앙리 마티스, <미라보 다리>라는 시로 유명한 기욤 아폴리네르, 스페인 출신 큐비즘 화가 후안 그리스 등이 이곳을 거쳐 갔다. 앙리 루소를 숭배했던 피카소는 1908년 예술가를 이곳으로 초대해 '루소를 찬양하는 밤'이라는 파티를 열기도 했다. 그날 모딜리아니가 술에 취해 동료 화가들의 그림을 망가뜨렸다는 이야기도 전해진다. 에밀 구도 광장에서 내려다보이는 언덕 아래의 멋진 뷰도 놓치지 말자.

오 라팽 아질과 르 물랭 들라 갈레트

Au Lapin Agile & Le Moulin de la Galette

오 라팽 아질

22 Rue des Saules, 75018

르 물랭 들라 갈레트

83 Rue Lepic, 75018 +33 1 46 06 84 77 **월~일** 08:00~24:00 moulindelagaletteparis.com

예술가들의 선술집과 레스토랑

오 라팽 아질은 몽마르트르 달리다 광장 부근에 있는 선술집으로, 예술가들의 영혼의 갈증을 풀어주던 곳이다. 술, 시와 노래, 토론이 공존하는 곳으로, 피카소·모딜리아니·로트렉·에디트 피아프의 아지트였다. 지금도 이 선술집은 휴무일(일, 월, 수)을 제외하고 매일 저녁 9시부터 새벽 1시까지 샹송 공연을 한다.

르 물랭 들라 갈레트는 풍차가 있는 레스토랑으로 많이 알려져 있다. 옛날 몽마르트르의 풍차가 있는 선술집 르 물랭 들라 갈레트에서 이름만 따왔다. 선술집 르 물랭 들라 갈레트는 몽마르트르 화가들이 즐겨 그린 소재였다. 르누아르는 대작 <물랭 들라 갈레트>1876년 작를 남겼다. 선술집에서 열린 무도회 장면을 그린 것으로, 피카소 등 젊은 화가들에게 많은 영향을 끼쳤다. 현재 오르세 미술관에 소장되어 있다. 고흐는 <갈레트의 풍차>라는 작품을 남겼다.

몽마르트르 묘지 씨메티에르 드 몽마르트르 Cimetiére de Montmartre

❶ 메트로 2호선 블랑슈역Blanche에서 도보 4분, 2·13호선 플라스 드 클리쉬역Place de Clichy에서 도보 6~7분
❷ 버스 30, 54, 68, 74, 95번 20 Avenue Rachel, 75018 +33 1 53 42 36 30
월~금 08:00~18:00 **일** 09:00~18:00(동절기 17:30까지) 휴무 토요일

©Pierre-Yves Beaudouin / Wikimedia Commons

©Kloyov/flickr

스탕달, 드가, 달리다 이곳에 잠들다

예술의 도시 파리에선 묘지도 관광지다. 특히 한곳에서 여러 예술가의 묘지를 찾아볼 수 있어 즐거움이 크다. 몽마르트르 묘지는 페르 라셰즈, 몽파르나스 묘지 등과 함께 파리 3대 공동묘지 중 하나이다. 1825년 만들어진 이곳은 3대 묘지 중 규모는 가장 작은 편이지만, 잠들어 있는 예술가의 명성의 크기는 결코 작지 않다. 약 2만 구가 묻혀 있는데 프랑스의 대표적인 소설가 스탕달, 발레리나 그림을 그린 인상파 화가 에드가 드가, 19세기 프랑스 화가 귀스타브 모로, 세계적인 샹송 가수 달리다, 프랑스 영화 운동 누벨바그를 대표하는 감독 프랑수아 트뤼포 등이 이곳에 잠들어 있다. 에밀 졸라의 묘도 원래 이곳에 있었는데, 1908년 대문호로 인정받아 팡테옹으로 이장되었다. 하지만 에밀 졸라의 가족 묘지는 여전히 이곳에 남아 있어, 그의 이름이 새겨진 묘비를 찾아볼 수 있다. 몽마르트르에 살다 세상을 떠난 샹송 가수 달리다도 이곳에 묻혔다. 그녀 묘에는 흰색 동상이 세워져 있다. 묘지에서 10분 정도 걸어가면 그녀를 추모하기 위해 만든 달리다 광장이 나온다.

생투앙 벼룩시장 막셰 오 퓌스 생투엉 Marché aux Puces, Saint-Ouen

❶ 메트로 13호선 가리발디역Garibaldi에서 도보 9분, 4호선 포르트 드 클리냥쿠르역Porte de Clignancourt에서 도보 10분
❷ 버스 85번 142 Rue des Rosiers, 93400 Saint-Ouen-sur-Seine
금 08:00~12:00 **토~일** 10:00~18:00 **월** 11:00~17:00

©Carsten Sprotte-flickr

골동품 갤러리 같은 파리 4대 명소

1885년에 문을 연 벼룩시장으로 몽마르트르 북쪽에 있다. 프랑스는 물론 유럽에서 가장 크다. 고가구, 중고의류, 예술품, 생활용품, 음반 등 없는 게 없다. 특히 골동품 시장으로 세계에서 손꼽힌다. 2천5백 개가 넘는 상점 중 절반 이상이 골동품을 취급한다. 벼룩시장이라기보다 갤러리나 골동품 박물관에 와 있는 기분이 든다. 취급 품목에 따라 14개의 구역으로 나누어져 있다. 폴 베르Paul Bert 구역은 17세기 고가구를 주로 취급하고, 말릭Malik 구역은 스포츠웨어와 의류를 취급한다. 비롱Biron 구역은 아시아 예술품이 주를 이룬다.

생투앙 시장은 우디 앨런의 영화 <미드나잇 인 파리>에 등장한다. 20세기 초의 '잃어버린 시대'를 동경하는 주인공 길Gil이 생투앙 시장의 어느 상점에서 흘러나오는 콜 포터의 노래에 이끌려 가게로 들어가게 된다. 그곳에서 만난 점원과 그 후에도 우연히 마주치며 인연을 이어가는 모습이 영화 속에서 환상적으로 그려지고 있다. 생투앙 시장은 파리에서 네 번째로 인기가 많은 관광지이다. 한해에 6백만 명이 넘는 관광객이 이곳을 찾는다.

르 물랭 들라 갈레트 Le Moulin de la Galette

풍차가 있는 레스토랑

한때 몽마르트르 언덕엔 수많은 풍차가 있었다. 지금은 모두 사라지고, 술집 물랭루즈와 레스토랑 르 물랭 들라 갈레트의 풍차만 남아 있다. 1622년에 지은 갈레트 건물은 당시엔 풍차가 있는 방앗간이었다. 19세기 이 방앗간 주인이었던 드브레 가족이 밀가루로 프랑스 전통 과자인 갈레트를 만들었는데, 그게 유명해지면서 레스토랑과 선술집이 되었다. 이후 몽마르트르의 수많은 예술가의 모임 장소가 되었다. 르누아르, 반 고흐, 피사로 등의 예술가들이 즐겨 찾았다. 특히 르누아르의 그림 <물랭 드라 갈레트의 무도회>에는 당시의 이곳 모습이 잘 묘사되어 있다. 오늘날도 여전히 레스토랑으로 운영되고 있으며, 맛집이기보다 수많은 여행객이 찾는 명소로 인기가 높다. 점심에는 3코스에 33.5유로로 만족스러운 식사를 할 수 있다.

❶ 메트로 12호선 라마르크-콜랭쿠르역Lamarck-Caulaincourt에서 도보 4분, 12호선 아베스역Abbesses에서 도보 6분 ❷ 버스 80번 83 Rue Lepic, 75018
+33 1 46 06 84 77 **월~일** 08:00~24:00
€ 코스 31유로부터 moulindelagaletteparis.com

세봉 Seb'on

작지만 맛은 최고

몽마르트르의 숨은 보석 같은 맛집이다. 13살부터 요리를 시작한 셰프와 영화계 인사, 패션계 디자이너가 만나 문을 열었다. 작은 것 하나하나까지 신경을 쓴 실내 인테리어에서 디자이너의 안목이 돋보인다. 요리는 모두 셰프의 손을 직접 거친다. 테이블은 단 10개로 소수의 손님에게 양질의 음식을 대접하겠다는 긍정적 의도가 엿보인다. 영업도 주 5일밖에 하지 않는다. 계절 재료로 만들어내는 메뉴는 매주 바뀌며, 항상 세 가지 정도의 선택권이 있다. 프랑스 전채요리에서 빠지지 않는 푸아그라는 비리지 않고 고소한 풍미가 살아있다. 전체적으로 전식부터 후식까지 어느 것 하나 부족한 것 없어, 나 혼자만 알아두고 매일 가고 싶은 작은 레스토랑이다.

❶ 메트로 12호선 아베스역Abbesses에서 도보 2분 ❷ 버스 40, 54번 62 Rue d'Orsel, 75018 +33 1 42 59 74 32
수~토 19:00~23:00 **일** 12:00~15:00 휴무 월, 화 € 메인요리 22~28유로 www.seb-on.com

르 팡트뤼슈 Le Pantruche

몽마르트르의 비스트로

몽마르트르의 번화한 거리인 마르티르Martyrs 거리 근처의 작은 비스트로이다. 외관은 평범한 편이지만, 그 명성이 높아 예약하지 않으면 자리 잡기가 쉽지 않다. 예약하지 않았을 경우 오픈 시간에 맞춰 방문하면 테라스 자리에 테이블을 얻을 수도 있다. 직원이 친절하게 영어로 메뉴를 설명해 준다. '오늘의 메뉴'를 선택하면 합리적 가격에 앙트레전채요리에서 디저트까지 맛볼 수 있다. 전형적인 프렌치 요리로 눈과 입을 모두 만족시켜준다. 디저트 수플레soufflé는 이 집의 자랑이다. 꼭 맛보자. 친절한 서비스와 훌륭한 음식 덕에 여행의 즐거움이 더해질 것이다.

❶ 메트로 2·12호선 피갈역Pigalle에서 도보 4분 ❷ 버스 40, 54번 3 Rue Victor Massé, 75009
+33 1 48 78 55 60 **월~금** 12:30~14:00, 19:30~21:00 휴무 토, 일요일

 빵빵 Pain Pain

몽마르트르의 으뜸 빵집

몽마르트르의 번화한 거리 마르티르 가Rue des Martyrs에 있는 유명한 빵집이다. 짙은 파란색 빵집 외관이 강렬하게 눈길을 사로잡는다. 빵 맛 또한 동네에서 으뜸으로 꼽힌다. 프랑스의 권위 있는 신문 피가로에서 뽑은 바게뜨와 크루아상 맛집 TOP5에 꼽히기도 했다. 그 외에도 다양한 빵과 케이크로 많은 사람의 사랑을 받고 있다. 실내엔 테이블도 갖추고 있어, 가게에서 먹고 갈 수도 있다.

❶ 메트로 12호선 아베스역Abbesses에서 도보 2분, 2·12호선 피갈역Pigalle에서 도보 4분 ❷ 버스 40, 54번 88 Rue des Martyrs, 75018
+33 1 42 23 62 81 **화~일** 07:30~19:30 휴무 월요일
€ 1.25유로부터 www.pain-pain.fr

까베 카페숍 Kb cafeshop

힙 플레이스에서 커피를

호주식 커피숍으로, 호주의 쿠카부라Kooka Boora라는 새의 앞 철자를 따서 'Kb'라 이름 지었다. Kb는 불어로 까베라고 발음한다. 까베 커피숍은 요즘 파리의 힙 플레이스 소피SoPi에 있다. 소피는 '피갈의 남쪽'South Pigalle에서 앞 두 글자씩 가져다 만든 이 지역의 애칭이다. 카베 카페는 멀리서도 눈에 띄는 소피 지역의 힙 플레이스이다. 커피와 함께 간단한 케이크, 샐러드, 샌드위치 등을 맛볼 수 있으며, 일요일에는 브런치도 가능하다. 테라스 테이블도 있어 날씨 좋은 날엔 여유를 즐기기에 좋다. ❶ 메트로 2·12호선 피갈역Pigalle에서 도보 5분 ❷ 버스 40, 54, 85번 53 Avenue Trudaine,75009 +33 1 56 92 12 41 **월~금** 07:45~18:30 **토~일** 09:00~18:30 € 커피 2.5유로부터

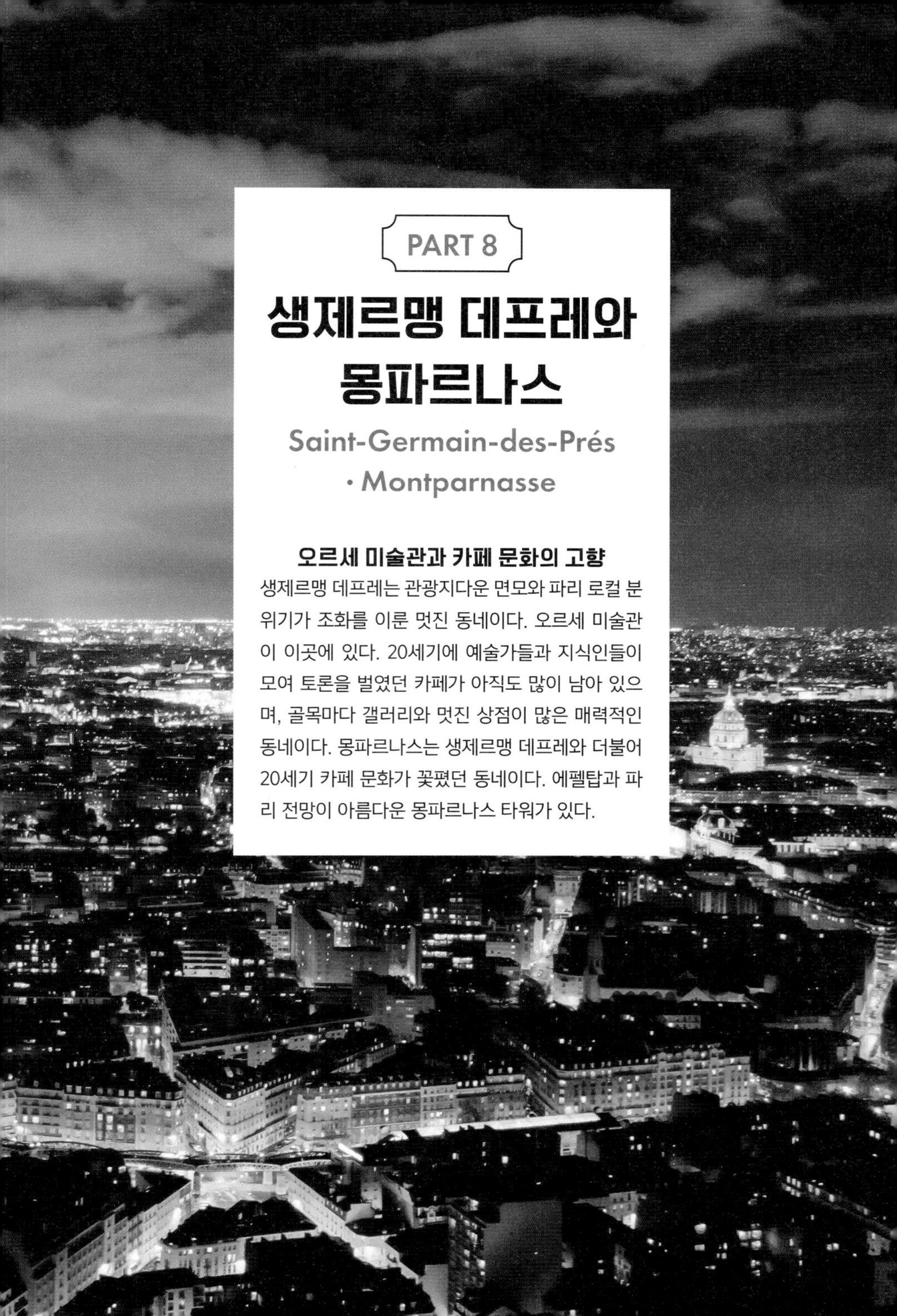

PART 8

생제르맹 데프레와 몽파르나스

Saint-Germain-des-Prés · Montparnasse

오르세 미술관과 카페 문화의 고향

생제르맹 데프레는 관광지다운 면모와 파리 로컬 분위기가 조화를 이룬 멋진 동네이다. 오르세 미술관이 이곳에 있다. 20세기에 예술가들과 지식인들이 모여 토론을 벌였던 카페가 아직도 많이 남아 있으며, 골목마다 갤러리와 멋진 상점이 많은 매력적인 동네이다. 몽파르나스는 생제르맹 데프레와 더불어 20세기 카페 문화가 꽃폈던 동네이다. 에펠탑과 파리 전망이 아름다운 몽파르나스 타워가 있다.

뮈세 독세
Gare du Musée d'Orsay
루아얄 다리
Pont Royal
오르세 미술관
Musée d'Orsay
출발
예술의 다리
Pont des Arts
Rue de l'Université
에꼴 데 보자르
l'École des Beaux-Arts
불리 1803
Buly 1803
프랑스 학사원
Institut de France
Rue de Seine
Rue Bonaparte
Rue Jacob
뤼 뒤 박
Rue du Bac
Rue Mazarine
Rue Dauphine
오 피에드 푸에
Au Pied de Fouet
들라크루아 미술관
Musée Eugène Delacroix
Boulevard Saint-Germain
프레디즈
레 두 마고
Les Deux Magots
피시 라 부아소느리
라 메종 뒤 슈
세미야
Semilla
Boulevard Raspail
생제르맹 데프레
Saint-Germain-des-Prés
르 프로코프
마비용Mabillon
Cours du
Saint-And
더 콘란숍
세브르 바빌론
Sèvres - Babylone
Rue de Sèvres
피에르 에르메
Pierre Hermé
Rue de Babylone
생 쉴피스
Saint-Sulpice
쿠툼 카페(200m)
봉막셰 /
라 그랑드 에스프리
Rue Saint-Sulpice
생 쉴피스 성당
Église Saint-Sulpice
Rue de Tournon
Université
Rue de Sèvres
Rue d'Assas
Rue de Rennes
Rue Monsieur Le Prince
뤽상부르 궁전
Palais du Luxembourg
렌느
Rennes
Rue de Vaugirard
뤽상부르 미술관
Musée du Luxembourg
라 파리지엔
LA PARISIENNE Madame
생 플라시드
Saint-Placide
뤽상부르 정원
Le Jardin du Luxembourg
Rue de Vaugirard
Boulevard Raspail
셰 뒤모네
Rue de Rennes
Rue d'Assas
Bd. du Montparnasse
Avenue du Maine
르 클로
이그렉
Rue de l'Arrivée
Rue du Départ
로 클래 드 랑트르코트
바뱅 Vavin
Bd. Saint-Michel
몽파르나스 카페 거리
Boulevard du Montparnasse
몽파르나스 타워
Tour Montparnasse
도착
에드가 퀴네
Edgar Quinet
Rue Huyghens
방브 벼룩시장
Vanves
Flea Market
(2.3km)
Avenue du Maine
셰 파파
Bd. du Montparnasse
라 클로즈리
데릴라
Bd. Edgar Quinet
몽파르나스 묘지
Cimetiére du Montparnasse
카타콤
Catacombes de Paris
라스파이Raspail

하루 여행 베스트 코스 지도의 빨간 점선 참고, 역방향 투어도 가능

오르세 미술관 → 도보 15분 → **카페 레 두 마고**Les Deux Magots → 도보 7분 → **쿠르 뒤 코멕스 생탕드레 거리** → 도보 6분 → **뤽상부르 정원** → 도보 8분 → **몽파르나스 대로 카페 거리** → 도보 8분 → **몽파르나스 타워**

오르세 미술관 뮈제 독세 Musée d'Orsay

❶ 메트로 12호선 솔페리노역Solférino에서 도보 4분 ❷ RER C선 뮈제 독세역Musée d'Orsay에서 도보 1분
❸ 버스 63, 68, 69, 73, 83, 84, 87, 94번 1, rue de la Légion d'Honneur, 75007
+33 1 40 49 48 14 09:30~18:00, 목요일 야간 개장 21:45까지 휴관 월요일, 노동절, 성탄절
€ ❶ 일반 16유로(현장 14유로), 18세 미만 무료, 목요일 18:00 이후 12유로(현장 10유로), 매달 첫째 일요일 무료, 뮤지엄 패스 사용 가능 ❷ 로댕 박물관에도 들를 생각이라면 오르세+로댕 통합티켓을 추천, 24유로
www.musee-orsay.fr

단 하나의 미술관을 관람해야 한다면

파리에서 단 하나의 미술관만 방문해야 한다면 오르세를 적극 추천한다. 튈르리 공원 건너 남쪽 센강변에 있다. 오르세는 인상주의의 발상지인 파리에서, 전 세계에서 가장 많은 인상파와 후기 인상파 명작을 소장하고 있는 미술관이다. 파리의 박물관과 미술관을 통틀어 한국 여행객들에게 가장 만족도가 높은 곳이기도 하다. 주로 1848년부터 1914년까지의 회화, 조각 등 책에서나 보던 수많은 걸작이 한자리에 모여 있다. 모네, 마네, 드가, 르누아르, 세잔, 시슬레, 반 고흐의 그림을 한꺼번에 관람할 수 있어 시간 가는 줄 모르고 감상하게 된다.

미술관 건물은 원래 1900년 만국박람회를 기념하기 위해 지은 기차역으로, 오를레앙 철도의 종착역이었다. 철도 전동화로 역으로 사용하지 않게 되면서 호텔, 극장으로 사용되다가 2차 세계대전 땐 우편물센터로 사용되기도 했다. 그러다 조르쥬 퐁피두 대통령 재임재임 1969~1974 때 미술관 설립을 위한 개조 작업에 착수했다. 미술관으로 개관한 때는 프랑수아 미테랑 대통령 재임 기간이었던 1986년 12월이다.

입구에 들어서면 탁 트인 로비가 펼쳐진다. 오르세에서 전시실이 있는 곳은 로비, 2층, 5층이다. 유럽에서는 로비를 보통 0층이라고 하는데, 관람은 로비인 0층부터 시작된다. 로비지만 전시실이 20개가 넘는다. 에드가 드가, 외젠 들라크루아, 장 프랑수아 밀레 등 인상파 이전의 작품을 볼 수 있으며, 특히 밀레의 <이삭줍기>와 그의 걸작 <만종>, 마네의 <올랭피아>와 <피리 부는 소년> 등을 찾아볼 수 있다.

2층에선 주로 우아하고 고상한 정석 스타일 화풍인 아카데미즘 회화나 상징주의, 아루누보 작품 등을 볼 수 있다. 20개가 넘는 전시실과 세느 테라스, 릴 테라스, 로댕 테라스 등 세 개의 테라스가 있다. 로댕 테라스에는 <지옥의 문> 석고 작품이 전시되어 있다. 또 2층에는 후기 인상파 화가인 고흐와 고갱의 명작들이 대거 자리하고 있어 눈길을 끈다. 고흐의 <별이 빛나는 밤>, <오베르의 성당>, <자화상>, <고흐의 방> 등과 고갱의 <타히티의 여인들>, <황색 그리스도와 나> 등을 찾아볼 수 있다.

5층은 20여 개 전시실을 비롯하여 파리 전경을 바라볼 수 있는 야외 테라스 전망대, 시계탑, 카페 등이 있어 명화 감상도 하고 휴식도 취할 수 있다. 기차역은 어디나 늘 커다란 시계가 있는데, 역사였던 오르세 미술관에도 큰 시계가 곳곳에 상징적으로 남아 있다. 5층의 시계탑은 28번 전시실과 연결되어 있으며, 여행객들이 즐겨 찾는 포토 스폿이다. 카페 더 카페 캄파나The Café Campana, 화~일 10:30~16:45에서는 멋진 시계를 감상하며 가벼운 식사를 즐길 수 있다. 카페 한쪽 벽면에 커다란 시계가 장식되어 있으며, 화려한 실내 인테리어 덕분에 몽환적이고 환상적인 분위기가 느껴진다. 5층의 전시실에는 르누아르, 세잔, 마네, 모네 등 많은 인상파 화가들의 작품이 전시되어 있다. 특히 같은 제목 다른 그림인 마네의 <풀밭 위의 점심 식사>와 모네의 <풀밭 위의 점심 식사>를 함께 감상할 수 있다.

Travel Tip

일러두기 오르세의 명작들은 각 전시실 정해진 위치에 전시되어 있지만, 때때로 자리가 바뀌기도 한다. 또한 종종 해외 전시를 위해 명화들이 출장을 가서 자리를 비우기도 한다.

ONE MORE 1

인상파 이야기

인상파는 19세기 후반 프랑스를 중심으로 유행한 미술 유파이다. 빛의 변화에 따라 달라지는 풍경의 순간적 장면을 묘사했다. 대표 작가는 세잔, 모네, 고흐, 고갱, 르누아르, 드가, 마네, 로트렉 등이다. 오늘날 인상파는 현대 회화의 문을 연 중요한 화풍으로 평가 받고 있지만, 당시엔 그렇지 못했다. '인상주의'란 용어는 긍정적인 의도로 생겨난 것이 아니다. 사실주의가 주를 이루던 당시 프랑스 미술계에서 인상파의 그림은 그리다 만 미완의 그림으로 여겨졌다. 그러나 평론가들에게 혹평을 받던 인상파 화가들은 굴하지 않고 그림을 팔기 위해 전시를 열었다. 그 그림들 중 하나가 모네의 '인상-해돋이'라는 그림이었는데, 기자들은 이 모네의 그림 제목에 달려들어 조롱하면서 그들에게 '인상파'라는 이름을 갖다 붙였다. 당시 수많은 평론가, 기자, 미술품 애호가들에게 멸시당했던 인상주의 작품들은 현재 많은 사람들의 사랑을 받고 있다.

ONE MORE 2

오르세에서 꼭 봐야 할 작품들

로비Au Niveau o **전시 작품**

#이삭줍기 #만종 #올랭피아 #피리 부는 소년

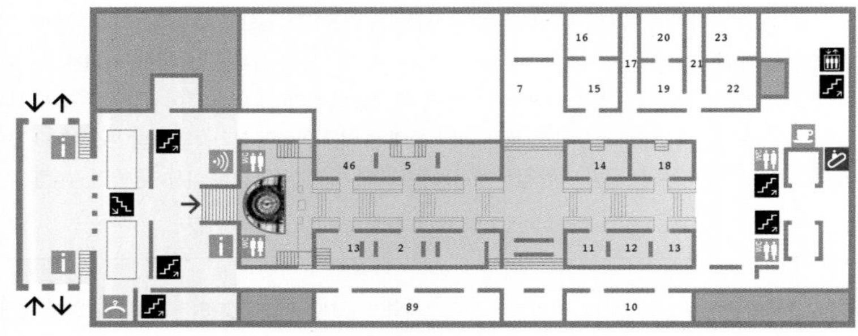

이삭줍기

밀레의 걸작으로 꼽히는 작품이다. 추수가 끝난 벌판에서 떨어진 이삭을 줍는 아낙의 모습을 묘사했다. 얼핏 보면 한가한 농촌의 풍경화 같지만, 이 그림은 당시 가난하게 살았던 프랑스 농민의 모습을 보여주고 있다.

만종

사람들에게 많은 사랑을 받고 있는 밀레의 작품이다. 수확한 감자를 바구니에 담아 놓고 해질녘 하늘을 배경으로 서서 기도를 드리고 있는 부부의 모습을 담았다. 원래는 이 감자 바구니가 죽은 아기가 잠들어 있는 관이었다고도 전해진다.

올랭피아

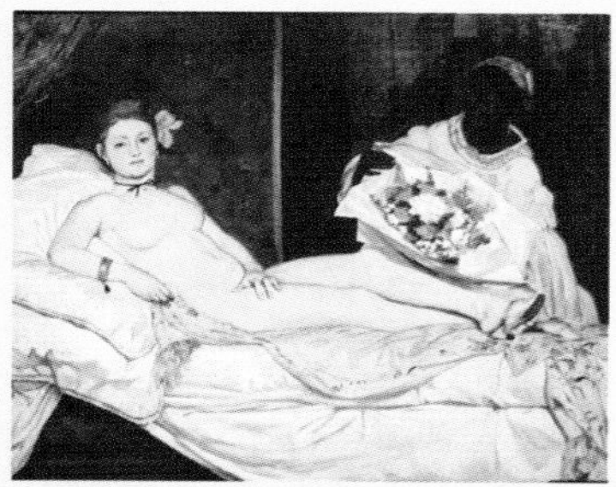

마네가 이탈리아 여행을 갔다가 피렌체의 우피치 미술관에서 관람한 티치아노의 <우르비노의 비너스>1538라는 작품에서 영감을 받아 그린 것으로 구도가 거의 비슷하다.

<풀밭 위의 점심식사>와 같이 1863년에 그렸는데, 당시엔 천박하고 명암이 들어 있지 않다는 이유로 제대로 평가받지 못했다. 마네는 이 작품을 통해 프랑스 사회의 어두운 단면을 묘사하고자 했다. <올랭피아>의 모델이 되어준 여인은 화가이자 모델로 <풀밭 위의 점심식사>에서 나체 여인의 모델이기도 했던 빅토린 뫼랑이다. 오늘날 <올랭피아>는 현대미술의 시작점으로 평가받고 있다.

피리 부는 소년

1866년에 작업한 마네의 손꼽히는 걸작으로 오르세의 자랑이다. 텅 비어 있는 배경을 바탕으로 피리를 불고 있는 소년의 모습은 마치 스튜디오에서 촬영한 인물 사진을 연상시킨다. 스페인의 프라도 미술관에서 마네가 관찰하고 모사하며 공부했던 벨라스케스의 초상화 작품의 영향이라고 전해진다. 이 작품의 모델에 관해서는 두 가지 이야기가 전해온다. 하나는 <올랭피아>와 <풀밭 위의 점심 식사>의 모델로 등장하는 여인 뫼랑이라는 설이고, 다른 하나는 황제 친위대 곡예단의 피리 부는 소년이라는 설이 그것이다. 지금은 대체로 빅토린느 뫼랑이라는 설로 굳어지고 있다. 그녀는 발레리나였고, 화가들의 모델이었고, 마네의 연인이었고, 고급 창녀였다고 전해진다. 이 그림은 살롱전에 출품했다가 거절당했으나 반대로 소설가 에밀 졸라는 마네의 정확성과 간결성을 높이 평가하였다.

2층Au niveau 2 전시 작품

#지옥의 문 #활을 쏘는 헤라클레스 #별이 빛나는 밤 #오베르의 성당 #타히티의 여인들 #황색 그리스도와 나

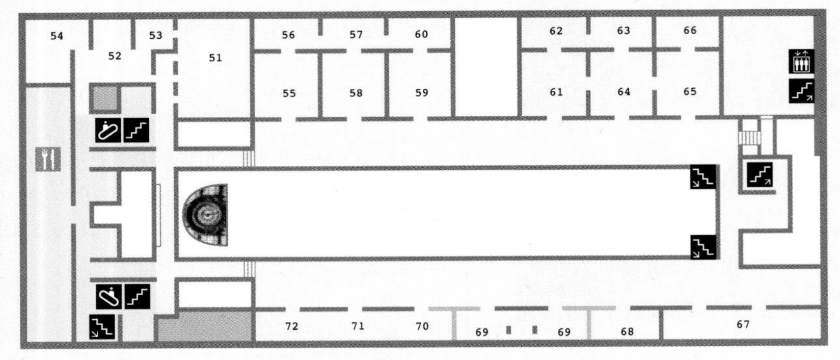

지옥의 문

로댕 테라스에 있는 로댕의 걸작으로, 그는 죽기 직전까지 이 작품에 심혈을 기울였지만 완성하지 못하고 세상을 떠났다. 단테의 지옥편에서 영감을 받아 지옥에서 형벌을 받고 있는 사람들의 고통스러운 모습을 생생하게 표현했다. <생각하는 사람>, <세 망령> 등은 이 <지옥의 문>의 일부이다. 로댕의 <지옥의 문> 청동 작품은 모두 7개인데, 이들은 모두 그가 죽은 후에 청동으로 제작된 것이다. 2층 로댕 테라스에서는 로댕이 죽기 전까지 직접 두 손으로 작업을 한 오리지날 석고 작품 <지옥의 문>을 만나볼 수 있다.

활을 쏘는 헤라클레스

부르델은 파리의 명문 미술대학 에콜 데 보자르에 입학하였으나, 기존 교육 체제를 거부하고 독학으로 로댕과 더불어 조각 예술의 새로운 장을 연 조각가이다. <활을 쏘는 헤라클레스>는 그의 기량이 가장 완숙해진 시기에 제작된 것으로, 그리스 신화의 영웅 헤라클레스가 괴물새를 겨누고 화살을 쏘려던 순간의 긴장감을 절묘하게 표현하고 있다. 힘이 넘치는 근육이 생동감 있게 묘사되어 있어 눈길을 끈다. 릴 테라스에서 찾아볼 수 있다.

별이 빛나는 밤

검푸른 밤하늘에 구원과 희망의 별빛을 아름답게 새겨 놓아 감동을 주는 고흐의 걸작이다. 파리 생활에 지친 고흐는 프랑스 남부의 아를 지방으로 이사하여, 그곳의 밤하늘과 별빛을 아련히 품고 있는 론 강의 서정적인 정취를 강렬한 붓 터치로 표현했다. 당시는 고흐가 무척 외로운 시기였다. 하지만 그림 속 밤 풍경은 너무 아름다워, 꿈 속 같은 몽환적 분위기가 느껴지기도 한다.

오베르의 성당

오베르 쉬르 우아즈는 프랑스 북부의 작은 전원 마을로, 흔히 고흐 마을이라고도 불린다. 마을 곳곳에 고흐의 흔적이 남아 있고, 마을 대부분의 풍경은 고흐 그림의 소재였다. 고흐는 생의 마지막 70일을 오베르의 허름한 여인숙 다락방에서 보냈다. 그리고 영혼의 마지막 한 방울까지 쏟아부어 80여 점의 작품을 남겼는데, 그중의 하나가 <오베르의 성당>이다. 고흐는 영혼을 모두 불사르고 오베르의 벌판에서 자신의 가슴에 권총을 쏘아 자살했다. 오베르의 공동묘지에 가면 동생 태오와 함께 묻혀 있는 그의 무덤을 만날 수 있다.

타히티의 여인들

고흐, 세잔과 함께 현대 미술의 지평을 연 고갱의 대표작이다. 1891년 고갱이 문명 세계에 작별을 고하고 원시의 섬 타히티로 떠나 작품에 몰두했던 시기에 그려진 그림이다. 해변에 투박하게 앉아 있는 두 원시 여인의 나른한 자태와 우수에 찬 혹은 불안에 움츠린 눈빛을 표현하고 있다. 대담한 구도와 과감한 색채가 인상적이다.

황색 그리스도와 나

고갱의 자화상으로 1891년 고갱이 타히티로 떠나기 전 문명 세계에서 마지막으로 그린 그림이다. 고갱은 자화상 한쪽에 예수를 형상화하였다. 이는 화가로서의 자신의 능력이 제대로 인정받고 있지 못하지만, 예술가로서의 소명을 다하기 위해 인생을 바치겠다는 의도를 담은 것이다.

5층Au niveau 5 **전시 작품**

#마네의 풀밭 위의 점심 식사 #모네의 풀밭 위의 점심 식사 #개양귀비 꽃밭 #시골에서의 춤 #도시에서의 춤 #무대 위의 리허설 #14세의 발레리나 #사과와 오렌지 #카드놀이 하는 사람들

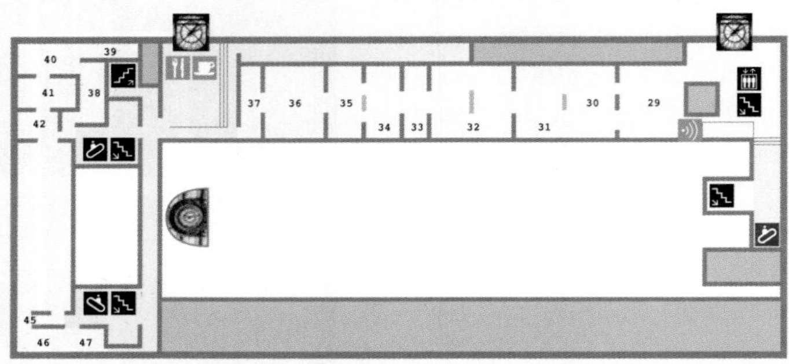

마네의 풀밭 위의 점심 식사

파리 인상주의의 개척자 마네의 작품이다. 신사복 차림의 두 남자와 나체와 반나체의 두 여자가 풀밭 위에서 한가로운 시간을 보내는 모습을 묘사했다. 당시엔 꽤 불편함을 주는 그림으로 여겨져 제대로 평가받지 못했지만, 오늘날에는 빛의 흐름을 고민하여 화폭에 담았던 인상파의 출현을 예고했던 작품으로 평가받고 있다.

모네의 풀밭 위의 점심 식사

모네의 초기작이다. 모네보다 8살 위 선배인 마네는 <풀밭 위의 점심 식사>로 조롱거리가 되었지만, 반면에 기성의 관습과 전통에 저항하는 선구자로 인식되기도 했다. 모네는 마네에 대한 지지를 표현하기 위해 남녀가 어우러져 소풍을 즐기는 모습을 그리고 제목을 <풀밭 위의 점심 식사>라 붙였다. 이는 기존 체제에 대한 회화적 도전이기도 했다.

개양귀비 꽃밭

1874년 첫 '인상주의 전시회'에 <인상-해돋이>와 함께 출품된 모네의 작품이다. 언덕에는 빨간 개양귀비꽃이 가득 피어 있고, 파란 하늘과 솜털 같은 그림이 어우러진 아름다운 풍경이다. 그림 속 여인과 어린 아이는 모네의 아내 까미유와 그의 아들 장이라고 전해진다.

시골에서의 춤

빛나는 색채 표현으로 유명한 르누아르의 작품이다. <도시에서의 춤>과 함께 1883년 그려졌다. 시골 무도회의 소박하고 서민적인 모습을 통해, 시골 사람들의 건강하고 격식을 따지지 않는 즐거움을 묘사하고 있다. 그림 속의 남녀는 르누아르의 친구 폴로트와 후에 르누아르의 아내가 된 알린느라고 전해진다.

도시에서의 춤

<시골에서의 춤>과 대비되는 르누아르의 작품이다. 시골 무도회 정경에서는 무희가 소박한 무명 드레스를 입은 것으로 묘사되었는데, <도시에서의 춤>에서는 광택이 흐르는 호박단 드레스를 입은 여인이 등장한다. 부드러운 붓질과 화사하고 화려한 색채가 돋보인다. 세련된 춤 동작에서는 도시답게 차가우면서도 우아한 분위기가 흐른다.

무대 위의 리허설

발레 공연이나 발레리나의 모습을 많이 그렸던 드가의 작품이다. 그는 발레리나의 움직임과 빛, 시각의 변화 등에 관심이 많았으며, 발레리나의 움직임에서 특정한 순간을 잡아내 그리기를 좋아했다. 이 그림은 리허설을 앞둔 발레리나들이 무대 위에서 몸도 풀고 잠시 휴식을 취하는 일상을 담고 있다. 무대 배경은 유화 물감으로 발레리나의 모습은 파스텔로 그렸다.

14세의 발레리나

평생 유화 물감과 파스텔로 그림을 그리던 드가는 나이 들면서 시력이 나빠지자 그림을 포기하고 점토를 이용한 소형 조각 작품에 몰두하기 시작했다. 이 작품은 그의 조각 작품 가운데 손꼽히는 것으로 청동으로 제작한 것이다. 오른발을 내딛고 지그시 눈을 감고 다음 동작을 생각하는 발레리나의 모습이 인상적이다. 드가의 뛰어난 관찰력이 돋보이며, 청동 조각 작품 위에 헝겊으로 만든 옷을 입혀 놓아 매우 혁신적인 작품으로 평가받고 있다.

사과와 오렌지

근대 회화의 아버지 세잔의 정물화이다. 정물화는 정적인 그림이지만, 세잔은 정물화 속 사과가 앞으로 굴러갈 것 같은 동적인 느낌을 부여하였다. 또 사과의 위치에 따라 어떤 것은 위에서, 어떤 것은 옆에서 혹은 앞에서 본 모습으로 시선을 다각화하여 더욱 입체적이고 균형 잡힌 창조적인 작품을 만들었다.

카드놀이 하는 사람들

세잔은 카드놀이 시리즈를 모두 5점 남겼다. 그 가운데 오르세의 <카드놀이 하는 사람들>이 가장 높이 평가받고 있는 작품으로, 그림 가격도 가장 비싸다고 전해진다. 그림 속 인물들은 도박을 하고 있는 것이 아니라 일과를 마친 뒤 휴식처럼 카드놀이를 하고 있는 것으로 묘사되고 있다. 작은 그림이지만 구도와 색 처리에 대한 세잔의 고민과 열정이 담겨 있어, 근대 회화에 중요한 영향을 미친 작품으로 평가받고 있다.

뤽상부르 정원 자흐댕 뒤 뤽상부르 Jardin du Luxembourg

❶ 메트로 12호선 노트르담 데 샹역Notre-Dame des Champs에서 도보 5~6분
❷ RER B선 뤽상부르역Luxembourg에서 도보 1~2분 ❸ 버스 38, 58, 82, 83, 84, 89번
Rue de Vaugirard, 75006

파리의 센트럴 파크

파리지앵이 가장 사랑하는 정원 가운데 하나이다. 파리 대학가 서쪽에 있는 이 공원의 넓이는 약 23만㎡이다. 커다란 연못을 중심으로 수많은 동상과 녹지대, 형형색색 꽃으로 꾸며져 있다. 곳곳에 마련된 의자에서는 시민들이 책을 읽거나 낮잠을 자며 여유로운 일상을 보낸다. 이 공원은 앙리 4세의 두 번째 왕비인 마리 드 메디시스가 1612년 뤽상부르 궁전을 건립하며 만들었다. 현재 정원에는 프랑스 상원 의회, 뤽상부르 궁전, 뤽상부르 미술관 등도 들어서 있다. 뤽상부르공원은 유명 문학 작품에도 등장한다. 빅토르 위고의 소설 『레미제라블』에는 주인공 마리우스와 코제트가 뤽상부르 정원에서 처음으로 마주치는 장면이 등장한다. 가난한 작가였던 헤밍웨이는 『파리는 날마다 축제』에, 파리에 살면서 뤽상부르 정원을 산책하며 배고픔을 달래곤 했다고 고백한다. 또 2014년 노벨 문학상 수상자인 파트릭 모디아노는 뤽상부르 정원을 산책하다가 딸에게 수상 소식을 전화로 전해 들었다. 정원에서 가까운 곳에 2016년 바게트 대회 우승 빵집 '라 파리지엔 마담'La Parisienne Madame이 있다. 바게트 하나 사 들고 파리의 여유를 마음껏 즐겨보자.

뤽상부르 미술관 뮈제 뒤 뤽상부르 Musée du Luxembourg

🚶 ❶ 메트로 4호선 생쉴피스역 Saint Sulpice에서 도보 5분, 10호선 마비용역Mabillon에서 도보 7분 ❷ 버스 58, 63, 70, 84, 86, 89, 96번 🏠 19 Rue de Vaugirard, 75006 📞 +33 1 40 13 62 00 🕓 전시 기간 중 **월~일** 10:30~19:00(월요일은 22:00까지) € 전시회마다 상이(약 14.5유로) ☰ museeduluxembourg.fr

©Jean-Pierre Dalbera-flick

©Jean-Pierre Dalbera-flick

아름다운 정원 안의 미술관

뤽상부르 공원 안에 있는 특별 전시 미술관이다. 1750년 개관 당시엔 레오나르도 다빈치, 라파엘로, 렘브란트 등 유명 작가의 왕실 소장품 전시관이었다. 이 작품들은 1818년 루브르로 옮겨졌다. 19세기 말에는 프랑스에서 처음으로 인상주의 화가 전시가 열리기도 했다. 인상주의 대표 작품을 많이 소장했으나, 이번엔 오르세 미술관으로 모두 이전했다. 지금은 프랑스 예술가들의 특별 전시회를 열고 있다. 인상주의를 비롯해 19세기 이후 근현대 예술 작품 전시가 다수를 이룬다. 뤽상부르 미술관은 원래 뤽상부르 궁전의 우측에 있었으나 1884년 지금의 자리로 옮겨졌다. 현재 건물은 당시엔 오렌지 나무 온실이었다. 미술관 앞에는 파리에서 가장 유명한 디저트 가게 앙젤리나 Angelina 체인점이 있다. 코코 샤넬이 즐겨 먹은 몽블랑과 핫 초콜릿을 맛보는 것도 잊지 말자. 리볼리가Rivoli 본점보다 훨씬 여유롭다.

Travel Tip

리볼리 가의 디저트 가게 앙젤리나본점

티룸에서 핫 초콜릿과 몽블랑을 맛보려면 줄 서서 기다리기는 필수이다. 테이크 아웃을 원한다면 줄 서지 말고 그냥 들어가 구매하여 나오면 된다. 튈르리 정원, 주 드 폼 국립 미술관, 콩코르드 광장, 방돔 광장, 루브르 박물관에서 가깝다. 🚶 메트로 1호선 튈르리역Tuileries에서 도보 2분, 1·8·12호선 콩코르드역Concorde에서 도보 4분
🏠 226 rue de Rivoli, 75001

생 쉴피스 성당 에글리즈 생 쉴피스 드 파리 Église Saint-Sulpice de Paris

❶ 메트로 4호선 생 쉴피스역 Saint-Sulpice에서 도보 5분, 10호선 마비용역 Mabillon에서 도보 5분 ❷ 버스 58, 84, 89번
2 Rue Palatine, 75006 +33 1 46 33 21 78 08:00~20:00
www.paroissesaintsulpice.paris

다빈치 코드를 찾아서

파리에서 노트르담 대성당 다음으로 큰 성당으로, 뤽상부르 공원에서 가깝다. 댄 브라운의 소설 『다빈치 코드』 덕분에 더 유명해졌다. 소설 속에서 '성배의 비밀'이 숨겨진 곳이 이 성당이다. 소설에서는 교회 안 오벨리스크가 세워진 지점에서 이어진 선이 '로즈 라인'으로 불리며 중요하게 등장하지만, 실제로는 로즈 라인이라 불리지 않는다. 기독교계에서 논란이 됐던 이 소설은 영화로 개봉되기도 했다. 영화 촬영 당시 성당 측에서는 내부 촬영을 허가하지 않았다. 장 니콜라 세르반도니가 처음 설계했으나 아쉽게도 중간에 자살하면서 미완의 성당으로 남았다. 그래서 양쪽 탑의 높이와 모양이 다르다. 프랑스 대혁명 당시 건물이 심하게 훼손되었지만, 19세기에 복원했다. 성당 안 한쪽 벽에는 프랑스의 대표적인 낭만주의 화가 외젠 들라크루아의 프레스코화 <천사와 씨름하는 야곱>과 <사원에서 쫓겨난 헬리오도로스>가 그려져 있다. 더 안쪽으로 들어가면 프랑스의 조각가 장 밥티스트 피갈의 조각상 <성모와 아기 상>이 눈부시게 빛나고 있다. 이 성당에는 세계에서 가장 큰 파이프 오르간이 있다. 프랑스의 대문호 빅토르 위고가 이곳에서 결혼식을 올렸다.

외젠 들라크루아 박물관 뮈제 나시오날 외젠 들라크루아

Musée national Eugène Delacroix

❶ 메트로 10호선 마비용역 Mabillon에서 도보 3분, 4호선 생제르맹 데프레역Saint Germain des Prés에서 도보 5~6분 ❷ 버스 39, 58, 63, 70 86, 95번 6 Rue de Furstenberg, 75006 +33 1 44 41 86 50 **수~월** 09:30~17:30 (매월 첫 번째 목요일 21:00까지 야간 개장) 휴관 화요일, 1월 1일, 노동절, 성탄절 € 9유로, 18세 미만 무료, 루브르 박물관 입장권 소지자 무료(48시간 이내 방문), 뮤지엄 패스 사용 가능 www.musee-delacroix.fr

낭만주의 화가의 집

프랑스의 대표적인 낭만주의 화가 외젠 들라크루아가 말년에 살던 집과 아틀리에에 만든 박물관이다. 그는 흘러내리는 옷을 입은 여인이 한 손엔 프랑스 국기를, 다른 손엔 총검을 든 <민중을 이끄는 자유의 여신>으로 유명하다. 19세기 낭만주의 화가 가운데 최고로 꼽힌다. 낭만주의 화가들은 통일성, 명확성, 형식을 중시하고 역사와 신화를 주제로 삼았던 신고전주의와 대조적으로, '진정한 예술 작품은 특별한 감정을 표현해야 함'을 중요하게 여겼다. 느낌과 감정, 자연스러움을 중시하며 강렬한 색채를 사용했다. 그는 인상주의에도 큰 영향을 미쳤다. 그의 작품의 소재는 종교, 신화, 역사, 풍경, 인물, 정물까지 꽤 다양하다. 문학 작품을 주제로 작업을 했고, 일기와 평론을 남기기도 했다. 그의 작품을 좋아하던 친구이자 정치가 티에르가 부르봉 궁전과 국회 도서관 벽화 작업을 맡기면서 유명해지기 시작했다. 생 쉴피스 성당 벽화를 그릴 때 성당에서 가까운 아틀리에로 이사했는데, 이곳이 박물관이 되었다. 그의 작품과 팔레트를 비롯한 미술 도구를 관라할 수 있다. 작지만 아름다운 정원도 있다. 들라크루아는 페르 라셰즈 묘지에 잠들어 있다.

쿠르 뒤 코멕스 생탕드레 Cours du Commerce Saint-André

❶ 메트로 4·10호선 오데옹역Odéon에서 도보 2분 ❷ 버스 96, 63, 86, 87, 58, 70번
13 Rue de l'Ancienne Comédie, 75006(카페 르 프로코프)

파리의 로맨틱한 밤거리 즐기기

파리 6구의 생제르맹 거리는 쇼핑하기 좋은 곳이다. 수많은 숍과 유명 카페, 레스토랑이 즐비하다. 이 거리를 걷다 보면 비밀스러운 작은 골목 생탕드레 상점가라는 뜻의 쿠르 뒤 코멕스 생탕드레와 연결된다. 이 골목은 북적이는 생제르맹 대로변과 분위기가 사뭇 다르다. 돌길이 그대로 남아 있어서 예스러운 정취를 느낄 수 있다. 이 길에 들어서면 18세기로 이동한 기분이 든다. 해가 밝은 낮도 좋지만, 날이 저물면 골목 양쪽으로 테이블이 늘어서고, 카페와 레스토랑이 하나둘 불을 밝힌다. 이곳은 프랑스 혁명 당시 중요한 역할을 했다. 혁명가 조르주 당통이 이 지역에 살았다. 그가 살았던 건물은 오스만 남작의 파리 개조 사업 당시 허물어졌지만, 근처에 그의 이름을 딴 도로가 있다. 장 폴 마라는 혁명 당시 이곳 8번가에서 <민중의 친구>라는 신문을 발간하기도 했다. 오래된 카페도 찾아볼 수 있다. 1686년 문을 연 파리 최초의 카페 겸 레스토랑 르 프로코프Le procope이다. 빅토르 위고, 볼테르, 장 자크 루소 등 당대의 문인과 철학자들이 즐겨 찾던 곳이다. 파리의 로맨틱한 밤을 즐기고 싶은 이에게 완벽한 선택이 될 것이다.

프랑스 학사원 앙스티튀 드프랑스 Institut de France

❶ 메트로 7호선 퐁네프역Pont Neuf에서 도보 7분 ❷ 버스 27, 58, 70, 87번
23 Quai de Conti, 75270 +33 1 44 41 44 41 www.institutdefrance.fr

©Moonik-Wikimedia Commons

©Moonik-Wikimedia Commons

프랑스 최고의 학술 기관

센 강변 남쪽, 루브르와 예술의 다리Pont des Arts로 연결된 웅장한 건물이 프랑스 학사원이다. 1795년 설립된 프랑스 최고 학술 기관이다. 1천 개가 넘는 협회와 박물관, 성 등을 관리한다. 아카데미 프랑세즈를 비롯해 금석학과 문학 아카데미, 과학 아카데미, 미술 아카데미, 윤리와 정치 과학 아카데미로 구성돼 있다. 가장 유명한 것이 아카데미 프랑세즈다. 루이 13세 때의 재상 카르디날 리슐리외가 설립했다. 프랑스어의 순수성을 보호하는 업무를 주로 담당하고 있다. 아카데미 회원은 단 40명이다. 공석이 생기면 기존 회원의 추천을 받아 투표로 선출한다. 회원은 죽을 때까지 자격을 유지한다. 그래서 이들은 불멸의 40인이라고 부른다. 역대 회원으로는 빅토르 위고, 볼테르, 루이 파스퇴르, 알렉상드르 뒤마 등이 있다. 첫 여성 회원은 1980년에 선출된 벨기에 태생의 미국 작가 마르그리트 유르스나르이다. 학사원엔 프랑스에서 가장 오래된 공립 도서관 마자린 도서관이 있다. 1643년에 설립된 이 도서관은 프랑스에서 희귀한 책과 원고를 가장 많이 소장하고 있다. 영화에나 나올 법한 웅장하고 고전적인 분위기가 압도적이다.

몽파르나스 대로

불르바르 뒤 몽파르나스 Boulevard du Montparnasse

❶ 메트로 4호선 바뱅역Vavin ❷ 버스 58, 82, 91번

Boulevard du Montparnasse, 75006

피카소와 헤밍웨이가 찾았던 오래된 카페들

노천카페에서 에스프레소나 와인 한 잔 테이블에 올려놓고 담배를 피우며 대화를 나누는 것은 파리지앵의 일상이자 하나의 문화이다. 파리에 카페가 처음 들어온 것은 17세기 무렵이다. 커피는 처음엔 귀족들의 전유물이었다. 하지만 1686년 생제르맹 데프레Saint-Germain-des-Prés 지역에 최초의 카페 '르 프로코프'가 문을 열면서 대중들도 마음껏 커피를 즐길 수 있게 되었다. 르 프로코프가 대성공을 이루자 여러 지역에 카페가 들어서기 시작했고, 19세기에 들어서면서 그 수가 기하급수적으로 늘어 수천 개의 카페가 생겨났다. 파리의 카페는 단순히 커피를 마시는 공간을 넘어 화가, 문인, 철학가 등이 토론을 하는 문화의 장이었다. 그들은 의견을 교환하고 영감을 주고받았다.

몽파르나스 대로는 파리의 카페 문화를 가장 잘 느낄 수 있는 지역이다. 가장 유명한 카페 레 두 마고Café les deux maggots가 있는 생제르맹 데프레 지역과 더불어 19세기부터 20세기까지 번성했던 카페 분위기가 가장 많이 남아있다. 헤밍웨이는 『해는 또다시 떠오른다』를 집필한 라 클로즈리 데릴라La Closerie des Lilas를 파리에서 가장 좋은 카페라고 극찬했다. 당대 문인들이 즐겨 찾았는데, 아직도 카페 테이블에는 그들의 이름이 새겨져 있다. 라 쿠폴La Coupole은 에밀 아자르의 소설 『자기 앞의 생』의 등장인물 로자 아줌마가 토요일 오후마다 즐겨 찾았던 카페로 이 역시 예술가들의 모임 장소였다. 알베르 카뮈는 노벨 문학상 수상을 축하하기 위해 이곳에서 장 폴 사르트르를 만

났으며, 샤갈은 97번째 생일 파티를 이곳에서 열었다. 그밖에 라 로통드La Rotonde, 르 돔Le Dôme, 르 셀렉트Le Select도 당대의 유명한 카페였다. 이 지역 카페에서는 모딜리아니와 피카소가 지인들에게 초상화를 그려주는 모습을 종종 볼 수 있었다고 한다. 몽파르나스 노천카페에 앉아 파리의 예술이 번영을 이룬 아름다운 시절 벨 에포크 시대1871~1914를 떠올리며 브런치나 음료를 즐긴다면 여행의 즐거움은 배가 될 것이다.

ONE MORE

몽파르나스 거리의 카페 찾아가기

❶ 라 클로즈리 데릴라La Closerie des Lilas

171 Boulevard du Montparnasse, 75006

❷ 라 쿠폴La Coupole

102 Boulevard du Montparnasse, 75014

❸ 라 로통드La Rotonde

105 Boulevard du Montparnasse, 75006

❹ 르 돔Le Dôme

108 Boulevard du Montparnasse, 75014

❺ 르 셀렉트Le Select

99 Boulevard du Montparnasse, 75006

몽파르나스 타워 뚜흐 몽파르나스 Tour Montparnasse

❶ 메트로 4·6·12·13호선 몽파르 나스 비앙브뉘역Montparnasse Bienvenüe에서 도보 3분 ❷ 버스 28, 39, 58, 59, 92, 94, 95, 96번 33 Avenue du Maine, 75015 +33 1 45 38 52 56 **전망대 운영시간** 09:30~23:30 € 온라인 입장료 일반 21유로, 학생 16유로 현장 입장료 일반 25유로 www.tourmontparnasse56.com

©mikhail nilov-pexels

아름다운 파리를 한눈에

고층 빌딩이 별로 없는 파리에서 유독 눈에 띄는 건물이다. 59층에 높이는 210m로 파리에서 가장 높다. 대부분 사무실로 사용되고 있다. 전망대에서 파리의 아름다운 모습을 한눈에 담을 수 있다. 1969년에 착공하여 1973년 완공되었지만, 파리의 경관을 해친다는 이유로 수많은 반대와 질타를 받았다. 덕분에 몽파르나스 타워 완공 2년 후에는 파리 도심에 7층 이상의 건물 건축이 금지되기도 했다. 전망대에서 바라보는 파리 전경은 정말 아름답다. 특히 해 질 녘에는 황홀하기까지 하다. 40초면 오르는 엘리베이터에서 내리면 실내 전망대가 나오고, 계단을 좀 더 올라가면 59층 실외 전망대가 나온다. 에펠탑과 라데팡스, 루브르, 노트르담, 팡테옹까지 파리의 아름다운 모습을 마음껏 감상할 수 있다. 좀 더 분위기를 내고 싶으면 56층에 있는 바&레스토랑 씨엘 드 파리Ciel de Paris로 가면 된다. 전망대 입장료는 19유로지만 씨엘 드 파리의 와인 한 잔은 9~10유로이다. 와인도 마시고 뷰까지 덤으로 즐길 수 있다. 와인 한 잔 시켜놓고 느긋하게 야경을 감상하자. 에펠탑의 노란 등불이 모두 꺼지고 하얀 불빛만 반짝이는 '화이트 에펠탑'이 되는 순간도 마음껏 즐길 수 있다.

몽파르나스 묘지 씨메티에르 뒤 몽파르나스 Cimetiére du Montparnasse

❶ 메트로 4·6호선 라스파이 역Raspail과 6호선 에드가 퀴네역Edgar Quinet에서 도보 1분, 13호선 게테역Gaîté 에서 도보 3분, 4·6·12·13호선 갸르 몽 파르나스역Gare Montparnasse에서 도보 5분 ❷ 버스 58, 59, 68, 88, 92번

3 Boulevard Edgar Quinet, 75014 33 1 44 10 86 50 **월~금** 08:00~18:00 **일** 09:00~18:00 휴무 토요일

보들레르와 베케트, 사르트르를 만나자

파리 남쪽의 몽파르나스 묘지는 시민들의 휴식처 역할을 하는 아름다운 공원이다. 파리 동쪽의 페르 라셰즈 묘지, 북쪽의 몽마르트르 묘지와 함께 파리의 3대 공원묘지다. 19세기, 파리 시내에 묘지를 세울 수 없게 되자 시내를 벗어난 몽파르나스와 페르 라셰즈, 몽마르트르에 공동묘지가 생겨났다. 몽파르나스 묘지에는 유명 지식인과 예술가들이 잠들어 있다. 가장 유명한 이는 1867년에 묻힌 샤를 보들레르이다. 그는 반항과 자유분방함, 금단의 시였던 『악의 꽃』으로 주목받았다. 리투아니아 출신 화가 카임 수틴, 『고도를 기다리며』의 사뮤엘 베케트, 철학가이자 소설가인 장 폴 사르트르와 그의 연인 시몬 드 보봐르, 할리우드 영화배우이자 소설가 로맹 가리에밀 아자르의 부인 진 세버그 등도 이곳에 잠들어 있다.

Travel Tip

시인과 예술가 묘지 찾기

보들레르, 사르트르, 사뮤엘 베케트, 화가 수틴 등의 묘지 위치를 초입 안내판에서 확인할 수 있다. 관리실과 안내판에 걸려 있는 맵을 대여할 수도 있다. 맵을 들고 다니며 원하는 유명인의 묘지를 찾아보면 된다. 맵에는 무덤 주인의 이름과 위치가 표시되어 있다. 묘지가 워낙 많아 찾기 쉽지는 않지만, 작은 꽃다발이라도 하나 준비하여 존경하는 이의 무덤에 놓고 온다면 이 또한 기억에 남는 파리 여행이 될 것이다.

방브 벼룩시장 Vanves Flea Market

❶ 메트로 13호선 포르트 드 방브역Porte de Vanves에서 도보 2분 ❷ 트램 T3a 포르트 드 방브역에서 도보 2분 ❸ 버스 58, 95번 5 Av. de la Prte de Vanves, 75014 토·일 07:00~14:00 www.pucesdevanves.fr

©lin padgham ©Demeester

나만의 기념품 저렴하게 구하기

벼룩시장은 19세기 말 프랑스에서 처음 등장했다. 프랑스어로 막셰오 퓌스Marché aux puces라고 하는데, 퓌스Puce는 벼룩을 뜻한다. 벼룩이 들끓을 정도로 오래된 물건을 판매하기에 이렇게 불렀다고 하는가 하면, 무허가 상인들이 경찰 단속이 뜨면 벼룩처럼 튀어 사라진다고 해서 벼룩시장이라고 붙였다고도 한다. 퓌스라는 단어는 적갈색이라는 뜻도 있다. 갈색 고가구나 골동품을 판매하는 시장이라고 해서 붙여진 이름이라는 설도 있는데, 사실 이 얘기가 가장 유력하다. 방브 벼룩시장은 파리지앵에게 가장 인기가 높은 벼룩시장이다. 저렴한 가격에 좋은 제품을 '득템'할 수 있다. 고서적, 고가구, 식기, LP, 인형, 만화책, 그리고 오래전 누군가에게 보낸 엽서나 편지까지, 벼룩시장에서는 낭만을 담은 추억도 판매한다. 14시까지 영업하지만, 12시가 넘으면 상인들이 짐을 싸기 시작하므로 오전 일찍 가야 활기찬 모습을 구경할 수 있다.

Travel Tip

나에게 맞는 벼룩시장 찾기

주말엔 시내 곳곳에서 벼룩시장이 열린다. https://vide-greniers.org/75-Paris에 들어가면 여러 가지 벼룩시장이 열리는 장소와 날짜를 확인할 수 있다. 잡다한 물건을 파는 벼룩시장부터 골동품 벼룩시장까지 있어 다양한 물건을 구경할 수 있다.

카타콤 Catacombes de Paris

세계 최대의 지하 납골당

18세기 말 파리 중심부 이노상 묘지에 수백만 명의 유골이 있었다. 묘지 부족과 위생상 문제가 발생하자 이를 몽파르나스 지역 지하로 이전했다. 이곳이 카타콤이다. 고대에 채석장이었던 이곳에 6백만여 유골이 안치했다. 세계 최대 납골당이다. 지하 20m 아래 300km에 달하는 복도에 유골이 차곡차곡 쌓여 있다. 좁은 통로 양쪽으로 쌓여 있는 유골이 다소 섬뜩하다. 관광객들게는 1.7km만 공개하고 있다. 관람하는 데 40~60분 걸린다. 일방통행이므로 중간에 나올 수 없다. 노약자들에게는 주의가 요구된다. 2015년 11월 국내 방송 프로그램인 <신비한 TV 서프라이즈>에서 카타콤에 관한 미스터리를 다룬 적이 있다. 카타콤은 2014년에 개봉한 미국 공포영화 <카타콤: 금지된 구역>의 배경 무대로 등장하기도 했다. 2015년 세계적인 숙소 플랫폼인 에어비앤비에서는 핼러윈 데이에 이 납골당에서 묵는 사람에게 35만 유로를 지급하는 이벤트를 벌이기도 했다.

❶ 메트로 4·6호선 덩페르- 로슈로역Denfert-Rochereau에서 도보 1분 ❷ RER B선 당페르-로슈로역Denfert- Rochereau에서 도보 1분 ❸ 버스 38, 68번 1 Avenue du Colonel Henri Rol-Tanguy, 75014 +33 1 43 22 47 63
화~일 09:45~20:30 휴관 월요일, 1월 1일, 노동절, 8월 15일 € **사전 온라인 예약 티켓** 29유로(www.klook.com/ko나 홈페이지에서 예약, 오디오 가이드 포함) **당일 온라인 구매 티켓** 15유로(18세 미만 무료, 오디오 가이드 불포함)
www.catacombes.paris.fr

뷔트 오 카이유 Butte-aux-Cailles

메트로 5·6·7호선 플라스 디탈리역Place d'Italie, 6호선 코르비자르역Corvisart

Butte-aux-Cailles, 75013

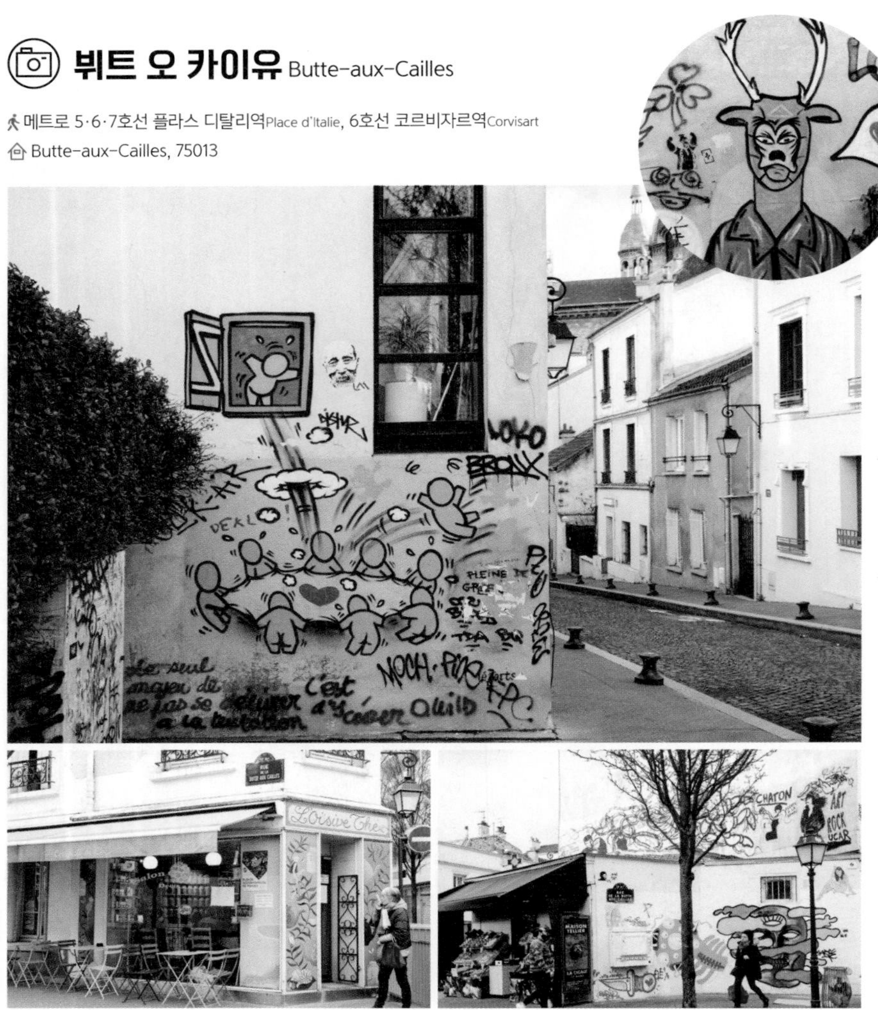

벽화가 있는 마을 산책

이제 벽화는 하나의 예술로 튼튼히 자리를 잡았다. 파리 13구의 주거 지역인 뷔트 오 카이유는 벽화로 유명하다. 메추라기의 언덕이라는 예쁜 뜻을 가진 동네이다. 파리지앵은 이 작은 동네를 사랑한다. 저녁이 되면 소박한 카페, 식당, 바는 파리지앵들로 붐빈다. 낮에는 동네 주민들의 서민적인 모습을 흔하게 볼 수 있다. 관광지와는 거리가 멀지만, 여유롭게 산책하며 구경하기에는 제격이다. 파리 도심의 전형적인 오스만 시대 건물이나 큰 길 같은 것은 찾아볼 수 없다. 대신 작은 집과 돌길, 곳곳에 그려진 벽화를 볼 수 있다. 벽화 옆에 미스 티Miss Tie 혹은 제프 아에로솔Jef Aérosol이라고 새겨진 사인을 종종 볼 수 있는데, 프랑스의 그라피티 예술가 장 프랑수아 페루아Jean-François Perroy의 필명이다. 책을 저술한 작가이기도 한 그는 프랑스 곳곳의 벽에 다양한 그림을 남겼다. 가장 유명한 벽화 중 하나는 퐁피두 센터 옆 스트라빈스키 광장에서 볼 수 있는 커다란 얼굴 벽화이다. 그의 벽화는 스트라빈스키 분수와 함께 단번에 눈에 띄는 광장의 명물로 자리 잡았다.

생제르맹 데프레

레 두 마고 Les Deux Magots

❶ 메트로 4호선 생제르맹 데프레역Saint Germain des Prés에서 도보 2분 ❷ 버스 39, 63, 86, 95번
6 Place Saint-Germain des Prés, 75006 +33 1 45 48 55 25 07:30~00:30
€ 와인 한 잔 9.5유로부터, 주말 브런치 51유로부터, 저녁 메인 30유로 안팎부터 www.lesdeuxmagots.fr

피카소와 헤밍웨이가 사랑한 카페

카페 레 두 마고는 파리에서 가장 유명하고 오래된 카페 중 하나이다. 1837년 문을 열었다. 19세기엔 예술가들의 활동이 왕성해지면서 그들이 즐겨 찾던 카페가 하나의 문화로 자리 잡았다. 카페 레 두 마고도 예술가들의 모임 장소로 애용되었다. 피카소와 헤밍웨이, 앙드레 지드 등이 즐겨 찾아 지금의 명성을 얻었다. 또 앙드레 브르통이 주창한 초현실주의자들의 모임도 이곳에서 열렸다. 헤밍웨이는 카페 레 두 마고에서 제임스 조이스를 만나 술잔을 기울였다. 그의 에세이 『파리는 날마다 축제』에는 이렇게 묘사되어 있다. "그가 내게 술 한잔 하자고 해서 카페 레 두 마고로 갔다. 그는 스위스산 백포도주만 마시는 것으로 알려졌지만, 우리는 단맛 없는 셰리주를 주문했다." 그의 글귀를 떠올리며 카페에 들어서면 헤밍웨이의 숨결이 느껴지는 것 같아 가슴이 설렌다. 와인 한잔시켜 놓고 테라스 테이블에 앉아있으면 이곳이 파리임을 실감하게 된다.유명세 덕분에 가격이 다른 카페의 두 배 정도이다. 바로 옆집 카페 드 플로르Café de Flore 역시 많은 예술가들이 모였던 장소로 유명하다.

르 프로코프 Le Procope

❶ 메트로 4·10호선 오데옹역Odéon에서 도보 2분, 10호선 마비용역 Mabillon에서 도보 4분
❷ 버스 58, 63, 70, 86, 87, 96번 13 Rue de l'Ancienne Comédie, 75006
+33 1 40 46 79 00 매일 12:00~24:00 € 메인 23~44유로 www.procope.com

300년 역사의 파리 최초 카페

1686년에 처음 문을 연 파리 최초의 카페로 역사가 무려 330년이 넘었다. 생제르맹 데프레의 오래된 골목 쿠르 뒤 코멕스 생탕드레에 있다. 메트로 4·10호선 오데옹역Odéon에서 도보로 2분 거리이다. 외관부터 클래식한 분위기를 풍기며, 입구에 들어서면 고풍스러운 분위기에 압도된다. 고급 음식점은 아니지만, 서비스는 고급 음식점 못지않다. 디저트가 입맛에 맞지 않으면 바꿔주기도 한다. 점심에는 22.5유로라는 괜찮은 가격에 앙트레전채요리+메인+디저트로 구성된 훌륭한 세트 메뉴를 즐길 수 있다. 오래된 역사 덕분에 루소, 나폴레옹, 쇼팽, 헤밍웨이, 볼테르 등이 단골이었다. 프랑스의 사상가 볼테르는 프로이센의 프리드리히대왕에게 받은 대리석 테이블을 이 카페에 갖다 놓고 글을 썼다. 지금도 이 카페 2층에서 테이블을 찾아볼 수 있다. 장교 시절의 나폴레옹과 얽힌 이야기도 전해진다. 어느 날 나폴레옹이 이곳에서 식사했다. 하지만 돈이 모자랐다. 그는 모자란 돈 대신 장교 모자를 두고 갔다. 나폴레옹이 맡기고 간 모자도 카페에 전시되어 있다.

세미야 Semilla

스페인 스타일이 가미된 프렌치 요리

파리의 오래된 중심지 생제르맹 데프레의 작은 골목, 메트로 10호선 마비용역에서 2분 거리에 있는 레스토랑이다. 세미야란 씨앗이라는 뜻의 스페인어이다. 콘크리트 벽과 파이프로 장식된 인테리어에 오픈 키친이라 눈길을 끈다. 파리 대부분의 식당이 문을 닫는 일요일 저녁에도 영업을 해 언제나 사람들로 가득하다. 동양인은 거의 눈에 띄지 않고, 불어보다는 영어를 사용하는 사람들이 꽤 많은 편이다. 메뉴는 매일 바뀌는데 채소와 생선, 양고기, 돼지고기 요리까지 선택의 폭은 다양하다. 대개 스페인 스타일이 가미된 현대식 프렌치 요리이다. 양이 많지 않으므로 간단한 요리를 여러 개 주문하는 게 좋다. 예약을 못하면 테이블을 잡지 못 할 수도 있는데, 그럴 경우 바로 옆에 있는 자매 와인바 프레디스를 추천한다.

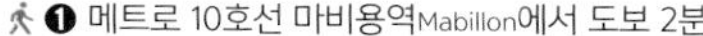

❶ 메트로 10호선 마비용역Mabillon에서 도보 2분
❷ 버스 58, 63, 70, 86, 87, 96번
54 Rue de Seine, 75006 +33 1 43 54 34 50
수~금 19:00~22:30 **토~일** 12:30~14:30, 19:00~22:30
휴무 월, 화 www.semillaparis.com(예약)

오 피에 드 푸에 Au pied de fouet

파리지앵처럼 프랑스 가정식을 즐기자

생제르맹 데프레의 한 골목에 있는 작은 식당, 오 피에 드 푸에는 여행객은 좀처럼 찾아볼 수 없는 파리지앵만의 진정한 아지트이다. 영업을 시작한 지 얼마 되지 않았지만 모든 테이블이 언제나 만석이고, 가게 밖은 기다리는 이들로 문전성시를 이룬다. 고급 요리와는 거리가 먼 프랑스 가정식으로 심플한 비쥬얼이지만, 그 맛은 언제나 상상 이상이다. 아늑한 분위기, 맛있는 요리, 친절한 서비스, 저렴한 가격까지 더 이상 바랄 게 없다. 저렴한 가격에 맛있는 가정식 스테이크를 먹고 싶다면 이곳을 추천한다. 메트로 4호선 생제르맹 데프레역에서 가깝다. 바빌론 거리에 지점이 있다.

생제르맹 데프레 점 ❶ 메트로 4호선 생제르맹 데프레역Saint Ger- main des Prés에서 도보 3분 ❷ 버스 39, 63, 86, 95번 3 Rue Saint-Ben- oît, 75006 +33 1 42 96 59 10 **월** 18:00~23:00 **화~목** 12:00~15:00, 18:30~23:00 **금~토** 12:00~23:00 휴무 일요일
€ 26유로(전식+본식+후식+와인1잔) aupieddefouet.com

피쉬 라 부아소느리 Fish la Boissonnerie

❶ 메트로 10호선 마비용역Mabillon에서 도보 2분 ❷ 버스 63, 70, 86, 87, 96번

69 Rue de Seine, 75006 +33 1 43 54 34 69

12:30~14:30, 19:00~22:30

www.fishlaboissonnerie.com(예약)

지중해 풍 레스토랑

생제르맹 데프레의 센 거리Rue de Seine는 드류 아헤와 후안 산체스의 왕국이라 불린다. 이들이 운영하는 레스토랑이 네 곳이나 모여 있기 때문이다. 그 중 피쉬 라 부아소느리는 그린 계열의 알록달록한 타일로 안이고 밖이고 장식되어 있어 지중해를 떠오르게 하는 맛집이다. 바닷가 이미지로 장식되어 있고 해산물 요리가 주를 이루지만, 고기 요리 메뉴도 많은 편이다. 메뉴는 세미야Semilla와 마찬가지로 매일 조금씩 바뀐다. 영어 메뉴판은 없지만, 직원이 영어로 설명해준다. 당일 메뉴판에는 셰프의 실명까지 적혀 있어 믿음이 간다. 합리적인 가격에 맛있는 프렌치 요리를 맛보고 싶다면 센 거리의 음식 왕국을 방문해 보자.

라 파리지엔 마담 LA PARISIENNE Madame

🚶 ❶ 메트로 12호선 렌느역Rennes과 4호선 생 쉴피스역Saint-Sulpice에서 도보 5분 ❷ 버스 58, 84, 89번
48 Rue Madame, 75006 +33 9 51 57 50 35
07:00~20:00 휴무 수요일 € 바게뜨 1유로
boulangerielaparisienne.com

파리 최고의 바게트

매년 파리에서는 최고의 바게트를 가리는 대회가 열린다. 뤽상부르 공원 서쪽에 있는 파리지엔은 2016년 파리 최고의 바게트 빵집으로 선정된 곳이다. 체인점이 여러 군데에 있지만, 이곳의 제빵사 미카엘 레이들레와 플로리앙 샤를이 우승을 차지했다. 파리의 식당에서 나오는 바게트는 모두 맛있다고 하는 이들도 많지만, 라 파리지엔의 바게트를 맛보지 못했기 때문에 하는 말이다. 바삭한 껍질을 한 입 베어 물면 속살이 부드럽게 찢어진다. 질긴 바게트를 먹다가 턱이 아팠다는 얘기는 이곳에서는 해당되지 않는다. 바게트 외에 좀 더 쫄깃한 맛을 원한다면 트라디시옹Tradition을 추천한다. 바게트 하나 사 들고 뤽상부르 공원에 앉아 파리지앵의 여유를 만끽하기도 좋다.

피에르 에르메 Pierre Hermé

<보그>가 극찬한 파리 최고의 마카롱

피에르 에르메는 14세부터 전설적인 파티셰 가스통 르노트르 밑에서 제과를 배우며 파티셰의 길을 걷기 시작했다. 그리고 그 또한 제과계의 전설이 되었다. 그의 마카롱은 여타 마카롱과 매우 차별적이다. 미국의 유명 잡지 보그Vogue는 그를 '패스츄리 계의 피카소'라고 칭송했다. 달걀흰자, 아몬드 가루, 설탕 등으로 만드는 마카롱은 보통 식감이 바삭하다. 하지만 피에르 에르메의 마카롱은 폭신한 파이를 먹는 듯 촉촉한 식감이 특징이다. 덕분에 세계적인 명성을 떨치며 프랑스, 일본, 미국뿐만 아니라 한국까지 매장이 진출했다. 파리 시내에만 17개의 매장을 두고 있으니 꼭 들러서 세계 최고의 마카롱을 맛보자.

생제르맹 데프레 점

🚶 ❶ 메트로 4호선 생쉴피스역Saint-Sulpice에서 도보 2분, 10호선 마비용역Mabillon에서 도보 4분, 4호선 생제르맹 데프레역Saint Germain des Prés에서 도보 5분 ❷ 버스 39, 63, 70, 84, 86, 96번 🏠 72 Rue Bonaparte, 75006 📞 +33 1 45 12 24 02 🕓 **월~목** 11:00~19:00 **금·토** 10:00~20:00 **일** 10:00~19:00 € 7개 20.5유로 ≡ www.pierreherme.com

파트릭 호제 Patrick Roger

초콜릿 월드컵 우승자가 만드는 초콜릿

파트릭 호제는 초콜릿 아티스트이자 좋은 재료로 최고의 초콜릿을 만들어내는 장인이다. 1994년 세계 초콜릿 월드컵 대회에서 우승을 차지했고, 2000년에는 프랑스 최우수 기능 장인Meilleurs Ouvriers de France으로 선발되기도 했다. 자신의 이름을 상호로 걸고 파리에 지점 8군데를 운영하고 있다. 입구에 초콜릿으로 조각된 거대한 고릴라 상이 이 가게의 상징이다. 초콜릿은 무게에 따라 가격을 매기기도 하고, 종류별로 상자에 담아 판매하기도 한다. 아몬드 프랄린과 헤이즐넛이 들어간 초콜릿이 가장 인기가 좋다. 그밖에 30가지가 넘는 초콜릿이 있다. 섬세하고 고급스러운 초콜릿은 달다구리 마니아에게 최고의 맛을 선사한다.

🚶 ❶ 메트로 4·10호선 오데옹역Odéon에서 도보 1분 ❷ 버스 63, 86, 87, 96번 🏠 108 Boulevard Saint-Germain, 75006 📞 +33 1 43 29 38 42 🕓 **월~토** 11:00~19:00 **일** 11:00~13:45, 14:30~19:00 ≡ www.patrickroger.com

쿠튬 카페 Coutume Café

파리의 손꼽히는 커피숍

부촌인 파리 7구의 고풍스러운 건물들 사이에 있는 카페이다. 파리 최고의 커피숍으로 종종 언급되며, 규모는 파리의 일반 커피숍에 비해 꽤 큰 편이다. 누구나 반할 만한 멋진 인테리어가 인상적이며, 화이트, 블랙, 그레이 톤으로 꾸며진 모던한 분위기 때문에 젊은이들이 많이 찾는다. 노트북을 펼쳐놓고 작업하는 이들도 꽤 많다. 커피, 차, 과일주스, 맥주, 와인 등 음료는 물론 디저트와 간단한 식사까지 가능하다. 빵 위에 신선한 채소와 치즈, 수란이 얹어진 타르틴Artine이 인기 많은 메뉴 중 하나이다. 수란의 노른자를 터뜨리면 빵에 스며들어 식감이 부드러워진다. 커피도 훌륭하다.

❶ 메트로 13호선 생 프랑수아-자비에역Saint-François-Xavier에서 도보 4분 ❷ 버스 86번
47 Rue de Babylone, 75007 +33 9 88 40 47 99
월~목 08:30~17:30 **금** 16:00~22:00 **토~일** 13:00~20:00
www.coutumecafe.com

프레디즈 Freddy's

캐주얼한 와인바

생제르맹 데프레의 센 거리Rue de Seine에 있다. 양복 입은 직장인부터 캐주얼 차림의 여행객까지 마음껏 즐길 수 있는 곳이다. 타파스 요리 몇 가지에 와인을 한잔 곁들이면 한 끼 식사로도 손색이 없다. 양도 가격도 부담 없고 음식 맛까지 나무랄 데 없다. 한국에서 여행 온 친구들을 데리고 가면 최고의 만족도를 보인다. 와인 메뉴는 주기적으로 조금씩 바뀐다. 음식은 정해진 메뉴도 있고, 매일 바뀌는 메뉴도 있다. 영어 메뉴판은 없지만, 친절하고 영어가 유창한 직원들 덕분에 주문하기는 어렵지 않다. 주문 때문에 고민에 빠져 있으면, 직원이 임의로 선택해 주기도 한다. 옆집 레스토랑 세미야Semilla와 패스트푸드 식당 코지Cosi, 맞은 편의 해산물 전문점 피시 라 부아소느리Fish La Boissonnerie까지 프레디즈 주인장이 운영한다. 어딜 가든 후회 없는 선택이 될 것이다.

❶ 메트로 10호선 마비용역Mabillon에서 도보 2분
❷ 버스 58, 63, 70, 86, 87, 96번
54 Rue de Seine, 75006 매일 12:00~24:00

불리 1803 Officine Universelle Buly 1803

❶ 메트로 4호선 생제르맹 데 프레역Saint Germain des Prés에서 도보 7분 ❷ 버스 27, 39, 87, 95번
6 Rue Bonaparte, 75006 +33 1 43 29 02 50 11:00~19:00
€ 립밤 30유로, 핸드크림 33.33유로 www.buly1803.com

200년 전통의 바디 케어 전문점

불리 1803은 센 강변 근처 생제르맹데프레의 작은 골목에서 200년 넘게 자리를 지켜 오고 있는 바디 케어 전문점이다. 매장 안으로 들어서면 나무로 만들어진 앤티크 가구에 다양한 제품이 진열돼 있는데, 고풍스러운 분위기 탓에 19세기의 비밀스러운 공간에 들어온 느낌이 든다. 천연 성분으로 만들어진 비누부터 바디 케어 용품까지 다양한 제품이 있다. 패키지 제품도 있는데 고풍스러운 디자인에 독특한 그림이 그려져 특별한 느낌을 준다. 가장 유명한 제품으로는 파란색 패키지에 손이 그려져 있는 핸드크림이다. 크림의 질감이 치즈처럼 밀도가 높아 촉촉하게 수분을 공급해준다. 2016년에 서울 청담동에 매장을 오픈한 이후, 현대백화점 무역센터점과 압구정동 갤러리아백화점에도 매장이 생겼다. 파리에서는 한국보다 30%까지 저렴하게 구매할 수 있으니 꼭 방문해 보시길. 마레, 봉막셰 백화점 등 파리에만 4곳에 매장이 있다.

봉 막셰 백화점 Le Bon Marche

❶ 메트로 10·12호선 세브르-바빌론역Sèvres - Babylone에서 도보 2분 ❷ 버스 68, 70, 83, 84, 94번
24 Rue de Sèvres, 75007 +33 1 44 39 80 00 **월~토** 10:00~19:45 **일** 11:00~19:45
www.24s.com

세계 최초의 백화점

백화점, 인류가 이 새로운 쇼핑 공간을 창조한 게 언제일까? 때는 1852년, 산업혁명이 일어난 이후 100년 가까이 지났다. 기계의 힘을 빌리자 전통 시장에서 소화하기에 힘들 만큼 유럽엔 세상에 없던 상품이 넘쳐났다. 그 무렵 프랑스의 기업가 아리스티드 부시코는 세상이 새로운 쇼핑 공간이 요구하고 있음을 직감했다. 그가 세상의 필요에 응답한 건 봉 막셰 백화점이었다. 파리에, 세상에 새로운 쇼핑 문화가 탄생하는 순간이었다. 그는 봉 막셰에 환불과 교환 제도, 정찰제, 바겐 세일 등을 도입했다. 또 쇼핑하는 아내를 기다리는 남편을 위한 휴식 공간과 여성 전용 공간을 만들고 우아한 클래식 음악을 틀었다. 그 결과 첫해 50만 프랑이었던 매출은 10년도 채 되지 않아 10배인 5백만 프랑으로 올라섰다. 현재 봉 막셰는 프랑스 명품 시장의 절반 이상을 차지하고 있는 LVMH루이뷔통 모에 헤네시 그룹의 소유로, 수많은 명품 브랜드가 입점해 있다. 봉 막셰의 식품관도 유명하다. 별도 건물에 들어선 식품관에는 고급 식재료, 제품, 먹거리 등이 가득하다. 시식도 할 수 있으며, 식사용 테이블도 마련되어 있다.

라 그랑드 에피스리 드 파리 La Grande Epicerie de Paris

지하철10, 12호선 세브르 바빌론Sevres – Babylone역에서 도보 3분
38 Rue de Sèvres, 75007 +33 01 44 39 81 00
월~토 08:30~21:00, **일** 10:00~20:00 www.lagrandeepicerie.com
파시 지점 지하철9호선 라 뮈에트 La Muette 역에서 도보 2분 80 Rue de Passy, 75016
+33 01 44 14 38 00 **월~토** 08:30~21:00 **일** 10:00~22:00

식료품 쇼핑의 성지

봉막셰 백화점의 식품관이다. 이곳은 파리 식료품 쇼핑 성지로 일컬어지는 곳이다. 제품 가격이 일반 슈퍼마켓이나 동네 상점보다 저렴한 편은 아니다. 하지만 다른 곳에서 구하기 어려운 제품, 고급 식재료, 다양한 상품 등이 모여 있어 한 번에 쇼핑하기가 편리하다. 인기가 좋은 제품은 아무래도 우리나라에서 구하기 어렵거나 가격이 비교적 비싼 제품들이다. 트러플 오일, 트러플 소금, 트러플 칩스 등 트러플이 들어간 제품이 인기가 많다. 잼, 차(tea), 과자, 쿠키, 초콜릿 등도 선물용으로 좋다. 혹시 트러플 치즈를 좋아한다면, 치즈 코너에서 톰알라트뤼프tomme à la truffe란 치즈를 꼭 구매해서 먹어보길 추천한다. 바에서 타파스처럼 간단한 식사할 수 있는 곳도 마련되어 있다. 지하 까브에는 와인 선택권이 다양하다. 샤요궁에서 도보 15분 거리에 파시Passy 지점도 있다.

라 클로즈리 데릴라 La Closerie des lilas

❶ 메트로 4·6호선 라스파이역 Raspail에서 도보 6분 ❷ RER B선 포르 루아얄역Port-Royal에서 도보 1분 ❸ 버스 38, 82, 91번
171 Boulevard du Montparnasse, 75006 +33 1 40 51 34 50
월~일 12:00~01:30 € 식사 30~60유로 www.closeriedeslilas.fr

헤밍웨이의 흔적이 있는 카페

파리에서 헤밍웨이의 흔적을 찾아 다니는 일은 여행의 묘미를 더해준다. 몽파르나스 RER B선 포르 루아얄역에서 가까운 카페 라클로즈리 데릴라도 그의 흔적을 확인할 수 있는 곳이다. 이곳 테이블에는 파리를 무대로 활동하던 많은 예술가들의 이름표가 붙어 있다. 그들이 애용하던 테이블이었음을 표시해둔 것이다. 당연히 헤밍웨이의 이름이 새겨져 있는 테이블도 있으며, 여행자들도 운이 좋으면 그곳에 앉아 차를 마시거나 식사를 할 수 있다. 헤밍웨이는 에세이 『파리는 날마다 축제』에서 이곳을 '파리에서 가장 좋은 카페'라고 묘사했다. 또 그는 이곳에서 『태양은 다시 떠오른다』를 집필하기도 했다. 그의 자리에 앉으면 파리와 이 카페를 헤밍웨이와 공유하고 있는 기분이 든다. 이곳은 기욤 아폴리네르, 폴 포르, 사뮈엘 베케트, 스콧 피츠제럴드, 피카소 등 많은 예술가들의 단골집이기도 했다.

르 를래 드 랑트르코트 Le Relais de l'Entrecôte

소스가 일품인 스테이크 전문점

비밀 특제 소스에 갈빗살 스테이크로 유명한 맛집이다. 바삭한 감자 튀김과 취향에 맞게 구워주는 갈빗살 스테이크 그리고 특제 소스가 한 접시에 담겨 나온다. 이것이 유일한 메뉴라 메뉴판은 따로 없다. 감자 튀김은 리필이 가능하며, 스테이크도 두 번에 걸쳐 나오므로 첫 번째 접시에 양이 적다고 실망할 것 없다. 현지인, 여행객 할 것 없이 늘 손님으로 붐비고, 줄 서서 기다리는 경우도 적지 않다. 환상의 맛을 선사하는 특제 소스 때문이다. 짙은 풀색 소스의 재료와 노하우는 모두 비밀이다. 직원에게 소스 재료만 알려달라고 부탁해도, 절대 알려주지 않는다. 세 군데 지점이 있으니 가까운 곳에서 특제 소스를 꼭 맛 보시길 추천한다.

몽파르나스 지점 ❶ 메트로 4호선 바뱅역Vavin에서 도보 1분 ❷ 버스 68, 58, 82번 101 Boulevard du Montparnasse, 75006 +33 1 46 33 82 82 **월~금** 12:00~14:30, 18:45~23:00 **토·일** 12:00~15:00 18:45~23:00 www.relaisentrecote.fr

생제르맹 데프레 지점 ❶ 메트로 4호선 생제르맹 데프레역Saint Germain des Prés에서 도보 2분 ❷ 버스 39, 95, 63, 86번 20 Rue Saint-Benoît, 75006 +33 1 45 49 16 00

샹젤리제 지점 ❶ 메트로 1·9호선 프랑클랑 루즈벨트역Franklin Roosevelt에서 도보 8분, 1호선 조르주 생크역George V에서 도보 7분, 9호선 알마/막소역Alma/Marceau에서 도보 6분 ❷ 버스 32, 92, 42, 80번 15 Rue Marbeuf, 75008 +33 1 49 52 07 17

셰 파파 Chez Papa

캐주얼 분위기에서 즐기는 프랑스 가정식

프랑스 남서부 가정식을 맛볼 수 있는 대중적인 레스토랑이다. '아빠 집'이라는 친근한 이름에 걸맞게 캐주얼하고 편안한 곳이다. 파리에 지점을 9군데 두고 있어 어느 지역을 가더라도 만나볼 수 있다. 메뉴도 샐러드부터 햄버거, 소고기 스테이크, 오리 가슴살 요리까지 웬만한 프랑스 요리는 모두 맛볼 수 있다. 아침부터 논스톱으로 밤 늦게까지 영업하니 아무 때나 식사하기 좋다. 파리의 젊은이들이 주로 찾으며, 늦게까지 맥주나 와인을 즐기는 모습도 쉽게 찾아볼 수 있다. 편안한 분위기에서 프랑스 가정식 요리를 즐기고 싶다면 셰 파파로 가자.

몽파르나스 지점

❶ 메트로 4호선 바뱅역Vavin에서 도보 4분, 4·6호선 라스파이역Raspail에서 도보 5분 ❷ RER B선 포르-루아얄역Port-Royal에서 도보 5분 ❸ 버스 68, 91번 138 Boulevard du Montparnasse, 75014 +33 1 43 22 44 85 매일 08:00~02:00 € 10~28.5유로 www.chez-papa.com

르 클로 이그렉 Le Clos Y

아시아풍 프렌치 요리 맛보기

오사카 출신 셰프가 2013년 파리 몽파르나스 타워 건너편 조용한 거리Avenue du Maine에 문을 연 프렌치 레스토랑이다. 외관은 차분한 검정색이고 안으로 들어서면 일본 스타일의 깔끔하고 고급스러운 분위기가 인상적이다. 점심에는 3코스에 45유로라는 합리적인 가격에, 미슐랭 스타 셰프의 레스토랑 못지않은 훌륭한 요리를 맛볼 수 있다. 전채요리인 앙트레는 이곳에서 '벤토'라고 불리는데, 여러 가지 식재료로 만들어낸 아름다운 자태가 매혹적이다. 본식 또한 훌륭하다. 계절 재료로 만든 메뉴와 고정 메뉴 중 선택할 수 있다. 일본 특유의 친절한 서비스를 받으며 친숙한 아시아풍 프렌치 요리를 맛볼 수 있다. ❶ 메트로 4·6·12·13호선 몽파르나스역Montparnasse에서 도보 4분 ❷ 버스 28, 82, 89, 92, 96번 27 Avenue du Maine, 75015 +33 01 45 49 07 35 **화~토** 12:15~13:30, 19:30~21:00 휴무 일, 월 € 점심 3코스 45유로, 저녁 7코스 68유로 인스타그램 restaurant le_clos_y

셰 뒤모네 Restaurant Joséphine Chez Dumonet

조촐한 분위기에서 즐기는 최고의 맛

외관만 보면 오래된 그저 그런 동네 식당 같다. 하지만 성급한 추측은 금물이다. 훌륭한 요리 덕분에 전 세계 여행객들에게 알려진 맛집이다. 자리에 앉자마자 주문하지도 않은 화이트 와인을 아페리티프Aperitif, 식전주로 내어준다. 당황스러울 수 있지만, 무료니 안심하고 마시면 된다. 이곳은 영화 <위크엔드 파리>에 등장하는 레스토랑이기도 하다. 파리로 여행 온 주인공 부부가 점심 먹을 곳으로 '너무 모던하지도 않고, 너무 손님이 없거나 관광객들로 붐비는 곳도 아닌' 적당한 식당을 찾아 들어가는데, 그곳이 바로 셰 뒤모네 레스토랑이다. 실제로 적당히 전통적인 분위기에 너무 외지지 않은 곳에 있다. 음식은 훌륭하다. 비프 타르타르Tartare와 오리 가슴살 스테이크가 가장 유명하다.

❶ 메트로 12호선 팔귀에르역Falguière에서 도보 3분, 10·13호선 뒤록역Duroc에서 도보 4분 ❷ 버스 28, 70, 82, 89, 92번 117 Rue du Cherche-Midi, 75006 +33 1 45 48 52 40 **월~금** 12:30~14:30, 19:30~22:00 휴무 토, 일

PART 9

마레와 바스티유

Le Marais · Bastille

피카소 미술관과 프랑스 혁명의 성지

마레는 옛 귀족들의 저택, 패션과 최신 트렌드, 유대인과 성 소수자 문화가 공존하는 아주 독특하고 활기가 넘치는 지역이다. 다양한 패션 가게, 카페, 예쁜 갤러리가 많아 파리에서 가장 패셔너블하다. 피카소 미술관이 이곳에 있다. 20세기의 천재 화가의 내면과 작품을 감상할 수 있다. 바스티유는 원래 정치범 수용소인 바스티유 감옥이 있었던 곳으로, 시민들이 이 감옥을 습격하면서 1789년 프랑스 혁명이 시작되었다. 바스티유 광장 한가운데에 프랑스 혁명 기념비가 서 있으며, 광장 건너편엔 오페라의 요람 오페라 바스티유가 있다.

마레와 바스티유 지구
송흥(300m)
Song Heng
투아 푸아 플뤼드 피망
Trois Fois Plus De Piment
람뷔토
Rambuteau
Rue du Renard
Rue Rambuteau
퐁피두 센터
CentreGeorges Pompidou
행크버거
Hank Burger
Rue des Archives
사냥과 자연 박물관
Musée de la Chasse
et de la Nature
앙팡 루즈 시장
Le Marché des Enfants Rou
셰 느네스
Chez Nenesse
포펠리니
Popelini
Rue de Poitou
이봉 랑베르
Yvon Lambert
출발
Rue Vieille du Temple
피카소 미술관
Musée National Picasso
Rue de Turenne
아테팍트
Artéfact
플룩스
FLEUX
크레프리 쉬제트
Crêperie Suzzette
르 프티 막
Le Petit March
마레 지구
Le Marais
Rue des Francs Bourgeois
르 페르슈아 마레
파리 시청
Hôtel de Ville de Paris
리볼리 거리 Rue de Rivoli
보쥐
Place d
생폴
Saint-Paul
Rue de Turenne
오 메르베이유 드 프레드
Aux Merveilleux de Fred
라 카페오테크 드 파리
La Caféothèque de Paris
유럽 사진 미술관
Maison Européenne
de la Photographie
Rue Saint-Antoine
Quai de l'Hôtel de ville
퐁마리Pont Marie
시테 섬
Île de la Cité
노트르담 대성당
Cathédrale Notre-Dame
Quai des Célestins
생루이 섬
Île Saint Louis
Boulevard Hen
Quai de la Tournelle
쉴리 다리 Pont de Sully
Boulevard Saint-Germain
아랍세계연구소
Institut du monde arabe
프랑수아 미테랑 국립 도서관
Bibliothèque François-Mitterrand(2.3km)
파리식물원
Jardin des Plantes
Cou
Musée

하루 여행 베스트 코스 지도의 빨간 점선 참고, 역방향 투어도 가능
피카소 미술관 → 도보 8분 → 보쥬 광장 → 도보 1분 → 빅토르 위고의 집 → 도보 6분
→ 바스티유 광장 → 도보 3분 → 오페라 바스티유 → 도보 6분 → 프롬나드 플랑테
파리 11구
11e Arrondissement
슈망베르
Chemin Vert
Boulevard Richard Lenoir
바스티유 광장
Opéra Bastille
오페라 바스티유
Cour de l'Étoile d'Or
Rue de Lyon
도착
프롬나드 플랑테
Promenade Plantée
Av. Ledru-Rollin
Avenue Daumesnil
르뒤르롤랭
Ledru-Rollin
블레 슈크레
Blé Sucré
Rue Théophile Roussel
셉팁
Septime
클라마토
Clamato
르 퓨어 카페
Le Pure Café
비스트로 폴 베르
Paul Bert
르 탕 오 탕
Le Temps au Temps
르 시스 폴 베르
Le 6 Paul Bert
샤론
Charonne
르 트랭 블루
Le Train Bleu
리옹
Gare de Lyon

피카소 미술관 뮈제 피카소 Musée Picasso

❶ 메트로 8호선 생세바스티앙 프루아사르역Saint-Sébastien-Froissart 도보 6분, 1호선 생폴역Saint-Paul, 8호선 슈망 베르역Chemin Vert 도보 7분 ❷ 버스 29, 75, 96번
5 Rue de Thorigny, 75003 +33 1 85 56 00 36
화~금 10:30~18:00 **토~일** 09:30~18:00 휴관 월요일, 1월 1일, 5월 1일, 성탄절
€ 일반 16유로(매달 첫째 일요일 무료, 뮤지엄 패스 사용 가능)
www.museepicassoparis.fr

천재 화가의 삶과 예술을 한눈에

큐비즘입체주의을 완성한 천재 예술가, 20세기 최고의 화가. 파블로 피카소1881~1973는 한 작가를 넘어 개인 자체가 이미 미술사이다. 스페인의 말라가에서 태어났으나 그의 예술이 꽃을 피운 곳은 파리였다. 그에게 파리는 예술의 자궁이었다. 피카소는 청소년기를 바르셀로나에서 보냈다. 그 무렵 르누아르, 로트렉, 뭉크의 화법에 영향을 받았다. 청년기 이후를 파리로 이주하면서 작품 활동을 왕성하게 펼쳤다. 파리 이주 후 모네, 르누아르, 피사로 등 인상파 작품을 접했다. 고갱의 원시주의, 고흐의 강렬한 표현력에도 영향을 받았다. 파리에서 피카소는 화려함 이면에 가려진 빈곤과 비참함을 목격했다. 그래서일까? 이 무렵 그의 그림은 우울한 청색이 주를 이룬다. 이를 두고 피카소의 '청색시대'라고 부른다. 1904년 몽마르트르로 이주한 뒤 그는 '장밋빛 시대'를 연다. 화가, 시인, 소설가들과 교류하고 연대도 하면서

©파리피카소미술관

©파리피카소미술관

그림이 한결 밝아진 것이다. 그리고 아프리카 흑인 조각을 접한 뒤 본격적인 입체주의의 길을 걸어간다. 입체주의의 시작을 알린 작품이 <아비뇽의 처녀들>1907, 아비뇽은 바르셀로나의 고딕 지구에 있는 도로 이름이다.이다. 마침내 그가, 새로운 미술사를 쓰기 시작한 것이다.

피카소 미술관은 프랑스, 스페인 등 세계에 여덟 군데나 있다. 그 가운데 세 곳이 프랑스에 있다. 프랑스 남동부의 해안 마을 앙티브Antibes와 프로방스 바닷가의 아름다운 마을 발로리Vallauris, 파리의 마레 지구에 있다. 마레의 피카소 미술관은 그의 유족들에게 작품을 기증받아 설립한 국립 미술관으로, 세 개의 피카소 미술관 가운데 최고로 평가받는다.

미술관이 들어선 건물은 소금세 징수원인 오베르 드 퐁트네의 저택으로, 흔히 '소금 뿌린'이라는 뜻을 담은 '살레'Salé 를 붙여 살레 저택Hôtel Salé이라고 부른다. 17세기 중반에 지은 바로크 풍의 호화로운 저택은 19세기 중반 무렵 프랑스 정부가 매입하여 도서관, 학교, 대사관 등으

©파리피카소미술관

로 사용해 오다가, 1985년 피카소 국립 미술관으로 다시 문을 열었다. 고풍스럽고 아름다운 건물은 피카소의 작품들을 더욱 빛내준다. 내부의 난간, 조명, 천장과 벽면의 작은 조각까지 디테일 하나하나가 아름다워 감탄을 자아내게 만든다. 박물관이나 미술관으로 사용되고 있는 마레 지구 저택 중 아름답기로 손꼽히는 저택이다. 1968년 프랑스 정부는, 상속세 대신 프랑스 문화유산으로 가치가 있다고 판단되는 예술 작품을 기증받는 법을 제정했다. 피카소 미술관은 상속세로 기증받은 작품들을 포함하여 피카소가 남긴 작품 4만여 점 가운데 약 5천여 점을 소장하고 있다. 미술관을 관람하다 보면 피카소가 큐비즘입체주의 외에도, 다양한 화풍의 작품을 남겼다는 것을 확인할 수 있다. 주목할 만한 작품으로는 1950년 발발한 한국 전쟁의 참상을 표현한 <한국에서의 학살>Massacre en Corée, 1951년작, 네 번째 연인 마리 테레즈 발테르와의 사이에서 얻은 딸 마야를 그린 <인형을 든 마야>Maya à la poupée, <해변을 달리는 두 여인>Two women running on the beach 등이 있다. 피카소가 개인적으로 소장했던 모딜리아니, 폴 세잔, 르누아르, 고갱, 앙리 루소 등의 작품도 전시되어 있다. 갤러리 같은 기념품 숍도 꼭 방문해 보길 추천한다.

파리 시청 오텔 드 빌 드 파리 Hôtel de ville de Paris

❶ 메트로 1·11호선 오텔 드 빌역Hôtel de Ville에서 도보 1분 ❷ 버스 67, 69, 76, 96번
Place de l'Hôtel de Ville, 75004 +33 1 42 76 40 40 www.paris.fr

<향수>와 <노트르담의 꼽추>에 나오는

밤이 되면 더 멋진 센 강변에 있는 성곽 같은 건물이다. 1871년 화재로 전소한 건물을 프랑스 르네상스 양식으로 다시 지었다. 프랑스에서 가장 긴 강인 루아르Loire 강변에 있는 고성에서 영감을 받아 지었다. 시청 건물이라고 믿기 어려울 정도로 아름다운 장식이 벽면 곳곳을 화려하게 꾸며주고 있다. 웅장하고 아름다운 외관은 보는 이의 감탄을 자아낸다. 시청 앞 광장은 센강 최초의 항구가 들어섰던 곳이다. 중세 때는 공개처형 장소로 사용되기도 했다. 그래서 시청 광장은 몇몇 소설 속 공개처형 장면의 배경으로 등장하기도 했다. 파트리크 쥐스킨트의 소설『향수』에서 주인공 그르누이의 엄마가 영아 유기죄로 사형을 당하는데, 이 광장이 처형장이었다. 영화 <노트르담의 꼽추>에서도 여주인공 에스메랄다가 이 광장에서 처형되었다. 소설이나 영화 속에서 이 광장은 '잔인하고 타락한 중세와 절대 왕정 체제의 상징'으로 묘사되어 있다. 그러나 오늘의 파리시청 앞 광장은 평화롭고 활기가 넘친다. 1년 내내 다양한 행사장으로 활용되고 있으며, 겨울에는 야외 스케이트장이 설치된다. 서울시청 앞 광장의 스케이트장도 파리 시청 앞 광장의 야외 스케이트장을 모티브로 한 것이다.

앙팡 루즈 시장 르 막셰 데장팡 후쥬 Le Marché des Enfants Rouges

🚶 ❶ 메트로 8호선 생세바스티앙- 프루아사르역Saint-Sébastien-Froissart 도보 7 분, 피유 뒤 칼베르역Filles du Calvaire 도보 6분, 3·11호선 아르제 메티에역Arts et Métiers 도보 9분 ❷ 버스 75, 96번

🏠 39 Rue de Bretagne, 75003 📞 +33 1 40 11 20 40

🕓 **월~금** 09:00~17:30

©Evan Bench-flickr

©besopha-Wikimedia Commons

©Jack Gavigan

400년 된 시장에서 세계의 음식을 즐기자

앙팡 루즈 시장은 1615년에 들어선 파리에서 가장 오래된 상설 시장이다. '앙팡 루즈'는 '빨간 옷을 입은 아이'라는 뜻이다. 오래전 이 근처에 있던 고아원 아이들이 주로 빨간 옷을 입고 다녀 이 같은 이름이 붙여졌다. 규모는 크지 않지만, 과일·채소·꽃·빵과 간단하게 식사하기 안성맞춤인 이색적인 푸드 코드가 있다. 북아프리카, 아시아, 유럽 등 세계의 다양한 음식을 10유로 안팎에 즐길 수 있다. 특히 모로코 요리가 인기가 많다. 모로코의 주식인 쿠스쿠스Couscous와 고기, 채소 등을 함께 먹으면 이국적인 한 끼 식사로 손색이 없다. 원하는 음식을 골라 벤토를 먹을 수 있는 일본 음식점 쉐 타에코Chez Taeko도 인기가 좋은 편이다. 하얀 머리 할아버지의 빵집에서 파는 샌드위치도 꼭 먹어봐야 할 음식 중 하나다.

유럽 사진 미술관 매종 유로뻬엔 들 라 포토그라피
Maison Européenne de la Photographie

❶ 메트로 1호선 생폴역Saint- Paul에서 도보 1분, 7호선 퐁마리역Pont Marie에서 도보 3분 ❷ 버스 69, 76, 96번
5/7 Rue de Fourcy, 75004 +33 1 44 78 75 00
수·금 11:00~20:00 **목** 11:00~22:00 **토·일** 10:00~20:00 휴관 월, 화, 공휴일
€ 일반 13유로 www.mep-fr.org

©victortsu-flickr

©Jacqueline Poggi-flickr

사진의 본고장 파리를 빛내다

파리는 사진의 본고장이다. 유럽 사진 미술관은 사진의 역사가 시작된 곳이라는 자부심을 안고 1996년에 개관했다. 사진의 역사가 시작된 초기 작품부터 오늘날의 작품과 사진집, 동영상 자료 등을 소장하고 있다. 상설 전시 중인 작품이 1만2천여 점이고, 미국·일본·독일 등 외국 작가들과 프랑스 작가들의 특별 전시가 일 년 내내 계속된다. 우리나라에서도 많은 관심을 받았던 사진가 허브 릿츠Herb Ritts의 헐리우드 스타 사진전이 열리기도 했다. 그 외에 예술 사진 등 다양한 사진 전시가 계속 열리고 있다.

전시관은 주제에 따른 사진 전시실, 오디토리움, 영상자료실, 도서관 등으로 나뉘어 있다. 영상자료실은 750여 개의 사진 관련 영화를 보유하고 있으며, 비디오 시설을 갖추어 놓고 종종 영상물을 상영하기도 한다. 도서관에는 사진 서적 3만여 권과 정기 간행물 400여 권이 비치되어 있다. 유럽 사진 미술관의 불어 명칭에 미술관 혹은 박물관의 뜻이 담긴 'Musee'뮈제가 아닌 집, 가정, 가족을 뜻하는 'Maison'매종이라는 단어를 사용했다. 사진과 사진작가를 소중하게 생각하는 집임을 강조하기 위해서였다.

사냥과 자연 박물관 뮈제 드 라 샤스 에 들라 나튀흐

Musée de la Chasse et de la Nature

❶ 메트로 11호선 람뷔토역 Rambuteau에서 도보 5분 ❷ 버스 29, 69, 75번
62 Rue des Archives, 75003 +33 1 53 01 92 40 **화~일** 11:00~18:00 휴관 월요일
€ 13.5유로(18세 이하, 매달 첫째 일요일 무료) www.chassenature.org

만족감이 뛰어난 독창적인 박물관

사냥과 자연 박물관은 독특한 매력으로 파리 시민의 사랑을 받고 있다. 크기가 3m인 거대한 북극곰을 비롯하여 수많은 박제 동물들을 만날 수 있는 사설 박물관이다. 사냥 애호가였던 프랑스의 러그 제조업자 프랑수아 소메와 그의 아내 자클린이 동물 관련 예술품을 수집하다가 재단을 만들고, 인간과 동물과 자연의 관계를 보여주고자 1967년 박물관을 설립했다. 마레 지구에 있는 박물관 대부분이 그렇듯 이곳도 17세기에 지은 저택이다. 베르사유 궁전의 하이라이트 '거울의 방'을 설계한 쥘 아르두앙 망사르의 외증조부인 프랑수아 망사르가 이 저택을 지었다. 총이나 창 같은 사냥 도구, 헌팅 트로피와 박제 동물, 그리고 자연과 사냥에 관련된 조각·그림·가구 등으로 꾸며져 있다. 여행하면서 박물관을 일일이 찾는 것이 쉬운 일은 아니지만, 이곳은 독특하고 자극적인 박물관이라 관람 후 만족감이 큰 편이다. 박제 동물이 눈앞에서 살아 있는 듯이 서 있는 모습은 너무나 생생하여 생동감이 느껴진다. 특히 알래스카에서 온 북극곰은 너무 사실적이어서 깜짝 놀라 뒷걸음질 치게 만든다.

보쥬 광장 쁠라스 데 보쥬 Place des Vosges

🚶 ❶ 메트로 1·5·8호선 바스티유역Bastille에서 도보 5~6분, 8호선 슈망 베르역Chemin Vert에서 도보 5분, 1호선 생폴역Saitn-Paul에서 도보 6분 ❷ 버스 29, 69, 76, 96번

🏠 Place des Vosges, 75004

역사 깊은 파리지앵의 안식처

파리에서 가장 오래된 광장으로 파리지앵들의 안식처이다. 보쥬 광장은 빨간 벽돌과 석재로 지은 4층 높이 건물에 둘러싸여 있다. 건물로 둘러싸여 있다는 점에서 도핀 광장과 비슷하지만, 보쥬 광장은 정사각형 모양의 광장이다. 광장 한 변의 길이는 140m이다. 건물 1층 아케이드에는 분위기 좋은 카페, 레스토랑, 갤러리, 기념품 가게가 들어서 있다. 도핀 광장처럼 보쥬 광장도 앙리 4세의 도시 계획으로 만들어졌다. 1605년에 착공되어 1612년에 완성되었다. 파리의 광장은 훗날에 유럽 여러 도시 계획의 표본이 되기도 했다. 광장 중앙에는 앙리 4세의 아들 루이 13세의 동상이 세워져 있다. 광장은 초기엔 주로 귀족들의 휴식처, 사교 장소, 격투 장소 등으로 쓰였다. 광장을 둘러싸고 있는 건물에는 대문호 빅토르 위고와 알퐁스 도데 등이 살았던 곳도 있다. 동남쪽 코너, 광장 6번지가 1832년부터 1848년까지 빅토르 위고가 거주했던 집이다. 지금은 박물관으로 꾸며 '빅토르 위고의 집'La Mason de Victor Hugo으로 운영되고 있다.

빅토르 위고의 집 매종 드 빅토르 위고 Maison de Victor Hugo

❶ 메트로 8호선 생세바스티앙-프루아사르역Saint-Sébastien-Froissart 도보 7분, 피유 뒤 칼베르역Filles du Calvaire 도보 6분, 3·11호선 아르제 메티에역Arts et Métiers 도보 9분
❷ 버스 29, 69, 76, 91, 96번 6 Pl. des Vosges, 75004
화~일 10:00~18:00 휴관 월요일, 공휴일, 1월 1일, 5월 1일, 성탄절

거장의 집이 국립 박물관으로

프랑스의 대문호 빅토르 위고1802~1885는 소설 『레미제라블』과 『노트르담의 꼽추』를 쓴 세계적인 작가이다. 보쥬 광장에 그가 1832년부터 1848년까지 16년 동안 살았는데, 그곳이 국립 박물관 '빅토르 위고의 집'이다. 그는 낭만파 소설가였고, 시인이었고, 정치인이었다. 그는 1848년 국회의원에 당선되었다. 나폴레옹 3세가 쿠데타를 일으켜 제정을 수립하자 앞장서 그를 비판했다. 그는 반정부 인사로 낙인찍혀 1851년 벨기에로 망명했다. 망명 중에도 프랑스 정부를 비판하다가 벨기에에서도 추방당했다. 그는 건지 섬Guernsey Island, 영국과 프랑스 사이에 있는 채널 제도의 한 섬에서 망명 생활을 이어갔다. 망명 생활 19년은 집필 활동을 가장 활발히 한 시기였다. 『레미제라블』1862년은 이 시기에 탄생했다. 박물관은 그의 일생을 망명 전, 망명 당시, 망명 후로 나누어 꾸며놓았다. 초상화, 문서, 자필 편지, 드로잉과 조각 작품을 관람할 수 있다. 침실에는 1885년 그가 사망할 때까지 사용했던 침대가 놓여 있다. 그는 지금 프랑스의 다른 영웅들과 더불어 팡테옹에 잠들어 있다. 2021년 박물관 안에 카페 뮬로Café Mulot가 생겨 잠시 쉬어 가기 좋다.

바스티유 광장 쁠라스 들 라 바스티유 Place de la Bastille

❶ 메트로 1·5·8호선 바스티유역Bastille에서 도보 1분
❷ 버스 29, 69, 76, 86, 87, 91번
Place de la Bastille, 75011

프랑스 혁명을 기념하다

바스티유 감옥이 있었던 곳으로, 현재는 프랑스 혁명 기념비가 광장 한가운데 자리 잡고 있다. 14세기에 지은 바스티유 감옥은 정치범 수용소였다. 1789년 7월 14일, 파리의 시민들은 절대 왕정 체제에 대한 강한 불만의 표현으로 바스티유 감옥을 습격했고, 이는 프랑스 대혁명의 도화선이 되었다. 현재는 프랑스 혁명을 기념하기 위해 1830년 세운 높은 조형물이 있다. 이 조형물은 7월의 기념비Colonne de Juillet라고 불린다. 높이 24m에 달하는 기둥에는 혁명 당시 희생된 이들의 이름이 새겨져 있고, 기둥의 꼭대기에는 19세기 프랑스의 조각가 오귀스트 알렉상드르 뒤몽의 조각상 <자유의 화신>이 횃불을 높이 들고 서 있다. 바스티유의 날이라고도 불리는 7월 14일은 프랑스 혁명 기념일이다. 프랑스 사람들은 여러 기념일 가운데 이날을 가장 중요하게 생각한다. 바스티유의 날이 되면 프랑스 전체가 축제 분위기로 바뀐다. 각종 공연과 축제가 열리고, 에펠탑에서도 1년에 한 번 혁명을 기념하는 불꽃 축제가 열린다. 목요일과 일요일 오전엔 파리에서 가장 규모가 큰 전통 시장이 이 광장에서 열린다.

오페라 바스티유 Opéra Bastille

🚶 ❶ 메트로 1·5·8호선 바스티유역Bastille에서 도보 1분 ❷ 버스 29, 69, 76, 86, 87, 91번

Place de la Bastille, 75012 +33 8 92 89 90 90

€ 가이드 투어 요금 일반 20유로, 12~25세 15유로(투어 시작 10분 전까지 도착, 1시간 30분 소요, 120 rue de Lyon, 75012에서 가이드와 만나 출발) 공연 관람료 5유로(입석)~150유로 www.operadeparis.fr

©Nawal-Wikimedia Commons

©Gohu1er-Wikimedia Commons

저렴하게 오페라 즐기기

미테랑 대통령재위 1981~1995의 그랑 프로제의 하나로 1989년에 건립됐다. 국제 공모를 통해 756개의 제안 중에서 캐나다에 거주하던 우루과이 출신의 신예 건축가 카를로스 오트에게 설계를 맡겼다. 1989년 7월 13일, 바스티유 습격 200주년 기념일 전날 개관했다. 오페라 바스티유는 메인 극장, 콘서트홀, 스튜디오 극장으로 이루어져 있으며, 모두 3,300여 명의 관객을 수용할 수 있다. 공연장은 알루미늄과 유리, 화강암 등으로 이루어져 있어, 차가운 이미지 때문에 호불호가 갈리기도 한다. 하지만 많은 관람객이 저렴한 가격에 공연 관람할 수 있다는 장점을 부인할 수는 없다. 오페라 바스티유가 파리에 세워지면서 오페라 공연이 상류층의 전유물이라는 인식은 점차 사라졌다. 팔래 가르니에는 주로 발레 공연을 하고, 오페라 바스티유는 심포니 오케스트라나 발레, 오페라를 상연한다. 공연 시작 10분 전부터 현장에서 티켓 세일이 시작되니 운이 좋으면 더욱 저렴하게 구매할 수 있다. 공연 관람을 하지 않고 둘러만 보고 싶다면 가이드 투어를 활용하면 된다. 투어 시작 10분 전까지 도착해야 하며, 불어로만 제공된다. 투어 티켓은 홈페이지에서 예약하면 된다.

프롬나드 플랑테 Promenade Plantée

🚶 ❶ 메트로 1·14호선 갸르 드 리옹 역Gare de Lyon에서 도보 6분
❷ RER A·D선 갸르 드 리옹역Gare de Lyon에서 도보 6분
❸ 버스 29, 76, 86, 87, 91번
1 Coulée Verte René-Dumont, 75012 **월~금** 07:00~21:30 **토·일** 08:00~21:30

파리의 센트럴파크

기차가 다니지 않는 고가 철길에 들어선 아주 긴 공원이다. 1980년대 시작된 도시 재생 사업으로 파리 시민은 새로운 녹지 공간을 얻었다. 4.5km에 달하는 파리에서 가장 긴 산책로 중 하나인 이곳은 건립 당시 세계에서 유일한 고가 공원이었다. 하지만 2009년 프롬나드 플랑테를 모델로 맨해튼의 오래된 고가철로 위에 하이라인 파크High Line Park가 만들어지면서 '세계 유일'이라는 수식어를 내려놓게 됐다. 3층 높이 정도인 10m 위에서 조용한 파리 12구의 멋진 풍경을 감상할 수 있다. 다리 아래도 재개발하여 예술가와 수공업자들을 위한 공방으로 활용하고 있다. 이 산책로는 파리하면 떠오르는 대표적인 영화 <비포 선셋>을 통해 더욱 유명해졌다. 영화 속 주인공 제시에단 호크와 셀린느줄리 델피는 9년 만에 파리에서 재회하여 골목 곳곳을 돌아다니며 끊임없이 대화를 나눈다. 그들이 찾아간 곳 중 하나가 프롬나드 플랑테이다. 산책로의 철제 벤치에 앉아 대화를 나누는 장면은 참으로 아름다웠다. 그들이 들른 다른 장소들도 현재 파리의 명소가 되어 많은 이들이 찾고 있다.

프랑수아 미테랑 국립 도서관 비블리오텍 프랑수아 미테랑

Bibliothèque François-Mitterrand

❶ 메트로 14호선 비블리오텍 프랑수아 미테랑역Bibliothèque François Mitterrand에서 도보 6분, 6호선 캐 들라 갸르역Quai de la Gare에서 도보 7분 ❷ RER C선 비블리오텍 프랑수아 미테랑역Bibliothèque François Mitterrand에서 도보 6분 ❸ 버스 25, 64, 71, 89, 325번 Quai François Mauriac, 75706 + 33 1 53 79 59 59

월 14:00~20:00 **화~토** 09:00~20:00 **일** 13:00~19:00 휴관 공휴일 www.bnf.fr

©vincent desjardins-flickr

©Jean-Marc Briquez-flickr

책을 닮은 세계 최대 도서관

프랑스 21대 대통령 프랑수아 미테랑재임 1981~1995의 이름을 따서 붙인 국립도서관이다. 미테랑은 실추하는 프랑스의 위상을 다시 끌어올리기 위해 예술, 정치, 경제 분야에서 프랑스의 역할을 상징하는 건축물을 설립하는 프로젝트 '그랑 프로제'를 진행했다. 공식 명칭은 '대형 건축과 도시화 작업'이다. 157억 프랑 규모의 이 사업을 통해 파리의 수많은 명소가 탄생했다. 루브르 박물관의 피라미드, 라빌레트 공원, 아랍 세계 연구소, 오페라 바스티유, 라데팡스 개선문, 그리고 프랑수아 미테랑 도서관이라 불리는 국립도서관 등이다. 건축가 도미니크 페로가 설계한 25층 도서관 건물은 모두 네 개로 책을 펼쳐놓은 모양이라 건축물 자체로도 많은 주목을 받고 있다. 우리나라의 이화여대 ECC이화 캠퍼스 복합 단지를 디자인한 건축가로도 유명한 도미니크는 미테랑 도서관 건축을 맡은 이후 세계적인 명성을 얻을 수 있었다. 1996년에는 유럽 연합 현대 건축물 대상에서 수상하는 영광을 안기도 했다. 하지만 그는 건물 전체를 유리로 만들어 책이 햇빛에 취약하다는 사실을 간과했다. 현재는 책을 보호하기 위해 유리창을 모두 막아두고 있다.

베르시 공원 파크 드 베흑시 Parc de Bercy

🚶 ❶ 메트로 14호선 꾸르 생테 밀리옹역Cour Saint-Émilion에서 바로 연결
❷ 버스 24, 64번
🏠 128 Quai de Bercy, 75012
🕓 **월~일** 08:00~20:30(계절마다 조금씩 다름)

와이너리가 로맨틱 공원으로

파리 남동부 센강 옆에 있는 공원이다. 프랑수아 미테랑 대통령의 그랑 프로제의 하나로 1993년부터 1997년까지 5년에 걸쳐 건설했다. 이 공원은 19세기에 세계 최대 와인 거래 중심지이자 와인 창고가 있었던 곳이다. 14만m²의 부지 일부에 와이너리의 역사를 영속시키기 위해 작은 규모의 포도밭은 남겨두었다. 공원에는 세 가지 테마 정원이 있다. 오리가 떠다니는 연못과 산책로가 있는 로맨틱 가든, 커다란 나무 아래로 넓은 잔디밭이 펼쳐진 대초원, 미로정원·장미정원·향기정원 등 다양한 정원이 있는 화단이다. 잔디밭 곳곳에는 젊은이들이 삼삼오오 모여 피크닉을 즐기고, 연인이나 가족들이 다정히 담소를 나눈다. 주말이 되면 공원에서 각종 이벤트나 행사가 열리기도 하며, 바로 옆에는 와인 창고를 개조해 만든 쇼핑몰, 레스토랑, 영화관 등이 들어선 베르시 빌라쥬Bercy Village가 있다. 베르시 공원 근처엔 베르시 빌라쥬를 비롯해 놀이공원 박물관, 시네마 테크가 있어 일정을 짜서 함께 들르면 좋다. 센강의 아치형 다리인 톨비악 다리를 건너면 프랑수아 미테랑 국립도서관으로 바로 이어진다.

베르시 빌라쥬 Bercy Village

🚶 ❶ 메트로 14호선 쿠르 생테밀리옹역Cour Saint-Émilion
❷ 버스 24, 64번
⌂ Cour Saint-Emilion, 75012

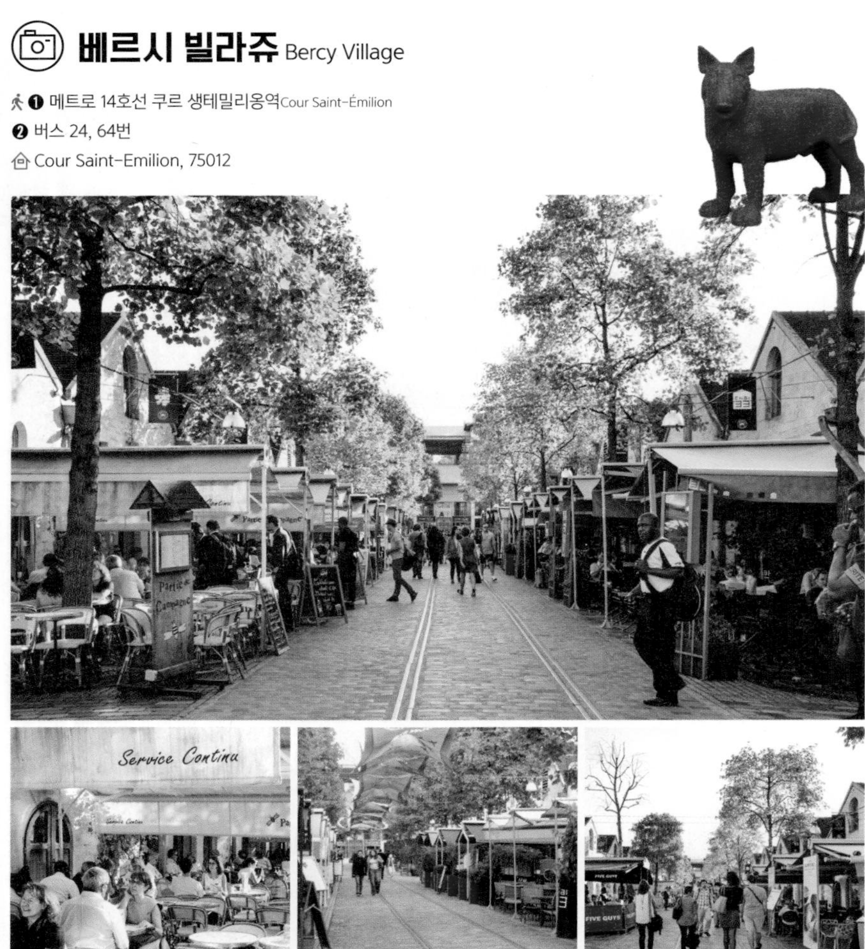

©La Citta Vita-Wikimedia Commons

파리 젊은이들의 데이트 장소

쿠르 생테밀리옹꾸흐 쌩테밀리옹, Cour Saint-Émilion이라고도 불린다. 파리 젊은이들의 데이트 장소로 파리 12구 동쪽에 있다. 주변에 베르시 공원, 상점가, 영화관, 맛집 등이 있다. 베르시 지역은 1960년대까지 거대한 와인 시장과 와인 창고가 있던 곳이다. 하얀 돌로 지은 와이너리 건물은 예전 모습으로 그대로 복원돼 현재 상점과 식당으로 쓰이고 있다. 상점가 가운데 철길을 따라 쭉 나 있는 길이 바로 쿠르 생테밀리옹이다. 프랑스 남서부의 생테밀리옹 지역에서 와인을 싣고 파리로 오는 기차가 다녔던 철길이라 쿠르 생테밀리옹이라 이름 붙였다. 철길 양쪽으로는 유명 맛집이 들어서 있다. 젊은이들이 즐겨 찾는 곳이라 간단하게 먹기 좋은 메뉴가 많다. 미국에 본사를 둔 유명 햄버거 가게 파이브 가이즈Five Guys, 베이글 햄버거 가게 팩토리 앤코Factory&co, 디저트 과자 전문점 라 꾸르 구르몽드La Cure Gourmande, 직접 제조한 맥주로 늘 문전성시를 이루는 펍 프로그Frog 등 다양한 맛집이 오밀조밀 모여 있다. 파리 중심가에서 조금 떨어진 지역이지만 오히려 전형적인 파리 현대의 모습을 확인할 수 있는 곳이다.

놀이공원 박물관 뮈제 데 자흐 포렝 Musée des Arts Forains

❶ 메트로 14호선 쿠르 생테밀리옹역Cour Saint-Émilion에서 도보 6분 ❷ 버스 24, 109, 111번
53 Avenue des Terroirs de France, 75012 +33 1 43 40 16 22 € 가이드 투어 성인 18.8유로, 어린이(4~11세) 12.8유로, 소요 시간 1시간 30분 arts-forains.com 예약 이메일 infos@pavillons-de-bercy,com

©Laika ac-Wikimedia Commons

©Copyleft-Wikimedia Commons

꿈과 환상의 나라

꽤 이색적인 박물관이다. 배우이자 골동품 딜러였던 장 폴 파방이 오랫동안 모은 수집품을 전시하기 위해 1996년 와인 저장고를 개조해 만들었다. 1850년대부터 100년 동안 만들어진 유럽의 놀이기구를 만날 수 있는 꿈과 환상의 나라이다. 오롯이 과거로의 시간 여행을 즐길 수 있도록 꾸며놓았다. 신비의 극장에서는 1900년 파리 만국박람회 분위기를 엿볼 수 있고, 베네치아 살롱에서는 곤돌라를 타거나 이탈리아 오페라를 감상할 수 있다. 또 회전목마 등 다양한 놀이기구를 마음껏 체험할 수 있다. 어른들도 덩달아 신이 난다. 박물관은 예약제전화, 홈페이지, 이메일로 운영된다. 방문일 2~3주 전에 홈페이지에 예약 슬롯이 열리며, 예약 후 투어 10분 전에 현장에 도착하면 된다. 운영 일정은 주로 수요일이나 주말, 방학 기간으로 정해지며, 11월과 12월 주말에는 운영하지 않는다. 유럽문화유산기념일9월 셋째 주 주말, 성인 9유로, 4~17세 6유로과 마법 페스티벌 기간12월 말~1월 초, 12일간, 성인 18유로, 25세 미만 학생 14유로에는 예약 없이 개인적으로 방문10:00~18:00할 수 있다. 영화 <미드나잇 인 파리>에서 주인공이 약 100년 전으로 시간 여행을 가서 파티를 즐기던 장면도 이 박물관에서 촬영했다.

마레 지구

투아 푸아 플뤼 드 피망 Trois Fois Plus De Piment

파리에서 즐기는 사천 요리

퐁피두센터에서 멀지 않은 곳에 있는 중국 사천 요리 전문점이다. 작은 규모이지만, 유명세가 대단하여 식사 시간에 간다면 줄을 서야 한다. 요리를 주문하면 매운맛 다섯 단계 중 입맛에 맞는 단계를 선택해야 한다. 2단계도 꽤 매운 맛이니 1단계를 추천한다. 1단계 매운 맛도 중국 요리 특유의 매운맛을 느끼기에 충분하다. 면 요리가 전문이지만 만두도 훌륭하다. 라비올리Ravioli라고 쓰여 있는 것을 주문하면 우리가 익히 알고 있는 만두가 나온다. 메뉴판은 불어와 중국어로 되어 있고, 영어 메뉴는 없다. 옆 테이블을 보고 눈치껏 주문하거나, 미리 인터넷의 사진 등을 통해 알아보고 가면 도움이 된다. 유럽 음식이 싫증 난다면 중국 사천의 매운맛을 선사하는 이곳을 추천한다.

❶ 메트로 11호선 랑뷔토역Rambuteau에서 도보 3분 ❷ 버스 29, 38, 75번 184 Rue Saint-Martin, 75003 +33 6 52 66 75 31 **화~일** 12:00~23:00 휴무 월요일 € 10~15유로 trois foisplusdepiment.fr

행크 버거 Hank Burger

채식주의자를 위한 버거

햄버거다운 햄버거를 먹고 싶은 채식주의자들을 위한 가게이다. 100% 비건 버거를 만드는 곳으로 마레 지구에 있다. 채식주의자에게 가장 힘든 것은 고기를 먹고 싶지만 참아야 하는 것이 아니라, 고기가 주재료인 음식을 먹지 못한다는 것이다. 채소로 만든 햄버거, 만두, 탕수육, 짜장면 같은 음식을 찾는 게 쉬운 일이 아니다. 행크 버거에서는 그런 걱정 없이 마음껏 햄버거를 먹을 수 있다. 패스트푸드는 건강에 도움이 되지 않는다는 걱정을 이곳에선 할 필요가 없다. 행크 버거는 기본적으로 모든 식재료에 유기농을 추구하며, 약간의 금액을 추가하면 빵을 글루텐 프리로 바꿀 수 있다. 채식을 추구하는 이들에게 선택의 다양성을 제공하는 고마운 곳이다.

❶ 메트로 11호선 람부토역Rambuteau에서 도보 6분 ❷ 버스 29, 75번
55 Rue des Archives, 75003
+33 9 72 44 03 99
월~금 11:45~22:00, **토·일** 11:45~22:30
€ 9유로부터 www.hankburger.com

송흥 Song Heng

파리에서 맛보는 쌀국수

파리는 베트남 못지않은 맛있는 쌀국수를 맛볼 수 있는 곳이다. 프랑스의 지배를 받았던 베트남, 캄보디아 등의 동남아시아 이주민들이 많이 살고 있는 까닭이다. 마레 지구의 송흥은 캄보디아 이주민들이 운영하는 작은 쌀국수 전문점이다. 메뉴는 쌀국수 포Pho와 비빔 쌀국수인 보분Bo Bun, 단 두 가지다. 테이블 10개 남짓한 아담한 규모라 오픈 시간부터 가게 앞에 줄을 서는 건 기본이다. 오전 11시에 오픈 하여 브레이크 타임 없이 오후 4시까지만 영업한다. 유럽 음식에 지쳐 국물이 시원한 쌀국수를 맛보고 싶다면 주저 없이 송흥을 추천한다. 인생 최고의 쌀국수 맛을 보게 될 것이다. 테이블 회전이 빠른 편이라 줄이 길어도 금방 자리를 잡을 수 있다. 테이크 아웃도 가능하다.

❶ 메트로 3·11호선 아르제 메티에역Arts et Métiers에서 도보 2분 ❷ 버스 20, 38, 75번 3 Rue Volta, 75003
+33 1 42 78 31 70 **월~토** 11:30~16:00 **휴무** 일

셰 느네스 Chez Nenesse

아늑한 분위기에서 프랑스 가정식을

마레 지구의 조용한 골목길에 있는 프랑스 가정식 요리 레스토랑이다. 가족이 운영하는 아담한 식당으로, 가족과 친구들이 모여 소박한 식사를 하는 모습을 흔히 볼 수 있다. 프랑스인들이 즐겨 먹는 푸아그라와 달팽이 요리를 비롯해 소 신장과 송아지 목젖Sweetbread 등으로 만든 생소한 요리도 있다. 한국인에게 잘 맞는 맛과 식감이며, 의외로 송아지 목젖 요리는 인기가 많은 편이다. 부드러운 고기에 크림소스가 얹혀 나오는데 전혀 비리지 않고 맛있다. 관광지가 아닌 곳에서 편안하고 아늑한 분위기를 즐기며 프랑스 가정식 요리를 맛보고 싶다면 주저 없이 이곳을 추천한다.

❶ 메트로 8호선 피유 뒤 칼베르역Filles du Calvaire에서 도보 5분, 8호선 생 세바스티앙 프루아사르역Saint-Sébastien- Froissart에서 도보 5분 ❷ 버스 29, 75, 96번 17 Rue de Saintonge, 75003 +33 1 42 78 46 49
월~금 12:00~14:15, 20:00~22:15 **휴무** 토, 일요일 € 10~40유로

르 프티 막셰 Le Petit Marché

합리적인 가격에 만족스러운 식사

마레 지구의 보쥬 광장 근처에 위치한 로컬 프렌치 레스토랑이다. 벽에 걸린 그림이 클래식한 분위기가 물씬 풍겨 예술의 도시에 와 있다는 사실을 실감 나게 해준다. 합리적인 가격에 만족스러운 음식까지 나무랄 데가 없어 현지인, 관광객 할 것 없이 모든 이에게 사랑을 받고 있다. 주인 아저씨의 서비스도 감동적이다. 디저트 추천을 부탁하면 자신이 가장 좋아하는 디저트인 망고와 크림이 들어간 디저트를 추천한다. 그리고 맘에 들지 않으면 무조건 바꿔주겠다고 약속한다. 물론 이 디저트는 맛이 너무 훌륭해서 바꿀 필요가 전혀 없다. 얇게 칼집이 들어간 오리 가슴살 요리와 참치 밀푀유도 이곳의 인기 메뉴다.

❶ 메트로 8호선 슈망 베르역Chemin Vert에서 도보 2분
❷ 버스 20, 29, 65, 96번 9 Rue de Béarn, 75003 +33 1 42 72 06 67 **월~금** 12:00~15:30, 19:00~23:30 **토~일** 12:00~16:00, 19:00~23:30 € 전식1+본식2+후식2+와인1병 95유로, 본식 17~26유로

포펠리니 Popelini

달콤한 슈의 모든 것

프랑스 베레모를 덮어쓴 듯한 동글동글 앙증맞은 슈를 파는 곳이다. 2011년 가게를 연 후 현재 마레 지구에 두 곳, 몽마르트르에 한 곳 등 파리에 여덟 개 매장을 두고 있다. 동그란 슈는 프랑스 디저트 에클레어를 만드는 반죽과 같은 반죽으로 만든다. 슈 안에는 다크 초콜릿, 마다가스카르 바닐라, 솔티 카라멜 버터, 레몬, 프랄리네, 피스타치오, 밀크 초콜릿, 로즈 등으로 만든 9가지 맛의 크림이 채워져 있다. 매일 다른 맛을 선보이는 '오늘의 슈'도 있다. 각각의 재료에 어울리는 색깔의 슈가 눈과 혀를 동시에 만족시킨다. 맛은 에클레어와 크게 다르지 않다. 에클레어보다 크기가 작아 부담 없이 먹을 수 있고, 동시에 슈의 바삭한 식감도 느낄 수 있어 더욱 좋다.

마레지구 점
❶ 메트로 8호선 피유 뒤 칼베르역Filles du Calvaire에서 도보 4분, 8호선 생 세바스티앙 프루아사르 역Saint-Sébastien - Froissart에서 도보 4분 ❷ 버스 96번 29 Rue Debelleyme, 75003 +33 1 44 61 31 44 **화~토** 11:00~20:00 휴무 일, 월요일 € 개당 2.5유로

크레프리 쉬제트 Crêperie Suzzette

❶ 메트로 3호선 생폴역Saint-paul에서 도보 5분 ❷ 버스 29, 96번
24 Rue des Francs Bourgeois, 75003
+33 1 42 72 46 16
12:00~22:30

마레지구의 유명한 크레프 맛집

크레프리는 프랑스 전통 디저트 크레프를 파는 곳이다. 마레 지구에 위치하고 있으며, 재미있게도 운영은 중국인이, 주방은 인도 사람이 맡고 있다. 물론 맛은 최고이다. 크레프는 보통 단맛과 짠맛이 있는데, 단 것을 크레프Crêpe, 짠 것은 갈레트Galette라고 한다. 다양한 맛의 크레프 중에서 크레프 쉬제트Crêpe Suzzette가 대표 메뉴이다. 오렌지 향이 가미된 프랑스 술 그랑 마니에르Grand marnier에 불을 붙인 다음 크레프 위에 부어주는 독특한 조리법으로 만든다. 그 순간 불길이 이는데, 다소 생소한 조리 방식이라 보는 재미도 있다. 불 덕분인지 알코올 향은 사라지고 오렌지 향이 남아 달콤한 맛이 난다. 불이 만든 크레프의 달콤한 맛을 보고 싶다면 마레 지구의 크레프리 쉬제트에 가보자.

오 메르베이유 드 프레드
Aux Merveilleux de Fred

머랭 디저트 맛보기

메뉴 한 가지만 전문으로 하는 가게는 왠지 믿음이 더 간다. 오 메르베이유 드 프레드는 머랭 디저트를 전문으로 한다. 머랭이라고 하면 사실 별로 관심이 가지 않는 사람들이 많을지 모르지만, 이곳의 디저트를 한 번 맛보고 나면 머랭의 신세계를 경험하게 된다. 머랭과 크림, 초콜릿의 조화가 잘 이루어져 상상하는 그 이상의 맛을 느낄 수 있다. 이곳의 케이크는 다른 곳에선 찾아보기 힘들다. 이런 맛도 아마 찾아보기 힘들 것이다. 한입 크기, 중간 사이즈, 대형 사이즈로 세 가지 크기가 있는데, 개인적으론 한입 크기보다는 내용물 간의 비율이 좀 더 좋은 중간 사이즈를 맛보길 추천한다. 파리에 13군데 지점이 있다. 7호선 퐁 마리Pont Marie, 1호선 생폴 Saint-Paul에서 도보 4분 24 Rue du Pont Louis-Philippe, 75004 Paris +33 01 57 40 98 43 매일 07:30~20:00(지점에 따라 상이) auxmerveilleux.com

라 카페오테크 드 파리 La Caféothèque de Paris

전문가가 로스팅한 커피 맛보기

파리에서 가장 전문적으로 커피를 다루는 커피숍으로, 2005년 메트로 7호선 퐁 마리역 근처 센강이 보이는 곳에 문을 열었다. 세련된 요즘 커피숍 내부와 달리 다소 소박해 보이지만, 오픈 한 지 얼마 되지 않아 파리 최고의 커피숍에 이름을 올렸다. 가게 내부에는 커피 로스터기와 커피 빈이 잔뜩 쌓여 있다. 이 집 주인 글로리아는 과테말라 출신으로 남미, 아프리카 등 전 세계에서 훌륭한 커피 빈을 가져와 직접 로스팅한다. 파리에서 처음으로 커피 클래스를 운영하기 시작하여, 지금은 전 세계의 커피 애호가들이 이곳에서 커피를 배워간다. 벽에는 제3세계의 그림과 사진이 걸려 있고, 분위기는 아늑하다. 시끌벅적한 관광지에서 벗어나 조용하고 여유로운 시간을 보낼 수 있어 좋다. 종류가 다양하진 않지만 간단한 빵이나 디저트도 판매한다.

❶ 메트로 7호선 퐁 마리역Pont Marie에서 도보 2분 ❷ 버스 67, 69, 72, 76, 96번 252 Rue de l'Hôtel de ville, 75004 +33 1 53 01 83 84 매일 09:00~19:00 € 에스프레소 3유로, 카푸치노 5유로 www.lacafeotheque.com

부트 카페 Boot Café

🚶 ❶ 메트로 8호선 생-세바스티앙-프루아사르역Saint-Sébastien-Froissart에서 도보 2분 ❷ 버스 91, 96번
19 Rue du Pont aux Choux, 75003 📞 +33 1 73 70 14 57
목~일 10:00~17:00 휴무 월~수
€ 커피 2.5~4유로 베이글 2.5~6유로

파리 최고의 커피

마레 지구의 작은 골목에 위치한 부트 카페는 찾기가 좀 어려울 수도 있다. 간판이 없는데다 규모도 매우 작기 때문이다. 예전에 이곳에 있었던 구두 수선방 코르도느리CORDONNERIE라고 새겨진 간판을 아직도 그대로 달고 있다. 하늘색 외관에 내부는 아담하다. 조그마한 테이블 3개가 놓여 있고, 밖에는 의자 몇 개만 놓여 있다. 하지만 규모와는 달리 명성은 파리 최고로 꼽힌다. 이 집 바리스타는 커피에 우유를 붓다 살짝 넘치면 바로 하수구로 부어버리는 완벽주의자이다. 덕분에 파리 최고의 커피로 꼽혀 전 세계에서 찾아온 방문객들로 북적일 때가 많다. 밖에 놓인 의자에 앉아 부트 카페의 대표 메뉴 카페 크렘Café Créme을 마시고 있으면 파리지앵이 되어 여유를 만끽하고 있는 기분이 든다. 밖에서 본 카페 풍경이 예뻐 포토 스폿으로도 유명하다.

플룩스 FLEUX

북유럽 인테리어 소품점

요즘 집 꾸미기 열풍이 세계 어디를 가나 대단하다. 스칸디나비아 스타일도 꽤 인기가 높은 편이다. 프랑스는 북유럽은 아니지만, 마레 지구에 있는 플룩스에 가면 북유럽 인테리어 소품들을 어렵지 않게 만날 수 있다. 일단 발을 들여놓으면 빈손으로 나오기가 힘든 곳이다. 북유럽 느낌의 헌팅 트로피, 독특한 디자인의 조명들, 스칸디나비아 스타일 가구, 그릇, 재미있는 소품들까지 내 집에 가져다 놓고 싶은 아이템들이 가득하다. 무난한 아이템보다는 특이하고 개성 있는 소품들이 많다. 한참을 구경해도 발걸음이 돌리기가 쉽지 않다. 북유럽 스타일의 인테리어 소품을 마음껏 구경하고 싶다면 플룩스를 잊지 말고 들러보자. ❶ 메트로 1·11호선 오텔 드 빌역 Hôtel de Ville에서 도보 4분 ❷ 버스 38, 67, 69, 75, 76, 96번 39 Rue Sainte-Croix de la Bretonnerie, 75004 +33 1 53 00 93 30 **월~금** 10:45~20:30 **토** 10:30~20:45 **일** 11:00~20:30 www.fleux.com

이봉 랑베르 Yvon Lambert

파리에서 만난 아트북

프랑스의 대표적인 콜렉터 이봉 랑베르가 마레 지구에서 운영하는 아트북 서점이다. 원래 갤러리와 함께 운영했으나 2014년부터 서점 위주로 운영하고 있다. 이 갤러리는 1962년에 오픈하여 50년이 넘게 작가들을 발굴하고 후원하는 등 예술계에 많은 업적을 남긴 곳이었다. 랑베르는 출판에 전념하기 위해 갤러리를 운영할 후계자를 찾았으나, 찾지 못하여 문을 닫을 수밖에 없었다. 현재는 서점 한 켠에 작가들의 작품을 전시하고 있으며 판매하기도 한다. 랑베르 서점은 희귀한 아트북이나 포스터 등을 소장하고 있다. 한국인들에게는 이곳에서 판매하는 에코백이 인기가 높다. 가게 이름과 주소가 새겨진 심플한 에코백인데, 한국에서 구매 대행이 이루어지기도 한다.

❶ 메트로 8호선 필르 두 칼베르역 Filles du Calvaire에서 도보 1분 ❷ 버스 91번 14 Rue des Filles du Calvaire, 75003
+33 1 45 66 55 84 **화~토** 10:00~19:00 **일** 14:00~19:00, **휴무** 월요일 www.yvon-lambert.com

메르시 Merci

❶ 메트로 8호선 생 세바스티앙 프루아사르역Saint-Sébastien-Froissart에서 도보 1분
❷ 버스 91, 96번 111 Boulevard Beaumarchais, 75003
+33 1 42 77 00 33 일~수 10:30~19:30 목~토 10:30~20:00
merci-merci.com

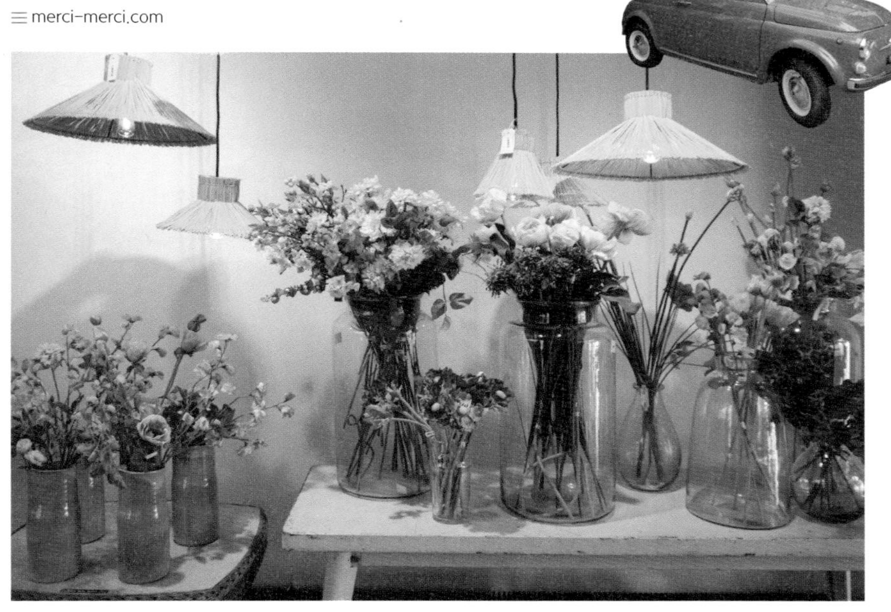

파리에서 가장 유명한 편집숍

파리를 여행하는 사람이라면 무조건 들른다는 유명한 편집숍이다. 유명세에 비해 생긴 지는 얼마 되지 않았다. 2009년 코엔Cohen 가족이 파리의 가장 패셔너블한 동네 마레 지구에 세계 최고의 패션, 디자인, 인테리어 용품을 한곳에 모아 오픈했다. 매장 입구에는 메르시의 마스코트 빨간 자동차가 앙증맞은 모습으로 서 있다. 의류 잡화, 가구, 주방용품, 도서, 액세서리, 인테리어 소품 등 독특하고 재미있는 물건이 한자리에 모여 있다. 매번 콘셉트를 새로이 하여 내부 인테리어를 바꾸어 갈 때마다 새로운 매력이 느껴진다. 게다가 메르시는 수익금 중 일부 혹은 전부를 아프리카 교육 사업과 발전을 위해 기부해오고 있다. 예쁘기만 한 숍이 아니라 정신도 살아 있는 숍이다. 피카소 미술관에서 6분 거리에 있다.

셉팀 Septime

모던하면서도 로맨틱한, 그리고 핫한 레스토랑

파리에서 가장 핫한 레스토랑 중에 한 곳으로, 최소 보름 전에는 예약해야 한다. 외관은 평범하지만 내부로 들어서면 모던하면서도 로맨틱한 분위기가 마음을 사로잡는다. 질감이 투박한 나무 테이블, 센터피스 생화가 자연 친화적인 인상을 준다. 분위기에 약한 사람이라면 음식이 나오기도 전에 이 레스토랑을 좋아하게 될 것이다. 음식 맛 또한 미슐랭 1스타 레스토랑답게 완벽하다. 메뉴는 재료의 상황에 따라 매일 바뀌며, 플레이팅보다 재료 본연의 맛을 살리는 데 치중한다. 그래서 앙트레부터 디저트까지 흔히 느낄 수 없는 새로운 풍미를 맛볼 수 있다. 한 가지 단점이 있다면 예약하기 정말 어렵다는 것이다. 파리 여행 중 이곳에 갈 계획이라면 무조건 예약부터 하고 보자.

❶ 메트로 8호선 르드뤼-롤랭역Ledru-Rollin에서 도보 5분, 9호선 샤론느역Charonne에서 도보 5~6분 ❷ 버스 76번
80 Rue de Charonne, 75011 +33 1 43 67 38 29 **월~금** 12:15~14:30 19:30~23:00 휴무 토, 일
€ 점심 5코스 65유로, 저녁 7코스 110유로 www.septime-charonne.fr

클라마토 Clamato

신선하고 먹음직한 해산물 요리

미슐랭 1스타 레스토랑 셉팀Septime의 세컨드 음식점으로 해산물 요리 전문점이다. 셉팀 바로 옆집에 있으며, 예약을 몇 주 전부터 해야 하는 셉팀과 달리 이곳은 예약을 받지 않는다. 대신 금방 자리가 차기 때문에 오픈 시간에 맞춰 갈 것을 추천한다. 메뉴는 매일 조금씩 바뀌지만, 대개 온갖 해산물로 만든 요리가 주를 이룬다. 요리 하나의 양이 많지 않은 편이다. 여러 명이 여러 메뉴를 주문해서 먹으면 다양한 맛을 즐길 수 있다. 큰 쟁반에 먹음직스럽게 담겨 나오는 모듬 해산물은 정말 신선하고 완벽한 식감과 맛을 보여준다. 맛, 분위기, 서비스 모두 나무랄 데가 없다.

❶ 메트로 8호선 르드뤼-롤랭역Ledru-Rollin에서 도보 5분, 9호선 샤론느역Charonne에서 도보 5~6분 ❷ 버스 76번
80 Rue de Charonne, 75011 +33 1 43 72 74 53
월~금 12:00~14:30 19:00~23:00 **토·일** 12:00~23:00
€ 요리 7~65유로까지 clamato-charonne.fr

르 시스 폴 베르 Le 6 Paul Bert

맛은 최고, 가격은 합리적

바스티유의 폴 베르 거리에 있는 유명 셰프 베르트랑 오부아노Ber- trand Auboyneau의 세컨 레스토랑이다. 폴 베르가에는 베르트랑 오부 아노의 식당 두 곳과 와인 바 한 곳이 있다. 세 곳 모두 늘 손님들로 문전성시를 이룬다. 특히 저녁에는 예약하지 않으면 테이블 잡기가 어렵다. 워낙 유명하여 비쌀 것으로 예상하지만, 의외로 웬만한 관광지 식당들보다 저렴하다. 프렌치 요리와 일본 요리를 함께 즐길 수 있어 더욱 좋다. 맛에 있어 파리에서 극찬을 받는 식당으로 꼽힌다. 디저트도 감동을 선사하므로 꼭 먹어보길 추천한다.

🚶 ❶ 메트로 8호선 페데르브 샬리니역Faidherbe Chaligny에서 도보 2분 ❷ 버스 46, 86번
🏠 6 Rue Paul Bert, 75011 📞 +33 1 43 79 14 32
🕓 **월** 19:30~22:00 **화~금** 12:30~14:30, 19:30~22:00 휴무 토, 일

르 퓨어 카페 Le Pure Café

<비포 선셋>에 나온 매력이 넘치는 비스트로

바스티유 지역에 있다. 영화 <비포 선셋>에서 주인공 셀린느와 제시가 차를 마시며 이야기 꽃을 피웠던 바로 그곳이다. 이 영화 덕분에 유명세를 탔지만, 영화에서는 매력을 다 보여주지 못했다. 전형적인 오래된 비스트로 느낌을 물씬 풍기며, 직접 보면 더욱 매력이 넘친다. 여행지가 아닌 주거 지역에 있어 가볍게 식사를 하거나 커피, 와인 등을 즐기려는 파리지앵들이 즐겨 찾는다. 저녁에는 삼삼오오 모인 가족과 친구들로 활기가 넘친다. 가격도 저렴한 편이라 부담이 없다. 게다가 이곳은 다른 비스트로와 달리 전기 콘센트를 갖추고 있다. 별거 아니지만 덕분에 노트북을 두들기는 파리지앵을 찾아볼 수 있다. 매력 넘치는 아담한 동네 카페에서 파리를 느껴보자.

🚶 ❶ 메트로 9호선 샤론역Charonne에서 도보 5분
❷ 버스 46, 76번 🏠 14 Rue Jean Macé, 75011
📞 +33 1 43 71 47 22 🕓 **월~금** 08:00~12:30
토 09:00~12:30 **일** 09:00~17:00

르 트랭 블루 Le Train Bleu

❶ 메트로 1·14호선 갸르 드 리옹역(리옹 역)Gare de Lyon
❷ RER A·D선 갸르 드 리옹역(리옹 역) ❸ 버스 57, 61, 87, 91번
Paris Gare de Lyon, Place Louis Armand, 75012
+33 1 43 43 09 06 레스토랑 11:15~14:30, 19:00~22:30 바 07:30~22:30
€ 메인 요리 35~98유로 www.le-train-bleu.com

리옹역에서 최고의 식사를

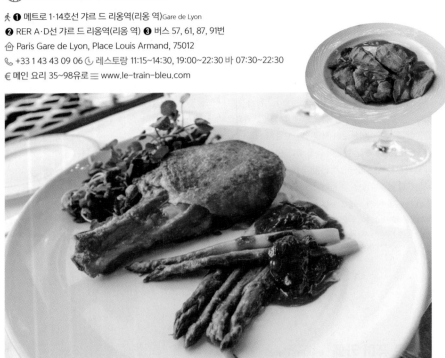

리옹역 역사 안에 있는 궁궐같이 멋진 레스토랑이다. 100여 년 넘게 리옹역에서 운행되던 초특급 럭셔리 야간 열차의 이름 '푸른 기차'Le Train Bleu에서 따다 레스토랑 이름을 지었다. 실내에는 1900년 당시의 고풍스러운 분위기가 그대로 남아 있으며, 식사도 훌륭하다. 메뉴는 생선, 송아지, 소고기, 양고기, 야채 요리까지 다양하다. 특히 비프 타르타르와 레스토랑 추천 메뉴인 송아지 요리는 맛이 감격스럽다. 간단하게 차만 마시고 싶다면 바를 이용하면 된다. 바 라운지는 편안한 분위기에서 커피나 와인을 즐길 수 있도록 따로 마련되어 있다. 뤽 베송의 영화 <니키타>가 이곳에서 촬영되기도 했다.

르 탕 오 탕 Le Temps au Temps

❶ 메트로 8호선 페데르브 샬리니역Faidherbe Chaligny에서 도보 3분, 9호선 뤼 데 불레역Rue des Boulets에서 도보 6분 ❷ 버스 46, 86번

13 Rue Paul Bert, 75011 +33 1 43 79 63 40

화~토 12:00~14:00, 19:30~22:00 휴무 일, 월

€ 코스 28유로부터

미슐랭 가이드에서 추천한 맛집

미슐랭 가이드에서 추천한 맛집으로, 많은 셰프들이 가게를 내고 싶어 하는 바스티유의 폴 베르 가Rue Paul Bert에 위치하고 있다. 작은 식당이지만 입구에 이곳이 맛집임을 증명하는 수많은 인증 스티커들이 붙어 있다. 테이블이 채 열 개가 되지 않아 언제나 손님들로 가득 찬다. 메뉴판은 따로 없고 메뉴가 적힌 칠판이 걸려 있다. 영어 메뉴판도 없지만 친절한 직원이 영어로 하나하나 설명해 주니 걱정할 필요 없다. 고기부터 생선까지 선택권은 다양하다. 오너 셰프가 만들어내는 요리는 흠잡을 데 없이 훌륭하다. 꽤 많은 와인 리스트도 보유하고 있다. 가족적인 분위기의 작은 비스트로에서 와인을 곁들인 식사를 하며 행복한 시간을 보낼 수 있다.

비스트로 폴 베르 Bistrot Paul Bert

파리 최고의 비스트로

바스티유 폴 베르 거리에 있다. 파리 최고의 비스트로로 꼽히는 이곳은 직원들의 무뚝뚝함에도 불구하고 다시 찾을 수밖에 없는 멋진 곳이다. 노란 조명이 은은하게 실내를 채우고 오래된 그림이 벽에 걸려 있는 전통적인 프랑스 비스트로이다. 음식은 프랑스 전통 요리로, 언론에서 늘 극찬을 받고 있다. 생선, 소고기, 돼지고기, 토끼고기로 만든 메뉴 등이 있다. 예약을 하지 않으면 테이블을 잡기 어렵지만, 오픈 시간에 맞춰 방문하면 자리를 잡을 수도 있다. 비스트로 폴 베르가 크게 성공한 후 부근에 와인 바 라 캬브 뒤 폴 베르La Cave du Paul Bert와 세컨 레스토랑 르 시스 폴 베르Le 6 Paul Bert도 오픈했다. 자리를 잡지 못했다면 와인 바에서 간단한 요리와 함께 와인을 마셔도 좋다.

❶ 메트로 8호선 페데르브 샬리니역Faidherbe Chaligny에서 도보 3분, 9호선 뤼 데 불레역Rue des Boulets에서 도보 6분 ❷ 버스 46, 86번 18 Rue Paul Bert, 75011
+33 1 43 72 24 01 **화~토** 12:00~14:00, 19:30~23:00 휴무 일, 월 € 전식+본식+후식 20유로부터

블레 슈크레 Blé Sucré

미식가들이 뽑은 손꼽히는 빵집

파리 동쪽 바스티유 지역은 특별한 관광지는 없지만 훌륭한 맛집이 넘치는 동네다. 이 동네에 있는 블레 슈크레는 미식가들이 뽑는 파리 최고의 빵집에 종종 이름을 올리는 곳으로 크루아상, 빵오 쇼콜라, 레몬 타르트 등의 빵과 디저트로 파리에서 항상 다섯 손가락 안에 들어간다. 특히 크루아상은 그 모양이 일반적인 크루아상에 비해 좀 더 크고 입체적이며 바삭한 것이 특징이다. 블레 슈크레에서는 취향에 맞게 어떤 빵을 고르더라도 절대 실패가 없을 것이니, 맛있는 빵과 디저트를 원한다면 꼭 방문해 보자.

❶ 메트로 8호선 르드뤼-롤랭역Ledru-Rollin에서 도보 2분 ❷ 버스 61, 76, 86번 7 Rue Antoine Vollon, 75012
+33 1 43 40 77 73 **화~토** 07:00~20:00 일 07:00~15:30 휴무 월요일 € 1유로부터

파이브 가이즈 Five Guys

베르시 빌라쥬 점 ❶ 메트로 14호선 쿠르 생테밀리옹역Cour Saint-Émilion에서 도보 1분 ❷ 버스 24, 64번 42 Cr Saint-Emilion, 75012 +33 1 43 44 46 51 **일~목** 11:00~24:00 **금·토** 11:00~01:00
€ 햄버거 9~11유로, 감자튀김 3.5~6.5유로, 음료 3.5~6.5유로 www.fiveguys.fr
샹젤리제 2호점 ❶ 메트로 1호선 조르쥬 생크역George V에서 도보 4분, 1·9호선 프랑클랑 루즈벨트역Franklin D. Roos- evelt에서 도보 5분 49-51 Av. des Champs-Élysées, 75008 +33 1 85 65 16 35 매일 11:00~01:00

강남엔 쉑쉑버거, 파리엔 파이브 가이즈

2016년 8월 베르시 빌라쥬Bercy Village에 미국 3대 버거 중 하나인 파이브 가이즈가 오픈했다. 동시에 파리에서 가장 핫한 햄버거 가게로 떠 올라 줄이 길게 늘어섰다. 서울의 강남에 쉑쉑버거가 처음 들어왔을 때의 열기를 방불케 했다. 메뉴는 기본 햄버거, 치즈버거, 베이컨 버거, 베이컨 치즈버거 이렇게 네 종류이고, 버섯·양파·토마토· 상추 등의 채소와 소스를 취향에 맞게 고를 수 있다. 세트 메뉴는 따로 없으며 햄버거, 핫도그, 샌드위치, 음료, 감자튀김을 따로 주문하면 된다. 줄이 길지만, 직원이 많아 주문은 빠르게 이루어진다. 2016년 12월 샹젤리제에 2호점을 오픈한 뒤 매장이 더 늘어 현재 파리에 7개의 매장이 운영되고 있다.

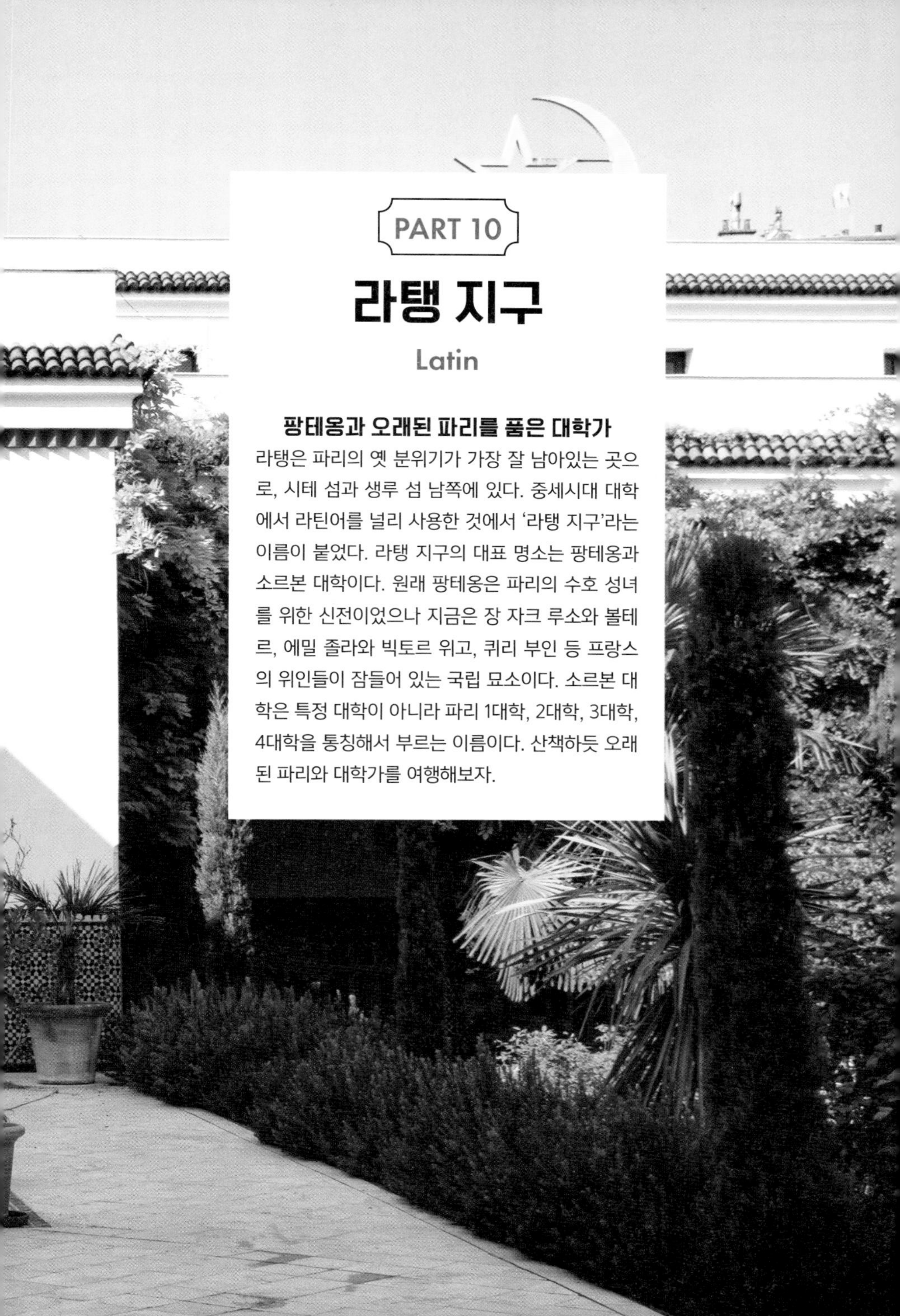

PART 10

라탱 지구

Latin

팡테옹과 오래된 파리를 품은 대학가

라탱은 파리의 옛 분위기가 가장 잘 남아있는 곳으로, 시테 섬과 생루 섬 남쪽에 있다. 중세시대 대학에서 라틴어를 널리 사용한 것에서 '라탱 지구'라는 이름이 붙었다. 라탱 지구의 대표 명소는 팡테옹과 소르본 대학이다. 원래 팡테옹은 파리의 수호 성녀를 위한 신전이었으나 지금은 장 자크 루소와 볼테르, 에밀 졸라와 빅토르 위고, 퀴리 부인 등 프랑스의 위인들이 잠들어 있는 국립 묘소이다. 소르본 대학은 특정 대학이 아니라 파리 1대학, 2대학, 3대학, 4대학을 통칭해서 부르는 이름이다. 산책하듯 오래된 파리와 대학가를 여행해보자.

라탱 지구
생미셸 다리
Pont Saint-Michel
생미셸 노트르담
Saint-Michel - Notre-Dame
Quai Saint-Michel
Rue de la Huchette
생미셸 광장 분수
Fontaine Saint-Michel
오데옹
Odéon
Bd. Saint-Michel
르 카보드 라 위셰트
Le Caveau de la Huchette
Rue Saint-Jacques
출발
셰익스피어 앤 컴퍼니
Shakespeare&Company
노트르담 대성당
Cathédrale Notre-Dame de Paris
생루이 섬
Île Saint Louis
Bd. Saint-Germain
르 포르트 포
Le Porte-Pot
Quai de Montebello
르 르미네
Le Reminet
클뤼니 라 소르본
Cluny - La Sorbonne
모베르 뮈튀알리테
Maubert - Mutualité
Quai de la Tournelle
폴리도르
Polidor
Rue des Écoles
파리 소르본 대학교
L'Université Paris-Sorbonne
Boulevard Saint-Germain
아랍 세계 연구소
L'Institut du monde arabe
Rue Monge
Bd. Saint-Michel
Rue des Écoles
르 피아노 바쉬
Le Piano Vache
뤽상부르 정원
Palais du Luxembourg
Rue Saint-Jacques
Rue Laplace
Rue Valette
스트라다 카페
Strada café
Rue Soufflot
Rue Cujas
파리1 팡테옹 소르본 대학
Université Paris 1 Panthéon-Sorbonne
팡테옹
Panthéon
생테티엔 뒤 몽 성당
Saint-Étienne-du-Mont
Rue Clovis
카르디날 무르안
Cardinal Lemoine
쥬씨유
Jussieu
Rue Descartes
Rue Monge
뤽상부르
Luxembourg
Rue Saint-Jacques
Rue Mouffetard
라시에트 오 프로마쥬
L'Assiette aux Fromages
Rue Tournefort
Rue d'Ulm
Rue Lhomond
파리식물원
Jardin des Plantes
Rue Ortolan
플라스 몽쥬
Place Monge
Rue du Pot de Fer
오 프티 그렉
Au P'tit Grec
국립자연사 박물관
Muséum nationa d'histoire naturell
무프타르 시장 거리
Marché de la rue Mouffetard
몽쥬 약국
Pharmacie Monge
레스토랑 라 모스케
Restaurant la Mosquée
Rue Monge
Rue Jean Calvin
Rue de l'Épée de Bois
파리 이슬람 사원
Grande Mosquée de P
Rue Daubenton
Rue Mouffetard
도착
상시에 도방통
Censier - Daubenton
하루 여행 베스트 코스 지도의 빨간 점선 참고, 역방향 투어도 가능
셰익스피어 앤 컴퍼니 → 도보 8분 →파리 소르본 대학 & 팡테옹 → 도보 2분 → 생테티엔 뒤 몽 성당 → 도보 8분 → 무프타르 시장 거리 → 도보 3분 → 몽쥬 약국 → 도보 5분 → 파리 이슬람 사원
시몬(700m)

생미셸 광장 분수 퐁텐 생미셸 Fontaine Saint-Michel

❶ 메트로 4호선 생미셸역Saint-Mi-chel ❷ RER B·C선 생미셸역Saint-Michel
❸ 버스 21, 27, 38, 96번 Pl. Saint-Michel, 75006 +33 1 40 46 75 06

©Dennis Jarvis-flickr

파리 젊은이들의 만남의 장소

시테 섬 남쪽 라탱 지구에 있는 만남의 광장이다. 노트르담 대성당과 생트 샤펠, 콩시에르주리 등이 있는 시테 섬에서 생미셸 다리Pont Saint-Michel를 건너면 바로 광장이다. 나폴레옹 1세가 미카엘 대천사인 생미셸을 기리기 위해 만든 곳이다. 이 광장에는 청동 조각상으로 장식한 분수가 있다. 1855년 프랑스 조각가 다비드유가 만든 것이다. 원래는 분수 중앙에 나폴레옹 3세의 조각상이 세워질 계획이었다. 하지만 반대가 많아 무산되고 미카엘 대천사와 두 마리의 용 조각상이 들어섰다. 생미셸 광장 주변에는 비교적 저렴한 식당과 늦게까지 문을 여는 펍이 많다. 그래서 분수대 앞은 파리 젊은이들이 애용하는 만남의 장소이다. 광장이 파리의 대학들이 모여있는 라탱 지구에 있어서 1968년 파리 학생 운동의 주 무대였다. 덕분에 이곳엔 자유의 기운이 흐른다. 광장 앞에서는 자유롭게 길거리 공연을 하는 뮤지션을 종종 볼 수 있다. 분수 옆 골목은 저렴한 가게가 즐비한 파리의 '먹자골목'이다. 파리에서 거의 유일하게 호객 행위가 벌어지는 곳이기도 하다. 가격은 저렴한 편이지만 아쉽게도 요리의 퀄리티가 그리 높은 편은 아니다.

셰익스피어 앤 컴퍼니 Shakespeare and company

❶ 메트로 4호선 생미셸역 Saint-Michel에서 도보 2분 ❷ 버스 24, 47번
37 Rue de la Bûcherie,75005 +33 1 43 25 40 93
월~토 10:00~20:00 **일** 12:00~19:00 shakespeareandcompany.com

명소에 버금가는 유명 서점

영화 <비포선셋>과 <미드나잇 인 파리>에 등장한 곳이라 많은 여행객이 찾는다. 최초 주인은 미국인이었다. 실비아 비치는 1922년 영국과 미국에서 출판이 금지된 제임스 조이스의 소설 <율리시스>를 과감하게 출판했다. 그는 헤밍웨이와 피츠제럴드를 비롯한 '잃어버린 세대'의 후원자였다. 오데옹 가Rue del'Odéon에 있던 서점은 독일 강점기에 문을 닫아야 했다. 조지 위트먼이 '르 미스트랄'이라는 상호로 다시 개업했다가, 셰익스피어가 태어난 지 400년 되던 해인 1964년 서점 이름을 '셰익스피어 앤 컴퍼니'로 바꾸었다. 전 세계의 작가와 예술가들은 서점 2층에서 묵을 수 있다. 이 같은 예술가들을 텀블위드Tumbleweeds라고 부르는데, '하루에 책 한 권 읽을 것, 하루에 몇 시간이라도 서점 일을 도울 것, 한 장짜리 자서전을 쓸 것', 이 세 가지 규칙을 준수해야 한다. 셰익스피어 앤 컴퍼니는 단순한 서점이 아니다. 예술과 문화가 살아 있는 역사적 장소이다. 책을 구매하면 멋진 로고가 새겨진 도장을 찍어준다. 바로 옆에는 서점에서 운영하는 카페가 있다. 카페에서 파는 에코 백은 기념품으로 좋은 아이템이다.

팡테옹 Panthéon

🚶 ❶ 메트로 10호선 카르디날 르무안역Cardinal Lemoine, 모베르 뮈튀 알리테역Maubert - Mutualité에서 도보 6분
❷ RER B선 뤽상부르역Luxembourg에서 도보 5분 ❸ 버스 21, 27, 38, 82, 84, 85, 89번
Place du Panthéon, 75005 +33 1 44 32 18 00
10:00~16:30(15분 간격) 휴관 1월 1일, 5월 1일, 12월 25일
€ **일반** 13유로 **26세 이하** 무료 **입장료+파노라마 투어** 일반 16.5유로 www.paris-pantheon.fr

©xiquinhosilva-Wikimedia

©Paris Tourist Office, Daniel Thierry

프랑스의 정신, 이곳에 잠들다

팡테옹은 그리스어로 '모든 신을 위한 신전'이라는 뜻이다. 원래는 파리의 수호 성녀 주느비에브의 유해를 안치한 성소였다. 루이 15세가 자신의 중병이 낫자, 주느비에브에게 올린 기도 덕이라고 여겨 그녀에게 바치는 성당을 지었는데, 이것이 팡테옹이다. 하지만 1791년 웅변가인 미라보 백작의 유해가 안치되면서 기능이 묘지로 변경되었다. 현재는 장 자크 루소, 볼테르, 에밀 졸라, 빅토르 위고, 퀴리 부인 등 프랑스 위인이 잠든 국립 묘지이다. 퀴리 부인은 여성으로는 두 번째로 묻혔지만, 자신의 업적으로 평가받아 묻힌 여성으로는 처음이다. 처음 이곳에 묻힌 여성은 소피 베르틀로이다. 그녀는 화학자 마르슬랑 베르틀로의 부인으로, 부부가 거의 동시에 사망하자 남편의 업적을 인정받아 함께 팡테옹에 묻혔다. 처음 팡테옹에 안치된 미라보 백작은 후에 업적을 재평가하여 팡테옹에서 퇴출당했다. 로마 팡테옹의 영향을 받았다는 신전 입구에는 22개의 기둥이 서 있다. 묘소는 건물 지하에 있다. 팡테옹 돔에 올라가면 360도 돌아가며 파노라마로 파리를 구경할 수 있다. 파노라마 투어는 4월부터 9월까지 진행한다.

파리 소르본 대학교 류니벡시테 파리 소르본 l'Université Paris-Sorbonne

❶ 메트로 10호선 클뤼니-라 소르본역Cluny - La Sorbonne에서 도보 4분 ❷ 버스 21, 27, 38, 63, 84, 85, 86, 87, 89번
1 rue Victor Cousin, 75005 +33 1 40 46 22 11 www.paris-sorbonne.fr

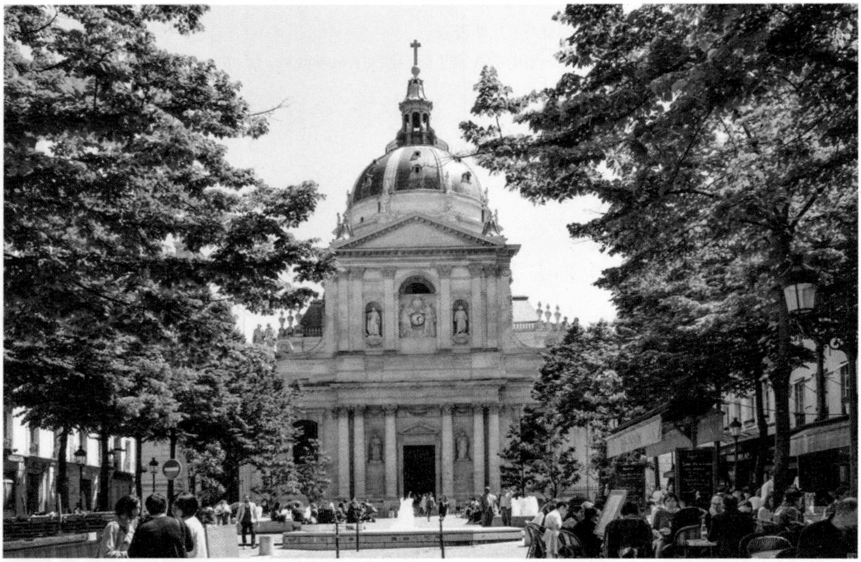

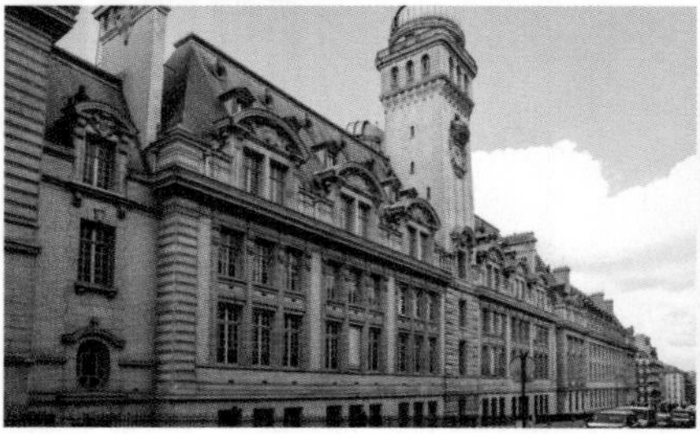

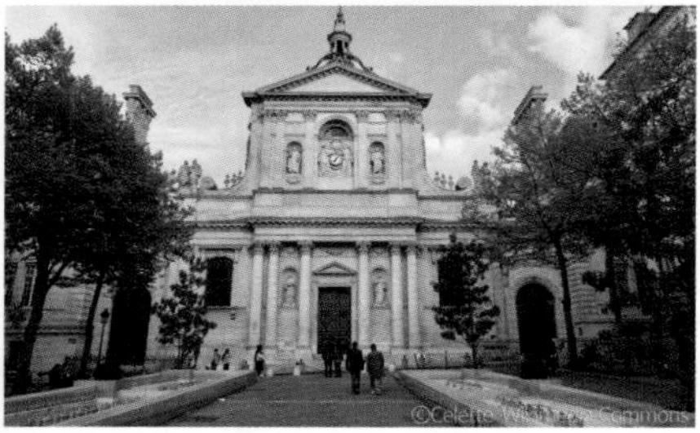

파리에서 가장 오래된 대학

'파리의 대학' 하면 소르본을 떠올리는데, 소르본 대학교는 따로 있는 게 아니고 파리 1~4대학을 통칭해서 부르는 이름이다. 이들 대학은 대부분 라탱 지구에 모여있는데, 전공에 따라 대학을 나누었다. 네 개의 대학 중 인문학 전공을 모아 놓은 파리 4대학이 일반적으로 소르본 대학이라고 알려져 있다. 1215년 루이 9세가 파리대학교를 만들었다. 당시 학부는 예술, 의학, 법학, 신학 네 개였다. 유럽 전역의 영재들이 파리대학교로 몰려들었다. 특히 신학부가 유명했다. 당시 신학부의 중심은 신학자였던 로베르 드 소르본이 1253년 가난한 신학도를 위해 세운 기숙사 겸 연구소 소르본 학사였다. 이후 소르본은 파리대학교를 지칭하는 말이 되었다. 2차 세계대전 때에는 독일군의 침공으로 폐교하는 수난을 겪었다. 1970년대 초 파리대학교는 시내의 9개, 시외의 4개 등 모두 13개 대학교로 분리되었다. 이 가운데 1~4대학이 소르본이다. 우리나라처럼 캠퍼스 개념은 없고 건물만 자리하고 있다. 내부 출입이 금지되어 있어 멋진 건물의 외관만 볼 수 있다.

생테티엔 뒤 몽 성당 Saint-Étienne-du-Mont

❶ 메트로 10호선 카르디날 르 무안역Cardinal Lemoine에서 도보 5분, 모베 르 뮈튀알리테역Maubert - Mutualité에서 도보 2~3분 ❷ 버스 75, 89번 Place Sainte-Geneviève, 75005 +33 1 43 54 11 79

학기 중 **월** 14:30~19:30 **화~금** 08:00~19:30 **토~일** 08:00~20:00 방학 중 **화~금** 08:00~19:30 **토~일** 08:00~20:00

www.saintetiennedumont.fr

©Guilhem Vellut-flickr

©Muzt-Wikimedia Commons

©Vevial-Wikimedia Commons

파리 수호 성녀의 성당

라탱 지구 팡테옹 근처 생트 주느비에브Sainte Geneviève 언덕에 있는 성당으로, 주느비에브의 성골함이 안치된 성소이다. 주느비에브는 파리의 수호 성녀로, 451년 훈족의 왕 아틸라가 파리를 공격해왔을 때 간절한 기도로 파리를 구했다. 후에 그녀의 기도 덕분에 아틸라가 파리 남쪽으로 내려갔다는 전설이 전해지면서 파리 사람들은 그녀를 기리기 위해 1492년 성당을 짓기 시작해 1626년에 완성했다. 그리고 1803년 그녀의 성골함을 성당에 안치했다. 18세기 프랑스 대혁명 당시 성당이 파괴되고 성녀 주느비에브의 성유물함이 불에 타기도 했지만, 후에 복원되었다. 이 성당에는 주느비에브 뿐만 아니라 프랑스의 수학자이자 물리학자인 파스칼, 작가 장 라신, 그리고 혁명가 장 폴 마라의 유해도 안치되어 있다. 영화 <미드나잇 인 파리> 덕에 이 성당이 유명해졌다. 이곳이 주인공 길이 시간 이동하는 사건이 일어난 장소이기 때문이다. 성당을 정면으로 마주 봤을 때 좌측 계단이 시간 이동이 시작된 곳이다. 영화에서, 자정이 되면 종소리와 함께 주인공의 시간 여행은 시작된다.

무프타르 시장 거리 막셰 들라 뤼 무프타르 Marché de la rue Mouffetard

🚶 ❶ 메트로 7호선 플라스 몽쥬역Place Monge에서 도보 4분, 상시에-도방통역Censier-Daubenton에서 도보 4~5분
❷ 버스 47번 🏠 Rue Mouffetard, 75005

헤밍웨이가 사랑한 오래된 거리

라탱 지구에 있는 흥미로운 시장 골목이다. 바닥에 돌이 깔려 있어 예스러운 분위기가 물씬 느껴진다. 이 길의 역사는 고대 로마 시대까지 올라간다. 부근의 생트 주느비에브 언덕Mont Sainte-Geneviève이 고대엔 몽 세타리우스, 그 이후엔 '무프타르'라 불렸다. 그래서 이 시장 골목에 무프타르라는 이름이 붙여졌다. 옛 모습이 많이 남아있는데, 19세기 중반 파리 재개발 사업 다시 보존 대상이었던 까닭이다. 무프타르 거리 북쪽 끝에는 분수가 있는 콩트르스카르프 광장Place de la Contrescarpe이 있다. 이 멋진 광장은 식당과 카페로 둘러싸여 있다. 광장에서 가까운 곳에 헤밍웨이가 살았던 아파트가 있다. 헤밍웨이는 『파리는 날마다 축제』에서 무프타르 시장 거리를 '비좁지만 늘 사람들로 붐비는 매력적인 시장 골목'이라고 묘사했으며, 장편 소설 『해는 또다시 떠오른다』에서는 콩트르스카르프 광장에서 무프타르 거리로 택시가 내려가는 장면을 묘사하기도 했다. 시장 거리엔 유명한 맛집이 적지 않다. 줄을 길게 서는 빵집 르 푸르닐드 무프타르Le Fournil de Mouffetard, 전통 있는 유명 크레프 가게 오 프티그렉Au P'tit Grec, 타파스 가게 엘 세르반테스El Cervantes 등을 추천한다.

아랍 세계 연구소 랭스트튀 뒤 몽드 아랍 L'Institut du monde arabe

❶ 메트로 10호선 카르디날 르무안역Cardinal Lemoine에서 도보 6분, 7호선 쥐시우역Jussieu에서 도보 7분
❷ 버스 24, 63, 67, 86, 87, 89번 1 Rue des Fossés Saint-Bernard, 75005 +33 1 40 51 38 38
화~금 10:00~18:00 **토·일** 10:00~19:00 휴관 월요일, 노동절
€ 박물관 입장료 일반 9유로, 26세 이하 무료, 뮤지엄 패스 사용 가능 www.imarabe.org

©mathiasreding-pexels

루프톱에서 센강과 노트르담을 한눈에

프랑스에 사는 무슬림 인구는 약 6백만 명에 이른다. 유럽국가 가운데 이슬람 국가가 아니면서 무슬림이 가장 많이 사는 나라이다. 북아프리카의 여러 나라를 식민지로 삼았기에 프랑스로 이주해 온 이민자가 많았다. 아랍세계연구소는 미테랑 대통령의 '그랑 프로제'의 하나로 지어졌다. 그랑 프로제로 지은 건축물 가운데 가장 작지만, 건축물 자체는 꽤 유명하다. 프랑스에서 가장 유명한 건축가 장 누벨이 설계하였는데, 그는 캐브랑리 박물관과 카르티에재단 등 여러 유명 건축물을 디자인했다. 2008년 건축계의 노벨상인 프리츠커 건축상을 받았다. 아랍세계연구소는 이슬람 사회 건축물에 부여하는 아가 칸 건축상을 받았다. 장 누벨은 서울의 삼성 리움미술관을 설계하기도 했다. 건축물 유리 벽면의 철제 스크린은 빛과 열의 양에 따라 자동으로 조절되어 실내 온도를 유지한다. 건물 내부에는 아랍박물관, 도서관, 레스토랑 등이 있다. 루프톱에서 파리 시내를 바라보면 센강과 노트르담 대성당이 한눈에 보여 파리 최고의 뷰를 선사한다.

파리 이슬람 사원 그랑드 모스케 드 파리 Grande Mosquée de Paris

❶ 메트로 7호선 플라스 몽쥬역 Place Monge과 상시에-도방통역Censier- Daubenton에서 도보 4분 ❷ 버스 24, 67번
2bis Place du Puits de l'Ermite, 75005 +33 1 45 35 97 33 09:00~18:00 휴무 금요일
€ 3유로 www.mosqueedeparis.net

파리에서 이슬람 문화 체험하기

그랑드 모스케는 파리에서 가장 이국적인 곳이다. 하얀 벽면이 인상적인 이슬람 사원은 라탱 지구에서 단연 눈에 띈다. 스페인에서 발달한 이슬람 풍의 이 건축물은 무데하르Mudéjar 양식으로, 1926년 제1차 세계대전 때 프랑스를 위해 싸운 수십만 무슬림 병사를 위해 지었다. 제2차 세계대전 당시에는 알제리인과 유대인들의 비밀 은신처로 사용되기도 했다. 오늘날에는 실제 예배 공간으로 사용되고 있으며, 파리에 있는 75개 이슬람 사원 중 가장 크다. 예배당은 방문객들에게 출입이 제한돼 있긴 하지만, 나머지는 개방된 공간이라 간단히 둘러볼 수 있다. 수요일부터 월요일까지는 9시부터 18시까지, 화요일은 19시까지 개방한다. 입장료는 3유로이다. 하얀 외벽 건물로 들어서면 이슬람 특유의 다채로운 색깔로 장식된 아라베스크 문양이 눈에 띈다. 사원 중앙의 예쁜 정원은 더없이 이국적이다. 투르키에 블루 색상의 바닥과 아라베스크 문양의 벽면에서는 지중해 느낌이 물씬 풍긴다. 갑자기 북아프리카로 순간 이동한 것 같은 기분이 든다. 사원 구경 후 바로 옆 레스토랑 라 모스케 Restaurant la Mosquée에서 민트 차 한잔 마시며 여유를 즐겨보자.

폴리도르 Polidor

헤밍웨이의 단골 식당

헤밍웨이가 살았던 라탱 지구의 조용한 골목에 있는 식당이다. 가난하던 시절 자주 드나들던 곳으로, 1845년부터 저렴한 가격에 질 좋은 식사를 제공해 배고픈 예술가들이 즐겨 찾았다. 세월의 흔적을 담은 고풍스러운 식당 외벽에는 영화 <미드나잇 인 파리>의 감독 우디 앨런의 사진이 붙어 있다. 영화 속 주인공 길Gil은 시간 여행을 통해 이 식당에서 헤밍웨이를 만나기도 했다. 22유로에 점심 3코스를 즐길 수 있다. 유명한 식당은 음식이나 서비스가 기대에 미치지 못하는 경우가 많다. 하지만 폴리도르는 유명세에도 불구하고 퀄리티가 좋은 편이다. 1845년부터 카드를 받지 않았다는 문구가 새겨진 깜찍한 팻말을 당당하게 걸어놓았으니, 꼭 현금을 챙겨 가자.

❶ 메트로 4·10호선 오데옹역Odéon에서 도보 4분 ❷ 버스 21, 27, 38, 58번 41 Rue Monsieur le Prince, 75006 +33 1 43 26 95 34 매일 12:00~15:00, 19:00~24:00 € 코스 15.5유로부터 www.polidor.com

라시에트 오 프로마쥬 L'Assiette aux Fromages

감칠맛 나는 퐁뒤 요리 전문점

치즈의 천국 프랑스에서 즐기는 정통 치즈 요리는 여행의 즐거움을 배가시켜 준다. 라시에트 오 프로마쥬는 라탱 지구 무프타르 거리Rue Mouffetard 에 있는 치즈 요리 전문점으로, 스위스 전통 요리인 퐁뒤와 라클레트를 맛볼 수 있는 곳이다. 퐁뒤는 빵을 녹인 치즈에 찍어 먹는 요리이다. 치즈는 취향에 따라 다양하게 선택할 수 있는데, 냄새가 강한 치즈에 익숙하지 않다면 가장 무난한 콩테Comte 치즈를 추천한다. 라클레트는 삶은 감자에 치즈를 녹여 올려 먹는 것으로 기본적으로 퐁뒤와 비슷하다. 둘 다 스위스 전통 음식이지만, 프랑스에서도 즐겨 먹는다.

❶ 메트로 7호선 플라스 몽쥬역Place Monge에서 도보 4분, 10호선 카르디날 르무안역Cardinal Lemoine에서 도보 5분 ❷ 버스 47, 89번 25 Rue Mouffetard, 75005 +33 1 43 36 91 59 **월~일** 12:00~14:30, 18:00~23:00

르 르미네 Le Reminet

나만 알고 싶은 맛집

맛, 분위기, 가격을 모두 만족시키는 나만 알고 싶은 맛집이다. 메트로 10호선 모베르 뮈튀알리테역에서 3분 거리에 있다. 파리지앵에게는 유명한 곳이지만, 여행객에게는 많이 알려져 있지 않다. 맛집 탐방이 취미인 중년 아주머니에게 추천 받아 찾아가기 전부터 믿음이 갔다. 센 강변 근처의 작은 뒷골목에 비밀스럽게 위치한 이곳은 미슐랭 가이드에서 여러 번 추천했을 정도로 음식이 훌륭하다. 프랑스의 대표적인 요리인 타르타르, 푸아그라를 비롯해 생선, 오리고기, 소고기 등으로 만든 다양한 프렌치 요리를 즐길 수 있다. 가격은 저렴하진 않지만, 더 포크The fork의 앱을 통해 예약하면 최대 50%까지 할인이 가능하다. 합리적인 가격에 고급 프렌치 요리를 즐길 수 있다. 🚶 ❶ 메트로 10호선 모베르 뮈튀알리테역Maubert - Mutualité에서 도보 3분 ❷ 버스 47번
🏠 3 Rue des Grands Degrés, 75005 📞 +33 1 44 07 04 24 🕓 **일~목** 12:00~14:00, 19:00~22:00 **금·토** 12:00~14:30, 19:00~22:30 € 전식+본식+디저트 40~55유로 ☰ www.lereminet.fr

오 프티 그렉 Au P'tit Grec

크레페와 갈레트로 간단한 식사를

프랑스는 얇은 팬케이크에 다양한 재료를 넣어 둘둘 말아 싸 먹는 크레페의 원조 나라이다. 프랑스어로는 크레프 혹은 크레이프라고 발음하는데, 저렴하지만 맛있게 한 끼를 때울 수 있어 많은 이들이 즐겨 찾는다. 오래전 무프타르 거리의 현재 매장 바로 앞 길거리에서 푸드 트럭으로 시작해 오늘에 이르렀다. 메뉴는 샌드위치에서부터 크레페, 갈레트짠 맛 크레페 등이 있으며, 토핑은 다양하게 선택할 수 있다. 다른 곳에 비해 빵이 두툼한 편이지만, 전혀 퍽퍽하지 않고 바삭하다. 디저트로는 크레프가, 식사 대용으로는 크레프보다 헤비한 갈레트가 적당하다. 달걀, 치즈, 햄이 들어간 갈레트를 주문하면 양이 너무 많아 혼자 먹기 힘들 수도 있다. 메뉴가 많아 선택하기 힘들다면, 달걀, 치즈, 햄이 기본 양으로 들어간 갈레트를 추천한다. 🚶 ❶ 메트로 7호선 플라스 몽쥬역Place Monge에서 도보 3분 ❷ 버스 47번
🏠 68 Rue Mouffetard, 75005 📞 +33 1 43 36 45 06 🕓 **월~일** 10:30~02:00 € 3~7.5유로 ☰ auptitgrec.com

시몬 Simone, Le Resto

가성비 좋은 레스토랑

가성비라는 말로는 이곳을 다 설명할 수 없다. 요리가 너무 훌륭하기 때문이다. 거기에 가격까지 착하니 더 바랄 게 없다. 다만, 라탱 지구 남쪽 구역에 있어서 다소 접근성이 떨어진다. 하지만 라탱 지구를 방문할 일이 있다면 시몬을 꼭 추천하고 싶다. 테라스에는 알록달록한 철제 테이블과 의자가 놓여 있고, 실내는 테라스와 달리 오픈 키친이 있는 모던한 분위기이다. 멋진 프랑스인 셰프 둘, 사장 둘, 이렇게 넷이서 맛있는 요리와 친절한 서비스를 만들어 간다. 메뉴는 매일 혹은 주기적으로 바뀌며, 어떤 요리를 맛보게 되더라도 높은 만족감을 느끼게 될 것이다.

❶ 메트로 7호선 레 고블랭역Les Gobelins에서 도보 5분
❷ 버스 59, 83번 33 Boulevard Arago, 75013
+33 1 43 37 82 70 **화~금** 12:00~14:00, 19:00~22:00
토 19:00~22:00, **휴무** 일, 월 € 점심 3코스 22~28유로
www.simonelerestolacave.com

레스토랑 라 모스케 Restaurant la Mosquée

파리에서 맛보는 아랍 요리

파리 식물원 부근 파리 이슬람 사원Grande Mosquée de Paris 옆에 있는 아랍 음식점이다. 파리에 있는 아랍 레스토랑 중 최고로 꼽힌다. 이국적인 테라스, 아라베스크 문양, 파란 의자까지 북아프리카 분위기를 제대로 재현했다. 테라스에서는 대체로 디저트와 차를 마실 수 있고, 안쪽으로 들어가면 식사할 수 있는 자리가 준비되어 있다. 아랍권에서는 좁쌀 모양의 파스타인 쿠스쿠스Couscous와 야채, 고기를 주로 먹는다. 소고기, 양고기, 닭고기 등에 채소를 넣어 국물이 자작하게 끓인 타진Tajine도 대표적인 아랍 요리이다. 민트 티 또한 빼놓을 수 없다. 여름에 달달한 민트 향이 가득한 차를 마시면 더위가 싹 가신다. 차를 주문하면 웨이터가 주전자를 머리 높이 들고 작은 잔에 흘리지 않고 차를 따라주는데, 이 또한 이곳의 볼거리다. ❶ 메트로 7호선 플라스 몽쥬역Place Monge에서 도보 4분, 상시에-도방통역Censier-Daubenton에서 도보 4분 ❷ 버스 24, 67, 89번 39 Rue Geoffroy-Saint-Hilaire, 75005 +33 1 43 31 38 20 매일 09:00~24:00 € 쿠스쿠스 14유로~32유로, 타진 17유로~20유로, 민트 티 2.5유로

스트라다 카페 Strada café

파리지앵의 일상이 담긴 카페

스트라다는 '길가'라는 뜻의 이탈리아어이다. 편안한 이름을 가진 스트라다 카페는 좋은 커피, 건강한 음식, 편안한 음악과 좋은 사람들을 콘셉트로 2014년 라탱 지구의 몽쥬 거리에 문을 열었다. 남미와 아프리카에서 공수해 온 커피 빈으로 신선한 커피를 만들고, 샌드위치, 타르틴, 샐러드 등도 판매하여 간단한 식사를 즐기기 좋다. 주말에는 붐비는 편이나, 주중에는 느긋하게 식사를 하면서 파리지앵의 일상을 구경하는 재미를 만끽할 수 있다. 신문을 읽는 할머니, 헤드폰 쓰고 잡지 읽는 아저씨, 노트북을 두드리는 대학생 등 다양한 연령층의 파리지앵들이 스트라다 카페에 앉아 일상을 보내고 있기 때문이다. 파리의 분위기를 제대로 느끼고 싶다면 이곳을 추천한다.

몽쥬 점 ❶ 메트로 10호선 카르디날 르무안역Cardinal Lemoine에서 도보 1분 ❷ 버스 47, 63, 86, 75, 89번
24 Rue Monge, 75005 **월~금** 08:00~18:30 **토·일** 09:30~18:30 € 라테 4.5유로 www.stradacafe.fr
마레 지구 점 ❶ 메트로 11호선 람뷔토역Rambuteau에서 도보 4분 ❷ 버스 29, 75번 94 Rue du Temple, 75003
월~금 08:30~15:00(화요일 휴무) **토·일** 10:00~16:00

르 피아노 바쉬 Le Piano Vache

운치가 흐르는 오래된 재즈 바

라탱 지구의 생테티엔 뒤 몽 성당Saint-Étienne-du-Mont 근처에 있는 오래된 재즈 바이다. 락, 디스코, 팝 등 다양한 음악을 들을 수 있으며, 매일 음악 콘셉트가 달라진다. 월요일엔 라이브 재즈 공연이 열린다. 월요일 저녁 9시부터 시작되어 새벽 1시까지 이어진다. 콘트라베이스와 기타 두 대로 하는 소박한 밴드이지만, 연주는 소박하지 않다. 이 연주를 듣기 위해 찾아온 사람들이 언제나 바를 가득 채운다. 어둡고 좁은 실내에 기타와 콘트라베이스 선율이 울려 퍼지면 영화 <미드나잇 인 파리>의 주인공 길이 생테티엔 뒤 몽 성당 앞에서 푸조를 타고 시간 여행을 떠나는 장면이 절로 떠오른다. 가끔 피아노 연주자가 오기도 한다. 음료를 주문하면 따로 입장료를 내지 않아도 된다.

❶ 메트로 10호선 모베르 뮈튀알리테역Maubert-Mutualité에서 도보 5분, 카르디날 르무안역Cardinal Lemoine에서 도보 5분
❷ 버스 63, 75, 86, 89번 8 Rue Laplace, 75005 +33 1 46 33 75 03 16:30~02:00, **휴무** 일 € 음료 4~8유로

르 카보 드 라 위셰트
Le Caveau de la Huchette

<라라랜드>에 나온 유명 재즈 바

라이오넬 햄프턴, 카운트 베이시 등 미국 유명 재즈 거장들이 거쳐 간 파리의 대표적인 재즈 바이다. 바가 들어선 곳은 16세기에 지은 지하 창고이다. 프랑스 혁명 당시 감옥, 고문실, 사형실로 사용되었다. 동굴 같은 지하 창고에서 매일 밤 아름다운 재즈 선율이 울려 퍼지면, 춤 솜씨 좋은 사람들이 서로 손을 잡고 춤을 추기 시작한다. 선율에 맞춰 스텝을 밟는 중년의 파리지앵도 많은 편이다. 입장료를 내야 하며, 음료는 꼭 사야 하는 것은 아니다. 미국 영화 <라라랜드> 후반부에 잠깐 등장하여, 지금은 영화를 사랑하는 여행자들이 많이 찾는 명소가 되었다. 흥이 넘치면 바로 뛰쳐나가 재즈에 흠뻑 취해보자. ❶ 메트로 4호선 생미셸역Saint-Michel에서 도보 2분, 10호선 클뤼니-라 소르본역Cluny-La Sorbonne에서 도보 4분 ❷ 버스 47, 75번 5 Rue de la Huchette, 75005
+33 1 43 26 65 05 **일~목** 21:00~02:30 **금~토** 21:00~04:00 € 일~목 14유로, 금·토·공휴일 전날 16유로, 학생 10유로
www.caveaudelahuchette.fr

몽쥬 약국 Pharmacie Monge

파리 쇼핑의 필수 코스

한국인이 에펠탑만큼이나 많이 방문하는 곳이다. 그래서 몽쥬 약국 주인은 매년 한국 유학생에게 장학금을 지급하고 있다. 우리나라에서 제법 비싸게 판매되는 화장품, 헤어, 바디 제품 등을 최대 1/3 가격에도 살 수 있다. 시슬리, 달팡, 피지오겔, 유리아주, 라로포슈제, 바이오더마, 르네휘테르 등 상품도 다양하다. 막상 매장에 들어서면 정신없이 헤맬 수 있으니 구매 품목을 미리 정리해 가면 도움이 된다. 한국인 직원이 상주하고 있으므로 도움을 청할 수도 있다. 구매 금액이 100유로를 초과하면 텍스 리펀이 가능하며, 15일 안에 EU 국가를 출국할 경우 약국에서 바로 선先 면세 혜택이 가능하다. 이 경우 여권과 신용카드가 필요하다.

❶ 메트로 7호선 플라스 몽쥬역Place Monge 1번 출구에서 직진 도보 1분 ❷ 버스 47번 1 Pl. Monge, 75005
+33 1 43 31 39 44 **월~토** 08:00~20:00 일 09:00~17:00 notre-dame.pharmacie-monge.fr

©pharmacie Monge

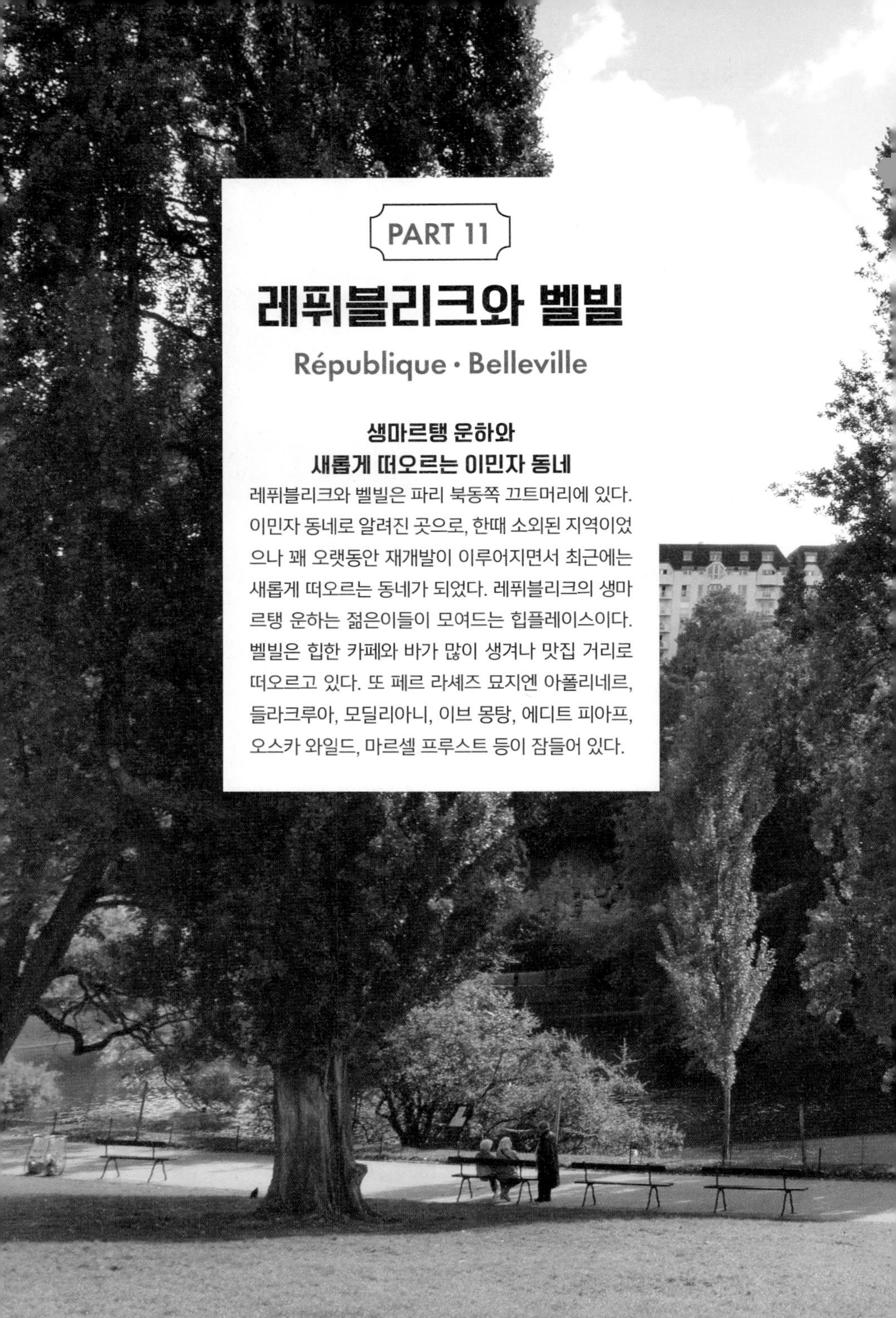

PART 11

레퓌블리크와 벨빌

République · Belleville

생마르탱 운하와 새롭게 떠오르는 이민자 동네

레퓌블리크와 벨빌은 파리 북동쪽 끄트머리에 있다. 이민자 동네로 알려진 곳으로, 한때 소외된 지역이었으나 꽤 오랫동안 재개발이 이루어지면서 최근에는 새롭게 떠오르는 동네가 되었다. 레퓌블리크의 생마르탱 운하는 젊은이들이 모여드는 힙플레이스이다. 벨빌은 힙한 카페와 바가 많이 생겨나 맛집 거리로 떠오르고 있다. 또 페르 라셰즈 묘지엔 아폴리네르, 들라크루아, 모딜리아니, 이브 몽탕, 에디트 피아프, 오스카 와일드, 마르셀 프루스트 등이 잠들어 있다.

레퓌블리크와 벨빌 지구
라 빌레트 공원
Parc de la Villette(1.1km)
뷔트 쇼몽 공원
Parc des Buttes-Chau-mont
Colonel Fabien
빌레뜨 가 Bd de la Villette
레 장팡 페르뒤
Les Enfants Perdus
프릭-프락
FRIC-FRAC
강베따 가 Av. Gambetta
벨리빌
Belleville
뒤 뺑 에 데지데
Du Pain et des Idées
Jacques Bonsergent
공쿠르
Goncourt
쿠론
Couronnes
생마르탱 운하
Canal Saint-Martin
출발
République
Temple
헤뷔블리끄 가 Av. de la République
볼떼흐 가 Bd Voltaire
떵쁠르 가 Bd du Temple
메닐몽탕
Ménilmontant
메닐몽떵 가 Bd de Ménil
파르망티
Parmentier
피에르 상
Pierre Sang in Oberkampf
Oberkampf
오베르 마마
Ober mamma
투 오투르 뒤 뺑
Tout Autour du Pain
Rue Saint-Maur
도착
페르 라셰즈 묘지
Cimetière du Père Lachaise
(1.1km)
Filles du Calvaire
카페 메리쿠르
Café Méricourt
아틀리에 데 뤼미에르
Atelier des Lumières
Saint-Sébastien – Froissart
Saint-Ambroise
Richard Lenoir
하루 여행 베스트 코스
지도의 빨간 점선 참고, 역방향 투어도 가능
생마르탱 운하 → 도보 10~15분 → 뷔트 쇼몽 공원 →
도보 30분 → 페르 라셰즈 묘지

생 마르탱 운하 까날 생 마르탱 Canal Saint-Martin

🚶 ❶ 메트로 3·5·8·9·11호선 레퓌블 리크역République에서 도보 3분, 2·5·7b호선 조레스역Jaurès에서 도보 1분, 7·7b호선 루이 블랑역Louis Blanc에서 도보 3분, 7호선 샤토 랑동역Château Landon에서 도보 3분 ❷ 버스 46, 75번

🏠 Canal Saint-Martin, Paris

파리의 자유로운 소울을 느끼자

파리 북동쪽에 있는 4.5km의 운하로, 금요일 저녁이 되면 젊은 파리지앵들이 모여든다. 간단한 술과 간식을 준비하여 피크닉을 즐기는 이들이 운하 양쪽을 빈틈없이 채운다. 영화 <아멜리에>에서 주인공 아멜리에가 물수제비를 뜨던 바로 그곳이다. 19세기 초 나폴레옹 1세는 파리시의 인구가 늘어나자 식수를 충분하게 공급하고 질병을 막기 위해 인공 운하 생마르탱을 만들었다. 파리 북동쪽 우르크강에서 시작돼 레퓌블리크까지 이어지는 이 운하는 1950년대까지 곡식, 건축 재료 등을 운반하는 수로로 주로 사용됐다. 물건 운반용 바지선이 지금은 관광객을 태우고 운하 위를 누빈다. 유람선을 타면 파리 시내처럼 화려하진 않지만, 운하 주변의 서민적인 풍경을 둘러볼 수 있다. 생마르탱 운하는 문화 예술 작품에도 종종 등장해왔다. 오르세 미술관에서 소장 중인 알프레드 시슬레의 <파리 생 마르탱 운하의 전경>은 옛 운하 풍경을 볼 수 있는 작품이다. 에디트 피아프는 <종의 아이들>이라는 곡에서 생마르탱 운하를 노래하기도 했다.

페르 라셰즈 묘지 씨메티에르 뒤 페흐라셰즈 Cimetière du Père Lachaise

❶ 메트로 3·3B호선 강베타역Gam- betta에서 도보 2분, 2·3호선 페르 라셰즈역 Père Lachaise에서 도보 1분, 2호선 필리프 오귀스트역Philippe Auguste에서 도보 1분 ❷ 버스 61, 69, 71번 16 Rue du Repos, 75020 +33 1 55 25 82 10

❶ 11월~3월 중순 **월~금** 08:00~ 17:30 **토** 08:30~17:30 **일·공휴일** 09:00~17:30

❷ 3월 중순~10월 **월~금** 08:00~18:00 **토** 08:30~18:00 **일·공휴일** 09:00~ 18:00 € 무료

발자크·모딜리아니·에디트 피아프, 이곳에 잠들다

여행까지 가서 왜 묘지를 방문하라고 추천하는지 의아해할 수도 있겠다. 하지만 페르 라셰즈는 우리가 생각하는 공동묘지와 사뭇 다른, 최초의 정원식 공원묘지이다. 세계에서 가장 방문객이 많은 묘지이다. 산책하기 좋은 데다 우상 혹은 유명인의 묘가 많이 모여있기 때문이다. 벤치에서 책을 읽거나 산책하며 공원으로서 이 공간을 즐기는 사람도 많이 눈에 띈다. 조각과 비석이 장식적이고 아름다워 조각 공원 같은 묘지를 구경하는 재미가 쏠쏠하다. 페르 라셰즈는 약 135만 평에 이르는 파리 시내에서 가장 큰 묘지이다. 1803년 나폴레옹이 만든 이후 200여 년 동안 죽은 이들의 영혼을 위한 안식처 노릇을 해왔다. 여행자들은 저마다 자신이 좋아하는 작가, 화가, 가수, 배우의 묘지를 찾아 각자의 방식으로 그들을 추모한다. 이곳에 잠들어 있는 유명인은 오노레 드 발자크, 기욤 아폴리네르, 프레데릭 쇼팽, 들라크루아, 모딜리아니, 콜레트, 몰리에르, 이브 몽탕, 짐 모리슨, 에디트 피아프, 카미유 피사로, 오스카 와일드, 마르셀 프루스트 등이다.

아틀리에 데 뤼미에르 Atelier des Lumières

38 Rue Saint-Maur, 75011 Paris
01 80 98 46 00
월-목 10:00-18:00, **금-토** 10:00-20:00, **일** 10:00-19:00
€ 17유로 atelier-lumieres.com

환상적인 미디어아트 속으로

'빛의 작업실'이라는 뜻의 이곳은 빛으로 작품을 표현하는 몰입형 미디어아트 아미엑스AMIEX®(Art & Music Immersive Experience)를 선보이는 전시 공간이다. 컴컴한 전시장에 입장하는 순간 빛으로 표현되는 작품들과 음악속으로 들어가게 되며, 관객들은 그 전시의 일부가 된다. 기간별로 작품의 주제가 정해지며, 지금까지 클림트와 반 고흐의 그림이 주제가 됐었다. 과거에 철제 주조 공장이었던 곳을 개조해 2018년 4월 빛의 작업실로 새롭게 문을 연 이곳은 오픈하자마자 파리 시민들의 뜨거운 관심을 받았다. 그 이후 우리나라 제주도에도 '빛의 벙커'라는 이름으로 전시장이 문을 열기도 했다. 관광 중심지에서 다소 떨어져 있지만, 페흐 라셰즈 묘지, 생마르탱 운하에서 가깝다.

뷔트 쇼몽 공원 파크 데 뷔트 쇼몽 Parc des Buttes-Chaumont

❶ 메트로 7B호선 뷔트 쇼몽역Buttes Chaumont과 보차리역Botzaris ❷ 버스 48, 60, 75번
1 Rue Botzaris, 75019 +33 1 48 03 83 10 **월~일** 07:00~22:00(계절마다 상이, 홈페이지 확인)
www.paris.fr/lieux/parc-des-buttes-chaumont

아름다운 공원에서 피크닉을

파리 북동쪽 19구에 있는 공원으로, 라빌레트 공원과 튈르리 공원에 이어 파리에서 세 번째로 크다. 언덕에 위치한 이 공원은 나무, 산책길, 호수, 잔디밭 등이 아름답게 조화를 이루고 있어, 파리 시민들에게 인기가 많다. 키 큰 나무들이 있는 언덕의 잔디밭은 그 자체로도 멋진 풍경이다. 언덕에 앉으면 멋진 파리 풍경이 눈 앞에 펼쳐진다. 뷔트 쇼몽 공원은 1867년 나폴레옹 3세 시대에 오스만 남작의 파리 개조 계획의 일환으로 만들어졌다. 당시 파리 시내의 경계를 벗어나 있던 공원 주변은 그다지 평판이 좋은 곳이 아니었다. 13세기부터 18세기 중반까지 사형 당한 범죄자들의 시체를 전시해놓던 곳이 가까이에 있었기 때문이다. 18세기 혁명 이후엔 채석장과 쓰레기 처리장으로 사용되기도 했다. 인구가 급격히 늘어나자 오스만 남작은 시민을 위한 휴식처로 이곳을 점 찍고 버려진 땅을 파리에서 가장 아름다운 공원 중 하나로 탈바꿈시켰다.

공원에서 가장 아름다운 곳은 인공 호수 한가운데 바위 절벽 위에 있는 무녀 신전Temple de la Sibylle이다. 이탈리아의 중부 도시 티볼리에 있는 베스타 신전Tempio di Vesta a Tivoli을 본따서 만들었다. 신전에 오르면 파리 시내가 훤히 내려다 보인다. 아래에서 절벽 위의 신전을 바라보는 뷰도 꽤 멋지다. 이 신전을 설계한 건축가 가브리엘 다비우는 불로뉴 숲, 뱅센 숲, 몽소 공원을 디자인하였으며, 생미셸 광장의 분수도 그의 손을 거쳤다. 공원 곳곳의 작은 동굴과 인공 폭포 또한 인상적인 볼거리다.

ONE MORE

파리의 허파, 블로뉴 숲과 뱅센 숲

©Guilhem Vellut

블로뉴 숲 Bois de Boulogne 파리 서쪽에 있는 시민들의 휴식처로 면적이 260만 평에 달한다. 옛날엔 왕실의 사냥터였고, 루이 14세 때 일반 백성들에게 개방되었다. 18세기엔 귀족들의 저택이 들어서기도 했지만, 대혁명 때 모두 파괴되었다. 현대적인 모습을 갖추게 된 건 나폴레옹 3세 때인 1852년 무렵이다. 나폴레옹 3세는 런던의 '하이드 파크'를 모델로 블로뉴 숲을 재정비하였고, 이는 오늘의 블로뉴 숲을 만드는 토대가 되었다. 현재 광대한 숲에는 35km의 산책로를 비롯하여 자동차 경주장, 승마 코스, 자전거 경주로, 경마장, 수영장, 보트 대여장, 카페와 레스토랑이 있다. 또 프랑스 국립 민족 민속 박물관, 셰익스피어 정원 등이 있으며, 특히 한국 정원도 있어 눈길을 끈다. 🚶 메트로 1호선 포르트 마요역Gare de Neuilly-Porte Maillot, 10호선 포르트 도테유역Porte d'Auteuil

©Cristian Bortes

뱅센 숲 Bois de Vincennes 파리 동쪽에 있는 숲으로, 규모는 블로뉴 숲보다 조금 더 크고, 뉴욕 센트럴 파크의 3배에 달한다. 이 숲 또한 왕실의 사냥터, 프랑스 군 훈련장 등으로 사용되다가 나폴레옹 3세 때인 1860년 시민들의 휴식처로 조성되었다. 호수가 네 개나 있고, 호수에서는 보트를 빌려 탈 수도 있다. 그밖에 놀이공원, 동물원, 경마장, 자전거 경주로 등이 갖추어져 있다.
🚶 메트로 1호선 샤토 드 뱅센역Château de Vincennes과 8호선 포르트 도레역Porte Dorée, RER A선 뱅센역Vincennes

라 빌레트 공원 Parc de la Villette

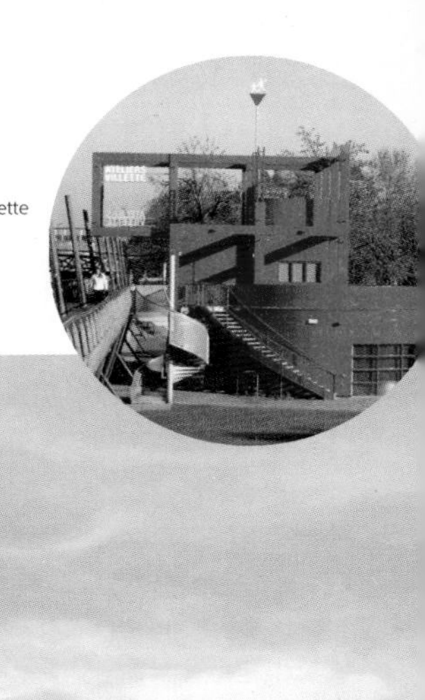

❶ 메트로 5호선 포르트 드 팡탱역Porte de Pantin, 7호선 포르트 드 라 빌레트역Porte de la Villette
❷ 버스 75, 151, 139, 150, 152번 211 Avenue Jean Jaurès, 75019
+33 1 40 03 75 75 06:00~01:00 www.lavillette.com

©Jean-Marie Hullot-Wikimedia Commons

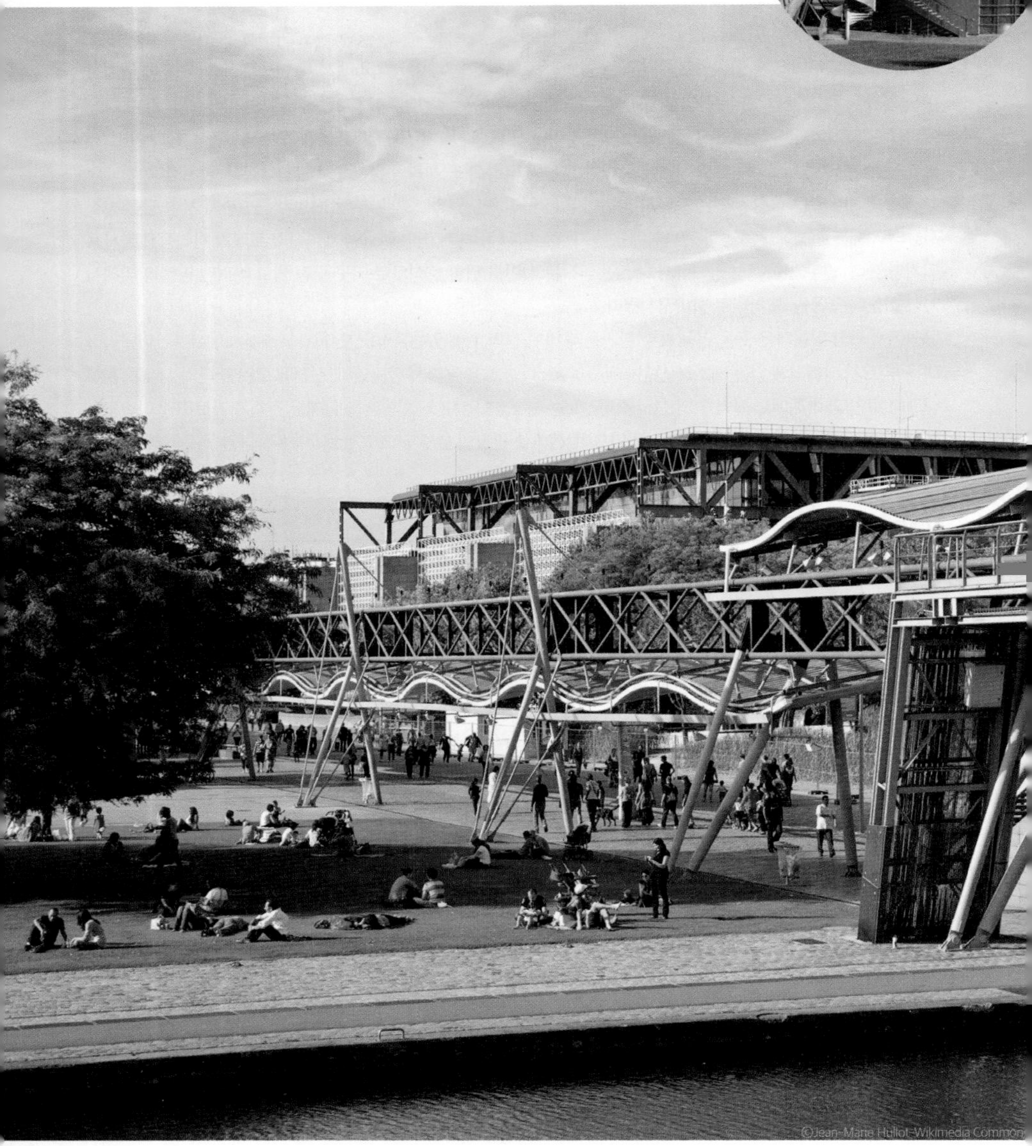

©trevor patt-flickr

©Zairon-Wikimedia Commons

자연과 문화, 과학이 어우러지다

파리 북동쪽 끄트머리 19구에 있는 공원으로 규모가 파리에서 가장 크다. 19세기 도축장으로 쓰이다가 비어있던 곳을 1900년대 후반 도시 재개발 사업을 통해 공원으로 재탄생시켰다. 설계를 담당한 스위스 출신 건축가 베르나르 츄는 라 빌레트를 현대적인 공원으로 만들어 세계적으로 이름을 떨쳤다. 공원 내에는 독특한 건축물들이 많다. 폴리Follies라 부르는 빨간색 큐브 건축물이 곳곳에 놓여 있는데, 모두 한 직선상에 있다는 것이 특징이다. 폴리는 주로 안내소, 간이 식당, 매점, 놀이터 등으로 사용되고 있다.

공원 안에는 공원을 가로지르는 물길이 있는데, 이는 생 마르탱 운하Canal Saint-Martin로부터 시작된 물길이다. 넓은 잔디밭과 산책로, 과학 산업 박물관Cité des Sciences et de l'Industrie과 어린이 박물관La Cité des Enfants, 수많은 조각 예술품과 건축물, 음악 공연장, 콘서트홀 등을 갖추고 있어 자연과 함께 하는 복합문화공간의 면모를 보여준다. 특히 파리 필하모니Cité de la musique-Philharmonie de Paris는 라 빌레트에서 주목할 만한 공연장이다. 캐브랑리 박물관, 아랍 세계 연구소, 카르티에 재단 박물관 등 파리의 인상적인 건축물을 세운 세계적인 건축가 장 누벨의 작품이다. 무대와 객석의 거리가 가장 짧은 공연장으로 유명하다. 공원에서는 시즌마다 서커스, 연극, 음악 공연, 전시, 영화 축제 등 다양한 문화 행사가 열린다.

ONE MORE

라빌레트의 과학 산업 박물관 Cité des sciences et de l'industrie

다양한 과학 체험 시설을 갖추고 있다. 아이와 함께 찾기 좋은 곳으로, 7호선 포르트 드 라 빌레트역 바로 앞에 있다. 박물관 정면에 있는 원형 구조물은 아이맥스 영화관 제오드이다. 과학관은 1층과 2층으로 나뉘어 있는데, 입장 티켓을 1·2층 각각 구입해야 한다. 1층은 5~12세 체험 공간으로 1시간 30분 소요된다. 2층에 가려면 다시 표를 구입해야 한다. 뮤지엄 패스가 있으면 아동의 경우 3유로만 추가하면 1·2층을 모두 관람할 수 있다. 티켓의 종류가 다양하므로 직원의 조언이 필요하다. 어른과 아이가 함께 가서 1층 5~12세 체험관을 돌고 아이맥스 영화관을 관람할 경우 티켓 비용은 32유로이다.

레 장팡 페르뒤 Les Enfants Perdus

신선한 프렌치 요리를 원한다면

생 마르탱 운하 옆 빌르망 공원 근처에 있다. '잃어버린 아이들'이라는 뜻의 다소 그로테스크한 이름이지만 식당 분위기는 밝고 경쾌하며, 직원들은 친절하다. 입구 쪽에는 전통적인 프랑스 비스트로 느낌이 물씬 풍기는 바가 있고, 안쪽의 레스토랑은 깔끔하고 모던한 분위기이다. 식사 시간이 되면 파리지앵들로 가득 찬다. 바와 같이 운영되는 비스트로이기에 요리에 대한 기대치가 높지 않을 수도 있지만, 그런 생각을 완전히 뒤엎는 훌륭한 요리가 나온다. 신선한 계절 채소와 식자재를 사용하여 전통 프렌치 요리를 제공하며, 새로운 감각도 선보인다. 주말에만 맛볼 수 있는 브런치도 인기가 높다. 휴일 없이 논스톱으로 운영되어 언제나 방문할 수 있다.

❶ 메트로 4·5·7호선 갸르 드 레스트역Gare de l'Est에서 도보 4분 ❷ RER D·E선 갸르 드 레스트역Gare de l'Est에서 도보 4분 ❸ 버스 38, 46, 56, 91번 9 Rue des Récollets, 75010 +33 1 81 29 48 26 **월~일** 12:00~14:30, 18:30~22:30 € 메인 요리 20유로 안팎, 칵테일 12유로 www.les-enfants-perdus.com

프릭-프락 FRIC-FRAC

신선한 재료로 만든 크로크 무슈 전문점

생 마르탱 운하 서쪽에 있다. '크로크 무슈'는 햄과 치즈를 넣은 샌드위치를 바삭하게 구워 만든 프랑스 요리이다. 프랑스어로 크로크Croque는 '바삭한'을, 무슈Monsieur는 '아저씨'를 뜻한다. 두 단어를 합쳐 이름 붙인 크로크 무슈는 오래전 광부들이 식은 샌드위치를 난로에 따뜻하게 데워 먹던 데서 유래했다. 프릭-프락은 프랑스 최우수 기능공MOF으로 인정받은 셰프, 프레데릭 랄로에게 빵을 공급받는다. 메뉴판은 MOF 셰프들이 시즌마다 개발한 레시피로 만든 크로크 무슈로 채워져 있다. 최대한 신선한 재료를 엄선하고, 육류는 기계 공정을 거치지 않은 고기를, 연어는 노르웨이에서 48시간 안에 공수한 것만 사용한다. 베지테리언 메뉴를 포함해 7가지 크로크 무슈가 있다. 모든 메뉴에 샐러드와 감자칩이 함께 제공된다. ❶ 메트로 5호선 자크 봉세르장역Jacques Bonsergent에서 도보 6분 ❷ 버스 56, 75, 91번 79 Quai de Valmy, 75010 +33 1 42 85 87 34 **월~목** 12:00~15:00 19:00~22:00, **금·토** 12:00~22:30, **일** 12:00~22:00 € 크로크무슈 8.9~14유로 fricfrac.fr

카페 메리쿠르 Café Méricourt

❶ 메트로 9호선 생트 암브로즈역Saint-Ambroise 도보 2분 ❷ 버스 56번
22 Rue De La Folie Mericourt 75011 월~금 08:30~16:00 토·일 09:30~17:00
€ 9.5~15.5유로 www.cafemericourt.com

파리에서 인기 좋은 브런치 카페

파리에서 인기 좋은 브런치 카페 중 한 곳이다. 예약하거나 웨이팅 리스트에 이름을 올리고 기다려야 테이블을 잡을 수 있다. 아담한 규모지만, 모던하면서도 감각적인 인테리어가 여심을 사로잡는다. 오픈 키친에서 맛있는 커피와 샌드위치 등이 만들어진다. 이곳의 대표 메뉴는 고추, 양파, 각종 향신료를 넣은 토마토소스에 달걀이 들어간 이스라엘 음식 샥슈카Chakchouka이다. '에그인헬'이라고도 알려진 이 메뉴는 빨간 토마토소스에 달걀이 빠진 모습이 마치 지옥 불에 빠진 달걀 같다고 하여 이런 이름이 붙여졌다. 함께 나오는 요거트를 부어 먹으면 매콤한 소스의 맛이 한결 부드러워진다. 그 외에 아보카도 타르틴, 샌드위치, 샐러드도 인기 메뉴다. 주말에는 09:30부터 10:30까지만 예약할 수 있다. 테이크아웃도 가능하다.

오베르 마마 Ober mamma

인생 최고의 이탈리아 요리

이탈리아보다 더 맛있는 파리의 이탈리아 레스토랑이다. 생 마르탱 운하 남쪽, 마레 지구 동북쪽 지역인 오베르캄프에 있다. 오픈 하기 전부터 10팀 정도 줄을 서는 건 기본이다. 자연 친화적인 예쁜 인테리어와 식기, 음식 모양, 맛까지 어느 하나 신경 쓰지 않은 것이 없다. 덕분에 손님들은 대부분은 휴대폰을 들고 음식과 멋진 실내를 찍어대느라 바쁘다. 이탈리아의 대표 음식인 피자와 파스타가 주메뉴이며, 짜지 않고 식재료가 살아있는 완벽한 맛과 식감을 자랑한다. 특히 이탈리아의 고급 식재료인 트러플 버섯이 수북히 올려진 파스타와 해산물 먹물 파스타가 인기가 좋다. 물론 다른 메뉴도 모두 훌륭하며, 칵테일과 디저트까지 갖추고 있다. 단언컨대 파리에서 인생 최고의 이탈리아 요리를 맛보게 될 것이다.

❶ 메트로 5·9호선 오베르캄프역Oberkampf에서 도보 1분 ❷ 버스 56, 96번 107 Boulevard Richard Lenoir, 75011
+33 1 86 47 78 34 ❶ 점심 **월~금** 12:00~14:30 **토·일** 12:00~15:30 ❷ 저녁 **일~수** 18:45~22:45 **목~토** 18:45~23:00
€ 파스타 12~18유로, 피자 12~18유로 www.bigmammagroup.com

피에르 상 Pierre Sang in Oberkampf

한식과 프렌치 요리의 만남

한국계 프랑스인 셰프로 유명한 피에르 상의 맛집이다. 생 마르탱 운하 남쪽 지역인 오베르캄프는 파리의 도심에서 동쪽으로 조금 떨어진 곳으로 숨은 보석 같은 맛집이 많은 곳인데, 피에르 상도 그곳 중 하나이다. 현대적인 분위기가 나는 네오 비스트로인 이곳은 메뉴가 따로 없다. 손님에게 어떤 음식인지 알려주지 않는 게 이 집의 콘셉트이다. 특별히 알러지가 있거나 싫어하는 재료는 미리 말하면 된다. 요리가 나와도 아무도 요리에 대해 설명하지 않는다. 순전히 시각과 미각에 의존해서 요리를 먹고 나면 웨이터가 와서 퀴즈를 풀듯 요리 재료를 설명해 준다. 한식과 프렌치 요리의 조화를 위해, 프렌치 요리에 한국식 쌈장 소스가 곁들여지기도 한다. 한국 전기밥솥으로 지은 밥에 각종 채소를 넣은 비빔밥을 테이크 아웃으로 판매하는데, 현지인들에게 인기가 좋다.

❶ 메트로 3호선 파르망티에역Parmentier에서 도보 3분, 5·9호선 오베르캄프역Oberkampf에서 도보 5분 ❷ 버스 96번
55 Rue Oberkampf, 75011 +33 9 67 31 96 80 **월~금** 19:00~23:00, **토·일** 12:00~14:00 19:00~23:00
€ 점심 23~39유로 저녁 44유로 www.pierresangboyer.com

뒤 뺑 에 데지데 Du Pain et des Idées

파리 최고의 크루아상

패션 회사에 다니던 크리스토프 바쉐르는 사직서를 내고 2002년에 베이커리, 뒤 뺑 에 데지데를 차렸다. 현재 파리 최고의 빵집 중 한 곳이다. 문을 연 지 6년 만에 세계적인 미식 가이드인 골트&밀라우Gault&Millau에서 파리 최고의 빵집으로 뽑혔다. 2012년과 2014년에도 프랑스 미식 가이드인 푸들로 가이드Pudlo Guide와 르 뿌앙Le Point에서 연이어 최고의 빵집으로 뽑혔다. 사람들이 줄을 서는 것은 기본이고, 심지어 금방 동이 나 버릴 정도로 명성이 자자하다. 이 집은 크루아상과 에스카르고가 유명하다. 미식 가이드에서 가장 주목하는 빵으로, 다른 집 크루아상에 비해 버터 풍미가 진하다. 식감은 바삭거리는 걸 넘어서서 사각사각하기까지 하다. 애플파이도 인기 메뉴다. 생 마르탱 운하 서쪽에 있다.

❶ 메트로 5호선 자크 봉세르장역Jacques Bonsergent에서 도보 4분 ❷ 버스 56, 91번 34 Rue Yves Toudic, 75010
+33 1 42 40 44 52 **월~금** 07:00~19:30 휴무 토, 일 dupainetdesidees.com

투 오투르 뒤 뺑 Tout Autour du Pain

파리에서 손꼽히는 바게트와 크루아상

1859년에 문을 연 빵집으로 오래된 역사만큼 빵 맛도 대단한 곳이다. 매년 열리는 바게트 대회에서 3년간 TOP 10에 이름을 올리고, 크루아상 대회에서도 1·2등을 한 번씩 거머쥐면서 유명해졌다. 빵집 안에는 그 동안 받은 트로피가 실력파의 위용을 드러내며 진열되어 있다. 다른 빵집의 크루아상에 비해 한 겹 한 겹이 무척이나 얇고 부드럽다. 바게트 역시 최고의 식감을 자랑한다. 물론 다른 빵도 최고의 맛을 선사하며, 다양한 종류의 샌드위치와 타르트가 있다. 테이블은 없고 테이크 아웃만 가능하다. 주변에 커피숍이 많으니, 원하는 빵 하나 사 들고 커피숍 테라스에 앉아 파리의 여유를 즐겨 보자. 오베르캄프 지역에 있다.

❶ 메트로 8호선 피유 뒤 칼베르역Filles du Calvaire에서 도보 5분, 5·9호선 오베르캄프역Oberkampf에서 도보 6분
❷ 버스 91, 96번 134 Rue de Turenne, 75003 +33 1 42 78 04 72 매일 06:00~19:30

PART 12

파리근교

Around Paris

파리가 거느린 보석 같은 명소들

파리는 근교에 보석 같은 명소를 거느리고 있다. 라 데팡스는 파리 북서쪽 외곽의 미래도시다. 고도 파리와의 신구 조화가 아름답다. 베르사유 궁전은 파리 서쪽에 있는 중세시대 절대 왕권의 상징이다. 한때 마리 앙투아네트가 이 화려하고 웅장한 궁전의 여주인이었다. 몽생미셸은 바위 섬 위의 환상적인 수도원이다. 오베르 쉬르 우아즈는 고흐가 마지막 생을 불태운 곳으로, 그림의 배경이 된 성당과 건물, 동생 테오와 함께 묻힌 묘지가 있다. 모네가 거대한 수련 연작을 탄생시킨 지베르니, 베르사유에 버금가는 퐁텐블로 성도 파리가 거느린 아름다운 여행지이다. 그리고 레오나르도 다빈치가 마지막 생을 보낸 루아르 강의 고성들! 이 성이 없었다면 프랑스는 〈모나리자〉를 얻을 수 없었다.

라 데팡스
베르사유 궁전
몽생미셸
오베르 쉬르 우아즈
지베르니
퐁텐블로 성
루아르 강의 고성들

©udovicletot

라 데팡스 La Défense

파리의 미래 도시

파리 서북쪽 외곽에 있다. 예전에 파리를 지키기 위한 군사적 요충지 역할을 하던 곳인데, 1958년부터 계획 신도시가 조성되기 시작하여 지금은 약 180만 평에 현대식 첨단 건물이 가득한 유럽 최대 계획 상업 지구가 되었다. 행정 구역상으로는 파리가 아니지만, 개선문에서 불과 8km 거리에 있어 파리의 부도심 역할을 하고 있다. 고전적인 파리와는 달리 독특한 현대식 고층 빌딩이 가득하여 미래 도시 같은 느낌을 준다. 라 데팡스의 랜드마크는 신 개선문이다. 미테랑 대통령의 그랑 프로제의 일환으로 1989년에 세워졌다. 개선문이 완공되면서 루브르에서 시작하여 콩코르드 광장과 에투알 개선문 지나 라 데팡스의 신 개선문까지 일직선으로 이어지는 '역사의 축'Axe historique이 완성되었다. 역사의 축은 파리의 기념물과 명소를 직선으로 이어 놓은, 파리의 역사를 가로지르는 축을 말한다. 라 데팡스의 거리에는 <엄지 손가락>, <두 사람> 같은 조형물과 아감 분수, 타키스 분수 등 볼거리도 있다.

라데팡스의 명소들

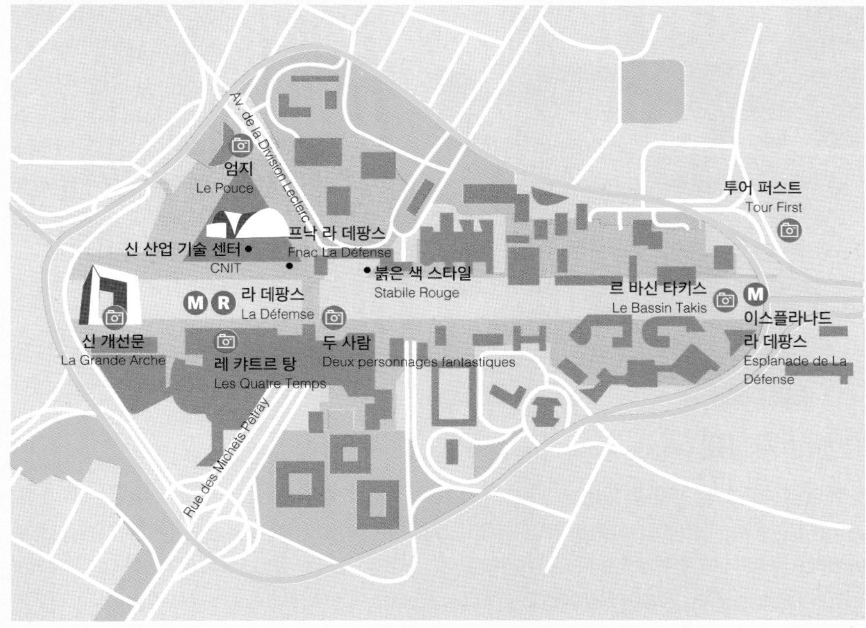

레 캬트르 탕 Les Quatre Temps

레 캬트르 탕은 4계절이라는 뜻이다. 1981년 지은 유럽 최대의 쇼핑몰이다. 우리나라의 영등포 타임스퀘어를 연상하게 한다. 라 데팡스 신 개선문 바로 앞에 위치해 있으며, 라데팡스 역과도 바로 연결된다. 레스토랑, 카페, 대형 마트, 영화관을 비롯해 수많은 의류 매장들이 입점해 있으며, 웬만한 브랜드 매장들을 모두 찾아볼 수 있다. 일요일에도 영업하므로 주말에 쇼핑하기 좋다.

❶ 메트로 1호선과 RER A선 라 데팡스역La Défense에서 도보 1분 ❷ 버스 73, 141, 159, 258, 276, 360번
15 Parvis De La Défense, 92092 Puteaux +33 1 47 73 54 44 **월~토** 10:00~20:30 **일** 10:00~20:00
fr.westfield.com

©Siegfried Ehret ©Andy Hay

신 개선문 Grande Arche de la Défense

노트르담 성당이 통과할 수 있는

신 개선문은 프랑스 대혁명 200주년을 기념하기 위해 1989년 완공되었다. 개선문을 세우기 위해 국제 공모를 열어 덴마크 출신의 무명 건축가 요한 오토 본 스프레켈센을 선발했다. 완벽한 큐브 형태의 건축물이 신예 건축가의 손에 의해 탄생한 것이다. 에투알 광장 개선문 두 배 크기로 높이는 110m, 가로와 세로는 각각 108m, 112m이다. 가운데 뚫린 공간은 노트르담 대성당이 들어가고도 남는 엄청난 크기이다.

신 개선문은 루브르에서 시작되어 10km의 직선으로 이어지는 '역사의 축' 끝에 위치하고 있다. 유리로 만들어진 엘리베이터를 타고 전망대에 오르면 일직선상에 놓인 에투알 광장의 개선문이 보인다. 정상에는 컴퓨터 박물관과 레스토랑도 자리하고 있다. 신 개선문은 에펠탑과 몽파르나스 타워와도 위치상 일직선상에 놓여 있어, 파리의 중심과 다양하게 연결점을 이루고 있다.

❶ 메트로 1호선과 RER A선 라 데팡스역La Défense에서 도보 1분 ❷ 버스 73, 141, 159, 258, 276, 360번

1 Parvis de la Défense, 92044 Puteaux **월~일** 10:00~19:00

르 바신 타키스 Le Bassin Takis

©Aleksandr Zykov

연못 위의 조형물

그리스 아테네 출신 예술가 파나요티스 타키스 바실라키스의 작품이다. 그는 동력에 의해 작품이 움직이는 키네틱 아트Kinetic 조각가다. 물 위에 세워진 49개의 긴 쇳대 위에 다른 색과 모양의 조형물이 달려 있다. 이 조형물은 신 개선문과 라 데팡스의 랜드마크로도 자리잡았다. 메트로 1호선 이스플라나드 라 데팡스역Esplanade de La Défense 지상 연못

©Alexandre Prevot-flickr

투어 퍼스트 Tour First

프랑스에서 가장 높은

라 데팡스에서 가장 높은 52층의 고층 건물로 전체 높이 231m이다. 현재 프랑스에서도 가장 높은 건물이며 보험회사 AXA에서 소유하고 있다.

🚶 메트로 1호선 이스플라나 라 데팡스역Esplanade de La Défense에서 도보 3분

©Guillaume Cattiaus

두 사람 Deux personnages fantastiques

호안 미로의 두 사람

레 캬트르 탕 센터 앞에 자리한 빨강, 파랑, 노랑의 거대한 조형물이다. '두 사람'은 스페인 바르셀로나 출신의 호안 미로Joan Miro의 작품이다. 1921년 파리에서 최초로 개인전을 열면서 초현실주의 예술가의 일원이 되어 파리에서 활발한 활동을 펼친 인물로 유명하다.

🚶 ❶ 메트로 1호선과 RER A선 라 데팡스역La Défense에서 도보 2분 ❷ 버스 73, 141, 159, 258, 276, 360번

엄지 Le Pouce

거대한 엄지 손가락

라 데팡스 개선문의 왼쪽 CNIT 쇼핑몰 옆에 위치한 금속으로 제작된 거대한 엄지 손가락 조형물이다. 프랑스 출신의 조각가 세자르 발다치니César Baldaccini의 작품이다. 그의 엄지 손가락 조형물은 서울 올림픽 공원에도 세워져 있다.

🚶 ❶ 메트로 1호선과 RER A선 라 데팡스역La Défense에서 도보 3분 ❷ 버스 73, 141, 159, 258, 276, 360번

©jo.sau

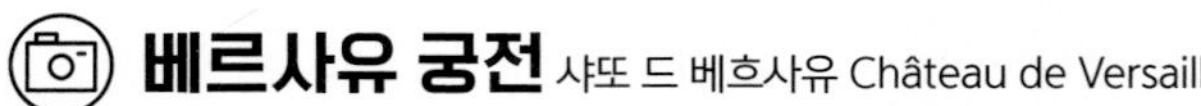

베르사유 궁전 샤또 드 베흐사유 Château de Versailles

❶ RER C선 베르사유 샤토 리브 고슈역Versailles Château Rive Gauche에서 도보 15분(Champ de Mars–Tour Eiffel, Gare du Musée d'Orsay, Saint-Michel-Notre-Dame역 등에서 승차) ❷ 베르사유 플라스 달마Versailles Place d'Almes 행 버스 171번(메트로 9호선 종착역 퐁 드 세브르역Pont de Sèvres 부근의 Musée de Sèvres 정류장에서 탑승)

Place d'Armes, 78000 Versailles +33 1 30 83 78 00

❶ 궁전 09:00~ 18:30(월요일, 1월 1일, 5월 1일, 성탄절 휴무) ❷ 그랑 트리아농 **화~일** 12:00~18:30 ❸정원 08:00~20:30

€ **패스포트**(궁전, 트리아농, 정원) 32유로 **궁전** 21유로 **트리아농** 12유로

정원 분수쇼와 뮤지컬 가든 기간(4월~10월)을 제외하고 무료, 뮤지엄 패스 사용 가능

기타 ①베르사이유 공식 애플리케이션을 다운 받으면 오디오 투어(한국어 가이드 포함)와 지도를 제공받을 수 있다. ②오디오 가이드 5유로(한국어, 가브리엘 파빌리온 현관에 배급 카운터 있음) ③입장 시간을 예약해야 한다.

www.chateauversailles.fr 투어 버스 예약 파리 크레파스 www.pariscrayon.com

웅장하고 화려한 프랑스의 왕궁

파리 근교 명소 중 가장 많은 여행객이 방문하는 프랑스의 왕궁이다. 웅장함과 화려함, 아름다움이 가득한 곳으로 유네스코 세계문화유산이기도 하다. 베르사유 궁전은 루이 14세가 절대 왕권을 상징하기 위해 파리 외곽에 지은 전대미문의 대규모 궁전이다. 원래는 1624년에 지은 루이 13세의 소박한 사냥 별장이었으나, 루이 14세가 왕궁으로 사용하기 위해 엄청난 규모로 확장했다. 왕궁은 크게 궁전Le Château, 정원Le Jardin, 그랑 트리아농Le Grand Trianon, 별궁, 마리 앙투아네트 구역Le Domaine de Marie-Antoinette으로 나뉜다.

궁전 내부에는 거울의 방, 전쟁의 방 등이 화려하게 꾸며져 있다. 특히 2층에 있는 거울의 방이 궁전의 하이라이트다. 루이 14세가 총애한 화가이자 실내 장식가인 샤를 르 브룅Charles Le Brun이 심혈을 기울여 만든 방으로, 수많은 샹들리에와 거울이 방을 환하게 밝히고 있다. 천장에는 르 브룅이 직접 기획한 화려한 프레스코화가 그려져 있다. 이 방은 평소엔 왕을 접견하기 전 거쳐 가는 공간으로 쓰이고, 행사가 있을 땐 궁정 의식이나 왕실 결혼식 등을 위한 연회장으로 사용됐다. 1919년 파리 평화 회의의 결과로 1차 세계대전 전후 처리를 위한 31개 연합국과 독일이 맺은 강화조약인 베르사유 조약도 거울의 방에서 이루어졌다.

베르사유 정원은 후에 튈르리 정원을 설계한 조경가 앙드레 르 노트르André Le Nôtre에 의해 조성되었다. 그는 궁전 주변의 자연환경까지 대대적으로 바꾸어 역사상 최대 규모의 정원을 만들었다. 원래 숲과 습지였던 곳이 화단, 오렌지 나무 정원, 분수, 운하 등이 되었다.

그랑 트리아농은 트리아농 궁 또는 대리석 트리아농이라 불리는 별궁이다. 루이 14세가 답답한 궁정 생활에서 벗어나 정부였던 몽테스팡 부인과 시간을 보낸 곳으로 알려져 있다. 조각상, 그림, 가구 등 왕실의 예술품 등이 소장되어 있다.

마리 앙투아네트 구역은 하나의 작은 성으로 프티 트리아농Petit Trianon과 정원 등으로 이루어져 있다. 프티 트리아농은 원래 루이 15세가 정부였던 퐁파두르 부인을 위해 지은 곳이지만, 후에 루이 16세가 마리 앙투아네트에게 선사하면서 그녀의 궁정 생활 도피처로 사용되었다.

파리에서 가는 교통편은 기차, 버스, 현지 투어버스 등이 있다. 기차 RER C선노란색은 Champ de Mars-Tour Eiffel, Gare du Musée d'Orsay, Saint-Michel-Notre-Dame 역에서 승차하여 베르사유 리브 고슈역Versailles Rive Gauche에서 내리면 된다.

Travel Tip

베르사유 편리하게 관람하기

베르사유 정원은 상상할 수 없을 정도로 넓다. 계획 없이 들어갔다가는 다 둘러보지도 못한 채 체력만 방전되고 만다. 정원을 둘러보고 싶다면, 혹은 그랑 트리아농, 프티 트리아농을 관람할 계획이라면 경내 교통수단을 이용할 것을 추천한다.

자전거Bicyclettes

대여 장소 대운하Grand Canal 앞(주말과 공휴일에만 Saint Anthony Gate와 Queen's Gate에 자전거 대여소 운영)
€ 일반 자전거 30분 8유로, 1시간 10유로, 추가 15분당 2.5유로, 4시간 21유로, 8시간 23유로
전기 자전거 1시간 16유로, 추가 15분당 4유로, 추가 30분당 12유로 결제 신용카드, 현금
🕓 **2~3월** 10:00~17:30, **4~10월** 10:00~18:45 **11월 초~중순** 10:00~17:00 **11월 중순~2월 중순** 운영 안 함

전동차Petits véhicules électriques

대여 장소 궁전 남쪽 테라스Terrasse sud 최대 탑승 인원 4명(운전자는 운전 면허증을 가진 24세 이상 성인)
€ 1시간 42유로(추가 15분당 10.5유로) 🕓 10:00~17:00(마지막 출발 시간 16:00)

꼬마 열차Petit Train

코스 궁전 북쪽 테라스Terrasse nord du Château - 프티 트리아농Petit Trianon - 그랑 트리아농Grand Trianon - 대운하 시작 지점Tête du Grand Canal - 궁전 북쪽 테라스Terrasse nord du Château 탑승 위치 코스 어느 위치에서나 탑승 가능
€ 9유로, 18세 미만 7유로(시작 지점에서 신용카드, 현금, 수표로 결제) 🕓 **4~10월** 11:30~19:10(월 17:10까지)
2월 중순~3월·11월 상순 매일 11:10~17;10 **11월 중순~2월 중순** 화~일 11:10~17:10 **운행 간격** 10~20분

그랑 트리아농
Grand Trianon
프티 트리아농
Petit Trianon
운하
Parterre d'Eau
Allée des Filles d'Honneur
Allée de la Reine
Allée de la Reine
Allée du Manège
Allée des Matelots
Allée Saint-Antoine
아폴론의 샘
Bassin d'Apollon
Avenue de Trianon
거울의 샘
Bssin du Miroir
녹색 융단
Tapis Vert
라톤의 정원
Parterre de Latone
물의 정원
Parterre d'Eau
남쪽 정원
Parterre du Midi
북쪽 정원
Parterre du Nord
베르사유 궁전
Palace of Versailles

몽생미셸 Mont Saint-Michel

파리 몽파르나스Montparnasse 기차역에서 렌Rennes행 기차 탑승-렌역 하차-역 옆 버스 정류장에서 몽생미셸 행 전용버스 탑승-몽생미셸 도착, 약 4시간 소요 50170 Mont Saint-Michel +33 2 33 60 14 30
교통비 기차 편도 27유로부터, 버스 25유로(왕복) € **수도원 입장료** 13유로(입장 시간대 예약)
몽생미셸 여행 안내 www.ot-montsaintmichel.com 투어 버스 사전 예약 인디고 트래블 www.indigotravel.co.kr
파리 크레파스 www.pariscrayon.com

바위섬 위의 환상 수도원

파리 근교라고 하기엔 좀 멀지만 매우 아름다운 곳이다. 파리에서 서쪽으로 360km, 차로 약 4시간 소요된다. 연간 350만 명이 넘는 여행객이 찾는 유명한 명소이다. 끝없이 펼쳐진 수평선을 배경으로 산처럼 솟아있는 바위섬과 섬 한가운데 세워진 높은 수도원이 전부이다. 하지만 몽생미셸 섬 전체가 수도원인 이곳의 성스럽고 경이로운 모습을 눈으로 직접 보고 나면 4시간을 달려 온 것이 전혀 아깝지 않다. 낮에도 충분히 멋진 뷰를 보여주지만 캄캄한 밤이 되면 몽생미셸은 더욱 환상적인 곳으로 변한다.

몽생미셸 주변 바다는 유럽에서 조수 간만의 차가 가장 큰 곳이다. 최대 14m까지 차이가 나며 만조가 되면 몽생미셸은 육지와 연결된 방파제만 남기고 온통 바다에 둘러싸여 오롯이 섬이 된다. 이런 환경 덕에 중세 말기 프랑스가 영국과 벌인 백년전쟁1337~1453, 명분은 프랑스 왕위를 영국의 왕이 계승해야 한다는 것이었지만 실제 원인은 양모 산업 지대인 플랑드르, 즉 지금의 벨기에 지역의 영토 주도권 싸움이었다. 전쟁은 잔 다르크 등의 활약으로 프랑스의 승리로 끝났다. 때에는 섬에 벽과 탑을 쌓아 전략적 요새로 사용하기도 했다.

몽생미셸은 성 미카엘의 산이라는 뜻이다. 그 신비함과 숭고함 덕분에 '서양의 경이'라고 불린다. 이곳에 수도원이 들어선 것은 8세기 경이다. 프랑스 북부 노르망디의 아브랑슈Avranches 지역 주교 성 오베르는 꿈에 바위산 꼭대기에 성당을 지으라는 대천사 미카엘의 계시를 받고 수도원을 짓기 시작했다. 그때가 708년이었다. 수도원은 10세기 말에 완공되었고, 그 후에도 수 세기에 걸쳐 증축과 개축이 반복되었다. 지금의 모습을 갖추게 된 것은 16세기에 접어들어서이다. 1791년에는 정치범 수용소로 사용되었으며, 1978년에 유네스코 세계문화유산으로 지정되었다. 최근 몽생미셸의 수도원은 일본 애니메이션의 거장 미야자키 하야오의 애니메이션, <천공의 성 라퓨타>에 배경 무대로 등장하여, 일본인들이 즐겨 찾는 관광 명소가 되었다. 가까운 곳은 아니지만 파리에서 출발하는 다양한 투어 상품도 준비되어 있으니 활용해볼 것을 추천한다. 여름에도 밤이 되면 추워지니 따뜻한 외투를 준비하도록 하자.

오베르 쉬르 우아즈 Auvers-Sur-Oise

🚶 ❶ RER C선 생투앙 로몬역Gare de St Ouen l'Aumone 하차-Bruyeres sur-oise행 기차로 환승-오베르 쉬르 우아 즈역 Gare d'Auvers sur Oise 하차 ❷ 파리 북역Gare du Nord에서 퐁투아즈Pontoise 행 기차 탑승-생투앙 로몬역Gare de St-Ouen L'Aumone 하차- Bruyeres sur-oise행 기차로 환승-오베르 쉬르 우아즈역 하차 (주말에는 파리 북역에서 오베르 쉬르 우아즈 행 직행 열차 운행) ❸ 생라자르Saint-Lazare역에서 쥐소르Gare de Gisors행 기차 탑승-퐁투아즈역Gare de Pontoise 하차-크레 일Creil 행 기차로 환승-오베르 쉬르 우아즈역 하차 (혹은 퐁투아즈역에서 버스 95-07번 탑승-매리 정류장시청, Mairie 하차)

≡ www.auvers-sur-oise.com 파리 출발 투어 버스 파리 크레파스 www.pariscrayon.com(4월~10월)

©신중환

고흐, 마지막 생을 불태우다

파리에서 북서쪽으로 30km 정도 떨어진 오베르 쉬르 우아즈는 빈센트 반 고흐Vincent van Gogh, 1853~1890가 생의 마지막 불꽃을 피운 곳이다. 그는 1890년 7월 27일 한 점 남김없이 영혼을 불태우고 이곳에서 권총 자살로 생을 마감했다. 고흐가 이 작은 마을에 머문 기간은 고작 70일에 불과했지만, 그는 마지막 열정을 고스란히 바쳐 80여 점의 작품을 남겼다. 하루에 한 작품 이상을 그린 셈이다. 그가 떠난 지 100년이 넘었지만, 프랑스 남부 도시 아를Arles과 오베르에서 그린 그의 그림은 많은 이들에게 사랑을 받고 있다.

고흐는 네덜란드가 낳은 가장 위대한 화가 중 한 사람이다. 그의 그림에서는 모든 것이 살아 꿈틀거린다. 그는 후기 인상주의의 정점이었으며, 현대 회화에 큰 영향을 끼쳤다. 특히 수틴과 독일 표현주의 화가들에게 많은 영감을 주었다. 그러나 안타깝게도 이 모든 평가는 고흐 사후에 이루어졌다. 그가 남긴 그림은 유화 800여 점, 데생 700점이 넘었으나, 불행하게도 생전에 팔린 작품은 데생 1점뿐이었다.

1886년 고흐는 고향 네덜란드를 떠나 동생 테오가 있는 파리로 향했다. 그는 파리에서 로트렉, 폴 고갱 등을 만났다. 그는 인상파 화가들의 영향을 받으며 본격적인 화가의 길로 들어섰다. 1888년 파리의 각박한 생활에 지친 고흐는 화가 공동체를 만들겠다는 꿈을 품고 프랑스 남부의 도시 아를로 떠났다. 하지만 공통체 형성은 쉽지 않았다. 테오의 금전적 지원으로 근근이 생활하던 그에게 고갱이 찾아와 함께 생활하게 되었지만, 그림에 관한 의견과 성격 차이로 충돌을 거듭하다 사이가 악화되고 만다. 고흐는 고갱과 다툰 어느 날, 발작을 일으켜 급기야 자신의 한쪽 귀를 잘라버린다. 고흐는 결국 생 레미Saint-Rémy 지역의 정신 병원에 들어가게 된다.

ONE MORE

오베르 여행안내소(도비니 박물관)

Rue de la Sansonne Manoir des Colombieres, 95430 Auvers-sur-Oise +33 1 30 36 80 20

museedaubigny.com

고흐는 병원에서 퇴원한 뒤 아마추어 화가이자 예술가들의 정신과 주치의로 활약하던 가셰Gachet 박사가 있는 오베르 쉬르 우아즈로 이사하게 된다. 가셰 박사는 사실 그를 치료한 의사이자 친구였다. 일요일마다 식사에 초대하며 가깝게 지냈다. 하지만 정신병이 악화된 고흐는 오베르의 밀밭에서 권총으로 자신을 쏘고 만다. 중상을 입은 그는 반나절이 지나서야 정신을 차리고 자신이 머물던 라부 여관으로 마지막 힘을 다해 돌아갔다. 그리고 이틀 후인 1890년 7월 29일 동생 테오가 지켜보는 가운데 세상을 떠났다. 고흐는 현재 동생 테오와 함께 오베르 쉬르 우아즈 묘지에 묻혀 있으며, 그가 살았던 방과 그의 그림 소재가 되어준 마을 곳곳은 많은 사람이 찾는 명소가 되었다. 도비니 박물관 내 오베르 여행안내소에 가면 한글로 된 마을 지도를 구할 수 있다. 기차를 타면 파리에서 대략 1시간 정도 소요되며, 파리에서 출발해 모네의 마을 지베르니를 함께 둘러보는 투어 상품도 준비되어 있다.
파리 크레파스 www.pariscrayon.com 4월~10월

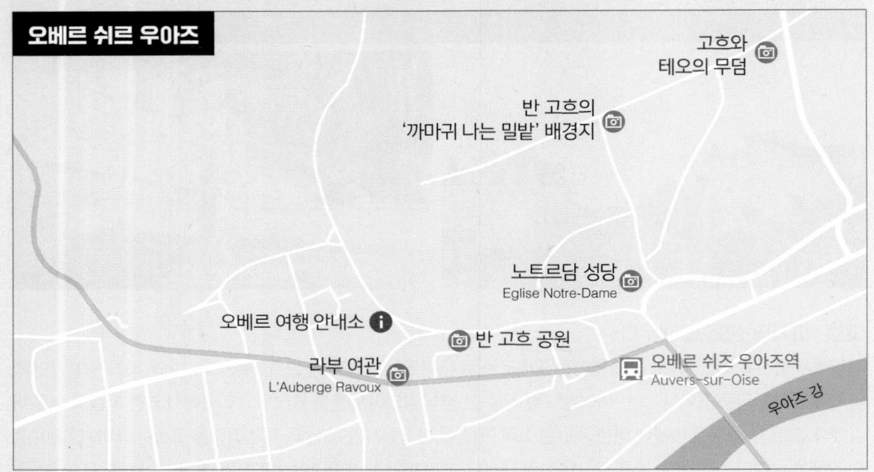

ONE MORE

오베르의 명소들

1 노트르담 성당 Eglise Notre-Dame

고흐의 그림 <오베르의 성당>이라는 작품에 등장하는 곳이다. 11세기에 건축되기 시작한 것으로 알려진 시골 마을의 작고 낡은 교회지만, 안으로 들어가면 경건한 분위기가 흐른다. 건축 초기엔 루이 6세가 죽은 뒤 혼자가 된 왕비 아델라이드 드 모리엔느의 기도실로 쓰였다. 고흐가 성당을 바라보며 그림을 그리던 자리에는 <오베르의 성당> 그림이 담겨 있는 표지판이 서 있어 눈길을 끈다. <오베르의 성당> 진품은 오르세 미술관에 전시 중이다.

2 라부 여관 로베흐쥬 라부 L'Auberge Ravoux

고흐가 70일간 머물렀던 오베르 쉬르 우아즈의 여관으로, 지금은 고흐 기념관이다. 가셰 박사가 하루 6프랑짜리 방을 소개해 줬지만 고흐는 비싼 월세를 감당할 수 없어 하루 3.5프랑짜리 라부 여관의 다락방에 머물렀다. 지금으로 치면 15~20유로짜리 방이었다. 작은 침대와 테이블, 의자 하나가 전부였다. 겨울에는 춥고 여름에는 더운 방이었는데, 고흐는 5월에서 7월까지 이곳에 머물렀다. 창문 또한 작아 환기에 어려움이 있어 방 안에 널어놓았던 그림의 유화 물감 냄새가 잘 빠지지 않았다. 그래도 아랑곳하지 않고 고흐는 새벽 5시에 일어나 밤늦게까지 그림에만 열중하여 80여 점의 작품을 그려내는 기염을 토했다. 고흐가 죽은 후 방은 한 번도 임대가 되지 않았다고 전해진다. 그의 방에 지금도 남아 있는 의자가 고흐의 외로웠던 삶을 대변해 주고 있다. 현재 1층은 카페이다. 잠시 들러 고흐의 삶과 예술을 떠올려도 좋을 것이다.

52 Rue du Général de Gaulle, 95430 Auvers-sur-Oise
+33 1 30 36 60 60
4월~10월까지 수~일 10:00~18:00 휴관 월, 화, 11~2월
€ 10유로 www.maisondevangogh.fr

3 고흐와 테오의 무덤

1890년 7월 27일 밀밭에서 총성이 울려 퍼진다. 삶을 포기한 고흐는 자신의 가슴에 권총을 쏘았고, 이틀 후 세상을 떠났다. 고흐가 죽자 각별한 사이였던 동생 테오는 충격에서 벗어나지 못하고, 지병인 마비성 치매가 악화되었다. 그리고 고흐가 죽은 지 반 년도 되지 않아 세상을 떠나고 말았다. 테오는 고향인 네덜란드에 묻혔지만, 생전 형제가 주고 받았던 수많은 편지를 본 테오의 아내는 테오를 고흐의 무덤 옆으로 이장했다. 생전 형제의 우애를 보여주기라도 하듯 오베르의 묘지에는 고흐 형제가 나란히 잠들어 있다.

95430 Auvers-sur-Oise 10:00~19:30

지베르니 Giverny

파리 생라자르역Saint-Lazare에서 루앙-리브-드와트Rouen-rive-droite행 기차 탑승-베르농역Vernon 하차-역 바로 앞에서 셔틀버스 탑승-지베르니 하차

교통비 **기차 요금** 편도 8.6유로부터(단, 나비고·모빌리스·파리 비지트(1~5존 이용 가능 교통권) 소지자는 망트 라 졸리Mante la Jolie에서 베르농Vernon 구간 표만 구매하면 된다. 편도 5.1유로)

셔틀버스 왕복 10유로(베르농역 출발) **꼬마열차** 왕복 10유로, 20분 소요

모네의 수련 연작의 탄생지

지베르니는 파리에서 북서쪽으로 약 80km 떨어진 곳에 있는 아름다운 마을이다. 인상파의 거장 모네Claude Monet, 1840~1926는 이곳에서 생의 절반을 보내며 직접 수련이 있는 정원을 가꾸고 수많은 <수련> 연작을 탄생시켰다. 오랑주리 미술관에 전시 중인 모네의 <수련>을 보고 나면 꼭 한 번 지베르니에 가보고 싶어진다. 파리에서 기차로 1시간가량 떨어진 외곽의 작은 마을인 데다 교통이 편리한 것도 아니지만, 모네를 사랑하는 많은 이들의 발길이 끊이지 않는다. 모네가 아니었더라면 이곳은 그저 작은 시골 마을에 불과했을 것이다. 예술은 실로 대단한 힘을 가지고 있다. 모네는 아름다운 자연을 품은 곳을 찾아다니다 지베르니를 발견하고, 1883년 이곳으로 거처를 옮겼다. 조경사이기도 했던 그는 직접 꽃과 나무를 심어 정원을 가꾸고, 연못을 만들어 수련을 심었다. 연못 위에는 일본 스타일의 아치형 다리도 만들었다. 그는 1926년 생을 마감할 때까지 이곳에서 <수련> 연작을 비롯해 <루앙 대성당> 연작, <포플러 나무> 연작 등 수많은 대작을 탄생시켰다. 지베르니에는 지금도 그가 생전에 살던 집Fondation Claude Monet과 '모네 정원'이라 불리는 물의 정원Le Jardin d'Eau이 그대로 남아 있다. 파리 생라자르역Saint-Lazare에서 루앙-리브-드와트Rouen-rive-droite행 기차를 타고 베르농역Vernon까지 간 다음 역 바로 앞에서 셔틀버스를 탑승하면 된다. 베르농역에서 지베르니까지 운행하는 셔틀버스15분 소요는 한두 시간에 한 대만 있으므로 운행 시간을 미리 확인하도록 하자. giverny.org/transpor/#vernon 파리에서 출발해 고흐가 마지막 작품 활동을 했던 오베르 쉬르 우아즈와 함께 둘러보는 투어 상품도 준비되어 있다.

파리 크레파스 http://pariscrapas.com, 4월~10월

Travel Tip

모네의 작품을 감상할 수 있는 미술관

파리의 오르세 미술관, 오랑주리 미술관 그리고 마르모탕 모네 미술관, 지베르니의 인상파 미술관에 가면 모네의 그림을 마음껏 관람할 수 있다. 마르모탕 미술관을 방문하고 지베르니도 찾을 계획이라면 통합 티켓을 구매하는 것이 좋다.

📖 지베르니의 명소들

1 모네의 집과 모네 정원 메종 에 자흐당 드 클로드 모네
Maison et Jardins de Claude Monet

84 Rue Claude Monet, 27620 Giverny +33 2 32 51 28 21 **4월 1일~11월 1일** 09:30~18:00
€ 일반 11유로 학생 6.5유로 www.fondation-monet.com

©Mark Fitch

모네가 1883년부터 1926년 세상을 떠날 때까지 43년간 살았던 집과 정원은 지베르니의 명소이다. 이제는 '모네 재단'으로 꾸려져 일반인에게 공개되고 있다. 인상파 화가의 집답게 분홍색 벽과 초록색 창틀이 조화를 이루고 있다. 내부에 거실, 침실, 주방 등이 그대로 재현되어 있다. 집 앞 화단은 형형색색 꽃과 나무가 자라고 있으며, 정원사에 의해 아름답게 관리되고 있다. 화단 사이사이로 난 길을 따라 쭉 가면 지베르니를 찾은 모든 이들이 직접 보기를 꿈꾸는 '물의 정원'이 나온다. 모네가 지베르니로 이사해 물의 정원을 구상하고 있던 무렵부터 그의 그림은 잘 팔렸고 또 작품 가격도 엄청나게 뛰었다. 큰돈을 벌자 그는 과수원 부지에 연못을 만든 뒤 강에서 물을 끌어오고 주변에 나무를 심었다. 자포니즘에 심취한 그는 연못 위에 일본식 아치형 다리를 만들고, 일본인에게서 구한 수련을 물 위에 띄웠다. 이 모든 풍경은 그대로 모네의 그림이 되었다. 수련 연작에 마음을 빼앗겼던 이라면 누구나 이 연못 앞에 서는 순간 마음이 설레게 될 것이다.

2 인상파 미술관 뮈제 데 쟁프레시오니즘 지베흐니 Musée des impressionnismes Giverny

99 Rue Claude Monet, 27620 Giverny +33 2 32 51 94 65

10:00~18:00(매월 관람일 변경, 홈페이지 확인 필수, 12월 25일·1월 1일 휴관)

€ **일반** 12유로 **7~17세** 6.5유로 오디오 가이드 4유로, 영어·불어 제공

www.mdig.fr

©MDIG_DSC

©J.C.Louiset

©CAILLEBOTTE Parterre de marguerites

모네 작품을 비롯해 세계적인 인상파 화가들의 작품을 전시하는 미술관이다. 인상주의는 프랑스 파리에서 시작됐지만, 인정받기 시작한 것은 미국에 인상파가 알려지면서부터이다. 당시 미국은 외국의 새로운 예술을 동경했고, 또 유럽보다 새로운 예술에 대해 개방적이었다. 19세기 후반 뉴욕에서 마네, 드가, 모네, 르누아르, 시슬레, 피사로의 작품 전시회를 열자 파리에서와 다르게 호평이 이어졌다. 그 후 미국 작가들은 모네와 교류하기 위해 지베르니를 즐겨 찾았다고 전해진다. 1992년 미국 인상파 화가들의 작품을 주로 전시하는 아메리캥 지베르니 미술관 Musée d'art américain Giverny이 문을 열었고, 2009년 인상파 미술관으로 이름을 바꾸었다. 모네 작품은 물론이고 대표적인 미국 인상파 화가인 피에르 보나르, 존 레슬리 브렉, 로버트 보노 등의 작품이 전시되어 있다.

퐁텐블로 성 샤또 드 퐁텐블로 Château de Fontainebleau

리옹 역Gare de Lyon에서 몽타르지Mongtargis 행 기차 탑승-퐁텐블로 아봉역Fontainebleau Avon 하차-역 바로 앞의 버스 정류장 Gare Depose에서 samois 버스 탑승하여 샤또Château 정류장 하차-도보 1분 (기차 약 40분, 버스 10분 소요)

77300 Fontainebleau +33 1 60 71 50 70

4~9월 09:30~18:00 **10~3월** 9:30~17:00 휴관 화요일, 1월 1일, 5월 1일, 성탄절

교통비 기차 편도 9유로, 나비고·모빌리스·파리 비지트(파리 1-5존 가능 교통권) 사용 가능 € 14유로

www.chateaudefontainebleau.fr 파리 크레파스 www.pariscrayon.com

우아하고 아름다운 프랑스의 옛 궁전

프랑스의 옛 별궁으로, 파리에서 남동쪽으로 55km 떨어진 곳에 있다. 베르사유 궁전과 함께 유네스코 세계문화유산으로 지정되었으며, 베르사유보다 화려함은 덜하지만 우아함은 그에 못지않다. 관광객들로 붐비는 베르사유에 비해 한적하고 느긋하게 왕궁의 아름다움을 온전히 느낄 수 있는 곳이다. 퐁텐블로는 12세기 중세 시대에는 요새로 사용되었다. 또 주변에 넓은 숲이 있어 왕들의 사냥 별장으로 애용되기도 했다. 루이 7세, 필리프 존엄왕, 루이 9세 등이 주로 사용했으며, 미남왕 필리프는 이곳에서 태어나고, 이곳에서 숨을 거두었다.

퐁텐블로가 왕궁으로 사용된 것은 1500년대부터이다. 탑만 하나 남고 폐허가 된 곳을 16세기에 프랑수아 1세 1494~1547. 재위 1515~1547가 건축가들을 동원하여 왕궁으로 만들었다. 이탈리아의 왕궁처럼 꾸미기 위해 이탈리아에서 많은 건축가와 화가들을 데려와 궁과 방을 장식했다. 그 덕에 이탈리아 양식과 프랑스 양식이 절묘하게 융합되어 있다. 이때 만들어진 퐁텐블로의 수많은 벽화와 실내 장식은 '퐁텐블로 화파'의 시초가 되었다. 이후 앙리 2세와 앙리 4세 때에도 왕궁은 계속 확장, 개조되었다. 앙리 4세는 프랑수아 1세보다 더욱 열심히 왕궁과 정원을 꾸미는 데 열성을 보여 유명한 정원사와 건축가들이 대거 투입되기도 했다. 그 결과 잠시 주춤하던 '퐁텐블로 화파'가 다시 부활하여 제2의 전성기를 누리기도 했다. 앙리 4세의 아들 루이 13세는 퐁텐블로 성에서 태어났다. 아름다운 정원이 성을 둘러싸고 있으며, 앙리 4세 때 만든 운하가 정원을 가로지르고 있다. 프랑수아 1세1515~47 재위 미술관, 편자

모양의 바깥 계단, 무도회장, 회의실이 특히 볼 만하다.

프랑스 대혁명 당시 퐁텐블로 성은 다른 궁처럼 큰 피해를 입지 않았으나, 대부분의 가구는 팔려나갔다. 그 유명한 나폴레옹 1세1769~1821가 황제로 즉위하면서 예전 모습으로 복원되었다. 제2차 세계대전 때 독일군이 퐁텐블로 성을 사령부로 사용했고, 1944년 미국의 조지 패튼 장군이 성을 탈환한 뒤 1965년까지 연합군 사령부로 사용하였다. 1964년 샤를 드골 대통령 재임 시기에 복원사업이 진행되었고, 1981년 유네스코 세계문화유산에 등재되었다.

ONE MORE

퐁텐블로 화파 이야기

16세기 퐁텐블로 성의 지원을 받은 화가 집단으로, 이탈리아에서 초빙되어 온 화가들에 소수의 프랑스 화가가 포함되어 있었다. 퐁텐블로 성의 개조 작업에 많은 이탈리아 예술가들이 초빙되어 오면서 퐁텐블로 화파가 형성되기 시작하였으며, 이후 퐁텐블로 성은 이탈리아 르네상스 예술이 프랑스로 들어오는 창구 역할을 했다. 화법의 특징은 나체 여인의 관능미와 우아한 아름다움이 조화를 이루고 있는 것으로 매우 독특하다. 대표적인 작품으로는 앙리 4세의 정부인 가브리엘 데스트레가 등장하는 <가브리엘 데스트레 자매>가 있다. 1594년 작품으로 작자는 미상이다.

©udovicleto

루아르 강의 고성들 Châteaux de la loire

프랑스는 이 성 덕에 <모나리자>를 얻었다

루아르 강은 프랑스 남동부에서 시작해 오를레앙, 투르, 낭트를 거쳐 대서양까지 이어지는 길이 1,012km에 이르는 강이다. 프랑스에서 가장 긴 강으로, 이 강의 유역은 프랑스 면적의 1/5을 차지한다. 중세 이후부터 16세기 중반 프랑수아 1세1494~1547. 재위 1515~1547가 프랑스의 중심을 파리로 이전하기 전까지, 오를레앙에서 강 하류에 이르는 유역 일대에는 르네상스 시대의 왕족, 귀족들의 거처가 줄지어 들어섰다. 프랑수아 1세는 프랑스에 르네상스 예술과 인문주의 문화가 확산되는데 큰 공을 세웠다. 그는 레오나르도 다빈치1452~1519를 루아르의 고성으로 초대해 후원자를 자처했으며, 다빈치의 임종을 지켜보기까지 했다. 그 덕에 루브르의 보물 <모나리자>를 얻을 수 있었다. 루아르 강을 따라 산재해 있는 성은 약 800여 개가 넘는다. 루아르 강의 고성들은 이제 여행객들에게 프랑스 중세의 고풍스러운 모습을 보여주는 필수 여행 코스이다. 2000년 유네스코 세계문화유산으로 지정되기도 했다.

©Leonard de Serres

효율적으로 고성 여행하기

루아르의 고성들은 한곳에 모여있지 않고 넓게 산재해 있다. 각각의 성마다 도착 역이 다르고 또 역과 성의 거리도 가깝지도 않아, 하나하나 찾아가 여행하기가 쉽지 않다. 그러므로 자신의 취향이나 상황에 맞는 방법을 찾아 여행하는 것이 중요하다.

방법 1

파리 몽파르나스역에서 보르도행 TGV를 타고 루아르 고성 여행의 관문인 투르역Tours, 1시간15분 소요까지 가서 고성 투어를 신청하는 것이 가장 편리하다. 고성 투어는 투르역 바로 앞의 고성 여행 안내센터에서 신청할 수 있다. 역 부근에는 숙박 시설도 있어 하루 묵으면서 여유 있게 돌아보는 것도 가능하다.

① 파리 몽파르나스역에서 보르도행 TGV 탑승 – 투르역 도착(1시간 15분 소요) *종종 투르까지 가는 직행 TGV도 운행한다. 운행 시간표 확인 필수 ② 파리 몽파르나스역에서 보르도행 TGV 탑승 – 생페르데코St. Pierre des Corps에서 하차 - 로컬 기차로 환승하여 한 정거장 이동 – 투르역 하차파리에서 1시간 10분 소요

*고성 여행 안내 센터 http://www.tours-tourisme.fr, +33 2 47 70 37 37)

방법 2

여행사나 호텔을 통해 파리에서 직접 가는 고성 투어버스를 활용하는 방법도 있다. 편리하지만 비용은 꽤 드는 편이다. 대개 아침 8시~9시에 파리에서 출발하여 밤 9시~10시에 돌아온다. 신청하면 대략 3~4개 정도의 성을 돌아보는데 1인당 20~25만 원 정도이며, 성 입장료와 식대는 별도인 경우가 많다.

파리 샘 여행사 saimparis.com 마이리얼트립 www.myrealtrip.com 유로 자전거 나라 romabike.eurobike.kr

방법 3

셀프 투어가 불가능한 것은 아니다. 파리 몽파르나스역Gare Montparnasse이나 오스테를리츠역Gare d'Austerlitz에서 블루아-샹보르Gare SNCF de Blois-Chambord 행 일반 기차를 타고 블루아역에 도착하여, 역 바로 옆의 블루아Blois 버스 정류장(SNCF 주차장)에서 'Châteaux Rémi'라는 이름의 특별 셔틀버스를 이용할 수 있다. 이 버스로 블루아 성, 샹보르 성, 슈베르니 성, 보르가르 성을 돌아볼 수 있다. 셔틀 버스는 4~11월만 운행한다. 왕복 6유로이며, 티켓은 버스에서 구매할 수 있다. 운행 시간표는 셔틀버스 홈페이지 www.bloischambord.co.uk에서 확인할 수 있다.

파리 오스테를리츠 역, 몽파르나스 역Gare Montparnasse에서 블루아·샹보르행 일반 기차 탑승편도 22.9유로부터 – 블루아역 하차파리에서 2시간 30분~3시간 소요 – 셔틀버스 이용 셔틀버스 경로 블루아역 – 블루아 성 – 샹보르 성 – 슈베르니 성 – 보르가르 성 – 블루아 성 – 블루아역

방법 4

파리 시내에서 렌터카를 이용해 출발하거나, 기차를 타고 블루아역까지 가서 렌터카를 이용해 둘러 볼 수도 있다. 마음에 드는 성을 골라 여유 있게 들러볼 수 있다는 장점이 있다.

블루아 현지 렌터카 www.rentalcars.com/ko/city/fr/blois/europcar/

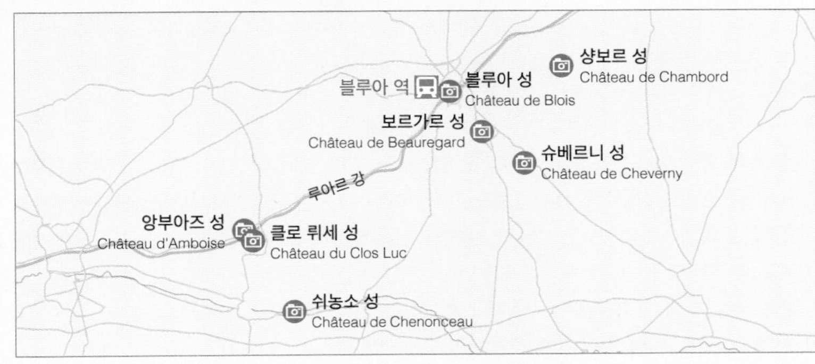

1 샹보르 성 샤또 드 샹보흐 Château de Chambord

🚶 블루아역(투르에서 기차로 40분)에서 샹보르 성 가는 셔틀 버스 이용
🏠 Château, 41250 Chambord 📞 +33 2 54 50 40 00
🕓 ❶ **11~3월 25일** 09:00~17:00 ❷ **3월 26일~10월** 09:00~18:00 휴관 1월 1일, 11월 29일, 성탄절
€ 일반 16유로, 18세 미만 무료 ☰ www.chambord.org

©Domaine national de Chambord ©Sophie Lloyd ©Guillaume Perrin

방이 400개, 벽난로가 365개

루아르의 고성 중 가장 규모가 크고 유명한 성이다. 프랑수아 1세는 1515년 이탈리아 원정 중 마리냐노 전투에서 스위스군을 격파하자, 이를 기념하기 위해 1519년 샹보르 성 건립에 들어갔다. 이후 수년간의 공사 끝에 1537년 프랑스 중세 양식과 이탈리아 르네상스 양식이 잘 혼합된 아름다운 성이 지어졌다. 프랑수아 1세는 블루아즈와 앙부아즈 성을 거처로 삼고, 샹보르 성은 사냥 별장으로 사용했다. 하지만 주요 인사가 방문하면 늘 웅장하고 화려한 샹보르 성으로 초대했다. 이후 샹보르 성은 역대 왕들에 의해 계속 개축되거나 증축되어, 방이 400개가 넘으며, 벽난로만 해도 365개이다. 성 안에는 독특한 이중 나선형 계단이 있는데 특이한 구조라 유명하다. 이 계단 설계에 이탈리아의 화가이자 건축가 레오나르도 다빈치가 참여했다는 설이 전해지기도 한다. 성은 숲과 공원에 둘러싸여 있고, 직사각형의 내성과 외성 모퉁이마다 원형 탑이 세워져 있다.

2 블루아 성 샤또 드 블루아 Château de Blois

블루아역에서 도보 10분, 혹은 셔틀 버스 이용 6 Place du Château, 41000 +33 2 54 90 33 33
1월 2일~3월 31일 10:00~17:00 **4월 1일~6월 30일** 09:00~18:30 **7월 1일~8월 31일** 09:00~19:00
9월 1일~11월 6일 09:00~18:30 **11월 7일~12월 31일** 10:00~17:00 휴무 1월 1일, 성탄절
€ 일반 14유로, 18세 미만 6.5유로 www.chateaudeblois.fr

© Leonard de Serres

© Leonard de Serres

메디치 가문의 후손이 이곳에 독약을 숨겼다

블루아 성은 루아르 지역의 블루아 마을 중앙 언덕에 위치하고 있다. 중세 때 블루아 백작의 성이었다. 루이 12세 이후 여러 왕들이 거주했는데, 프랑수아 1세는 앙부아즈 성에서 거주하다 블루아 성으로 옮겨와 1524년 왕비가 사망할 때까지 이곳에서 머물렀다. 당시 성 안에 도서관도 건립했는데, 나중에 도서관은 퐁텐블로 성으로 이전됐다. 1429년 잔다르크가 잉글랜드군을 몰아내러 떠나기 전, 랭스 주교에게서 신의 가호를 받은 곳으로도 알려져 있다. 프랑스 혁명 당시 대부분이 파괴되었으나 후에 보수를 거쳐 박물관으로 탄생했으며, 지금도 다양한 시대의 유물들이 전시돼 있다. 앙리 2세의 부인 카트린 드 메디시스Catherine de' Medici, 1519~1589가 독약을 숨겨놓았던 것으로 추정되는 캐비닛도 찾아볼 수 있다. 카트린은 피렌체 메디치가의 후손으로 프랑수아 1세의 권유로 그의 며느리가 되었다. 그녀가 데려온 이탈리아 요리사와 이탈리아식 식사 예절이 프랑스 미식 문화의 시발점이 되었다. 카트린은 이탈리아의 예언가 노스트라다무스와 교류했으며, 노스트라무스가 카트린에게 보냈다는 문서가 현재까지 남아 있다. 그녀는 독을 이용해 주요 정적을 암살했다는 의혹을 받았으나 실제로 그랬는지는 확인할 수 없다.

3 **슈베르니 성** 샤또 드 슈베르니 Château de Cheverny

우아한 고가구, 화려한 인테리어

위로Hurault 가문이 14세기 후반 슈베르니 성의 영지를 매입하면서 오늘날까지 위로 가문의 후손들에게 상속되고 있다. 현재의 슈베르니 성은 17세기에 새로 지은 것이다. 예전 르네상스 시대의 모습은 그림으로 추정할 수밖에 없다. 내부 인테리어는 18세기에 대규모 리노베이션을 거친 것이며, 1914년에 소유주가 대중에게 공개하기 시작했다. 화려한 인테리어와 고가구, 태피스트리 등이 볼거리이다. 벨기에 유명 만화 <땡땡의 모험>의 한 에피소드에서 슈베르니 성의 모습이 배경으로 등장하기도 했다.

©SalleDArmes

©SalleDArmes

블루아역에서 셔틀 버스 이용(블루아 성에서 남쪽으로 15km) Château de Cheverny, 41700 Cheverny
+33 2 54 79 96 29
❶ **1~3월, 10~12월** 10:00~17:00
❷ **4~9월** 09:15~18:00(7~8월은 18:30까지)
€ 일반 14.5유로, 7세 미만 무료
www.chateau-cheverny.com

4 **보르가르 성** 샤또 드 보르가흐 Château de Beauregard

초상화 327점이 전시된

보르가르 성은 15세기 말 르네상스 양식으로 지어지기 시작하여 16세기 중반에 대부분 완공되었다. 이 성에는 17세기 유명 인사들의 초상화로 꾸며진 유명한 갤러리가 있다. 벽에는 초상화 327점이 빼곡히 전시되어 있다. 26m 길이의 복도 바닥에는 흰색 바탕에 파란색으로 군인들의 모습이 그려진 타일이 깔려 있다. 이 타일은 네덜란드의 도기 델프트Delftware로 만들어진 것이다.

© Leonard de Serres

블루아역에서 셔틀 버스 이용 12 Chemin de la Fontaine, 41120 Cellettes +33 2 54 70 41 65
4월 9일~6월 30일 10:30~18:30(정원은 19:00까지) **7~8월** 10:00~19:00(정원은 19:30까지) **9월~10월 29일** 10:30~18:30(정원은 19:00까지) **10월 30~11월 13일** 10:30~17:30(정원은 18:00까지), 운영시간 변동 가능성 있음. 홈페이지 확인 필수 휴관 11월 중순~4월 초 € **성+정원** 일반 14유로, 학생 11.5유로(학생증 제시), 가이드 투어 포함
beauregard-loire.com

5 앙부아즈 성 샤또 당부아즈 Château d'Amboise

투르에서 차로 약 1시간 Mnt de l'Emir Abd el Kader, 37400 Amboise +33 2 47 57 00 98
1/3~2/4 10:00~12:30, 14:00~16:30 **2/5~2/28** 09:00~17:00 **3월** 09:00~17:30
4~6월 09:00~18:30 **7~8월** 09:00~19:00 **9/1~10/21** 09:00~18:00 **10/22~11/6** 09:00~17:00 **11/7~11/30** 09:00~12:30, 14:00~16:30 **12/1~12/24** 09:00~12:30, 14:00~16:45 **12/26~1/2** 09:00~16:45(변동 가능성, 홈페이지 확인 필수)
휴관 1월 1일, 성탄절 € 일반 16.4유로, 학생 13.7유로 www.chateau-amboise.com

© Leonard de Serres

© Leonard de Serres

© Leonard de Serres

레오나르도 다빈치, 이곳에 묻히다

앙부아즈 성 자리는 고대부터 중세까지 주로 요새가 있었던 곳이다. 중세 때 이 요새 자리에 앙주 공작이 성을 세웠는데, 이것이 앙부아즈 성이다. 하지만 샤를 7세 때인 1434년 왕실에서 성을 몰수하여 왕들의 거처로 사용하였다. 특히 이 성에서 태어난 샤를 8세재위 1483~1498는 앙부아즈 성에서 가장 오랜 기간 머문 왕으로, 이 성의 문에 머리를 심하게 부딪혀 사망했다. 샤를 8세 때인 1492년부터 증축되기 시작하여, 루이 12세, 프랑수아 1세까지 증축 공사가 계속되었다. 처음엔 고딕 양식으로 지었다가, 프랑수아 1세 때는 이탈리아 건축가를 초빙하여 르네상스 양식으로 꾸몄다. 이때 레오나르도 다빈치도 초빙되었는데, 그는 성 부근에 있는 아름다운 성 클로 뤼세에서 생의 마지막 3년을 보내고 숨을 거두었다. 앙부아즈 성의 아름다운 정원에는 레오나르도 다빈치의 동상이 놓여 있으며, 정원 한쪽에 들어선 예쁜 성당 생 위베르에는 다빈치의 묘가 있어 많은 여행객이 찾아 든다.

앙부아즈 성은 '앙부아즈의 음모'라는 사건으로도 유명하다. 1559년 앙리 2세가 죽은 후 아들 프랑수아 2세가 왕위에 올랐으나 나이도 어리고 병약해 왕비의 삼촌인 기즈 프랑수아가 실권을 장악했다. 구교도였던 기즈 가문은 신교도를 탄압했고, 이에 불만을 품은 신교도들은 반란군 위그노Huguenot를 조직해 반란을 계획했다. 하지만 계획이 노출돼 기즈 가문의 기습 공격으로 신교도군의 계획은 모두 수포로 돌아갔고, 앙부아즈 성에 잡혀온 1천여 명의 신교도군은 무자비하게 처형당했다.

6 클로 뤼세 성 샤또 뒤 끌로 뤼세 Château du Clos Lucé

투르에서 차로 약 1시간, 앙부아즈 성에서 도보 5~6분
2 Rue du Clos Lucé, 37400 Amboise +33 2 47 57 00 73
❶ **1월** 10:00~18:00 ❷ **2~6월** 09:00~19:00 ❸ **7~8월** 09:00~20:00
❹ **9~10월** 09:00~19:00 ❺ **11~12월** 09:00~18:00 휴관 1월 1일, 성탄절
€ **성인** 17유로 **18세 이하** 13.5유로(7세 미만 무료) vinci-closluce.com

© Leonard de Serres

레오나르도 다빈치, 이곳에서 숨을 거두다

앙부아즈 성에서 500m 거리에 위치한 클로 뤼세 성은 샤를 8세의 부인이 별장으로 사용하던 곳이다. 이 성은 르네상스 시대를 대표하는 이탈리아의 천재적인 화가이자 과학자, 기술자, 사상가였던 레오나르도 다빈치가 말년을 보낸 곳으로 더욱 유명하다. 다빈치는 1516년 르네상스 문화에 지대한 관심을 보인 프랑수아 1세의 초청으로 루아르 지역에 입성했다. 그 후 세상을 떠나기 전까지 3년 동안 클로 뤼세에 머물며 다양한 실험과 연구를 하며 지냈다. 15세기 말 지은 이 성채는 아담하지만 르네상스 양식과 고딕 양식이 결합된 아름다운 성이다. 현재는 레오나르도 다빈치가 머물던 당시의 모습으로 복원하여 박물관으로 운영되고 있다. 다빈치의 스케치와 그림, 발명품 모형 등이 전시되어 있으며, 그가 머물던 이탈리아 스타일의 방도 찾아볼 수 있다.

© Leonard de Serres

© Leonard de Serres

© Leonard de Serres

7 쉬농소 성 샤또 드 슈농소 Château de Chenonceau

쉬농소역(투르에서 기차로 20분, 버스나 차로 1시간)에서 도보 20분

Château de Chenonceau, 37150 Chenonceau +33 8 20 20 90 90

1/1~1/2 09:30~17:30 **1/3~4/8** 09:30~16:30 **4/9~5/29** 09:00~17:30 **5/30~7/8** 09:00~18:00 **7/9~8/28** 09:00~19:00 **8/29~9/30** 09:00~18:30 **10/1~11/6** 09:00~17:30 **11/7~11/10, 11/14~12/16** 09:30~16:30 **12/17~1/31** 09:30~17:30(변동 가능성, 홈페이지 확인 필수) € 성인 17유로, 학생 14유로(학생증 제시) www.chenonceau.com

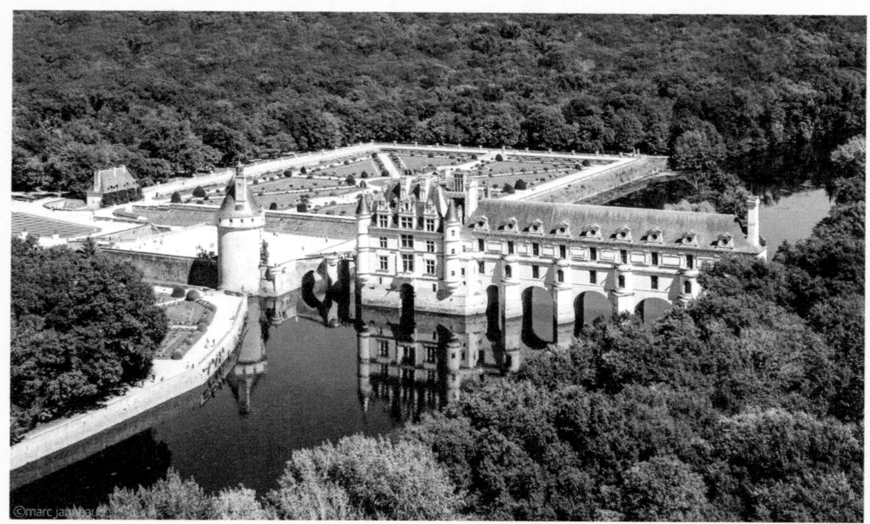
©marc jauneaud

우아하고 여성적인

루아르 지역 셰르Cher 강변에 있다. 쉬농소 성은 여성적 분위기가 흐르고 있어 '여인들의 성'이라고 불린다. 이는 성을 소유했던 성주들이 주로 여성이었기 때문이다. 앙리 2세가 정부였던 다이안 드 푸아티에에게 이 성을 선물하였고, 앙리 2세가 죽자 성은 왕비 카트린 드 메디시스의 차지가 되었다. 그 후로도 앙리 3세의 왕비 루이즈 드 로렌 등 여러 여성들이 이 성을 소유했다. 현재의 성 모습은 16세기 초에 지어진 것이다. 성 안에서는 왕의 정부 다이안 드 푸아티에와 왕비 카트린 드 메디시스의 아름다운 침실을 찾아볼 수 있다. 또 성과 연결된 다섯 개의 아치로 이루어진 다리 위에는 피렌체 양식으로 지어진 아름다운 갤러리가 있어 눈길을 끈다. 이 갤러리는 왕비 카트린 드 메디시스의 명으로 만들어진 것으로 셰르 강과 함께 우아한 풍경을 자아낸다.

©marc jauneaud

©marc jauneaud

©marc jauneaud

PART 13

권말부록 1

실전에 꼭 필요한 여행 불어

Combien ça coûte le supplément?
Je n'ai rien dans ma poche.

01 이것만은 꼭! 여행 불어 패턴 10

1 ~주세요. ~ S'il vous plaît. 씰 부 쁠레

영수증 주세요. L'addition, s'il vous plaît. 라디씨옹, 씰 부 쁠래

커피 주세요. Café, s'il vous plaît. 카페, 씰 부 쁠래

2 어디인가요? Ou est/sont~ 우 에/쏭

화장실이 어디인가요? Où sont les toilettes? 우 쏭 레 뚜알렛?

버스 정류장이 어디인가요? Où est l'arrêt de bus? 우 에 라렛 드 뷔스?

3 얼마예요? Combien ~? 꽁비엉~

이건 얼마예요? Combien ça coûte? 꽁비엉 싸 꾸뜨?

전부 얼마예요? Ça fait combien en tout? 싸 페 꽁비엉 엉 뚜뜨?

4 ~하고 싶어요. Je voudrais~ 쥬 부드레

룸서비스를 주문하고 싶어요. Je voudrais commander un service dans les chambres. 쥬 부드래 꼬멍데 엉 세르비스 당 레 샹브르.

택시 타고 싶어요. Je voudrais prendre un taxi. 쥬 부드레 프렁드르 엉 딱시

5 ~할 수 있나요? Est-ce que je peux ~ 에-스 끄 쥬 쁘~

펜 좀 빌릴 수 있나요? Est-ce que je peux emprunter un stylo ? 에-스 끄 쥬 쁘 엉프렁떼 엉 스틸로 ?

신용카드로 계산할 수 있나요 ? Est-ce que je peux payer par carte de crédit? 에-스 끄 쥬 쁘 뻬예 빠 꺄흐뜨 드 크레디 ?

6 ~은 무엇인가요? Qu'est-ce que~? 께-스 끄~? / **Quel est/ Quelle est** 껠 레~

이것은 무엇인가요? Qu'est-ce que c'est? 께-스 끄 쎄 ?

와이파이 비밀번호가 무엇인가요? Quel est le mot de passe Wi-Fi ? 껠 레 라 모 드 빠스 위피 ?

다음 역은 무엇인가요? Quelle est la prochaine station? 껠 레 라 프로쉔 스타시옹 ?

7 ~을 해주실 수 있나요? Pouvez-vous~ 뿌베 부~

물 좀 주실 수 있나요?Pouvez-vous me donner de l'eau? 뿌베-부 므 도네 들 로?

저기서 세워줄 수 있나요? Pouvez-vous vous arrêter là-bas ? 뿌베-부 부 자레테 라-바 ?

8 ~ 있나요? Vous avez~ 부 자베~

다른 거 있나요? Vous avez un autre? 부 자베 어 노트르 ?

두 명 자리 있나요? Vous avez une table pour deux ? 부 자베 윈 따블 뿌 두?

9 이건 ~인가요? C'est ~? 쎄~

이 길이 맞나요? C'est la bonne chemin? 쎄 라 본 슈망?

이것은 여성용/남성용인가요? C'est pour les femmes/hommes? 쎄 뿌 레 펌므/옴므 ?

10 이건 ~예요. C'est~ 쎄~

이건 너무 비싸요. C'est trop cher. 쎄 트로 쉐

이건 짜요. C'est salé. 쎄 쌀레

02 인사말

네 Oui 위 / 아니오 Non 농

안녕하세요(아침인사) Bonjour 봉주흐

안녕하세요(점심) Bonsoir 봉수아

안녕 Salut 살뤼

잘 가요, 안녕(헤어질 때) Au revoir 오흐부아

실례합니다 Excusez-moi 엑스큐제 무아

미안합니다 Pardon 빠흐동

감사합니다 Merci 메흐시

정말 감사합니다 Merci beaucoup 메흐시 보꾸

별말씀을요 De rien 드 히엉

부탁합니다 S'il vous plait 실부쁠레

좋은 하루 보내세요 Bonne jourée 본 주흐네

좋은 저녁 보내세요 Bonne soirée 본 수아헤

03 숫자

1 Un 앙

2 Deux 두

3 Trois 투아

4 Quatre 꺄트르

5 Cinq 쌍크

6 Six 씨스

7 Sept 쎄트

8 Huit 위트

9 Neuf 네프

10 Dix 디스

04 요일

월요일 Lundi 랑디

화요일 Mardi 마흐디

수요일 Mercredi 메크르디

목요일 Jeudi 쥬디

금요일 Vendredi 벙드흐디

토요일 Samedi 삼디

일요일 Dimanche 디망쉬

05 공항과 기내에서

❶ 탑승 수속할 때

자주 쓰는 여행 단어

여권 passeport 파스포흐

탑승권 carte d'embarquement 꺄뜨 덩바크멍

창가 좌석 place côté fenêtre 쁠라스 꼬떼 프네트르

복도 좌석 place côté couloir 쁠라스 꼬떼 쿨루아

무게 poids 프와

추가 요금 supplément 쉬플레멍

수하물 bagage 바갸쥬

여행 회화

여기 제 여권요. Voici mon passeport. 부아씨 몽 파스포흐

창가 좌석으로 주세요. Je voudrais avoir une place côté fenêtre. 쥬 부드레 아부아 윈 쁠라스 꼬떼 프네트르

앞쪽 좌석으로 주세요. Je voudrais avoir une place au premier rang. 쥬 부드레 아부아 윈 쁠라쓰 오 프르미에 헝

무게 제한이 얼마인가요? Quelle est la limite de poids? 껠 레 라 리미트 드 프와 ?

추가 요금이 얼마인가요? Combien ça coûte le supplément? 꽁비엉 싸 꾸뜨 르 쉬플레멍?

13번 게이트가 어디인가요? Où est la porte treize? 우 에 라 포흐트 트레즈?

2 보안 검색 받을 때

자주 쓰는 여행 단어

액체류 liquide 리키드

주머니 poche 포슈

휴대폰 téléphone portable 텔레폰 포흐타블

노트북 ordinateur portable 오흐디나퇴르 포흐타블

모자 chapeau 샤포

벗다 enlever 엉르베

임신한 Enceinte 엉셍트

가다 aller 알레

여행 회화

저는 액체류 없어요. Je n'ai pas de liquide. 쥬 네 파 드 리키드.

주머니에 아무것도 없어요. Je n'ai rien dans ma poche. 쥬 네 리엉 당 마 포슈.

제 백팩에 노트북이 있어요. J'ai un ordinateur portable dans mon sac à dos. 제 어노흐디나퇴르 포흐타블 당 몽 삭 아 도.

모자를 벗어야 하나요? Est-ce que je dois enlever mon chapeau? 에-스 끄 쥬 두아 엉르베 몽 샤포?

저 임신했어요. Je suis enceinte. 쥬 쉬 엉셍트.

이제 가도 되나요? Est-ce que je peux partir maintenant? 에-스 끄 쥬 쁘 빠흐티 맹트넝?

3 면세점 이용할 때

자주 쓰는 여행 단어

면세점 Point détaxe 뿌앙 데딱스

화장품 cosmétique 꼬스메띡

향수 parfum 팍퓡

가방 sac 싹

선글라스 lunettes de soleil 뤼네뜨 드 솔레이

담배 cigarette 씨가레트

주류 liqueur 리쾨흐

여행 회화

얼마예요? Combien ça coûte? 꽁비엉 싸 꾸트?

이 가방 있나요? Avez-vous ce sac? 아베 부 스 싹?

이걸로 할게요. Je vais prendre celui-ci. 쥬 베 프렁드르 셀뤼 씨

이 쿠폰을 사용할 수 있나요? Est-ce que je peux utiliser ce coupon? 에-스 끄 쥬 쁘 위틸리제 스 쿠퐁?

이걸 기내에 가지고 탈 수 있나요? Est-ce que je peux emporter cela à bord? 쥬 쁘 정포흐테 셀라 아 보흐 ?

4 비행기 탑승할 때

자주 쓰는 여행 단어

여권 passeport 파스포흐
좌석 place 쁠라스
좌석 번호 numéro de place 뉴메로 드 쁠라스
일등석 première classe 프르미에 클라쓰
일반석 classe économique 클라쓰 에코노믹
안전벨트 ceinture de sécurité 쌩튀르 드 세큐리떼
바꾸다 changer 샹제
마지막 탑승 안내 dernier appel 데흐니에 아펠

여행 회화

제 자리는 어디인가요? Où est ma place? 우 에 마 쁠라스?
여긴 제 자리입니다. C'est ma place. 쎄 마 쁠라스
좌석 번호가 몇 번이세요? Quel est votre numéro de place? 껠레 보트르 뉴메로 드 쁠라스?
자리를 바꿀 수 있나요? Est-ce que je peux changer de place? 쥬 쁘 샹제 드 쁠라스?
가방을 어디에 두어야 하나요? Où dois-je poser mes bagages? 우 두아 쥬 포제 메 바가쥬?
제 좌석을 젖혀도 될까요? Est-ce que je peux incliner mon siège? 에-스 끄 쥬 쁘 앵클리네 몽 시에쥬?

5 기내 서비스 요청할 때

자주 쓰는 여행 단어

간식 collations 꼴라시옹
맥주 bière 비에흐
물 l'eau 로
담요 couverture 쿠베르튀르
식사 repas 흐빠
닭고기 poulet 뿔레
생선 poisson 뿌아송
비행기 멀미 le mal de l'air 르 말 드 레흐

여행 회화

간식 좀 주실 수 있나요? Pouvez-vous me donner des collations? 뿌베-부 므 도네 데 꼴라시옹?
물 좀 주실 수 있나요? Pouvez-vous me donner de l'eau? 뿌베-부 므 도네 들 로?
담요 좀 받을 수 있나요? Pouvez-vous me donner une couverture? 뿌베-부 므 도네 윈 쿠베르튀르?
식사는 언제인가요? À quelle heure le repas sera-t-il servi? 아 켈 뢰흐 르 흐빠 스라-틸 세흐비?
닭고기로 할게요. Poulet, s'il vous plaît. 뿔레, 씰 부 쁠래
비행기 멀미가 나요. J'ai le mal de l'air. 재 르 말 드 레흐

6 기내 기기/시설 문의할 때

자주 쓰는 여행 단어

등 lumière 뤼미에르
작동하지 않는 ne marche pas 느 막슈 빠
화면 écran 에크랑
음량 volume 볼륨
영화 film 필름
좌석 siège 씨에쥬
눕히다 incliner 앵클리네
화장실 toilette 뚜알렛

여행 회화

등을 어떻게 켜나요? Comment allumer la lumière? 꼬멍 알뤼메 라 뤼미에르?

화면이 안 나와요. Mon écran ne fonctionne pas. 모 네크랑 느 퐁시온 빠

음량을 어떻게 높이나요? Comment puis-je augmenter le volume? 꼬멍 퓌-쥬 오그멍떼 르 볼륨?

영화 보고 싶어요. Je veux regarder des films. 쥬 브 흐갸르데 데 필름.

제 좌석을 어떻게 눕히나요? Comment incliner mon siège? 꼬멍 앵클리네 몽 시에쥬?

화장실이 어디인가요? Où sont les toilettes? 우 쏭 레 뚜알렛?

7 환승할 때

자주 쓰는 여행 단어

환승 Correspondance 코레스퐁덩스

탑승구 porte d'embarquement 포흐트 덩바크멍

탑승 embarquement 엉바크멍

연착 retard 흐따

편명(항공편 번호) numéro de vol 뉴메로 드 볼

갈아탈 비행기 vol de correspondence 볼 드 코레스퐁덩스

쉬다 reposer 흐포제

기다리다 Attendre 어떵드르

여행 회화

어디에서 환승할 수 있나요? Où est-ce que je transférer? 우 에-스 끄 쥬 트랑스페레?

몇 번 탑승구로 가야 하나요? A quelle porte dois-je me rendre? 아 껠 포흐트 두아-쥬 므 헝드르 ?

탑승은 몇 시에 시작하나요? A quelle heure commence l'embarquement? 아 껠 뢰흐 꼬멍스 랑바크멍?

화장실은 어디에 있나요? Où sont les toilettes? 우 쏭 레 뚜알렛

제 비행기 편명은 ooo입니다. Mon numéro de vol est··· 몽 뉴메로 드 볼 에···

라운지는 어디에 있나요? Où est le salon d'aéroport? 우 에 르 살롱 다에로포흐?

8 입국 심사받을 때

자주 쓰는 여행 단어

방문하다 visiter 비지떼

여행 voyage 브와야쥬

관광 tourisme 투리즘

출장 voyage d'affaires 브와야쥬 다페흐

왕복 티켓 billet d'aller-retour 비예 달레-흐뚜

지내다, 머무르다 rester 헤스테

일주일 une semaine 윈 스맨느

입국 심사 immigration 이미그라시옹

여행 회화

방문 목적은 무엇인가요? Quelle est la raison de votre visite? 껠 레 라 해종 드 보트르 비짓?

여행하러 왔어요. Je suis ici pour voyager. 쥬 쉬 이씨 푸 브와야제.

출장으로 왔어요. Je suis ici pour un voyage d'affaires. 쥬 쉬 이씨 푸 엉 브와야쥬 다페흐.

왕복 티켓 있나요? Avez-vous votre billet d'aller-retour? 아베-부 보트르 비예 달레 흐뚜?

호텔에서 지낼 거예요. Je vais loger à l'hôtel. 쥬 베 로제 아 로텔.

일주일 동안 머무를 거예요. Je reste une semaine. 쥬 헤스트 윈 스맨느.

① 승차권 구매할 때

자주 쓰는 여행 단어

표 ticket 티켓
사다 acheter 아슈테
매표소 guichet 기셰
발권기 distributeur de tickets 디스트리뷔퇴르 드 티켓
시간표 horaire 오해
어른 adulte 어뒬트
어린이 enfant 엉펑

여행 회화

표 어디에서 살 수 있나요? Où est-ce que j'achete un ticket? 우 에-스 끄 자쉐트 엉 티켓?
발권기는 어떻게 사용하나요? Comment utiliser le distributeur de ticket? 꼬멍 위틸리제 르 디스트리뷔퇴르 드 티켓?
왕복 표 두 장요. Deux billets aller-retour, s'il vous plaît. 드 비예 알레-흐투, 실부쁠레.
어른 세 장요. Trois adultes, s'il vous plaît. 투아 아뒬트, 실부쁠레.
어린이는 얼마인가요? C'est combien pour un enfant? 쎄 꽁비엉 푸 어넝펑?
마지막 버스 몇 시인가요? A quelle heure est le dernier bus? 아 껠 뢰흐 에 르 데흐니에 뷔스?

② 버스 이용할 때

자주 쓰는 여행 단어

버스를 타다 prendre le bus 프렁드르 르 뷔스
내리다 descendre 데썽드르
버스표 ticket de bus 티켓 드 뷔스
버스 정류장 l'arrêt de bus 라렛 드 뷔스
버스 요금 tarif 타리프
이번 정류장 cet arrêt 세 타레
다음 정류장 prochain arrêt 프로쉔 아레
셔틀 버스 navette 나베트

여행 회화

버스 어디에서 탈 수 있나요? Où est-ce que je prends le bus? 우 에-스 끄 쥬 프렁 르 뷔스?
버스 정류장 어디에 있나요? Où est l'arrêt de bus? 우 에 라레 드 뷔스?
이 버스 ooo로 가나요? C'est un bus pour…? 쎄 떵 뷔스 뿌...?
버스 요금 얼마인가요? Combien ça coûte le tariff de bus? 꽁비엉 싸 꾸뜨 르 따리프 드 뷔스?
다음 정류장은 무엇인가요? Quelle est le prochain arrêt? 껠 레 르 프로쉔 아레?
어디서 내려야 하나요? Où dois-je descendre? 우 두아-쥬 데썽드르?

③ 지하철·기차 이용할 때

자주 쓰는 여행 단어

지하철 metro 메트로
열차, 기차 train 트랭
타다 prendre 프렁드르
내리다 descendre 데썽드르
노선도 plan de lignes 쁠렁 드 린뉴
승강장 quai 께
역 gare 갸흐
환승 correspondance 코레스퐁덩스

여행 회화

지하철 어디에서 탈 수 있나요? Où est-ce que je prends le métro? 우 퀴-쥬 프렁드르 르 메트로?

이 열차 ooo로 가나요? Est-ce le train pour ooo? 에스 르 트랭 푸…?

노선도 좀 주세요. Le plan de la ligne, s'il vous plaît. 르 쁠랑 드 라 린뉴, 실부쁠레.

승강장을 못 찾겠어요. Je ne trouve pas le quai. 쥬 느 트루브 빠 르 께.

다음 역은 무엇인가요? Quelle est la prochaine station? 껠 레 라 프로쉔 스타시옹?

어디에서 환승하나요? Où dois-je transférer? 우 두아-쥬 트랑스페레?

4 택시 이용할 때

자주 쓰는 여행 단어

택시를 타다 prendre un taxi 프렁드르 엉 딱시

택시 정류장 station de taxi 스타시옹 드 딱시

기본요금 tarif de base 따리프 드 바즈

공항 aéroport 아에로포흐

트렁크 coffre 코프르

세우다 arrêter 아레떼

잔돈 monnaie 모네

여행 회화

택시 어디서 탈 수 있나요? Où puis-je prendre un taxi? 우 퀴-쥬 프렁드르 엉 딱시?

기본요금은 얼마인가요? Quel est le tarif de base? 껠 레 르 따리프 드 바즈?

공항으로 가주세요. À l'aéroport, s'il vous plaît. 알 라에로포흐 실부쁠레.

트렁크 열어줄 수 있나요? Pouvez-vous ouvrir le coffre? 뿌베-부 우브리 르 코프르?

저기서 세워줄 수 있나요? Pouvez-vous vous arrêter là-bas? 뿌베-부 부 자레테 라-바?

잔돈은 가지세요. Vous pouvez garder la monnaie. 부 뿌베 갸르데 라 모내.

5 거리에서 길 찾을 때

자주 쓰는 여행 단어

주소 adresse 아드레스

거리 rue 뤼

모퉁이 coin 꾸앙

골목 ruelle 뤼엘

지도 plan 쁠렁

먼 loin 루앙

가까운 proche 프로슈

길을 잃은 perdu 뻬르뒤

여행 회화

박물관에 어떻게 가나요? Comment je peux aller au musée? 꼬멍 쥬 쁘 잘레 오 뮤제?

모퉁이에서 오른쪽으로 도세요. Tournez à droite au coin. 뚜흐네 아 드화트 오 꾸앙.

여기서 멀어요? Est-ce que c'est loin d 'ici? 에-스 끄 쎄 루앙 디씨?

길을 잃었어요. Je suis perdu. 쥬 쉬 뻬르뒤.

이 건물을 찾고 있어요. Je cherche ce bâtiment. 쥬 셔흐쉐 스 바티멍.

이 길이 맞나요? C'est la bonne chemin? 쎄 라 본 슈망?

6 교통편 놓쳤을 때

자주 쓰는 여행 단어

비행기 avion 아비옹
놓치다 rater 하떼
연착되다 arriver en retard 아리베 엉 흐따
다음 prochain 프로쉔
기차, 열차 train 트랭
변경하다 changer 샹제
환불 remboursement 헝북스멍
기다리다 Attendre 어떵드르

여행 회화

비행기를 놓쳤어요. J'ai raté mon vol. 재 하테 몽 볼.
제 비행기가 연착됐어요. Mon vol est retardé. 몽 볼 레 흐따르데.
다음 비행기는 언제예요? Quand est le prochain vol? 껑 에 르 프로쉔 볼?
변경할 수 있나요? Est-ce que je peux changer? 에-스 끄 쥬 쁘 샹제?
환불받을 수 있나요? Est-ce que je peux avoir un remboursement? 에-스 끄 쥬 쁘 아부아 엉 헝북스멍?

07 숙소에서

1 체크인할 때

자주 쓰는 여행 단어

체크인 check-in 체크인
일찍 tôt 또
예약 réservation 헤제르바시옹
여권 passeport 파스포흐
추가 침대 lit supplémentaire 리 쉬플레멍테흐
보증금 dépôt 데뽀
와이파이 비밀번호 mot de passe Wi-Fi 모 드 빠스 위피

여행 회화

방을 예약하고 싶어요. Je veux réserver une chambre. 쥬 브 헤제르베 윈 샹브르.
일찍 체크인할 수 있나요? Je peux venir plus tôt? 쥬 쁘 브니흐 쁠뤼 또 ?
예약했어요. J'ai une réservation. 재 윈 헤제르바시옹.
더블 침대를 원해요. Je voudrais un lit pour deux personnes. 쥬 부드래 엉 리 뿌 두 페흐손느.
와이파이 비밀번호가 무엇인가요? Qu'est-ce que le mot de passe Wi-Fi? 께-스 끄 르 모 드 빠스 위피?

2 체크아웃할 때

자주 쓰는 여행 단어

체크아웃 check-out 체크아웃
늦게 tard 따흐
보관하다 garder 갸흐데
짐 baggage 바가쥬
청구서 facture 팍튀흐
택시 taxi 딱시

여행 회화

체크아웃 몇 시예요? Quelle heure est check-out? 껠 뢰흐 에 체크아웃?

늦게 체크아웃할 수 있나요? Je peux partir tard? 쥬 쁘 파흐티 타흐 ?

짐을 맡길 수 있나요? Vous pouvez garder mes bagages? 부 뿌베 가흐데 메 바가쥬?

청구서를 받을 수 있나요? Je peux avoir une facture? 쥬 쁘 아부아 윈 팍튀흐?

3 부대시설 이용할 때

자주 쓰는 여행 단어

식당 restaurant 레스토랑

조식 petit-déjeuner 쁘띠 데쥬네

수영장 piscine 피씬느

헬스장 salle de sport 살 드 스포흐

스파 spa 스파

세탁실 buanderie 뷔엉드리

자판기 distributeur 디스트리뷔퇴르

24시간 vingt-quatre heures 뱅-꺄트르 외르

여행 회화

식당 언제 여나요? Quand est-ce que le restaurant ouvre? 껑 르 레스토랑 우브르?

조식 어디서 먹나요? Où est-ce que je prends le petit-déjeuner? 우 에-스 끄 쥬 프렁 르 쁘띠 데쥬네?

조식 언제 끝나요? Quand est-ce que le petit déjeuner se termine? 껑 에-스 끄 르 쁘띠 데쥬네 스 떼르민?

수영장 언제 닫나요? Quand est-ce que la piscine ferme? 껑 에-스 끄 라 피씬느 페르므?

헬스장은 어디에 있나요? Où est la salle de sport? 우 에 라 살 드 스포흐?

자판기 어디에 있나요? Où est le distributeur? 우 에 르 디스트리뷔퇴르?

4 객실 용품 요청할 때

자주 쓰는 여행 단어

수건 serviette 세르비엣

비누 savon 사봉

칫솔 brosse à dents 브로스 아 덩

화장지 mouchoir en papier 무슈아 엉 빠삐에

베개 oreiller 오헬리에

드라이기 Sèche-cheveux 세슈-슈보

침대 시트 dessus-de-lit 데쉬 드 리

여행 회화

수건 받을 수 있나요? Je peux avoir une serviette? 쥬 쁘 아부아 윈 세르비엣 ?

비누 받을 수 있나요? Je peux avoir un savon? 쥬 쁘 아부아 엉 사봉 ?

칫솔 하나 더 주세요. Une brosse à dents, s'il vous plaît. 윈 브로스 아 덩, 실부쁠레

베개 하나 더 받을 수 있나요? Je peux avoir un oreiller de plus? 쥬 쁘 아부아 엉 오헬리에 드 쁠뤼?

드라이기가 어디 있나요? Où est le sèche-cheveux? 우 에 르 세슈-슈보.

침대 시트 바꿔줄 수 있나요? Est-ce que vous pouvez changer le dessus-de-lit? 에-스 끄 부 뿌베 샹제 르 데쉬 드 리?

5 기타 서비스 요청할 때

자주 쓰는 여행 단어

룸 서비스 service de chambre 세흐비스 드 샹브르
주문하다 commander 꼬멍데
청소하다 nettoyer 네뚜아이예
세탁 서비스 service de blanchisserie 세흐비스 드 블렁쉬스리
에어컨 climatiseur 클리마티죄르
휴지 papier toilette 빠삐에 뚜알렛
냉장고 frigo 프리고

여행 회화

룸서비스 되나요? Vous avez un service de chambre? 부 자베 엉 세흐비스 드 샹브르?
샌드위치를 주문하고 싶어요. Je veux commander des sandwichs. 쥬 부 꼬멍데 데 상드위치.
객실을 청소해 줄 수 있나요? Vous pouvez nettoyer ma chambre? 부 뿌베 네투아이예 마 샹브르?
7시에 모닝콜 해 주세요 Réveillez-moi à sept heures, s'il vous plaît. 헤베이에-모아 아 세퇴르, 실부쁠레.
세탁 서비스 되나요? Vous avez un service de blanchisserie? 부 자베 엉 세흐비스 드 블렁쉬스리?
히터 좀 확인해 줄 수 있나요? Vous pouvez vérifier le chauffage? 부 뿌베 베리피에 르 쇼파쥬?

5 불편사항 말할 때

자주 쓰는 여행 단어

고장난 ne fonctionne pas 느 퐁시온 빠
온수 eau chaude 오 쇼
수압 pression de l'eau 프레시옹 들 로
변기 toilette 뚜알렛
귀중품 objets de valeur 오브제 드 발뢰르
더운 chaud 쇼
추운 froid 프흐와
시끄러운 bruyant 브뤼양

여행 회화

에어컨이 작동하지 않아요. Le climatiseur ne fonctionne pas. 르 클리마티죄르 느 퐁시온 빠.
온수가 안 나와요. Il n'y a plus d'eau chaude. 일 니 아 플뤼 도 쇼드.
수압이 낮아요. La pression de l'eau est faible. 라 플레숑 들 로 에 페블.
변기 물이 안 내려가요. Les toilettes ne tirent pas. 레 뚜알렛 느 티렁 빠.
귀중품을 잃어버렸어요. J'ai perdu mes objets de valeur. 재 뻬르뒤 메 조브제 드 발뢰르.
방이 너무 추워요. Il fait trop froid dans ma chambre. 일 페 트로 프흐와 당 마 샹브르.

08 식당에서

1 예약할 때

자주 쓰는 여행 단어

예약하다 réserver 레제르베
자리 table 따블
아침 식사 petit-déjeuner 쁘띠-데쥬네
점심 식사 déjeuner 데쥬네
저녁 식사 diner 디네
예약을 취소하다 annuler une réservation 아뉠레 윈 레제르바시옹
주차장 parking 파킹

여행 회화

자리 예약하고 싶어요. Je veux réserver une table. 쥬 브 레제르베 윈 따블.
저녁 식사 예약하고 싶어요. Je veux réserver une table pour le dîner. 쥬 브 레제르베 윈 따블 뿌 르 디네.
3명 자리 예약하고 싶어요. Je veux réserver une table pour trois. 쥬 브 레제르베 윈 따블 뿌 투아.
000 이름으로 예약했어요. J'ai une réservation sous le nom de 000. 재 윈 레제르바시옹 수 르 농 드 000.
예약 취소하고 싶어요. Je veux annuler ma réservation. 쥬 브 아뉠레 마 레제르바시옹.
주차장이 있나요? Vous avez un parking? 부 자베 엉 파킹?

2 주문할 때

자주 쓰는 여행 단어

메뉴판 carte/menu 꺄뜨/메뉘
주문하다 commander 꼬멍데
추천 recommendation 헤꼬멍다시옹
스테이크 steak 스텍
해산물 Fruit de mer 프뤼 드 메르
짠 salé 쌀레
매운 piquant 삐껑
음료 boisson 부아쏭

여행 회화

메뉴판 볼 수 있나요? Est-ce que je peux voir le menu? 에-스 끄 쥬 쁘 부아 르 메뉴?
지금 주문할게요. Je veux commander maintenant. 쥬 브 꼬멍데 맹트넝.
추천해줄 수 있나요? Vous avez des recommandations? 부 자베 데 레꼬멍다씨옹.
이걸로 주세요. Celui-là s'il-vous-plaît. 셀뤼-라, 씰 부 쁠래.
스테이크 하나 주시겠어요? Je voudrais un steak. 쥬 부드래 엉 스텍.
스테이크는 중간 정도로 해주세요. A point, s'il-vous-plaît. 아 뿌앙, 씰 부 쁠래.

3 식당 서비스 요청할 때

자주 쓰는 여행 단어

정리하다 ranger 헝제
접시 plat 쁠라
떨어뜨리다 faire tomber 페흐 똥베
칼 couteau 꾸또
데우다 chauffer 쇼페
잔 verre 베르
휴지 serviette 세르비엣
아기 의자 chaise haute 셰즈 오뜨

여행 회화

테이블 좀 정리해줄 수 있나요? Vous pouvez ranger la table? 부 뿌베 헝제 라 따블?
나이프를 떨어뜨렸어요. J'ai fait tomber mon couteau. 재 페 똥베 몽 꾸또.
냅킨이 없어요. Il n'y a pas de serviette. 일 니아 빠 드 세르비엣.
아기 의자 있나요? Vous avez une chaise haute? 부 자베 윈 쉐즈 오뜨?
이것 좀 데워줄 수 있나요? Vous pouvez le réchauffer? 부 뿌베 르 헤쇼페?

4 불만사항 말할 때

자주 쓰는 여행 단어

너무 익은 trop cuit 트로 뀌
덜 익은 pas assez cuit 빠 자세 뀌
요리 plat 쁠라
음료 boisson 부아쏭
짠 salé 쌀레
싱거운 fade 파드

여행 회화

실례합니다. S'il vous plaît. 씰 부 쁠래.
이것은 덜 익었어요. C'est pas assez cuit. 쎄 빠 자쎄 뀌.
메뉴가 잘못 나왔어요. Ce n'est pas ce que j'ai commandé. 쓰 네 빠 스 끄 재 꼬멍데.
제 음료를 못 받았어요. Je n'ai pas pris mon verre. 쥬 네 빠 프리 몽 베르.
이것은 너무 짜요. C'est trop salé. 쎄 트로 쌀레.
새 것을 받을 수 있나요? Je peux avoir un nouveau? 쥬 쁘 아부아 엉 누보?

5 계산할 때

자주 쓰는 여행 단어

계산서 L'addition 라디씨옹
지불하다 payer 빼예
현금 espèces 에스뻬스
신용카드 carte de crédit 꺄흐뜨 드 크레디
잔돈 monnaie 모내

여행 회화

계산서 주세요. L'addition, s'il vous plaît. 라디씨옹, 씰 부 쁠래.
따로 계산해 주세요. Je voudrais payer séparément. 쥬 부드레 빼예 세빠레멍?
신용카드로 지불할 수 있나요? Je peux payer par carte de crédit? 쥬 쁘 빼예 빠 꺄흐뜨 드 크레디?
현금으로 낼게요. Je vais payer en espèces. 쥬 배 빼예 어 네스페스.

6 패스트푸드 주문할 때

자주 쓰는 여행 단어

세트 menu 메뉘
햄버거 burger 버거
감자튀김 frites 프리뜨
케첩 ketchup 켓첩
추가의 supplémentaire 쉬쁠레멍떼흐
콜라 coke 코크
리필 refill 뤼필
포장 emporter 엉뽀흐떼

여행 회화

세트 메뉴 주세요. Je prends le menu. 쥬 프렁 르 메뉴

햄버거만 하나 주세요. Un burger, s'il vous plaît. 엉 버거, 씰 부 쁠래.

치즈 추가해 주세요. Je peux avoir du fromage supplémentaire? 쥬 쁘 아부아 뒤 프로마쥬 쉬플레멍테흐?

여기서 먹을 거예요. Sur place. 쉬흐 쁠라쓰.

포장해 주세요. Emporter s'il vous plaît. 엉뽀흐떼, 씰부쁠래

7 커피 주문할 때

자주 쓰는 여행 단어

아메리카노 Americano/café allongé 아메리카노/까페 알롱제

라떼 latte/café au lait 라떼/까페오레

차가운 froid 프후아

작은 petit 쁘띠

중간 moyen 므와옝

큰 grand 그헝

두유 lait de soja 래 드 소자

여행 회화

차가운 아메리카노 한 잔 주세요. Un americano glacé, s'il vous plaît. 어나메리카노 글라쎄, 씰 부 쁠래.

작은 사이즈 라떼 한 잔 주세요. Je voudrais un petit café au lait. 쥬 부드레 엉 쁘띠 카페 오 래.

두유 라떼 한 잔 주세요. Je voudrais un latte de soja. 쥬 부드레 엉 라떼 드 소자.

얼음 더 넣어 주시겠어요? Vous pouvez ajouter plus de glaçon? 부 뿌베 아주떼 쁠뤼 드 글라쏭?

09 관광할 때

1 관람권 구매할 때

자주 쓰는 여행 단어

표 billet 비예

입장료 tarif 따리프

공연 spectacle 스펙따끌

인기 있는 populaire 포퓔레흐

뮤지컬 comédie musicale 꼬메디 뮈지깔

다음 공연 prochain spectacle 프로쉔 스펙따끌

좌석 place 쁠라스

매진된 épuisé 에쀠제

여행 회화

표 얼마예요? Combien ça coûte le billet? 꼬멍 싸 꾸뜨 르 비예.

표 2장 주세요. Deux billets, s'il vous plaît. 두 비예, 씰 부 쁠래.

어른 3장, 어린이 1장 주세요. Trois adultes et un enfant, s'il vous plaît. 트와 아될뜨 에 어넝펑, 씰 부 쁠래.

가장 인기 있는 공연이 뭐예요? Quelle est la comedie musicale la plus populaire? 껠 레 라 코메디 뮈지깔 라 쁠뤼 포퓔레흐?

공연 언제 시작하나요? Quand est-ce que le spectacle commence? 껑 에-스 끄 르 스펙따끌 꼬멍스?

매진인가요? C'est épuisé? 쎄 에퓌제?

2 투어 예약 및 취소할 때

자주 쓰는 여행 단어

투어를 예약하다 une visite guidée 레제르베 윈 비짓 기데
시내 투어 visite guidée de la ville 비짓 기데 들라 빌
박물관 투어 visite guidée du musée 비짓 기데 뒤 뮤제
버스 투어 visite en bus 비짓 엉 뷔스
취소하다 annuler 아뉠레
바꾸다 changer 샹제
환불 remboursement 헝부흐쓰멍

여행 회화

시내 투어 예약하고 싶어요. Je veux réserver une visite guidée de la ville. 쥬 브 레제르베 윈 비짓 기데 들라 빌
이 투어 얼마예요? Combien ça coûte la visite? 꽁비엉 싸 꾸뜨 라 비짓?
투어 몇 시에 시작해요? À quelle heure commence la visite? 아 껠뤠흐 꼬멍스 라 비짓?
투어 몇 시에 끝나요? À quelle heure finit la visite? 아 껠뤠흐 퓌니 라 비짓?
투어 취소할 수 있나요? Je peux annuler la visite? 쥬 쁘 아뉠레 라 비짓?
환불 받을 수 있나요? Je peux avoir un remboursement? 쥬 쁘 아부아 엉 헝부흐쓰멍?

3 식당 서비스 요청할 때

자주 쓰는 여행 단어

추천하다 conseiller 꽁쎄이예
관광 Visite touristique 비짓 뚜흐리스티끄
관광 정보 information touristique 앵포마씨옹 뚜흐리스티끄
시내 지도 Plan de la ville 쁠렁 들 라 빌
관광 안내 책자 brochure touristique 브로쉬 뚜흐리스티끄
시간표 horaire 오해
가까운 역 la station la plus proche 라 스따시옹 라 쁠뤼 프로슈
예약하다 réserver 헤제르베

여행 회화

관광으로 무엇을 추천하시나요? Qu'est-ce que vous conseillez pour la visite touristique? 께-스 끄 부 꽁쎄이예 뿌 라 비짓 뚜흐리스티끄?
시내 지도 받을 수 있나요? Je peux avoir un plan de la ville? 쥬 쁘 아부아 엉 쁠렁 들 라 빌?
관광 안내 책자 받을 수 있나요? Je peux avoir une brochure touristique? 쥬 쁘 아부아 윈 브로쉬 뚜흐리스티끄?
버스 시간표 받을 수 있나요? Je peux avoir un horaire de bus? 쥬 쁘 아부아 어 노해 드 뷔스?
가장 가까운 역이 어디예요? Où est la station la plus proche? 우 에 라 스따시옹 라 쁠뤼 프로슈?
거기에 어떻게 가나요? Comment j'y vais? 꼬멍 지 배?

4 관광 명소 관람할 때

자주 쓰는 여행 단어

오디오 가이드 audioguide 오디오기드
가이드 투어 Visite guidée 비짓 기데
입구 entrée 엉트레
출구 sortie 쏘흐띠
기념품 가게 boutique de souvenir 부띡 드 수브니흐
기념품 souvenir 수브니흐

여행 회화

오디오 가이드 빌릴 수 있나요? Je peux avoir un audioguide? 쥬 쁘 아부아 엉 오디오기드 ?

오늘 가이드 투어 있나요? Est-ce qu'il y a des visites guidées aujourd'hui? 에-스 낄 리 아 데 비짓 기데 오쥬흐뒤?

안내 책자 받을 수 있나요? Je peux avoir une brochure? 쥬 쁘 아부아 윈 브로슈?

출구는 어디인가요? Où est la sortie? 우 에 라 쏘흐띠?

기념품 가게는 어디인가요? Où est la boutique de souvenir? 우 에 라 부띡 드 수브니흐?

여기서 사진 찍어도 되나요? Je peux prendre des photos ici? 쥬 쁘 프렁드르 데 포토 이씨?

5 사진 촬영 부탁할 때

자주 쓰는 여행 단어

사진을 찍다 prendre des photos 프렁드르 데 포토

누르다 appuyer 아쀠예

버튼 bouton 부똥

배경 fond 퐁

플래시 flash 플라쉬

셀카 selfie 셀피

촬영 금지 pas de photo 빠 드 포토

여행 회화

사진 좀 찍어 주실 수 있나요? Vous pouvez prendre une photo? 부 뿌베 프렁드르 윈 포토?

이 버튼 누르시면 돼요. Appuyez sur ce bouton, s'il vous plaît. 아쀠예 쉬 스 부똥, 씰 부 쁠래.

한 장 더 부탁드려요. Encore une photo, s'il vous plaît. 엉꼬르 윈 포토, 씰 부 쁠래.

배경이 나오게 찍어주세요. Vous pouvez prendre une photo avec le fond? 부 뿌베 프렁드르 윈 포토 아벡 르 퐁?

제가 사진 찍어 드릴까요? Voulez-vous que je vous prenne une photo? 불레 부 끄 쥬 부 프렌 윈 포토?

플래시 사용할 수 있나요? Je peux utiliser le flash? 쥬 쁘 위틸리제 르 플라쉬?

10 쇼핑할 때

1 제품 문의할 때

자주 쓰는 여행 단어

제품 article 악띠끌

인기 있는 populaire 포퓰레흐

얼마 combien 꽁비엉

세일 solde 쏠드

선물 cadeau 꺄도

지역 특산품 spécialité locale 스페샬리떼 로깔

추천 conseil 꽁쎄이

여행 회화

가장 인기 있는 것이 뭐예요? Quel est le plus populaire? 껠 레 르 쁠뤼 포퓰레흐?

이 제품 있나요? Avez-vous cet article? 아베-부 세 딱띠끌?

이거 얼마예요? Combien ça coûte? 꽁비엉 싸 꾸뜨?

이거 세일하나요? Est-ce que c'est en solde? 에-스 끄 쎄 엉 쏠드?

스몰 사이즈 있나요? Avez-vous une petite taille? 아베-부 윈 쁘띠 따이?

선물로 뭐가 좋은가요? Quels sont les meilleurs cadeau? 껠 쏭 레 메이외르 꺄도?

2 착용할 때

자주 쓰는 여행 단어

사용해보다 essayer 에쎄이예
탈의실 cabine d'essayage 꺄빈 데세야쥬
다른 것 un autre 어 노트르
다른 색상 une autre couleur 위 노트르 쿨뢰
더 큰 것 plus grand 쁠뤼 그렁
더 작은 것 plus petit 쁠뤼 쁘띠
사이즈 taille 따이
좋아하다 aimer 에메

여행 회화

이거 입어볼 볼 수 있나요? Est-ce que je peux l'essayer? 에-스 끄 쥬 프 레세예?
이거 사용해 볼 수 있나요? Est-ce que je peux essayer ça? 에-스 끄 쥬 프 에세예 싸?
탈의실은 어디인가요? Où est la cabine d'essayage? 우 에 라 꺄빈 데세예?
다른 색상 착용해 볼 수 있나요? Est-ce que je peux essayer une autre couleur? 에-스 끄 쥬 쁘 에세예 위 노트르?
더 큰 것 있나요? Vous en avez un plus grand? 부 저 나베 엉 쁠뤼 그렁?
이거 마음에 들어요. J'aime bien celui-ci. 쥄 비엉 쎌뤼-씨.

3 가격 문의 및 흥정할 때

자주 쓰는 여행 단어

얼마 combien 꽁비엉
가방 sac 싹
세금 환급 détaxe 데딱스
비싼 cher 쉐흐
할인 réduction 헤뒥숑
쿠폰 coupon 꾸퐁
더 저렴한 것 moins cher 무앙 쉐흐
더 저렴한 가격 prix plus bas 프리 쁠뤼 바

여행 회화

이 가방 얼마예요? Combien coûte ce sac? 꽁비엉 꾸뜨 스 싹?
나중에 세금 환급 받을 수 있나요? Est-ce que je peux avoir le remboursement des taxes plus tard?
에-스 끄 쥬 쁘 아부아 르 헝북스멍 데 딱스 쁠뤼 따흐?
너무 비싸요. C'est trop cher. 쎄 트로 쉐흐.
할인 받을 수 있나요? Est-ce que je peux avoir une réduction? 에-스 끄 쥬 쁘 아부아 윈 헤뒥숑?
이 쿠폰 사용할 수 있나요? Est-ce que je peux utiliser ce coupon? 에-스 끄 쥬 쁘 위틸리제 쓰 쿠퐁?
더 저렴한 거 있나요? Vous en avez un moins cher? 부 저 나베 엉 무엉 쉐흐?

4 계산할 때

자주 쓰는 여행 단어

총 total 토딸
지불하다 payer 뻬예
신용 카드 carte de crédit 꺄흐뜨 드 크레디
체크 카드 carte bancaire 꺄흐뜨 벙깨흐
현금 espèces 에스뻬스
할부로 결제하다 payer en plusieurs fois 뻬예 엉 플뤼쥐르 푸아
일시불로 결제하다 payer en totalité 뻬예 엉 토탈리떼

여행 회화

총 얼마예요? Ça fait combien en tout? 싸 페 꽁비엉 엉 뚜?

신용 카드로 지불할 수 있나요? Est-ce que je peux payer par carte de crédit? 에-스 끄 쥬 쁘 뻬예 빠 꺄흐뜨 드 크레디?

현금으로 지불할 수 있나요? Est-ce que je peux payer en espèces? 에-스 끄 쥬 쁘 뻬예 어 네스뻬스?

영수증 주세요. Reçu, s'il vous plaît. 흐쉬, 실 부 쁠래.

할부로 결제할 수 있나요? Est-ce que je peux payer en plusieurs fois? 에-스 끄 쥬 쁘 뻬예 엉 쁠뤼쥐르 푸아?

일시불로 결제할 수 있나요? Est-ce que je peux payer en totalité? 에-스 끄 쥬 쁘 뻬예 엉 토탈리떼?

5 포장 요청할 때

자주 쓰는 여행 단어

포장하다 emballer 엉발레

뽁뽁이로 포장하다 emballer avec du papier bulle 엉발레 아벡 뒤 빠삐에 뷜

따로 séparément 쎄빠레멍

선물 포장 emballage cadeau 엉발라쥬 꺄도

상자 boîte 부아뜨

쇼핑백 sac en papier 싹 엉 빠삐에

비닐봉지 sac plastique 싹 플라스틱

깨지기 쉬운 fragile 프라질

여행 회화

포장은 얼마예요? Combien ça coûte pour l'emballage? 꽁비엉 싸 꾸뜨 뿌 렁발라쥬?

이거 포장해줄 수 있나요? Pouvez-vous emballer cela? 뿌베-부 엉발레 슬라?

뽁뽁이로 포장해줄 수 있나요? Pouvez-vous l'emballer avec du papier bulle? 뿌베-부 렁발레 아벡 뒤 빠삐에 뷜?

따로 포장해줄 수 있나요? Pouvez-vous les emballer séparément? 뿌베-부 레 정발레 쎄빠레멍?

선물 포장해 줄 수 있나요? Pouvez-vous l'emballer comme un cadeau? 뿌베-부 렁발레 꼼 엉 꺄도?

쇼핑백에 담아주세요. Mettez-le dans un sac en papier, s'il vous plaît. 메떼-르 덩 정 싹 엉 빠삐에, 씰 부 쁠래.

6 교환•환불할 때

자주 쓰는 여행 단어

교환하다 échanger 에샹제

반품하다 retourner 르뚜흐네

환불 remboursement 헝부흐쓰멍

다른 것 un autre 어 노트르

영수증 reçu 흐쒸

지불하다 payer 뻬예

사용하다 utiliser 위틸리제

작동하지 않는 ne marche pas 느 막슈 빠

여행 회화

교환할 수 있나요? Est-ce que je peux l'échanger? 에-스 끄 쥬 쁘 레샹제?

환불 받을 수 있나요? Est-ce que je peux avoir un remboursement? 에-스 끄 쥬 쁘 아부아 엉 헝북스멍?

영수증을 잃어버렸어요. J'ai perdu mon reçu. 쟤 뻬흐뒤 몽 르쉬.

현금으로 계산했어요. J'ai payé en espèces. 쟤 뻬예 어 네스뻬스.

사용하지 않았아요. Je ne l'ai pas utilisé. 쥬 느 레 빠 위틸리제.

이것은 작동하지 않아요. Ça ne marche pas. 싸 느 막슈 빠.

❶ 아프거나 다쳤을 때

자주 쓰는 여행 단어

약국 pharmacie 파흐마씨

병원 hôpital 오삐딸

아픈 malade 말라드

다치다 blesser 블레쎄

두통 mal de tête 말 드 떼뜨

복통 mal à l'estoma 말 아 레스또마

인후염 mal de gorge 말 드 고흐쥬

열 fièvre 퓌에브르

어지러운 vertigineux 베흐띠지노

토하다 vomir 보미흐

여행 회화

가까운 병원은 어디인가요? Où est l'hôpital le plus proche? 우 에 로삐딸 르 쁠뤼 프로슈?

응급차를 불러줄 수 있나요? Pouvez-vous appeler une ambulance? 뿌베-부 자쁠레 윈 앙뷜렁스.

무릎을 다쳤어요. J'ai mal au genou. 재 말 오 즈노.

배가 아파요. J'ai mal à l'estomac. 재 말 아 레스또마.

어지러워요. J'ai le vertige. 재 르 베흐띠쥬.

토할 것 같아요. J'ai envie de vomir. 재 엉비 드 보미흐

❷ 분실·도난 신고할 때

자주 쓰는 여행 단어

경찰서 poste de police 포스트 드 폴리스

분실하다 perdu 뻬흐뒤

휴대폰 téléphone portable 텔레폰 뽀흐따블

지갑 portefeuille 포흐뜨푀이

여권 passeport 파스뽀흐

신고하다 déclarer 데끌라레

도난 vol 볼

훔친 volé 볼레

귀중품 objets de valeur 오브제 드 발뢰르

한국 대사관 Ambassade de Corée du sud 엉바싸드 드 꼬레 뒤 쉬드

여행 회화

가장 가까운 경찰서가 어디인가요? Où se trouve le poste de police le plus proche? 우 스 트루브 르 포스트 드 폴리스 르 쁠뤼 프로슈?

제 여권을 분실했어요. J'ai perdu mon passeport. 쟤 뻬흐뒤 몽 파스포흐.

이걸 어디에 신고해야 하나요? Où je dois déclarer cela? 우 쥬 두아 데끌라레 슬라?

제 가방을 도난당했어요. Mon sac est volé. 몽 싹 에 볼레.

분실물 보관소는 어디인가요? Où se trouve le bureau des objets trouvés? 우 스 트루브 르 뷔로 데 조브제 트루베.

한국 대사관에 연락해 주세요. Veuillez appeler l'ambassade de Corée du sud. 브이예 아쁠레 렁바싸드 드 꼬레 뒤 쉬드.

PART 14

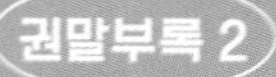
권말부록 2

실전에 꼭 필요한 여행 영어

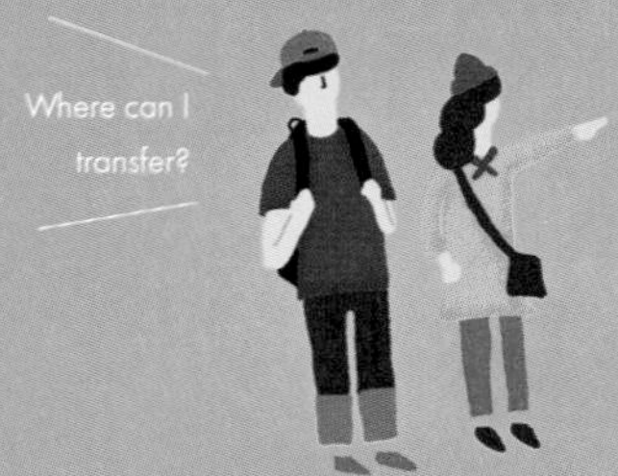
Where can I
transfer?

이것만은 꼭! 여행 영어 패턴 10

1 ~주세요. ~ please. 플리즈
영수증 주세요. Receipt, please. 뤼씨트, 플리즈.
닭고기 주세요. Chicken, please. 취킨, 플리즈.

2 어디인가요? Where is ~? 웨얼 이즈
화장실이 어디인가요? Where is the toilet? 웨얼 이즈 더 토일렛?
버스 정류장이 어디인가요? Where is the bus stop? 웨얼 이즈 더 버쓰 스탑?

3 얼마예요? How much ~? 하우 머취
이건 얼마예요? How much is this? 하우 머취 이즈 디스?
전부 얼마예요? How much is the total? 하우 머취 이즈 더 토털?

4 ~하고 싶어요. I want to ~. 아이 원트 투
룸서비스를 주문하고 싶어요. I want to order room service. 아이 원트 투 오더 룸 썰비쓰.
택시 타고 싶어요. I want to take a taxi. 아이 원트 투 테이크 어 택시.

5 ~할 수 있나요? Can I/you ~? 캔 아이/유
펜 좀 빌릴 수 있나요? Can I borrow a pen? 캔 아이 바로우 어 펜?
영어로 말할 수 있나요? Can you speak English? 캔 유 스피크 잉글리쉬?

6 저는 ~ 할게요. I'll ~. 아윌
저는 카드로 결제할게요. I'll pay by card. 아윌 페이 바이 카드.
저는 2박 묵을 거예요. I'll stay for two nights. 아윌 스테이 포 투 나잇츠.

7 ~은 무엇인가요? What is ~? 왓 이즈
이것은 무엇인가요? What is it? 왓 이즈 잇?
다음 역은 무엇인가요? What is the next station? 왓 이즈 더 넥쓰트 스테이션?

8 ~ 있나요? Do you have~? 두유 해브
다른 거 있나요? Do you have another one? 두유 해브 어나덜 원?
자리 있나요? Do you have a table? 두유 해브 어 테이블?

9 이건 ~인가요? Is ~? 이즈 디스
이 길이 맞나요? Is this the right way? 이즈 디스 더 롸잇 웨이?
이것은 여성용/남성용인가요? Is this for women/men? 이즈 디스 포 위민/맨?

10 이건 ~예요. It's ~. 잇츠
이건 너무 비싸요. It's too expensive. 잇츠 투 익쓰펜시브.
이건 짜요. It's salty. 잇츠 썰티.

1 탑승 수속할 때

자주 쓰는 여행 단어

여권 passport 패쓰포트
탑승권 boarding pass 볼딩 패쓰
창가 좌석 window seat 윈도우 씻
복도 좌석 aisle seat 아일 씻
앞쪽 좌석 front row seat 프뤈트 로우 씻
무게 weight 웨잇
추가 요금 extra charge 엑쓰트라 차알쥐
수하물 baggage/luggage 배기쥐/러기쥐

여행 회화

여기 제 여권이요. Here is my passport. 히얼 이즈 마이 패쓰포트.
창가 좌석을 받을 수 있나요? Can I have a window seat? 캔 아이 해브 어 윈도우 씻?
앞쪽 좌석을 받을 수 있나요? Can I have a front row seat? 캔 아이 해브 어 프뤈트 로우 씻?
무게 제한이 얼마인가요? What is the weight limit? 왓 이즈 더 웨잇 리미트?
추가 요금이 얼마인가요? How much is the extra charge? 하우 머취 이즈 디 엑쓰트라 차알쥐?
13번 게이트가 어디인가요? Where is gate thirteen? 웨얼 이즈 게이트 떨틴?

2 보안 검색 받을 때

자주 쓰는 여행 단어

액체류 liquids 리퀴즈
주머니 pocket 포켓
전화기 phone 폰
노트북 laptop 랩탑
모자 hat 햇
벗다 take off 테이크 오프
임신한 pregnant 프레그넌트
가다 go 고우

여행 회화

저는 액체류 없어요. I don't have any liquids. 아이 돈 해브 애니 리퀴즈.
주머니에 아무것도 없어요. I have nothing in my pocket. 아이 해브 낫띵 인 마이 포켓.
제 백팩에 노트북이 있어요. I have a laptop in my backpack. 아이 해브 어 랩탑 인 마이 백팩.
모자를 벗어야 하나요? Should I take off my hat? 슈드 아이 테이크 오프 마이 햇?
저 임신했어요. I'm pregnant. 아임 프레그넌트.
이제 가도 되나요? Can I go now? 캔 아이 고우 나우?

3 면세점 이용할 때

자주 쓰는 여행 단어

면세점 duty-free shop 듀티프뤼 샵
화장품 cosmetics 코스메틱스
향수 perfume 퍼퓸
가방 bag 백
선글라스 sunglasses 썬글래씨스
담배 cigarette 씨가렛
주류 alcohol 알코홀
계산하다 pay 페이

여행 회화

얼마예요? How much is it? 하우 머치 이즈 잇?

이 가방 있나요? Do you have this bag? 두유 해브 디스 백?

이걸로 할게요. I'll take this one. 아윌 테이크 디스 원.

이 쿠폰을 사용할 수 있나요? Can I use this coupon? 캔 아이 유즈 디스 쿠펀?

여기 있어요. Here you are. 히얼 유 얼.

이걸 기내에 가지고 탈 수 있나요? Can I carry this on board? 캔 아이 캐뤼 디스 온 볼드?

4 비행기 탑승할 때

자주 쓰는 여행 단어

탑승권 boarding pass 볼딩 패스

좌석 seat 씻

좌석 번호 seat number 씻 넘버

일등석 first class 펄스트 클래쓰

일반석 economy class 이코노미 클래쓰

안전벨트 seatbelt 씻벨트

바꾸다 change 췌인쥐

마지막 탑승 안내 last call 라스트 콜

여행 회화

제 자리는 어디인가요? Where is my seat? 웨얼 이즈 마이 씻?

여긴 제 자리입니다. This is my seat. 디스 이즈 마이 씻.

좌석 번호가 몇 번이세요? What is your seat number? 왓 이즈 유어 씻 넘벌?

자리를 바꿀 수 있나요? Can I change my seat? 캔 아이 췌인지 마이 씻?

가방을 어디에 두어야 하나요? Where should I put my baggage? 웨얼 슈드 아이 풋 마이 배기쥐?

제 좌석을 젖혀도 될까요? Do you mind if I recline my seat? 두 유 마인드 이프 아이 뤼클라인 마이 씻?

5 기내 서비스 요청할 때

자주 쓰는 여행 단어

간식 snacks 스낵쓰

맥주 beer 비얼

물 water 워럴/워터

담요 blanket 블랭킷

식사 meal 미일

닭고기 chicken 취킨

생선 fish 퓌쉬

비행기 멀미 airsick 에얼씩

여행 회화

간식 좀 먹을 수 있나요? Can I have some snacks? 캔 아이 해브 썸 스낵쓰?

물 좀 마실 수 있나요? Can I have some water? 캔 아이 해브 썸 워럴?

담요 좀 받을 수 있나요? Can I get a blanket? 캔 아이 겟 어 블랭킷?

식사는 언제인가요? When will the meal be served? 웬 윌 더 미일 비 설브드?

닭고기로 할게요. Chicken, please. 취킨, 플리즈.

비행기 멀미가 나요. I feel airsick. 아이 퓔 에얼씩.

6 기내 기기/시설 문의할 때

자주 쓰는 여행 단어

등 light 라이트
작동하지 않는 not working 낫 월킹
화면 screen 스크린
음량 volume 볼륨
영화 movies 무비쓰
좌석 seat 씻
눕히다 recline 뤼클라인
화장실 toilet 토일렛

여행 회화

등을 어떻게 켜나요? How do I turn on the light? 하우 두 아이 턴온 더 라이트?
화면이 안 나와요. My screen is not working. 마이 스크린 이즈 낫 월킹
음량을 어떻게 높이나요? How can I turn up the volume? 하우 캔 아이 턴업 더 볼륨?
영화 보고 싶어요. I want to watch movies. 아이 원트 투 워치 무비쓰.
제 좌석을 어떻게 눕히나요? How do I recline my seat? 하우 두 아이 뤼클라인 마이 씻?
화장실이 어디인가요? Where is the toilet? 웨얼 이즈 더 토일렛?

7 환승할 때

자주 쓰는 여행 단어

환승 transfer 트뤤스풔
탑승구 gate 게이트
탑승 boarding 볼딩
연착 delay 딜레이
편명 flight number 플라이트 넘벌
갈아탈 비행기 connecting flight 커넥팅 플라이트
쉬다 rest 뤠스트
기다리다 wait 웨이트

여행 회화

어디에서 환승할 수 있나요? Where can I transfer? 웨얼 캔 아이 트뤤스풔?
몇 번 탑승구로 가야 하나요? Which gate should I go to? 위취 게이트 슈드 아이 고우 투?
탑승은 몇 시에 시작하나요? What time does the boarding begin? 왓 타임 더즈 더 볼딩 비긴?
화장실은 어디에 있나요? Where is the toilet? 웨얼 이즈 더 토일렛?
제 비행기 편명은 ooo입니다. My flight number is ooo. 마이 플라이트 넘벌 이즈 ooo.
라운지는 어디에 있나요? Where is the lounge? 웨얼 이즈 더 라운지?

8 입국 심사받을 때

자주 쓰는 여행 단어

방문하다 visit 비짓
여행 traveling 트뤠블링
관광 sightseeing 싸이트씨잉
출장 business trip 비즈니스 트립
왕복 티켓 return ticket 뤼턴 티켓
지내다, 머무르다 stay 스테이
일주일 a week 어 위크
입국 심사 immigration 이미그뤠이션

여행 회화

방문 목적이 무엇인가요? What is the purpose of your visit? 왓 이즈 더 펄포스 오브 유얼 비짓?
여행하러 왔어요. I'm here for traveling. 아임 히어 포 트뤠블링.
출장으로 왔어요. I'm here for a business trip. 아임 히어 포 비즈니스 트립.
왕복 티켓이 있나요? Do you have your return ticket? 두유 해브 유얼 뤼턴 티켓?
호텔에서 지낼 거예요. I'm going to stay at a hotel. 아임 고잉 투 스테이 앳 어 호텔.
일주일 동안 머무를 거예요. I'm staying for a week. 아임 스테잉 포 어 위크.

02 교통수단

1 승차권 구매할 때

자주 쓰는 여행 단어

표 ticket 티켓
사다 buy 바이
매표소 ticket window 티켓 윈도우
발권기 ticket machine 티켓 머쉰
시간표 timetable 타임테이블
편도 티켓 single ticket 씽글 티켓
어른 adult 어덜트
어린이 child 촤일드

여행 회화

표 어디에서 살 수 있나요? Where can I buy a ticket? 웨얼 캔 아이 바이 어 티켓?
발권기는 어떻게 사용하나요? How do I use the ticket machine? 하우 두 아이 유즈 더 티켓 머쉰?
왕복 표 두 장이요. Two return tickets, please. 투 뤼턴 티켓츠, 플리즈.
어른 세 장이요. Three adults, please. 쓰리 어덜츠, 플리즈.
어린이는 얼마인가요? How much is it for a child? 하우 머취 이즈 잇 포 어 촤일드?
마지막 버스 몇 시인가요? What time is the last bus? 왓 타임 이즈 더 라스트 버스?

2 버스 이용할 때

자주 쓰는 여행 단어

버스를 타다 take a bus 테이크 어 버스
내리다 get off 겟 오프
버스표 bus ticket 버스 티켓
버스 정류장 bus stop 버스 스탑
버스 요금 bus fare 버스 풰어
이번 정류장 this stop 디스 스탑
다음 정류장 next stop 넥스트 스탑
셔틀 버스 shuttle bus 셔틀 버스

여행 회화

버스 어디에서 탈 수 있나요? Where can I take the bus? 웨얼 캔 아이 테이크 더 버스?
버스 정류장이 어디에 있나요? Where is the bus stop? 웨얼 이즈 더 버스 스탑?
이 버스 ooo로 가나요? Is this a bus to ooo? 이즈 디스 어 버스 투 ooo?
버스 요금이 얼마인가요? How much is the bus fare? 하우 머취 이즈 더 버스 풰어?
다음 정류장이 무엇인가요? What is the next stop? 왓 이즈 더 넥스트 스탑?
어디서 내려야 하나요? Where should I get off? 웨얼 슈드 아이 겟 오프?

③ 지하철·기차 이용할 때

자주 쓰는 여행 단어

지하철 metro 메트로
열차, 기차 train 트뤠인
타다 take 테이크
내리다 get off 겟 오프
노선도 line map 라인 맵
승강장 platform 플랫폼
역 station 스테이션
환승 transfer 트뤤스펄

여행 회화

지하철 어디에서 탈 수 있나요? Where can I take the metro?
웨얼 캔 아이 테이크 더 메트로?
이 열차 ooo로 가나요? Is this the train to ooo? 이즈 디스 더 트뤠인 투 ooo?
노선도 받을 수 있나요? Can I get the line map? 캔 아이 겟 더 라인 맵?
승강장을 못 찾겠어요. I can't find the platform. 아이 캔트 파인 더 플랫폼.
다음 역은 무엇인가요? What is the next station? 왓 이즈 더 넥쓰트 스테이션?
어디에서 환승하나요? Where should I transfer? 웨얼 슈드 아이 트뤤스펄?

④ 택시 이용할 때

자주 쓰는 여행 단어

택시를 타다 take a taxi 테이크 어 택씨
택시 정류장 taxi stand 택씨 스탠드
기본요금 minimum fare 미니멈 풰어
공항 airport 에어포트
트렁크 trunk 트뤙크
더 빠르게 faster 풰스털
세우다 stop 스탑
잔돈 change 췌인쥐

여행 회화

택시 어디서 탈 수 있나요? Where can I take a taxi? 웨얼 캔 아이 테이크 어 택씨?
기본요금이 얼마인가요? What is the minimum fare? 왓 이즈 더 미니멈 풰어?
공항으로 가주세요. To the airport, please. 투 디 에어포트, 플리즈.
트렁크 열어줄 수 있나요? Can you open the trunk, please? 캔 유 오픈 더 트뤙크, 플리즈?
저기서 세워줄 수 있나요? Can you stop over there? 캔 유 스탑 오버 데얼?
잔돈은 가지세요. You can keep the change. 유 캔 킵 더 췌인쥐.

⑤ 거리에서 길 찾을 때

자주 쓰는 여행 단어

주소 address 어드뤠쓰
거리 street 스트뤼트
모퉁이 corner 코널
골목 alley 앨리
지도 map 맵
먼 far 파
가까운 close 클로쓰
길을 잃은 lost 로스트

여행 회화

박물관에 어떻게 가나요? How do I get to the museum? 하우 두 아이 겟 투 더 뮤지엄?

모퉁이에서 오른쪽으로 도세요. Turn right at the corner. 턴 롸잇 앳 더 코널.

여기서 멀어요? Is it far from here? 이즈 잇 퐈 프롬 히얼?

길을 잃었어요. I'm lost. 아임 로스트.

이 건물을 찾고 있어요. I'm looking for this building. 아임 룩킹 포 디스 빌딩.

이 길이 맞나요? Is this the right way? 이즈 디스 더 롸잇 웨이?

 6 교통편 놓쳤을 때

자주 쓰는 여행 단어

비행기 flight 플라이트

놓치다 miss 미쓰

연착되다 delay 딜레이

다음 next 넥쓰트

기차, 열차 train 트뤠인

변경하다 change 췌인쥐

환불 refund 뤼풘드

기다리다 wait 웨이트

여행 회화

비행기를 놓쳤어요. I missed my flight. 아이 미쓰드 마이 플라이트.

제 비행기가 연착됐어요. My flight is delayed. 마이 플라이트 이즈 딜레이드.

다음 비행기는 언제예요? When is the next flight? 웬 이즈 더 넥쓰트 플라이트?

어떻게 해야 하나요? What should I do? 왓 슈드 아이 두?

변경할 수 있나요? Can I change it? 캔 아이 췌인쥐 잇?

환불받을 수 있나요? Can I get a refund? 캔 아이 겟 어 뤼풘드?

03 숙소에서

1 체크인할 때

자주 쓰는 여행 단어

체크인 check-in 췌크인

일찍 early 얼리

예약 reservation 뤠저베이션

여권 passport 패쓰포트

바우처 voucher 봐우처

추가 침대 extra bed 엑쓰트롸 베드

보증금 deposit 디파짓

와이파이 비밀번호 Wi-Fi password 와이파이 패스월드

여행 회화

체크인할게요. Check in, please. 췌크인 플리즈.

일찍 체크인할 수 있나요? Can I check in early? 캔 아이 췌크인 얼리?

예약했어요. I have a reservation. 아이 해브 어 뤠저베이션

여기 제 여권이요. Here is my passport. 히얼 이즈 마이 패쓰포트.

더블 침대를 원해요. I want a double bed. 아이 원트 어 더블 베드.

와이파이 비밀번호가 무엇인가요? What is the Wi-Fi password? 왓 이즈 더 와이파이 패스월드?

2 체크아웃할 때

자주 쓰는 여행 단어

체크아웃 check-out 췌크아웃

늦게 late 레이트

보관하다 keep 킵

짐 baggage 배기쥐

청구서 invoice 인보이쓰

요금 charge 차알쥐

추가 요금 extra charge 엑스트라 차알쥐

택시 taxi 택시

여행 회화

체크아웃할게요. Check out, please. 췌크아웃 플리즈.

체크아웃 몇 시예요? What time is check-out? 왓 타임 이즈 췌크아웃?

늦게 체크아웃할 수 있나요? Can I check out late? 캔 아이 췌크아웃 레이트?

늦은 체크아웃은 얼마예요? How much is it for late check-out? 하우 머취 이즈 잇 포 레이트 췌크아웃?

짐을 맡길 수 있나요? Can you keep my baggage? 캔 유 킵 마이 배기쥐?

청구서를 받을 수 있나요? Can I have an invoice? 캔 아이 해브 언 인보이쓰?

3 부대시설 이용할 때

자주 쓰는 여행 단어

식당 restaurant 뤠스터런트

조식 breakfast 브뤡퍼스트

수영장 pool 풀

헬스장 gym 쥠

스파 spa 스파

세탁실 laundry room 뤈드리 룸

자판기 vending machine 벤딩 머쉰

24시간 twenty-four hours 트웬티포 아워쓰

여행 회화

식당 언제 여나요? When does the restaurant open? 웬 더즈 더 뤠스터런트 오픈?

조식 어디서 먹나요? Where can I have breakfast? 웨얼 캔 아이 햅 브뤡퍼스트?

조식 언제 끝나요? When does breakfast end? 웬 더즈 브뤡퍼스트 엔드?

수영장 언제 닫나요? When does the pool close? 웬 더즈 더 풀 클로즈?

헬스장이 어디에 있나요? Where is the gym? 웨얼 이즈 더 쥠?

자판기 어디에 있나요? Where is the vending machine? 웨얼 이즈 더 벤딩 머쉰?

4 객실 용품 요청할 때

자주 쓰는 여행 단어

수건 towel 타월

비누 soap 쏩

칫솔 tooth brush 투쓰 브러쉬

화장지 tissue 티쓔

베개 pillow 필로우

드라이기 hair dryer 헤어 드롸이어

침대 시트 bed sheet 베드 쉬이트

여행 회화

수건 받을 수 있나요? Can I get a towel? 캔 아이 겟 어 타월?

비누 받을 수 있나요? Can I get a soap? 캔 아이 겟 어 솝?

칫솔 하나 더 주세요. One more toothbrush, please. 원 모어 투쓰 브러쉬, 플리즈.

베개 하나 더 받을 수 있나요? Can I get one more pillow? 캔 아이 겟 원 모어 필로우?

드라이기가 어디 있나요? Where is the hair dryer? 웨얼 이즈 더 헤어 드롸이어?

침대 시트 바꿔줄 수 있나요? Can you change the bed sheet? 캔 유 췌인쥐 더 베드 쉬이트?

5 기타 서비스 요청할 때

자주 쓰는 여행 단어

룸 서비스 room service 룸 썰비스

주문하다 order 오더

청소하다 clean 클린

모닝콜 wake-up call 웨이크업 콜

세탁 서비스 laundry service 뤈드리 썰비스

에어컨 air conditioner 에얼 컨디셔널

휴지 toilet paper 토일렛 페이퍼

냉장고 fridge 프리쥐

여행 회화

룸서비스 되나요? Do you have room service? 두 유 해브 룸 썰비스?

샌드위치를 주문하고 싶어요. I want to order some sandwiches. 아이 원트 투 오더 썸 쌘드위치스.

객실을 청소해 줄 수 있나요? Can you clean my room? 캔 유 클린 마이 룸?

7시에 모닝콜 해 줄 수 있나요? Can I get a wake-up call at 7? 캔 아이 겟 어 웨이크업 콜 앳 쎄븐?

세탁 서비스 되나요? Do you have laundry service? 두 유 해브 뤈드리 썰비스?

히터 좀 확인해 줄 수 있나요? Can you check the heater? 캔 유 췌크 더 히터?

6 불편사항 말할 때

자주 쓰는 여행 단어

고장난 not working 낫 월킹

온수 hot water 핫 워터

수압 water pressure 워터 프레슈어

변기 toilet 토일렛

귀중품 valuables 밸류어블즈

더운 hot 핫

추운 cold 콜드

시끄러운 noisy 노이지

여행 회화

에어컨이 작동하지 않아요. The air conditioner is not working. 디 에얼 컨디셔널 이즈 낫 월킹.

온수가 안 나와요. There is no hot water. 데얼 이즈 노 핫 워터.

수압이 낮아요. The water pressure is low. 더 워터 프레슈어 이즈 로우.

변기 물이 안 내려가요. The toilet doesn't flush. 더 토일렛 더즌트 플러쉬.

귀중품을 잃어버렸어요. I lost my valuables. 아이 로스트 마이 밸류어블즈.

방이 너무 추워요. It's too cold in my room. 잇츠 투 콜드 인 마이 룸.

04 식당에서

1 예약할 때

자주 쓰는 여행 단어

예약하다 book 북
자리 table 테이블
아침 식사 breakfast 브뤡퍼스트
점심 식사 lunch 런취
저녁 식사 dinner 디너
예약하다 make a reservation 메이크 어 뤠저붸이션
예약을 취소하다 cancel a reservation 캔쓸 어 뤠저붸이션
주차장 parking lot/car park 파킹 랏/카 파크

여행 회화

자리 예약하고 싶어요. I want to book a table. 아이 원트 투 북 어 테이블.
저녁 식사 예약하고 싶어요. I want to book a table for dinner. 아이 원트 투 북 어 테이블 포 디너.
3명 자리 예약하고 싶어요. I want to book a table for three. 아이 원트 투 북 어 테이블 포 뜨리.
000 이름으로 예약했어요. I have a reservation under the name of 000. 아이 해브 어 뤠저붸이션 언덜 더 네임 오브 000.
예약 취소하고 싶어요. I want to cancel my reservation. 아이 원트 투 캔쓸 마이 뤠저붸이션.
주차장이 있나요? Do you have a parking lot? 두 유 해브 어 파킹 랏?

2 주문할 때

자주 쓰는 여행 단어

메뉴판 menu 메뉴
주문하다 order 오더
추천 recommendation 뤠커멘데이션
스테이크 steak 스테이크
해산물 seafood 씨푸드
짠 salty 쏠티
매운 spicy 스파이씨
음료 drink 드링크

여행 회화

메뉴판 볼 수 있나요? Can I see the menu? 캔 아이 씨 더 메뉴?
지금 주문할게요. I want to order now. 아이 원트 투 오더 나우.
추천해줄 수 있나요? Do you have any recommendations? 두 유 해브 애니 뤠커멘데이션스?
이걸로 주세요. This one, please. 디스 원 플리즈.
스테이크 하나 주시겠어요? Can I have a steak? 캔 아이 해브 어 스테이크?
제 스테이크는 중간 정도로 익혀주세요. I want may steak medium, please. 아이 원트 마이 스테이크 미디엄, 플리즈.

3 식당 서비스 요청할 때

자주 쓰는 여행 단어

닦다 wipe down 와이프 다운
접시 plate 플레이트
떨어뜨리다 drop 드롭
칼 knife 나이프
데우다 heat up 힛 업
잔 glass 글래쓰
휴지 napkin 냅킨
아기 의자 high chair 하이 췌어

여행 회화

이 테이블 좀 닦아줄 수 있나요? Can you wipe down this table? 캔 유 와이프 다운 디스 테이블?

접시 하나 더 받을 수 있나요? Can I get one more plate? 캔 아이 겟 원 모얼 플레이트?

나이프를 떨어뜨렸어요. I dropped my knife. 아이 드롭트 마이 나이프.

냅킨이 없어요. There is no napkin. 데얼 이즈 노우 냅킨.

아기 의자 있나요? Do yon have a high chair? 두 유 해브 어 하이 췌어?

이것 좀 데워줄 수 있나요? Can you heat this up? 캔 유 힛 디스 업?

4 불만사항 말할 때

자주 쓰는 여행 단어

너무 익은 overcooked 오버쿡트

덜 익은 undercooked 언더쿡트

잘못된 wrong 뤙

음식 food 푸드

음료 drink 드륑크

짠 salty 쏠티

싱거운 bland 블랜드

새 것 new one 뉴 원

여행 회화

실례합니다. Excuse me. 익스큐스 미.

이것은 덜 익었어요. It's undercooked. 잇츠 언더쿡트.

메뉴가 잘못 나왔어요. I got the wrong menu. 아이 갓 더 뤙 메뉴.

제 음료를 못 받았어요. I didn't get my drink. 아이 디든트 겟 마이 드륑크.

이것은 너무 짜요. It's too salty. 잇츠 투 쏠티.

새 것을 받을 수 있나요? Can I have a new one? 캔 아이 해브 어 뉴 원?

5 계산할 때

자주 쓰는 여행 단어

계산서 bill 빌

지불하다 pay 페이

현금 cash 캐쉬

신용카드 credit card 크뤠딧 카드

잔돈 change 췌인쥐

영수증 receipt 뤼씨트

팁 tip 팁

포함하다 include 인클루드

여행 회화

계산서 주세요. Bill, please. 빌, 플리즈.

따로 계산해 주세요. Separate bills, please. 쎄퍼뤠이트 빌즈, 플리즈.

계산서가 잘못 됐어요. Something is wrong with the bill. 썸띵 이즈 뤙 위드 더 빌.

신용카드로 지불할 수 있나요? Can I pay by credit card? 캔 아이 바이 크레딧 카드?

영수증 주시겠어요? Can I get a receipt? 캔 아이 겟 어 뤼씨트?

팁이 포함되어 있나요? Is the tip included? 이즈 더 팁 인클루디드?

6 패스트푸드 주문할 때

자주 쓰는 여행 단어

세트 combo/meal 컴보/미일

햄버거 burger 벌거얼

감자튀김 chips/fries 칩스/프라이스

케첩 ketchup 켓첩

추가의 extra 엑쓰트라

콜라 coke 코크

리필 refill 뤼필

포장 takeaway/to go 테이크어웨이/투 고

여행 회화

2번 세트 주세요. I'll have meal number two. 아이윌 햅 미일 넘벌 투.

햄버거만 하나 주세요. Just a burger, please. 저스트 어 벌거얼, 플리즈.

치즈 추가해 주세요. Can I have extra cheese on it? 캔 아이 해브 엑쓰트라 치즈 언 잇?

리필할 수 있나요? Can I get a refill? 캔 아이 겟 어 뤼필?

여기서 먹을 거예요. It's for here. 잇츠 포 히얼.

포장해 주세요. Takeaway, please. 테이크어웨이 플리즈.

7 커피 주문할 때

자주 쓰는 여행 단어

아메리카노 americano 아뭬리카노

라떼 latte 라테이

차가운 iced 아이쓰드

작은 small 스몰

중간의 regular/medieum 뤠귤러/미디엄

큰 large 라알쥐

샷 추가 extra shot 엑쓰트롸 샷

두유 soy milk 쏘이 미일크

여행 회화

차가운 아메리카노 한 잔 주세요. One iced americano, please. 원 아이쓰드 아뭬리카노, 플리즈.

작은 사이즈 라떼 한 잔 주시겠어요? Can I have a small latte? 캔 아이 해브 어 스몰 라테이?

샷 추가해 주세요. Add an extra shot, please. 애드 언 엑쓰트롸 샷, 플리즈.

두유 라떼 한 잔 주시겠어요? Can I have a soy latte? 캔 아이 해브 어 소이 라테이?

휘핑크림 추가해 주세요. I'll have extra whipped cream. 아윌 해브 엑쓰트롸 휩트 크림.

얼음 더 넣어 주시겠어요? Can you put extra ice in it? 캔 유 풋 엑쓰트롸 아이쓰 인 잇?

05 관광할 때

1 관람권 구매할 때

자주 쓰는 여행 단어

표 ticket 티켓

입장료 admission fee 어드미션 퓌

공연 show 쑈

인기 있는 popular 파퓰러

뮤지컬 musical 뮤지컬

다음 공연 next show 넥쓰트 쑈

좌석 seat 씻

매진된 sold out 쏠드 아웃

여행 회화

표 얼마예요? How much is the ticket? 하우 머취 이즈 더 티켓?

표 2장 주세요. Two tickets, please. 투 티켓츠, 플리즈.

어른 3장, 어린이 1장 주세요. Three adults and one child, please. 뜨리 어덜츠 앤 원 촤일드, 플리즈.

가장 인기 있는 공연이 뭐예요? What is the most popular show? 왓 이즈 더 모스트 파퓰러 쑈?

공연 언제 시작하나요? When does the show start? 웬 더즈 더 쑈 스타트?

매진인가요? Is it sold out? 이즈 잇 솔드 아웃?

2 투어 예약 및 취소할 때

자주 쓰는 여행 단어

투어를 예약하다 book a tour 북 어 투어

시내 투어 city tour 씨티 투어

박물관 투어 museum tour 뮤지엄 투어

버스 투어 bus tour 버스 투어

취소하다 cancel 캔쓸

바꾸다 change 췌인쥐

환불 refund 뤼펀드

취소 수수료 cancellation fee 캔쓸레이션 퓌

여행 회화

시내 투어 예약하고 싶어요. I want to book a city tour. 아이 원트 투 북 어 씨티 투어.

이 투어 얼마예요? How much is this tour? 하우 머취 이즈 디스 투어?

투어 몇 시에 시작해요? What time does the tour start? 왓 타임 더즈 더 투어 스타트?

투어 몇 시에 끝나요? What time does the tour end? 왓 타임 더즈 더 투어 엔드?

투어 취소할 수 있나요? Can I cancel the tour 캔 아이 캔쓸 더 투어?

환불 받을 수 있나요? Can I get a refund? 캔 아이 겟 어 뤼펀드?

3 관광 안내소 방문했을 때

자주 쓰는 여행 단어

추천하다 recommend 뤠커멘드

관광 sightseeing 싸이트시잉

관광 정보 tour information 투어 인포메이션

시내 지도 city map 씨티 맵

관광 안내 책자 tourist brochure 투어뤼스트 브로슈얼

시간표 timetable 타임테이블

가까운 역 the nearest station 더 니어리스트 스테이션

예약하다 make a reservation 메이크 어 뤠저베이션

여행 회화

관광으로 무엇을 추천하시나요? What do you recommend for sightseeing? 왓 두유 뤠커멘드 포 싸이트씨잉?

시내 지도 받을 수 있나요? Can I get a city map? 캔 아이 겟 어 씨티 맵?

관광 안내 책자 받을 수 있나요? Where can I find a tourist brochure? 웨얼 캔 아이 파인드 어 투어리스트 브로슈얼?

버스 시간표 받을 수 있나요? Can I get a bus timetable? 캔 아이 겟 어 버스 타임테이블?

가장 가까운 역이 어디예요? Where is the nearest station? 웨얼 이즈 더 니어리스트 스테이션?

거기에 어떻게 가나요? How do I get there? 하우 두 아이 겟 데얼?

4 관광 명소 관람할 때

자주 쓰는 여행 단어

대여하다 rent 뤤트

오디오 가이드 audio guide 오디오 가이드

가이드 투어 guided tour 가이디드 투어

입구 entrance 엔터뤈쓰

출구 exit 엑씨트

기념품 가게 gift shop 기프트 샵

기념품 souvenir 수브니어

여행 회화

오디오 가이드 빌릴 수 있나요? Can I borrow an audio guide? 캔 아이 보로우 언 오디오 가이드?

오늘 가이드 투어 있나요? Are there any guided tours today? 얼 데얼 애니 가이디드 투얼스 투데이?

안내 책자 받을 수 있나요? Can I get a brochure? 캔 아이 겟 어 브로슈얼?

출구는 어디인가요? Where is the exit? 웨얼 이즈 디 엑씨트?

기념품 가게는 어디인가요? Where is the gift shop? 웨얼 이즈 더 기프트 샵?

여기서 사진 찍어도 되나요? Can I take pictures here? 캔 아이 테잌 픽쳐스 히얼?

5 사진 촬영 부탁할 때

자주 쓰는 여행 단어

사진을 찍다 take a picture 테이크 어 픽쳐

누르다 press 프레쓰

버튼 button 버튼

하나 더 one more 원 모얼

배경 background 백그라운드

플래시 flash 플래쉬

셀카 selfie 셀피

촬영 금지 no pictures 노 픽쳐스

여행 회화

사진 좀 찍어 주실 수 있나요? Can you take a picture? 캔 유 테이크 어 픽쳐?

이 버튼 누르시면 돼요. Just press this button, please. 저스트 프레쓰 디스 버튼, 플리즈.

한 장 더 부탁드려요. One more, please. 원 모얼, 플리즈.

배경이 나오게 찍어주세요. Can you take a picture with the background? 캔 유 테이크 어 픽쳐 윗 더 백그라운드?

제가 사진 찍어드릴까요? Do you want me to take a picture of you? 두 유 원트 미 투 테이크 어 픽쳐 옵 유?

플래시 사용할 수 있나요? Can I use the flash? 캔 아이 유즈 더 플래쉬?

06 쇼핑할 때

1 제품 문의할 때

자주 쓰는 여행 단어

제품 item 아이템

인기 있는 popular 파퓰러

얼마 how much 하우 머취

세일 sale 쎄일

이것·저것 this·that 디스·댓

선물 gift 기프트

지역 특산품 local product 로컬 프러덕트

추천 recommendation 뤠커멘데이션

여행 회화

가장 인기 있는 것이 뭐예요? What is the most popular one? 왓 이즈 더 모스트 파퓰러 원?
이 제품 있나요? Do you have this item? 두 유 해브 디스 아이템?
이거 얼마예요? How much is this? 하우 머취 이즈 디스?
이거 세일하나요? Is this on sale? 이즈 디스 언 쎄일?
스몰 사이즈 있나요? Do you have a small size? 두 유 해브 어 스몰 싸이즈?
선물로 뭐가 좋은가요? What's good for a gift? 왓츠 굿 포 어 기프트?

2 착용할 때

자주 쓰는 여행 단어

사용해보다 try 트롸이
탈의실 fitting room 퓌팅 룸
다른 것 another one 어나더 원
다른 색상 another color 어나더 컬러
더 큰 것 bigger one 비걸 원
더 작은 것 smaller one 스몰러 원
사이즈 size 싸이즈
좋아하다 like 라이크

여행 회화

이거 입어볼 볼 수 있나요? Can I try this on? 캔 아이 트롸이 디스 온?
이거 사용해 볼 수 있나요? Can I try this? 캔 아이 트롸이 디스?
탈의실은 어디인가요? Where is the fitting room? 웨얼 이즈 더 퓌팅 룸?
다른 색상 착용해 볼 수 있나요? Can I try another color? 캔 아이 트롸이 어나더 컬러?
더 큰 것 있나요? Do you have a bigger one? 두 유 해브 어 비걸 원?
이거 마음에 들어요. I like this one. 아이 라이크 디스 원.

3 가격 문의 및 흥정할 때

자주 쓰는 여행 단어

얼마 how much 하우 머취
가방 bag 백
세금 환급 tax refund 택쓰 뤼펀드
비싼 expensive 익쓰펜씨브
할인 discount 디스카운트
쿠폰 coupon 쿠펀
더 저렴한 것 cheaper one 취퍼 원
더 저렴한 가격 lower price 로월 프라이쓰

여행 회화

이 가방 얼마예요? How much is this bag? 하우 머취 이즈 디스 백?
나중에 세금 환급 받을 수 있나요? Can I get a tax refund later? 캔 아이 겟 어 택쓰 뤼펀드 레이러?
너무 비싸요. It's too expensive. 잇츠 투 익쓰펜씨브.
할인 받을 수 있나요? Can I get a discount? 캔 아이 겟 어 디스카운트?
이 쿠폰 사용할 수 있나요? Can I use this coupon? 캔 아이 유즈 디스 쿠펀?
더 저렴한 거 있나요? Do you have a cheaper one? 두 유 해브 어 취퍼 원?

④ 계산할 때

자주 쓰는 여행 단어

총 total 토털
지불하다 pay 페이
신용 카드 credit card 크뤠딧 카드
체크 카드 debit card 데빗 카드
현금 cash 캐쉬
유로 euro 유로
할부로 결제하다 pay in installments 페이 인 인스톨먼츠
일시불로 결제하다 pay in full 페이 인 풀

여행 회화

총 얼마예요? How much is the total? 하우 머취 이즈 더 토털?
신용 카드로 지불할 수 있나요? Can I pay by credit card? 캔 아이 페이 바이 크뤠딧 카드?
현금으로 지불할 수 있나요? Can I pay in cash? 캔 아이 페이 인 캐쉬?
영수증 주세요. Receipt, please. 뤼씨트, 플리즈.
할부로 결제할 수 있나요? Can I pay in installments? 캔 아이 페이 인 인스톨먼츠?
일시불로 결제할 수 있나요? Can I pay in full? 캔 아이 페이 인 풀?

⑤ 포장 요청할 때

자주 쓰는 여행 단어

포장하다 wrap 뤱
뽁뽁이로 포장하다 bubble wrap 버블 뤱
따로 separately 쎄퍼랫틀리
선물 포장하다 gift wrap 기프트 뤱
상자 box 박쓰
쇼핑백 shopping bag 샤핑 백
비닐봉지 plastic bag 플라스틱 백
깨지기 쉬운 fragile 프뤠질

여행 회화

포장은 얼마예요? How much is it for wrapping? 하우 머취 이즈 잇 포 뤱핑?
이거 포장해줄 수 있나요? Can you wrap this? 캔 유 뤱 디스?
뽁뽁이로 포장해줄 수 있나요? Can you bubble wrap it? 캔 유 버블 뤱 잇?
따로 포장해줄 수 있나요? Can you wrap them separately? 캔 유 뤱 뎀 쎄퍼랫틀리?
선물 포장해 줄 수 있나요? Can you gift wrap it? 캔 유 기프트 뤱 잇?
쇼핑백에 담아주세요. Please put it in a shopping bag. 플리즈 풋 잇 인 어 샤핑 백.

⑥ 교환·환불할 때

자주 쓰는 여행 단어

교환하다 exchange 익쓰췌인쥐
반품하다 return 뤼턴
환불 refund 뤼펀드
다른 것 another one 어나덜 원
영수증 receipt 뤼씨트
지불하다 pay 페이
사용하다 use 유즈
작동하지 않는 not working 낫 월킹

여행 회화

교환할 수 있나요? Can I exchange it? 캔 아이 익쓰췌인지 잇?

환불 받을 수 있나요? Can I get a refund? 캔 아이 겟 어 뤼풘드?

영수증을 잃어버렸어요. I lost my receipt. 아이 로스트 마이 뤼씨트.

현금으로 계산했어요. I paid in cash. 아이 페이드 인 캐쉬.

사용하지 않았아요. I didn't use it. 아이 디든트 유즈 잇.

이것은 작동하지 않아요. It's not working. 잇츠 낫 월킹.

07 위급 상황

① 아프거나 다쳤을 때

자주 쓰는 여행 단어

약국 pharmacy 퐈마씨

병원 hospital 하스피탈

아픈 sick 씩

다치다 hurt 헐트

두통 headache 헤데이크

복통 stomachache 스토먹에이크

인후염 sore throat 쏘어 뜨로트

열 fever 퓌버

어지러운 dizzy 디지

토하다 throw up 뜨로우 업

여행 회화

가까운 병원은 어디인가요? Where is the nearest hospital? 웨얼 이즈 더 니어뤼스트 하스피탈?

응급차를 불러줄 수 있나요? Can you call an ambulance? 캔 유 콜 언 앰뷸런쓰?

무릎을 다쳤어요. I hurt my knee. 아이 헐트 마이 니.

배가 아파요. I have a stomachache. 아이 해브 어 스토먹에이크.

어지러워요. I feel dizzy. 아이 퓔 디지.

토할 것 같아요. I feel like throwing up. 아이 퓔 라이크 뜨로잉 업.

② 분실·도난 신고할 때

자주 쓰는 여행 단어

경찰서 police station 폴리쓰 스테이션

분실하다 lost 로스트

전화기 phone 폰

지갑 wallet 월렛

여권 passport 패쓰포트

신고하다 report 뤼포트

도난 theft 떼프트

훔친 stolen 스톨른

귀중품 valuables 밸류어블즈

한국 대사관 Korean embassy 코뤼언 엠버씨

여행 회화

가장 가까운 경찰서가 어디인가요? Where is the nearest police station? 웨얼 이즈 더 니어뤼스트 폴리쓰 스테이션?

제 여권을 분실했어요. I lost my passport. 아이 로스트 마이 패쓰포트.

이걸 어디에 신고해야 하나요? Where should I report this? 웨얼 슈드 아이 뤼포트 디스?

제 가방을 도난당했어요. My bag is stolen. 마이 백 이즈 스톨른.

분실물 보관소는 어디인가요? Where is the lost-and-found? 웨얼 이즈 더 로스트앤퐈운드?

한국 대사관에 연락해 주세요. Please call the Korean embassy. 플리즈 콜 더 코뤼언 엠버씨.

INDEX
찾아보기

영어

ㄱ

ㄴ

ㄷ

ㄹ

ㅁ

ㅂ

ㅈ

ㅋ

ㅌ

ㅍ

ㅎ